분류 실무자와 식물 입문자를 위한

생물분류기사(식물) 실기

분류 실무자와 식물 입문자를 위한

생물분류기사(식물) 실기

개정판 1쇄 발행 2025년 10월 29일

지은이   이용순

펴낸이   강기원
펴낸곳   도서출판 이비컴

디자인   이유진
교   열   장기영
편   집   윤주희
마케팅   박선왜

주   소   서울시 동대문구 고산자로 34길 70, 431호
전   화   02)2254-0658 팩 스 02)2254-0634
등록번호   제6-0596호(2002.4.9)
전자우편   bookbee@naver.com
I S B N   978-89-6245-242-6 (13470)

ⓒ 이용순, 2025

분류 실무자와 식물 입문자를 위한

생물분류기사(식물) 실기

이용순 지음

이비락 樂

감사의 말

이 책은 주변의 도움이 없었다면 완성하지 못했을 것입니다. 우선 흔쾌히 사진을 제공해주신 국립공원공단 연구원의 소순구 박사님, 이호 부장님, 충남대학교의 김현진 선생님, 국립수목원의 혁이삼촌 이동혁 선생님을 비롯해 권오정 박사님, 이만규 선생님, 유미정 선생님, 김현희 선생님, 고 양형호 선생님께 감사의 인사를 드립니다.

이 책이 나올 수 있도록 처음부터 끝까지 아낌없는 지원을 보내주신 출판사 관계자 분들께도 감사드립니다.

위 분들의 도움이 없었다면 전문가적 지식이 요구되는 생물분류기사(식물)의 집필은 생각하지 못했을 것입니다. 이 책을 정리하면서 지식의 한계를 수없이 느꼈습니다. 몇 번의 검토를 거쳐 오류를 없애려고 노력했음에도 불구하고 오류가 있다면 전적으로 저자의 능력 부족임을 밝히며, 여건이 허락하는 한 지속적으로 수정, 보완해 나갈 것을 약속드립니다.

항상 응원해주는 원주, 천안 가족들과 곁을 지켜주는 아내 정희, 딸 연지와 다겸에게 고맙고 사랑한다는 말을 전하고 싶습니다.

마지막으로 우리가 살아가는 터전인 자연에 감사합니다.

생물분류기사(식물)에 대하여

식물의 동정

식물의 외부 형태와 기재 용어

출제 예상 300종 식물

부록

• 수록 종 기준

 '생물분류기사(식물) 작업형 실기시험 출제 예상종 목록 공고'에서 제시한 300종을 기준으로 하였으며, 목록과 관련된 일부 근연종(近緣種: 생물분류에서 유연관계가 깊은 종류)을 수록하였다. 일부 종은 분류학적 연구에 따라 다른 종으로 대체하기도 하였다(예, 원추리, 그늘송이풀 등). 따라서 출제 예상종 300종을 포함한 근연종 289종의 사진과 설명을 첨부하여 총 589종을 수록하였다.

• 용어 및 기재문 기준

 용어는 국립수목원의 『알기 쉽게 정리한 식물용어』를 참고하였으며, 식물용어는 기사 시험의 특성상 누구나 알고 있는 용어를 사용해야 하므로 새롭게 제시되거나 혼란을 일으킬 수 있는 용어는 가급적 제외하였다.

 2장, 3장의 식물의 동정법, 식물 외부 형태와 기재 용어는 (2차 개정증보판) 현대식물분류학(이, 2002), 현대식물형태학(이, 2000), 신고식물분류학(이 등, 1985), (제2판) 식물계통학(김 등 역, 2011), 식물형태학 용어해설(이, 2010) 등을 참고하였다.

 4장 출제 예상 300종 식물의 기재문은 《국립생물자원관 생물다양성포털》의 기재문을 우선으로 하되, 의심 되는 부분은 『원색한국기준식물도감』(이, 1996), 『원색대한식물도감』(이, 2006), 『한국식물검색집』(이, 1997), 『한국의 난과 식물도감』(이, 2011), 『한반도 제비꽃』(유 등, 2013), 『한국동식물도감』 제43권 식물편(수목)(교육과학기술부, 2011), 『한국의 나무』(김 등, 2018), 『한국의 들꽃』(김 등, 2018), 국립수목원에서 편찬한 도해도감 등을 참고하였다.

• 분류체계, 학명 및 국명

 《국립생물자원관 한반도의 생물다양성, https://.species.nibr.go.kr》에서 제공하는 국가생물종목록의 분류체계와 학명, 국명을 따랐다. 일부 학명 및 국명은 논문 등 최근의 연구에서 제시된 학명을 따랐다.

• 사진

가능하면 각 종의 생육지에서 저자가 촬영한 사진을 사용하였다. 일부는 식물원이나 수목원 등에 식재한 사진이 수록되었다. 각 종의 동정에 중요한 분류키가 있는 사진이나 꽃, 열매 등 생식기관이 있는 사진을 대표 사진으로 제시하였다. 대표 사진에는 사진이 촬영된 대략적 위치와 날짜를 기재하여 참고하도록 하였다. 근연 분류군은 가능하면 사진을 첨부하여 비교할 수 있도록 하였으며, 설명에 구분점을 첨부하였다.

사진이 확보되지 않은 종은 지인에게 요청하거나 《국립생물자원관 한반도의 생물다양성, species.nibr.go.kr》에서 제공하는 "공공저작물 자유이용허락표시(공공누리, KOGL) 제1유형"의 자료를 내려받아 사용하였으며, 저작자의 이름 또는 출처를 병기하였다.

• 특이종 표시

각 식물의 좌우변에 해당 식물에 대한 특이사항을 표시하였다. 붉은색으로 멸 I 또는 멸 II 로 표시된 것은 멸종위기 야생생물의 등급을 의미한다. 우리나라 특산식물은 '특산'으로, 식물구계학적 특정식물은 등급에 따라 ' I , II , III, IV, V '로 검은색 표기하였다. IUCN 적색목록 종은 해당 등급을 붉은색으로 표기하였다. CR은 위급종(Critically Endangered), EN은 위기종(Endangered), VU는 취약종(Vulnerable), NT는 준위협종(Near Threatened), LC는 관심대상종(Least Concern), DD는 정보부족종(Data Deficient)을 나타낸다. '기후'는 기후변화 생물지표종이며, 그 중 후보종은 '후보'라고 표기했으며, '귀화'는 귀화식물, '교란'은 생태계교란 식물을 의미한다. 음영으로 표시한 것은 아무런 해당사항이 없는 것이다.

• 척도

주로 종자의 사진에 척도가 사용되었으며, 특별한 기재가 없으면 기준은 M(미터)법의 1mm가 기준이다. 간혹 2mm의 방안지가 사용된 경우 별도로 표기를 하였다.

1장

생물분류기사 (식물)에 대하여

1. 개요

21세기 생물산업(BT) 시대를 대비하여, 자생식물의 실체와 유용성을 파악하여 국가 경쟁력을 확보함과 동시에 자생생물에 대한 체계적인 조사연구사업을 통한 분류학적 실체를 파악한다. 이와 더불어 생물표본, 생체재료, 유전자원 재료의 확보, 동정과 체계적 관리, 유용성 및 희귀성 평가 등의 업무에 종사할 전문가 양성을 목적으로 한다.

2. 변천 과정

2004년 신설

3. 수행 직무

식물 또는 동물분류학 분야에 대한 전문지식과 실무경험을 통해 식물 또는 동물 종의 채집, 식별 및 동정 수행, 종의 분류학적 특성 및 유용성 작성에 대한 자료 분석 및 평가, 생물상 조사 및 각종 환경조사 수행 및 보고서 작성 등 생물 자료의 체계적 관리, 생물상의 종합적 파악과 이에 따른 관리 대책 수립의 업무를 수행.

4. 진로 및 전망

각종 생물자원 조사 및 환경영향평가 등의 조사 연구사업과 생물 및 환경관련 행정 기관, 기업 및 연구소, 표본관, 동·식물원, 국립공원 및 자연공원, 동·식물검역소, 세관 등 생물관련 시설에 전문인력으로 진출할 수 있을 것이다.

5. 검정 현황

연도	필기			실기		
	응시	합격	합격률(%)	응시	합격	합격률(%)
2024	310	210	67.7%	254	179	70.5%
2023	354	207	58.5%	257	169	65.8%
2022	320	198	61.9%	231	158	68.4%
2021	213	118	55.4%	166	109	65.7%
2020	126	95	75.40%	113	63	55.80%
2019	109	73	67%	89	51	57.30%
2018	76	44	57.90%	63	38	60.30%
2017	133	67	50.40%	86	27	31.40%

2016	71	35	49.30%	48	30	62.50%
2015	88	43	48.90%	49	18	36.70%
2014	94	32	34%	38	20	52.60%
2013	102	20	19.60%	32	17	53.10%
2012	116	23	19.80%	33	15	45.50%
2011	138	29	21%	45	18	40%
2010	149	34	22.80%	50	14	28%
2009	182	32	17.60%	39	9	23.10%
2008	232	8	3.40%	39	8	20.50%
2007	211	37	17.50%	93	59	63.40%
2006	314	161	51.30%	193	121	62.70%
2005	93	14	15.10%	28	23	82.10%
소계	3,431	1,480	43.1%	1,946	1,146	58.9%

6. 취득 방법

❶ 시행처 : 한국산업인력공단

❷ 관련학과 : 4년제 대학에 개설된 생물학과(부), 생물교육학과, 응용생물학과, 농생물학과 등 관련학과

❸ 시험과목

  – 필기 : 1. 계통분류학 2. 환경생태학 3. 형태학 4. 보존 및 자원생물학

             5. 자연환경관계법규

- 실기 : 식물 분류에 관한 사항

❹ 검정방법

  - 필기 : 객관식 4지 택일형, 과목당 20문항(과목당 30분)

  - 실기 : 작업형(2시간 30분, 100점)

❺ 합격기준

  - 필기 : 100점을 만점으로 하여 과목당 40점 이상, 전과목 평균 60점 이상

  - 실기 : 100점을 만점으로 하여 60점 이상

※ 생물분류기사(식물)과 생물분류기사(동물)의 필기시험은 동일한 문제가 출제됨.

출제기준(필기)

직무 분야	환경· 에너지	중직무 분야	환경	자격 종목	생물분류기사 (식물)	적용 기간	2026.1.1. ~ 2027.12.31

○ 직무내용 : 생물분류과정을 이해하고 문헌 및 표본조사를 통해 생물종을 동정 및 분류하며, 희귀 및 멸종위기식물을 평가하고, 국가적·지역적 차원에서 현지 내·외 보존을 통한 생물종다양성을 증진시키는 보전전략 수립과 지표생물을 이용한 환경오염 평가방안을 모색하며 생물자원 관련기관의 운영(업무), 현장교육, 체험학습 프로그램 제공, 생물종 확보, 생물종 보전·관리를 위한 DB구축, 유전자의 수집, 분류, 관리를 수행하는 직무이다.

검정 방법	객관식	문제수	100	시험시간	2시간 30분

필기 과목명	문항수	주요 항목	세부 항목	세세 항목
계통 분류학	20	1. 계통분류학의 기본개념과 원리	1. 분류학의 역사	1. 분류학의 개념 2. 분류학의 변천 3. 분류학 문헌
			2. 종의 개념	1. 종의 기원 2. 종의 개념
			3. 진화와 종분화	1. 진화의 원리 2. 진화의 기작 3. 종분화 기작
			4. 현대 계통 분류학의 방법론	1. 현대 계통분류학의 개념 2. 현대 계통분류학의 발전 과정 3. 현대 계통분류학의 연구 방법
			5. 생물의 지리적 분포	1. 생물 서식환경의 특성 2. 생물의 분포지 특성 3. 생물의 서식, 지리적 분포와의 특성
		2. 분류형질	1. 분류와 동정	1. 분류 2. 동정 3. 분류형질
			2. 분류형질의 유형 및 특성	1. 형태학적 형질 2. 해부학적 형질 3. 세포학적 형질 4. 화학적 형질 5. 분자생물학적 형질 6. 기타 계통분류학적 형질
			3. 형질변이와 종의 한계	1. 형질변이의 개념과 해석 2. 종의 한계와 분포
			4. 기재용어의 이해	1. 분류형질의 기재 2. 기재용어의 이해 및 적용
			5. 식물군 주요 식별 형질	1. 관속식물 문 단위의 주요 식별 형질 2. 관속식물 강 단위의 주요 식별 형질 3. 관속식물 목 단위의 주요 식별 형질 4. 관속식물 과 단위의 주요 식별 형질
			6. 동물군 주요 식별 형질	1. 동물 문 단위의 주요 식별 형질 2. 동물 강 단위의 주요 식별 형질 3. 동물 목 단위의 주요 식별 형질

필기 과목명	문항수	주요 항목	세부 항목	세세 항목
계통 분류학	20	3. 학명의 이해	1. 학명 명명법의 기본원리	1. 명명법의 기본 원리 2. 학명의 구성 요소 3. 학명의 이해와 판단
			2. 분류계급에 따른 명명	1. 분류계급의 개념 2. 분류계급에 따른 명명 방법
			3. 정명 선택과 기준표본	1. 정명선택의 기준 및 적용 2. 기준표본의 개념 및 설정
			4. 국제명명규약	1. 국제식물명명규약 2. 국제동물명명규약
		4. 분류 체계	1. 분류 체계	1. 분류체계의 원리 2. 식물분류체계 개요 3. 동물분류체계 개요

필기 과목명	문항수	주요 항목	세부 항목	세세 항목
환경 생태학	20	1. 생태계의 개념	1. 생태계의 구조와 기능	1. 생태계의 구성 2. 생태계의 기능 3. 생태계의 유형과 특성
			2. 생태계의 에너지 흐름	1. 에너지와 생산력의 개념 2. 먹이사슬, 먹이망, 영양 단계 3. 영양 구조와 생태적 피라미드
			3. 생태계의 물질 순환	1. 육상생태계에서의 물질 순환 2. 수생태계에서의 물질 순환 3. 생지화학적 순환
			4. 비생물 환경 요인의 영향	1. 비생물 환경요인의 기본 개념 2. 비생물 환경요인의 구성 3. 생물, 비생물 환경요인 관계
		2. 개체군 생태학	1. 개체군의 구조	1. 개체군의 성장형 2. 개체군의 구조, 상호작용
			2. 개체군의 동태 분석 방법	1. 개체군 동태의 특성 2. 개체군 동태의 결정요인
			3. 생식전략의 진화	1. 생식전략의 유형과 특성 2. 생식전략과 생물의 진화
			4. 개체군 조절 기작	1. 개체군 조절의 유형 2. 개체군 조절 기작
		3. 군집생태학	1. 군집의 구조와 동태	1. 군집의 개념 및 종류 2. 군집의 상호작용 3. 군집 안정성과 먹이그물 구조
			2. 육상군집의 일반적 구조	1. 육상군집의 구성요소 및 특성 2. 육상군집의 구조 및 유형
			3. 군집분석	1. 군집분석 요소(우점도, 피도, 종 다양도 등) 2. 군집분석방법론
			4. 군집의 생태적 천이와 안정성	1. 군집유형별 특성 2. 군집의 생태적 천이 3. 군집의 생태적 천이와 안정성과의 관계
			5. 해양생태계	1. 해양생태계의 기본 개념 2. 해양생태계의 구성 요소 및 특성
			6. 습지생태계	1. 습지생태계의 기본 개념 2. 습지생태계의 구성 요소 및 특성

필기 과목명	문항수	주요 항목	세부 항목	세세 항목
환경 생태학	20	4. 생물권과 생물군집	1. 생물권	1. 생물권의 기본 개념 2. 생물권 유형별 특성
			2. 생물지리구 및 식생아계	1. 동물지리구의 구분 및 특성 2. 식물 식생아계의 구분 및 특성
			3. 육상군집 및 생물군계의 분포	1. 육상군집의 분포유형별 특성 2. 생물군계의 분포유형별 특성
		5. 환경오염과 생물의 반응	1. 환경오염의 종류	1. 대기오염 2. 수질오염 3. 토양오염 4. 기타 환경오염
			2. 환경오염의 생태적 영향	1. 환경오염에 의한 생태적 변화와 그 영향
			3. 환경오염 지표생물	1. 지표생물의 개념, 종류 및 특성 2. 환경오염과 지표생물과의 관계
			4. 환경오염과 인간	1. 환경오염이 인간에게 미치는 영향 2. 환경오염방지
		6. 환경관련 국제협약	1. 생물다양성에 관한 협약	1. 생물다양성협약 2. ABS(유전자원의 접근 및 이익 공유)에 관한 법
			2. 기후 환경에 관한 협약	1. 기후변화 협약
			3. 기타 환경 및 생물다양성에 관한 협약	1. 람사르 협약

필기 과목명	문항수	주요 항목	세부 항목	세세 항목
형태학	20	1. 식물조직, 기관 및 구조	1. 식물의 조직과 기능	1. 식물세포의 구성과 종류 2. 원표피와 표피 3. 기본분열조직 4. 전형성층과 관다발조직 5. 기타 조직
			2. 식물기관의 구조 및 기능	1. 잎의 구조 2. 줄기의 구조 3. 뿌리의 구조 4. 꽃의 구조 5. 열매 및 종자의 구조 6. 기타 기관의 구조
		2. 식물의 형태 발생	1. 식물의 생식	1. 식물의 생식과정 2. 식물의 생활사
			2. 식물의 생장	1. 배의 발생과 분화 2. 기관의 발달
		3. 동물의 조직, 기관 및 구조	1. 동물의 조직과 기능	1. 상피조직 2. 결합조직 3. 근육조직 4. 신경조직 5. 기타조직
			2. 동물 기관의 구조 및 기능	1. 소화계의 구조 2. 순환계의 구조 3. 신경계의 구조 4. 근골격계의 구조 5. 기타 기관의 구조
		4. 동물의 형태 발생	1. 동물의 생활사	1. 동물의 생식과정 2. 동물의 생활사 3. 동물의 배 발생과 분화
			2. 주요 동물 분류군의 외 부 형태 및 특성	1. 해면동물, 자포동물, 선형동 물, 환형동물 등 2. 절지동물 3. 연체동물, 극피동물 4. 척삭동물 등

필기 과목명	문항수	주요 항목	세부 항목	세세 항목
보전 및 자원 생물학	20	1. 생물다양성과 보전생물학	1. 보전생물학	1. 보전생물학의 개념 및 원리 2. 보전생물학과 생물다양성과의 관계
			2. 생물다양성	1. 생물다양성의 개념 2. 생물다양성의 중요성 3. 생물다양성 분포
		2. 생물다양성 감소 요인	1. 절멸의 원인과 속도	1. 주요 절멸종과 절멸시기 2. 절멸의 주요 원인 및 대책
			2. 서식지의 파괴, 분할, 오염의 영향	1. 서식지 파괴의 영향 2. 서식지 분할의 영향 3. 서식지 오염의 영향
			3. 기후 변화와 생물다양성	1. 기후 변화의 요인과 대책 2. 기후 변화에 따른 생물다양성 변화
			4. 남획, 외래종의 유입, 병충해의 영향	1. 남획의 영향 2. 외래종의 영향 3. 병충해의 영향
		3. 생물다양성의 보전	1. 개체군 수준의 보전	1. 개체관리 계획 2. 희귀, 멸종위기종 보전전략
			2. 군집 수준의 보전	1. 행동권에 따른 유형별 보전전략 2. 현지 내·외 보전방안
			3. 복원생태학	1. 복원을 위한 목표종 설정 2. 복원을 위한 모니터링 계획
		4. 생물종 자원 보전	1. 생물종의 자원 개념	1. 생물종의 자원화 개념 2. 종별 자원화를 위한 방법론 3. 외래도입종 관리 대책
			2. 유용 식물 및 동물 자원	1. 유용 식물 자원화 방안 2. 유용 동물 자원화 방안
			3. 유전자 자원의 이용과 보전	1. 생물종다양성 증진을 위한 유전자 자원의 이용방안 2. 유전자 자원의 효율적 보전전략
		5. 생물다양성 /생물자원 보전 기관	1. 생물다양성/생물자원 소장·복원시설의 기능 및 관리	1. 표본관의 기능 및 관리 2. 수목원의 기능 및 관리 3. 식물원의 기능 및 관리 4. 동물원의 기능 및 관리 5. 기타 생물다양성/ 자원 소장·복원시설의 기능

필기 과목명	문항수	주요 항목	세부 항목	세세 항목
자연환경 관계법규	20	1. 자연환경관련 국내 법규	1. 자연보전 등에 관한 법령(상기 법령 중 자연보전 및 생태복원에 관한 사항)	1. 환경정책기본법, 시행령, 2. 자연환경보전법, 시행령, 시행규칙 3. 야생생물 보호 및 관리에 관한 법률, 시행령, 시행규칙 4. 백두대간보호에 관한 법률, 시행령 5. 자연공원법, 시행령, 시행규칙 6. 습지보전법, 시행령, 시행규칙 7. 독도 등 도서지역의 생태계 보전에 관한 특별법, 시행령, 시행규칙 8. 생물다양성 보전 및 이용에 관한 법률, 시행령, 시행규칙 9. 물환경보전법, 시행령, 시행규칙 10. 유전자원의 접근·이용 및 이익 공유에 관한 법률, 시행령, 시행규칙 11. 자연보전 등에 관한 기타 법령
			2. 토지이용 등에 관한 법령(상기 법령 중 자연보전 및 생태복원에 관한 사항)	1. 국토기본법, 시행령 2. 국토의 계획 및 이용에 관한 법률, 시행령, 시행규칙 3. 토지이용 등에 관한 기타 법령

출제기준(실기)

직무 분야	환경· 에너지	중직무 분야	환경	자격 종목	생물분류기사 (식물)	적용 기간	2026.1.1. ~ 2027.12.31

○ 직무내용 : 생물분류과정을 이해하고 문헌 및 표본조사를 통해 생물종을 동정
및 분류하며, 희귀 및 멸종위기 식물을 평가하고, 국가적·지역적
차원에서 현지 내·외 보존을 통한 생물종다양성을 증진시키는
보전전략 수립과 지표생물을 이용한 환경오염 평가방안을
모색하고 생물자원 관련기관의 운영(업무), 현장교육, 체험학습
프로그램 제공, 생물종 확보, 생물종 보전·관리를 위한 DB구축,
유전자의 수집, 분류, 관리를 수행하는 직무이다.

○ 수행준거 : 생물분류에 대한 전문적 지식을 토대로 하여
1. 생물분류 방법을 정확히 이해 및 동정할 수 있다.
2. 식물 세부기관별 형태 등을 이해하고, 도감 및 검색표 사용을 통한
동정능력을 갖출 수 있다.
3. 표본제작 방법을 습득하고, 소장 시설 내에 보관방안을 강구하여
표본의 지속적이고 체계적인 관리 능력을 갖출 수 있다.

검정방법	작업형	시험시간	1시간 30분 정도

실기 과목명	주요 항목	세부 항목	세세 항목
식물분류에 관한사항	1. 생물분류 과정 계획	1. 식물종 모니터링하기	1. 모니터링 조사 지침과 생태 조사방법론에 따라 대상지의 식물종과 생식군락에 따른 모니터링 방법을 정할 수 있다. 2. 정해진 조사 방법에 따라 조사 양식에 의해 조사 결과를 기록하고 분석할 수 있다. 3. 조사 결과를 토대로 모니터링 내용을 도면화하고 분석할 수 있다.
		2. 각종 현장의 생물 분류 현안 파악하기	1. 현장에서의 생물분류의 목적을 파악할 수 있다. 2. 현장에서 분류에 어떤 재료가 이용되는지 파악할 수 있다.
		3. 현안별 분류기법 확립하기	1. 분류 현안에 대한 관련 자료, 문헌 및 사례를 수집할 수 있다. 2. 현안에 대한 효과적인 생물분류 기법을 제시할 수 있다. 3. 현안에 대한 재료 채취 방법과 전략을 제시할 수 있다.
		4. 분류군별 분류기법 확립하기	1. 주요 분류군 별로 종 동정 및 분류의 문제점을 파악할 수 있다. 2. 각 분류군별로 분류의 문제점에 대한 관련 자료를 수집, 분석할 수 있다. 3. 각 분류군별로 적합한 부분재료 채취 전략을 세울 수 있다.
	2. 식물종 분류동정	1. 식물종 관리하기	1. 생태복원 공간의 적정한 식물종 관리를 위하여 대상지의 식물종 및 군락에 대한 정보를 수집할 수 있다. 2. 환경부에서 고시한 생태계 위해 외래동식물 관리지침에 따라 위해종이나 교란종 예방계획을 수립하고 실시할 수 있으며, 위해종이나 교란종 발생, 출현 시 현황을 관찰하고 물리적, 화학적, 생태학적 대책을 선택하여 실시할 수 있다. 3. 식물종 및 군락의 적정 크기를 일정하게 유지하기 위하여 관리를 실시 할 수 있다. 4. 식물종 및 군락에서 수집된 정보를 근거로 연간 방제 계획을 수립할 수 있다. 5. 식물의 특수한 병해충, 동물의 질병을 치료하기 위해 관련 전문가에게 치료를 의뢰할 수 있다.

실기 과목명	주요 항목	세부 항목	세세 항목
식물분류에 관한사항		2. 식물종 분류를 위한 재료확보 및 처리하기	1. 식물종 동정 분류에 필요한 개체의 적절한 채집 방법에 의해 채집을 할 수 있다 2. 식물종 분류·동정 및 분석에 필요한 생물체 또는 그 일부를 채취할 수 있다. 3. 식물종 분류에 필요한 생장 단계별 재료를 채취할 수 있다. 4. 식물종 분류에 필요한 간접적인 자료를 수집할 수 있다. 5. 채집지, 채집자, 채집일, 서식지 정보 등 채집 정보를 재료 별로 상세히 기록할 수 있다. 6. 식물종에 적합한 방법으로 표본을 제작할 수 있다. 7. 동정에 필요한 생물체의 일부를 적절한 방법으로 처리할 수 있다.
		3. 종 동정하기 (문헌 및 표본조사, 검색표 검증)	1. 대상 식물종 재료에 대한 문헌 및 자료를 조사할 수 있다. 2. 대상 식물종 재료의 주요 특징을 관찰, 파악할 수 있다. 3. 도감, 검색표, 기타 관련 문헌을 참조하고, 종 동정을 수행할 수 있다. 4. 확증 표본과 비교하여 종 동정을 재검정할 수 있다.
		4. 종의 기재적 특징 이해하기	1. 종의 주요 분류 형질을 숙지할 수 있다. 2. 종의 외부 형태적 특징을 기관별로 관찰, 조사할 수 있다. 3. 관찰 결과를 관련 문헌과 비교 보완할 수 있다. 4. 종의 특징을 정확한 용어를 사용하여 기재할 수 있다.
		5. 종의 분류학적 정보조사 작성하기	1. 동정된 종의 상위 분류체계(과, 속 수준) 및 계통을 확인할 수 있다. 2. 동정된 종의 해부학적 특징을 문헌 또는 자료를 통해 조사할 수 있다. 3. 종에 대해 수집된 정보를 분석하여, 체계적으로 정리할 수 있다.

실기 과목명	주요 항목	세부 항목	세세 항목
식물분류에 관한사항	3. 부분 생물재료의 분류	1. 목재·수지·수피·열매·종자· 뿌리 등의 재료를 이용한 식물종 식별하기	1. 해당 부분 재료의 종류 및 부위를 파악할 수 있다. 2. 부분 재료의 주요 형태적 특징을 관찰, 파악할 수 있다. 3. 기존의 문헌 및 자료를 이용하여 해당 종을 일차식별, 동정할 수 있다. 4. 표본 또는 생체와 비교하여 최종 동정할 수 있다.
		2. 생장단계에 따른 생물종 식별하기	1. 재료의 종류를 파악할 수 있다. 2. 재료의 주요 형태적 특징을 관찰하여, 생장단계를 파악할 수 있다. 3. 기존의 문헌 및 자료를 이용하여 해당 종을 일차식별, 동정할 수 있다. 4. 동일 생장단계에 있는 표본 또는 생체 재료와 비교하여 최종 동정할 수 있다.
	4. 식물종 분류 정확도 검증	1. 분류군별 기존자료에 대한 분석 하기	1. 기존 분류 결과 및 관련 자료를 분류군 별로 정리, 검토하여 해당분류군의 동정 결과를 검증 할 수 있다.
		2. 식물종 분류의 정확도 검증하기	1. 해당 분류군 전문가의 동정 결과와 기존 동정 결과를 비교, 분석하여, 각 분류군의 분류 정확도를 검증할 수 있다. 2. 전문가가 제공한 자료를 분석하여, 해당 분류군의 정확한 동정을 위한 주요 식별 형질을 파악할 수 있다. 3. 분석 결과를 종합하여 해당 분류군의 정확한 분류를 위한 동정 방법을 수립할 수 있다. 4. 환경부지정 멸종위기야생생물 Ⅰ, Ⅱ급을 동정하고 분류 할 수 있다.

2장

식물의 동정

1. 식물의 동정 방법

1-1 분류접근법

1) 전체론적(Holistic) 접근법

- 사물 전체에 주안점을 두는 접근 방식이다.
- 숲을 먼저 보고 나무를 보는 형태이다.
- 특정 분류군이나 지역 식물상에 익숙한 분류학자가 사용한다.
- 식물의 전체 모습을 한눈에 보고 자신의 기억 속에 있는 유사한 형태의 식물과 연관 지어 동정하는 방법이다.

2) 분석적(Analytic) 접근법

- 사물의 부분에 주안점을 두는 접근 방식이다.
- 나무를 먼저 보고 숲을 보는 형태다.
- 특정 분류군에 대한 사전 지식이 없거나 분류군을 조사하기 위해 미세한 형질을 조사할 경우 사용한다.
- 식물에 대해 꼼꼼한 관찰과 해부, 추론이 요구된다.
  예) 꽃의 색, 모양, 양성화인지 단성화인지, 수술의 숫자, 부착형태, 암술의 모양과 갈라짐, 꽃받침 유무와 갈라짐 여부, 털, 꽃차례의 형태 등을 분석적으로 관찰한다.

1-2 검색표를 이용한 방법

동정이 가능하도록 고안된 표로 식물의 형태에서 일치하는 설명을 찾아 선택하는 방식으로 동정하는 방법이다. 효과적이면서 능률적인 방법으로 대상 분류군의 분류학적 위치를 찾는 데 도움을 준다.

1) 차상형 검색표

2개의 대비되는 내용(검색쌍)을 연속되게 나열한 다음 하나를 선택하는 방식으로 진행된다. 아래쪽 가지는 위쪽 가지에 비해 들여쓰기하고 알파벳이나 숫자로 연속됨을 표기한다.

쌍속형(평행식) 검색표와 함입형(톱니식) 검색표의 두 종류가 있다.

<표1> 차상형 검색표의 장점, 단점, 유의점

장점	단점	유의점
• 동정용으로 흔히 사용 • 이웃하는 검색문의 형질들을 쉽게 비교할 수 있음	• 형질 상태에 따라서 동정이 불가능한 경우 발생(예를 들어 열매로 동정하려고 하는데 검색표가 꽃으로만 되어 있으면 동정 불가)	• 검색쌍 모두를 읽고 판단할 것(하나의 검색문만 읽고 판단할 경우 오류가 발생할 가능성 있음)

❶ 쌍속형 검색표(평행식 검색표)

　검색쌍을 바로 묶어 놓아 즉시 이어지는 설명문으로 따라갈 수 있도록 만든 검색표이다. 장점은 지면을 절약할 수 있으며, 이웃하는 쌍의 형질들을 쉽게 비교할 수 있다. 단점은 같은 특성이 있는 분류군을 한눈에 볼 수 없다.

<표2> 참나무과(Fagaceae) 참나무속(*Quercus*) 일부(한국특산식물도감(김, 2017) 검색표 일부 수정)

1. 잎은 낙엽성, 열매의 총포는 복와상 배열 ⋯⋯⋯⋯⋯⋯⋯⋯⋯⋯⋯⋯⋯⋯⋯⋯⋯⋯⋯	2
1. 잎은 상록성, 열매의 총포는 동심원상 배열 ⋯⋯⋯⋯⋯⋯⋯⋯⋯⋯⋯⋯⋯⋯⋯⋯⋯⋯	7
2. 잎은 타원형이다 ⋯⋯⋯⋯⋯⋯⋯⋯⋯⋯⋯⋯⋯⋯⋯⋯⋯⋯⋯⋯⋯⋯⋯⋯⋯⋯⋯	3
2. 잎은 도란형이다 ⋯⋯⋯⋯⋯⋯⋯⋯⋯⋯⋯⋯⋯⋯⋯⋯⋯⋯⋯⋯⋯⋯⋯⋯⋯⋯⋯	4
3. 잎 이면은 흰색이다 ⋯⋯⋯⋯⋯⋯⋯⋯⋯⋯⋯⋯	굴참나무(*Q. variabilis*)
3. 잎 이면은 흰색이 아니다 ⋯⋯⋯⋯⋯⋯⋯⋯⋯	상수리나무(*Q. acutissima*)
4. 엽병은 1.6cm 이하로 짧다 ⋯⋯⋯⋯⋯⋯⋯⋯⋯⋯⋯⋯⋯⋯⋯⋯⋯⋯⋯	5
4. 엽병은 2cm 이상으로 길다 ⋯⋯⋯⋯⋯⋯⋯⋯⋯⋯⋯⋯⋯⋯⋯⋯⋯⋯⋯	6
5. 잎 이면은 털이 밀생한다 ⋯⋯⋯⋯⋯⋯⋯⋯⋯⋯⋯	떡갈나무(*Q. dentata*)
5. 잎 이면은 털이 거의 없다 ⋯⋯⋯⋯⋯⋯⋯⋯⋯⋯	신갈나무(*Q. mongolica*)
6. 엽병은 3.6cm ⋯⋯⋯⋯⋯⋯⋯⋯⋯⋯⋯⋯⋯⋯	갈참나무(*Q. aliena*)
6. 엽병은 2.8cm 이하 ⋯⋯⋯⋯⋯⋯⋯⋯⋯⋯⋯⋯	졸참나무(*Q. serrata*)
7. 잎은 전연이다 ⋯⋯⋯⋯⋯⋯⋯⋯⋯⋯⋯⋯⋯⋯⋯⋯	붉가시나무(*Q. acuta*)
7. 잎은 거치연이다 ⋯⋯⋯⋯⋯⋯⋯⋯⋯⋯⋯⋯⋯⋯⋯⋯⋯⋯⋯⋯⋯⋯⋯⋯	8
8. 잎 이면은 흰 백분이 없으며 털이 밀생한다 ⋯⋯⋯⋯⋯⋯⋯⋯⋯⋯⋯	9
8. 잎 이면은 흰 백분에 쌓여 있거나 털이 없다 ⋯⋯⋯⋯⋯⋯⋯⋯⋯	10
9. 잎 이면은 황갈색 성모가 밀생한다 ⋯⋯⋯⋯⋯⋯⋯	개가시나무(*Q. gilva*)
9. 잎 이면은 회백색 털이 있다 ⋯⋯⋯⋯⋯⋯⋯⋯⋯⋯	종가시나무(*Q. glauca*)
10. 잎 이면은 털이 없다. 측맥은 12~15쌍, 각두는 6~7열 ⋯⋯⋯ 가시나무(*Q. myrsinifolia*)	
10. 잎 이면은 흰 백분이 밀생, 측맥은 10~12쌍, 각두는 7~9열 ⋯⋯ 참가시나무(*Q. salicina*)	

❷ 함입형 검색표(톱니식 검색표)

이어지는 형질들을 들여쓰기 하여 비슷한 분류군을 한눈에 볼 수 있다. 장점은 검색표 내의 유사한 대상을 묶어서 볼 수 있다는 것이고, 단점은 지면에 많은 공백이 발생한다는 점이다.

<표3> 참나무과(Fagaceae) 참나무속(*Quercus*) 일부(한국특산식물도감(김, 2017) 검색표 일부 수정)

```
1. 잎은 낙엽성, 열매의 총포는 복와상 배열
   2. 잎은 타원형이다
      3. 잎 이면은 흰색이다 ………………………………… 굴참나무(Q. variabilis)
      3. 잎 이면은 흰색이 아니다 …………………………… 상수리나무(Q. acutissima)
   2. 잎은 도란형이다
      4. 엽병은 1.6cm 이하로 짧다
         5. 잎 이면은 털이 밀생한다 ……………………………… 떡갈나무(Q. dentata)
         5. 잎 이면은 털이 거의 없다 ……………………………… 신갈나무(Q. mongolica)
      4. 엽병은 2cm 이상으로 길다
         6. 엽병은 3.6cm ……………………………………… 갈참나무(Q. aliena)
         6. 엽병은 2.8cm 이하 ……………………………… 졸참나무(Q. serrata)
1. 잎은 상록성, 열매의 총포는 동심원상 배열
   7. 잎은 전연이다 …………………………………………… 붉가시나무(Q. acuta)
   7. 잎은 거치연이다
      8. 잎 이면은 흰 백분이 없으며 털이 밀생한다
         9. 잎 이면은 황갈색 성모가 밀생한다 ……………………… 개가시나무(Q. gilva)
         9. 잎 이면은 회백색 털이 있다 ……………………………… 종가시나무(Q. glauca)
      8. 잎 이면은 흰 백분에 쌓여 있거나 털이 없다
         10. 잎 이면은 털이 없다. 측맥은 12~15쌍, 각두는 6~7열 …… 가시나무(Q. myrsinifolia)
         10. 잎 이면은 흰 백분이 밀생, 측맥은 10~12쌍, 각두는 7~9열 … 참가시나무(Q. salicina)
```

2) 다지형 검색표(다면형 검색표; Polyclave/Multi-entry Key)

여러 종류의 형질 상태의 목록을 가지고 동정하고자 하는 형질과 부합하는 형질 상태를 모두 선택하는 것이다. 한 번에 여러 형질들을 비교해서 일치하는 형질을 선택할 수 있으므로 빠른 동정이 가능하다.

차상형 검색표에서의 최초 형질(또는 이전 형질)이 없더라도 동정이 가능, 즉 정보 중 일부만 있더라도 사용할 수 있다. 다지형 검색표에는 흔히 컴퓨터 알고리즘이 사용된다.

1-3 기재문을 이용한 방법

기재(Description)란 분류군의 형질을 나열하고, 형질이 가지고 있는 형질 상태를 설명하는 것이고 어떤 식물에 대한 형질과 형질 상태를 모두 기재한 것을 기재문이라고 한다.

형질이란 한 분류군이 가지고 있는 특징을 말하고, 형질 상태는 형질이 나타내는 2개 이상의 특징을 말한다. 예를 들어 형질에는 '꽃잎의 색깔', '잎의 배열'이라는 형질이 있고, '꽃잎의 색깔'이라는 형질에는 '노란색', '빨강색', '보라색' 등의 형질 상태가 있을 수 있고, '잎의 배열'이라는 형질에는 윤생, 대생, 호생 등의 형질 상태가 있다.

기재문에서 한 분류군의 표징형질을 찾기가 쉽지 않으므로 분류군의 검증 차원에서 활용하는 것이 가장 좋다.

- 기재문의 작성 원칙
  - 형질은 단 한번만 기록하고 형질 상태는 뒤에 나열한다.
  - 식물체의 크기, 길이, 높이 등은 M법(미터법)을 따른다.
  - 변이가 심한 형질의 경우 변이의 폭을 기재하거나 가장 흔한 형태를 나열하고 예외는 대괄호 안에 기록한다.

<表4> 장미과(Rosaceae) 벚나무(출처 : 국립생물자원관 한반도 생물자원포털, 일부 수정)

장미목 장미과에 속하는 관속식물이다. 고도가 낮은 산지의 숲 또는 숲 가장자리 바다와 가까운 수림에서 자라는 낙엽 활엽 큰키나무이다. **줄기**는 높이 10~25m이며, 줄기껍질은 흑갈색이고 옆으로 벗겨진다. **어린가지**는 흑갈색이며 털이 없다. 잎은 어긋나며 난형 또는 난상 피침형으로 길이 6~12cm이고, 끝은 급히 뾰족해지고 밑은 둥글거나 넓게 둥근 모양이다. 잎 양면에 털이 없고 가장자리에 잔 톱니 또는 겹톱니가 있다. 잎자루는 길이 2~3cm이고 2~3개의 선이 있다. 잎 뒷면은 회녹색이다. **꽃**은 4~5월에 피고 대부분 흰색이나 조금 연한 홍색을 띠기도 하며 산방꽃차례 또는 산형꽃차례에 2~5개씩 달린다. 꽃자루에 털이 없으며, 꽃대에 포가 있다. 꽃받침통에 털이 없으며, 열편은 난형 예두이다. 암술대는 털이 없다. **열매**는 둥근 핵과이며 5~7월에 검붉게 익는다. 이 종은 주로 높은 산지에서 자라는 산벚나무에 비해 꽃차례의 자루와 작은꽃자루가 더 길고, 꽃이 산방상 총상꽃차례에 달리므로 구별된다. 정원수, 조경수로 심으며, 목재는 건축재, 가구재, 악기재, 조각재 등으로 이용한다. 열매는 식용하고, 나무껍질은 약용한다. 한반도 평안북도, 함경남도 이남에 자생하며, 중국 중북부, 일본 혼슈 이남 등에 분포한다.

1-4 표본을 이용한 방법

1) 표본의 종류

- 석엽표본 : 보통 생식기관이 포함된 식물체 전체 또는 일부를 압착, 건조하여 대지에 영구적으로 붙여서 만든 표본으로 가장 일반적인 표본 제작 방법이다.
- 액침표본 : FAA 용액(일반적으로 70% 에탄올, 37% 포르말린, 빙초산을 10:1:1로 혼합한 용액)에 식물체를 담가 제작, 해부학적, 발생학적 또는 미세구조 연구에 사용한다.
- 실리카겔 용기 : 잎 등 식물의 조직을 잘라 실리카겔이 있는 용기나 비닐봉투에 넣어 제작, DNA 추출, 정제, 증폭을 위한 표본 제작에 사용한다.

2) 표본을 이용한 식물의 동정

식물표본(이하 표본이라 함은 석엽표본을 지칭함)과 비교함으로써 동정을 하는 방법이다. 하지만 모든 표본을 볼 수 없기 때문에 과(Family)나 속(Genus) 수준까지 동정 범위가 좁혀졌을 경우에 사용 가능하다.

기재문에 기재되지 않은 형질이나 사진, 도해에 표현되지 않은 형질들을 관찰할 수 있다.

비교하는 표본의 동정이 정확하다는 전제 하에 신뢰를 가질 수 있다. 표본으로 확신이 생긴 분류군은 필히 기재문으로 검증하는 절차가 요구된다.

우리나라에서는 국립생물자원관, 국립생태원, 국립수목원 등의 국가 산하기관이나 대학교, 연구소 등에서 표본을 제작, 보관, 관리하고 있다. 일반적으로 연구의 목적을 위한 열람, 대여, 분양을 하지만 개인에게는 빌려주지 않고 있으며, 국립생물자원관 생물자원포털, 국가생물지식정보시스템에 들어가면 각 식물에 대한 표본을 웹 상으로 열람할 수 있다.

1-5 화상자료를 이용한 방법

• 인터넷에 올라와 있는 사진이나 도감에 표현된 사진을 비교하여 동정하는 방법이다.
• 사진에 제시된 부분 외에는 원하는 부분의 영상이 제시되지 않을 수 있다.
• 동정하려는 종의 범위가 좁혀졌을 경우 동정할 수 있는 빠른 방법이다.
• 화상자료만으로 비슷한 식물이 겹치는 경우가 발생할 수 있으므로 기재문이나 표본을 통한 검증이 요구된다.

1-6 전문가 동정

• 식물분류 전문가, 특히 해당 분야의 분류군을 연구한 연구자에게 동정을 의뢰하는 방법이다.
• 동정하려는 식물의 표본, 사진자료, 생육지에 대한 정보 등을 전문가에게 보내 동정을 의뢰한다.
• 정확하고 빠른 동정 방법으로 해당 분야의 전문가는 최근의 연구 경향을 정확하게 알고 있으므로 가장 신뢰할 수 있는 동정 방법이다.

2. 식물의 명명과 학명

2-1 식물의 명명(Nomenclature)

1) 명명의 정의

명명이란 '조류, 균류와 식물에 대한 국제명명규약(International Code of Nomenclature for Algae, Fungi and Plants[MADRID COAD, 2025]; 이하 국제식물명명규약)'의 규칙과 권고에 따라 식물에 학명을 부여하는 작업이다. 국제식물명명규약의 목적은 분류학군에 학명을 부여하기 위한 안정된 방법을 규정하고, 실수나 애매한 원인이 되는 또는 과학적 혼란을 야기하는 학명 사용을 피하고 이를 막고자 함이다.

2) 명명의 원칙

• [원칙 1]

조류, 균류와 식물의 명명법은 동물과 박테리아의 명명법과 독립적이다. 이 규약은 조류, 균류, 식물에 동일하게 적용하며, 이들 분류군들의 초기 취급 방법과는 무관하게 처리한다.

• [원칙 2]

분류학적 생물체에 대한 학명의 적용은 명명법상의 기준표본에 의해 결정한다.

• [원칙 3]

분류학적 생물체의 학명은 출판의 선취권에 근거한다.

• [원칙 4]

분류학적 한계, 지위, 그리고 계급을 갖는 각 분류군은 특별한 경우를 제외하고는 규정에 따라 가장 먼저 출판된 하나의 정명만을 가진다.

- [원칙 5]

  분류학적 생물체의 학명은 어원에 관계없이 라틴어로 주어진다.
- [원칙 6]

  학명의 규약은 특별히 규정하지 않는 한 소급해서 적용한다.

3) 기준표본

명명의 원칙 2에 따라 학명의 적용은 기준표본을 따른다. 기준표본의 종류는 다음과 같다.

- 정기준표본(holotype) : 명명자가 최초 학명을 부여할 때 지정한 표본 또는 도해로써, 기재시 지정한 단 하나의 표본이다.
- 동기준표본(isotype) : 정기준표본과 동일한 시간에 동일한 채집자가 채집한 표본으로 정기준표본의 중복품이다.
- 선정기준표본(lectotype) : 정기준표본이 선정되지 않았거나, 파손, 분실되었을 때 동기준표본에서 선정한 표본이다.
- 신기준표본(neotype) : 최초 학명 부여시 사용한 표본이나 중복품이 없을 경우 새로운 표본 중에 선정하여 기준표본으로 설정한 표본을 말한다.
- 등가기준표본(syntype) : 최초 학명 부여자가 특별히 하나의 정기준표본을 정하지 않고 여러 개의 표본을 함께 인용하였을 경우, 인용된 표본 모두를 말한다.
- 종기준표본(paratype) : 원래 연구에 인용되었으나 정기준표본이나 동기준표본 또는 동가기준표본이 아닌 표본이다.
- 후기준표본(epitype) : 정기준표본, 선정기준표본 또는 신기준표본 등이 분류군의 동정이나 표징 확인에 모호할 때, 기준표본으로 선정한 표본이다.

2-2 학명(Scientific name)

1) 학명의 정의

- 국제식물명명규약 원칙 4에 언급한 것처럼 하나의 분류 계급은 단 하나의 정명만

을 가질 수 있다.

- 국제식물명명규약에 의해 정해진 단 하나의 정명을 학명이라고 하며, 학명은 이명법에 따른다.
- 학명은 국제식물명명규약에 따라 유효하게 공표(정당공표)되어야 합법적인 지위를 얻게 되고 그렇지 못한 학명은 '이명(Synonym)'이라 한다.

2) 정당공표의 기준

- 첫째, 학명은 유효하게 공표되어야 한다. 즉, 일반 대중이나 최소한 일반적으로 접근할 수 있는 도서관이 있는 학술 기관에 인쇄물을 배포(판매, 교환 또는 기증)하는 경우에만 유효하게 공표된 것으로 간주한다.
- 둘째, 학명은 라틴어의 알파벳 문자로만 구성되어야 한다.
- 셋째, 학명은 해당 분류군에 대한 기재문 또는 표징을 첨부하여야 하고, 만약 초기기재문이 없을 경우 이전에 유효하게 출판된 기재문 또는 표징의 출전을 인용해 첨부해야 한다.
- 넷째, 속(Genus) 또는 속 이하 계급의 새로운 분류군의 학명은 그 학명의 기준이 지정되었을 경우에 한해 합법적인 출판이 된다.

3) 학명 표기의 원칙

- 학명은 라틴어나 라틴어화해야 하고, 라틴어 문법을 준수하여야 한다.
- 속명의 첫글자는 항상 대문자로 시작하고, 종소명은 소문자로 시작하여야 한다.
- 종 이상의 분류군은 일명법(uninomial)을 사용한다.

예) 현삼과 : Scrophulariaceae
    현삼속 : *Scrophularia*

종명은 이명법(binimial)으로 표기한다. 참취의 학명은 *Aster scaber* Thunb.이며, Aster 는 속명, scaber는 종소명, Thunb.는 명명자를 나타낸다. 따라서 학명은 속명+종소명+ 명명자로 이루어진다.

예) *Aster scaber* Thunb.
↑　　　↑　　　↑
속명　종소명　명명자

속명 및 종소명은 이탤릭체로 쓰거나 밑줄을 긋는다.

예) *Aster scaber* Thunb. 또는 Aster scaber Thunb.

같은 속명이 반복되어 사용될 경우 혼동을 초래하지 않는 한 속명의 첫 글자만 축약 하여 사용할 수 있다.

예) 앞부분에 *Aster*가 언급되었을 경우. 뒷부분은 *A. scaber* Thunb.

아종명이나 변종명은 3명법을 사용한다. 예를 들어 고로쇠나무의 학명은 *Acer pictum* var. *mono* (Maxim.) Franch.으로 학명은 Acer, 종소명은 pictum, 변종소명은 mono이다. 위의 경우와 같이 변종소명은 이탤릭체로 표기하거나 밑줄을 긋고, 변종을 나타내는 var.은 명명자와 같이 정자로 표기한다.

예) *Aster pictum* Thunb. var. *mono* (Maxim.) Franch.
↑　　　↑　　　↑　　　↑　　　↑　　　↑　　　↑
속명　종소명　명명자　변종　변종소명　최초명명자　추후명명자고로쇠나무의 예에서 괄호는 학명의 최초 부여자 Carl Johann Maximowicz(줄여서 Maxim.)를 나타내고, 추후 연구에 의해 Adrien Franchet(줄여서 Franch.)가 분류 계급의 위치를 이동한 것을 나타낸다.

잡종은 양친종의 종소명 사이에 ×를 넣어서 표기한다.

예) *Populus* × *tomentiglandulosa* T. B. Lee

2-3 분류 계급

분류군이란 분류되는 무리를 말하며, 종(species)은 분류 계급의 기본이 된다. 분류군은 계급에 따라 상위 계급에 포함되며 종의 상위계급으로 속(genus), 과(family), 목(order), 강(class), 문(division), 계(kingdom)를 이룬다.

주요 계급으로 부족할 경우 이차 계급으로 아(亞; sub)를 덧붙여 사용한다.

특정 계급에서는 국제식물명명규약에서 정하는 어미를 붙여 사용해야 한다. 예를 들어 강(class)은 -opsida, 목(order)은 -ales, 과(family)는 -aceae를 사용한다.

육상식물 분류 계급	어미	사례분류군
계 Kingdom	(다양함)	식물계 Plantae
문 Phylum [또는 Vision]	-phyta	목련식물문 Magnoliophyta
아문 Subphylum	-phytina	목련식물아문 Magnoliophtina
강 Class	-opsida	국화강 Asteropsida
아강 Subclass	-idea	국화아강 Asteridae
목 Order	-ales	국화목 Asterales
아목 Suborder	-ineae	국화아목 Asterineae
과 Family	-aceae	국화과 Asteraceae
아과 Subfamily	-oideae	국화아과 Asteroideae
족 Tribe	-eae	해바라기족 Heliantheae
아족 Subtribe	-inae	해바라기아족 Helianthinae
속 Genus	(다양함)	해바라기속 *Helianthus*
아속 Subgenus	(다양함)	해바라기아속 *Helianthus*
절 Section	(다양함)	해바라기족 *Helianthus*
열 Series	(다양함)	해바라기열 *Helianthus*
종 Species (단수일 경우 줄여서 sp. 복수일 경우 spp.)	(다양함)	해바라기 *Helianthus annuus*
아종 Subspecies (단수일 경우 줄여서 subsp. 또는 ssp. 복수일 경우 subspp. 또는 sspp.)	(다양함)	해바라기(아종) *Helianthus annuus* ssp. *annuus*
변종 Variety (단수일 경우 줄여서 var. 복수일 경우 vars.)	(다양함)	해바라기(변종) *Helianthus annuus* var. *annuus*
품종 Form (줄여서 f.)	(다양함)	해바라기(품종) *Helianthus annuus* f. *annuus*

<그림> 국제식물명명규약에서 인정하는 식물 계급. 주요 계급은 볼드체로 이차 계급은 밑줄로 표시

(출처 : 식물계통학 제2판, Michael G. Simpson 저, 김영동·신현철 역, 월드사이언스, 2011)

전통적으로 사용하는 8개의 과명은 예외로 −aceae와 기존 명칭을 사용해도 된다.

과명(국명)	과명(영문)	과명(기존) -사용가능
국화과	Asteraceae	Compositae
십자화과	Brassicaceae	Cruciferae
벼과	Poaceae	Gramineae
물레나물과	Clusiaceae/Hypericaceae	Guttiferae
꿀풀과	Lamiaceae	Labiatae
콩과	Fabaceae	Leguminosae
산형과	Apiaceae	Umbelliferae
야자나무과	Arecaceae	Palmae

2-4 석엽 표본의 제작

식물 표본을 만들기 위해서 식물을 채집해야 하므로 생태계 보존을 우선 고려한다. 법적으로 채집이 금지되어 있는 지역(예, 국립공원 등 공원지역, 자연생태계보전지역, 천연기념물로 지정된 지역 등)에서나 법정보호종으로 지정되어 있는 식물을 함부로 채집할 수 없다. 만약 채집해야 할 필요가 있으면 해당 기관의 허가를 얻어야 한다.

식물 표본의 제작은 채집 → 압착 → 건조 → 표본 및 라벨 붙이기 순으로 진행한다.

1) 식물의 채집

식물 채집 시 채집이 금지되어 있는지와는 별도로 지역 집단의 훼손을 고려해야 한다. 20:1 규칙으로 초본 1개체를 채집할 때 주변에 최소 20개체는 남아 있어야 한다. 그 이하라면 채집을 하지 않아야 하고, 목본의 경우 가지 하나로 간주하면 된다.

야외에서 채집할 때는 야책(30×46cm), 끈, 버클과 채집용 칼, 전지가위, 필요하면 고지가위, 위치추적기(보통 GPS수신기), 야장 등이 필요하다. 무게가 나가고 이동에 제약이 있으므로 야책은 보통 휴대하지 않는 편이며 간이 야책을 만들어 사용하기도 한다.

보통 채집용 봉투에 채집물과 채집지 정보를 기록한 야장을 같이 넣는다. 채집용 봉투는 압착이 가능한 지퍼백을 사용하기도 한다.

채집지 정보에는 식물명(현장에서 동정이 가능할 경우), 채집 번호, GPS 좌표, 채집자, 채집일, 고도, 주변식생, 지형, 채집 시 개체의 일반사항에 대해 기록하고, 카메라로 촬영하였을 경우 파일 번호를 기록하기도 한다.

초본이든 목본이든 생식기관이 있는 개체 또는 가지를 채집한다. 양치류의 경우 포자가 있는 개체로 채집해야 동정이 가능하다.

채집할 때 미리 표본 대지의 크기를 고려하여 채집하면 채집으로 인한 훼손을 최소한으로 줄일 수 있다. 그렇더라도 채집하는 개체의 일반적 크기보다 크거나 작은 개체를 채집하면 안 된다.

2) 압착

채집물은 현장에서 바로 누르는 것이 꽃의 색이나 뒤틀림을 방지할 수 있으므로 권장하지만 여의치 않으면 현장 조사가 끝나는 대로 누르도록 한다.

채집된 식물체는 야책과 비슷한 크기로 접은 신문지 안에 넣어 누르는데 식물체와 야장을 같이 넣어둔다. 신문지에 적는 예도 있지만, 건조를 위해 신문지를 갈다 보면 정보가 유실될 우려가 있어 권장하지 않는다.

식물체는 표본 대지에 올렸을 때 야생의 모습이 잘 나타나도록 배치하고, 전체 형태가 잘 보이도록 펴서 말리며 잎 일부는 뒤집어놓아 양면을 모두 볼 수 있도록 한다.

키가 큰 초본의 경우 V자, N자, W 또는 M자로 꺽어서 접는다.

뿌리 또는 열매의 두께로 인해 다른 부분과 두께가 다를 경우 신문지 등을 접어 넣어서 두께가 일정해지도록 한다. 가지가 많아 심하게 겹치는 경우 가지의 흔적이 남도록 적당히 솎아낸다. 꽃 일부는 절단하여 내부의 형태가 관찰할 수 있도록 펴주기도 한다. 열매 또한 가로 또는 세로로 절단하여 내부가 보이도록 한다.

누르기가 완료되면 신문지와 골판지를 번갈아 넣어 쌓고, 필요하면 신문지와 골판지 사이에 같은 크기의 흡습지를 넣기도 한다.

식물 표본을 일정한 높이로 쌓고 야책을 위아래에 위치시킨 후 벨트로 단단히 조여준다.

3) 건조

자연 건조할 때 신문지는 매일 교체해야 하며 다육식물과 같이 수분을 많이 함유한 식물의 경우 건조 될 때까지 하루에 몇 번이고 신문지를 교체해 주기도 한다. 또한 자연 건조 시 통풍이 잘 되는 곳에 두거나 선풍기를 틀어 수분을 날려주기도 한다.

건조기를 이용할 경우 보통 50~55℃의 온도에서 24~36시간 건조한다. 하지만 건조기의 종류, 공기의 수분 함량, 식물의 조직에 따라 건조 온도 및 시간은 적절히 조절할 수 있다. 지나치게 고온에서 건조할 경우 조직이 파괴되어 추후 DNA 시료 채취가 불가능할 경우가 발생할 수 있으니 주의하도록 한다.

건조 상태를 보며 식물체가 축축한 느낌이 들면 조금 더 건조해야 한다.

4) 표본 및 라벨 붙이기

식물이 완전히 마르면 표본 대지에 부착하여 영구기록으로 남기는데 대지의 크기는 보통 29×42cm의 크기이고, 국내에서는 보통 260g의 모조지를 사용한다.

식물체는 도배할 때 사용하는 풀을 희석해서 쓰거나 목공용 풀을 그대로 쓰기도 하고, 반창고나 창호지를 사용해 고정하기도 한다. 가지나 줄기가 두꺼운 식물의 경우는 풀로도 잘 붙지 않을 수 있다. 이럴 때는 반창고를 이용하거나 실로 꿰매어 움직이지 않도록 한다.

빈 곳에는 꽃이나 잎, 열매 또는 종자가 떨어졌을 경우 넣을 수 있는 작은 봉투를 붙여준다. 표본의 고정은 표본을 거꾸로 들었을 때 덜렁거리지 않을 정도로 붙이면 된다.

그리고 식물체 배치 시 오른쪽 아래에 라벨지를 붙일 위치를 남겨두어야 한다. 라벨지의 크기는 일정하지 않지만 보통 7.62cm×12.70cm 정도의 크기다. 일반적인 3×5 inch 사이즈의 사진 크기라고 생각하면 된다.

라벨에 들어갈 내용은 표본을 만든 나라 또는 기관명, 학명, 채집 위치, 채집 날짜, 채집자 이름, 표본의 고유번호, 표본 동정자 이름 등이다.

기타 사진 자료 등 동정에 도움을 주는 자료를 첨부할 수도 있으며, 스케일 바나 컬러차트를 붙이기도 한다.

5) 표본의 취급

완성한 표본은 식물체 전체가 대지에 붙어 있으므로 휘거나 뒤틀리면 손상을 입게 된다. 따라서 항상 편평하게 수평으로 유지하고 휘지 않게 운반, 정리, 관찰하여야 한다.

표본을 관찰할 때 하나씩 관찰하며 관찰이 완료된 표본은 옆으로 정리해 놓고 다음 표본을 관찰해야 한다.

완료한 표본에는 표본을 상하게 하는 무거운 물건을 올리지 않는다. 또한 물과 음식물 등이 표본에 쏟아지는 일이 없도록 주의한다.

3장

식물의
외부 형태와
기재 용어

1. 일반 구조

1-1 재질

재질은 재료가 가지고 있는 성질을 말하지만 잎이나 꽃의 성질을 나타내기도 한다.

연골질(cartilaginous) 단단하지만 유연성을 가진 상태, 흔히 하얀색을 띰	초질(herbaceous) 부드럽거나 다소 육질성인 재질
지질(chartaceous) 종이와 같은 상태	가죽질/혁질(coriaceous) 두껍고 가죽과 같은 느낌을 주는 재질
경질(indurate) 단단하고 탄력성이 없는 상태	막질(membranous) 얇고, 부드러우며, 유연한 반투명으로 막과 같은 상태
중성질(mesophytic) 혁질성과 막질성의 중간 단계	건막질(scarious) 얇고 마른 막질성 재질, 흔히 흰색 또는 갈색을 띰
다육질(succulent) 물기가 많은 육질성의 상태	목질(woody) 단단한 나무와 같은 재질

1-2 수(Number)

꽃이나 잎 등 셀 수 있는 부분의 숫자를 세어서 나타낸 값으로 배수의 값을 사용하기도 한다.

윤생성(cycle)

일렬성(uniseriate/monocyclic) 구성 요소들이 한 줄로 배열한 상태	삼렬성(triseriate/tricyclic) 구성 요소들이 3열로 배열한 상태
이열성(biseriate/dicyclic) 구성 요소들이 2열 또는 줄로 배열한 상태	

수성(Merosity)

이수성(bimerous) 구성 요소가 2 또는 2의 배수로 구성된 상태	오수성(pentamerous) 구성 요소가 5 또는 5의 배수로 구성된 상태
삼수성(trimerous) 구성 요소가 3 또는 3의 배수로 구성된 상태	동수성(isomerous) 각기 다른 윤생렬에 있는 부분의 수효가 같은 상태
사수성(tetramerous) 구성 요소가 4 또는 4의 배수로 구성된 상태	비동수성(anisomerous) 각기 다른 윤생렬에 다른 수의 부분이 있을 경우

1-3 유합(Fusion)

둘 이상의 조직이나 기관이 합쳐지는 것을 말한다.

동합(connate) 같은 기관끼리 완전히 또는 부분적으로 붙어 쉽게 떨어지지 않는 상태	이합(adnate) 다른 기관끼리 완전히 또는 부분적으로 융합되어 쉽게 분리되지 않는 상태
동착/위동합(coherent) 같은 기관끼리 외관상 붙어있을 뿐 완전히 융합되지 않아 쉽게 분리되는 상태	이착/위이합(adherent) 다른 기관끼리 외관상 붙어있으나 완전히 융합되지 않아 쉽게 분리되는 상태
이생(distint) 같은 또는 비슷한 기관이 서로 유합되지 않고 떨어져 있는 상태	분리(free) 비슷하지 않은 부분들이 서로 유합되지 않고 떨어져 있는 상태
접촉상(contiguous) 접촉하고 있는 상태, 접촉상인 부분들은 유합된 것처럼 보이나 단순히 맞닿아 있을 뿐임	

1-4 입체 구조(Solid shapes)

두상/머리모양(capitate)

머리처럼 생긴 구조, 기부에 짧은
자루가 달린 둥근

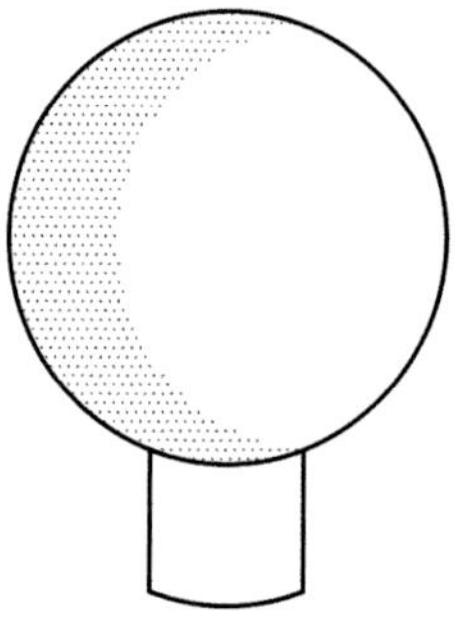

구형(globose)

두상의 일종으로
완전히 둥근 형태

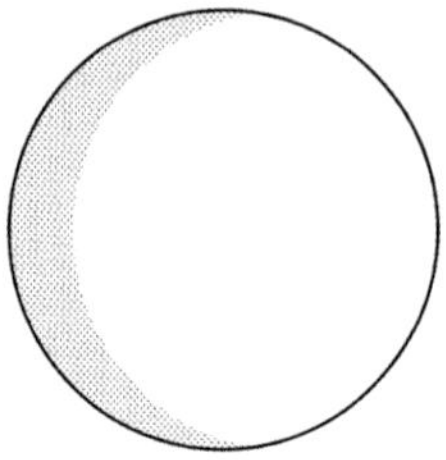

반구형(hemispheric)

두상의 일종으로
반구처럼 생긴 형태

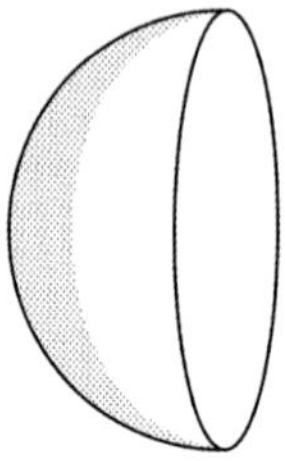

단구형(oblate)

장축이 부착점과 직각을 이룬 타원체.
P/E(극축길이/적도직경길이)
비가 0.8보다 작음

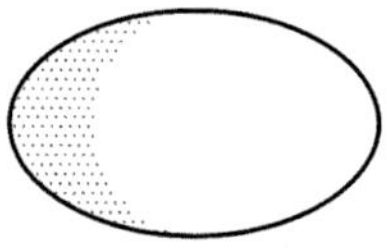

장구형(prolate)

타원체형 장축이 부착점과 나란히
놓인 타원체. P/E 비가 1.2보다 큼

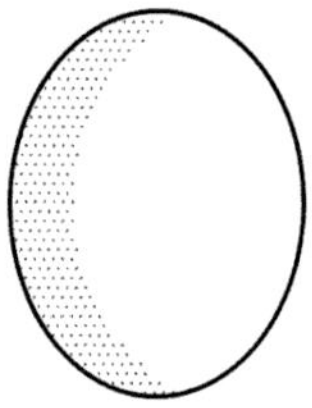

곤봉형(clavate)

곤봉처럼 생긴 것으로 끝으로
갈수록 폭이 넓어짐

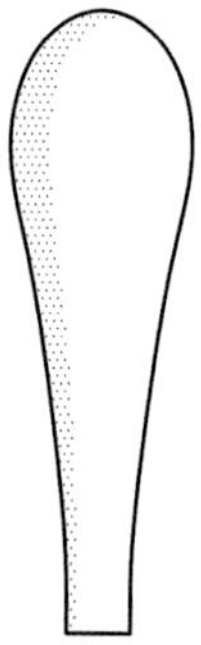

원반형(discoid)

원반처럼 생긴 형태

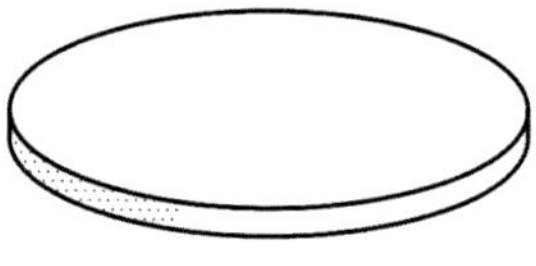

렌즈형(lenticular)

렌즈처럼 생긴 형태

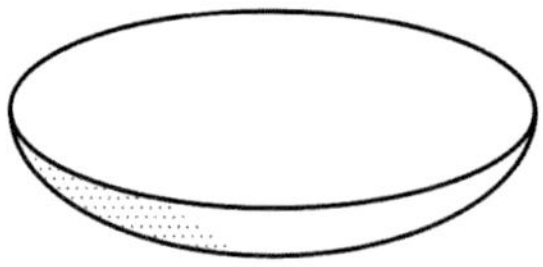

대롱형(fistulose)

원통처럼 속이 비어있는 형태

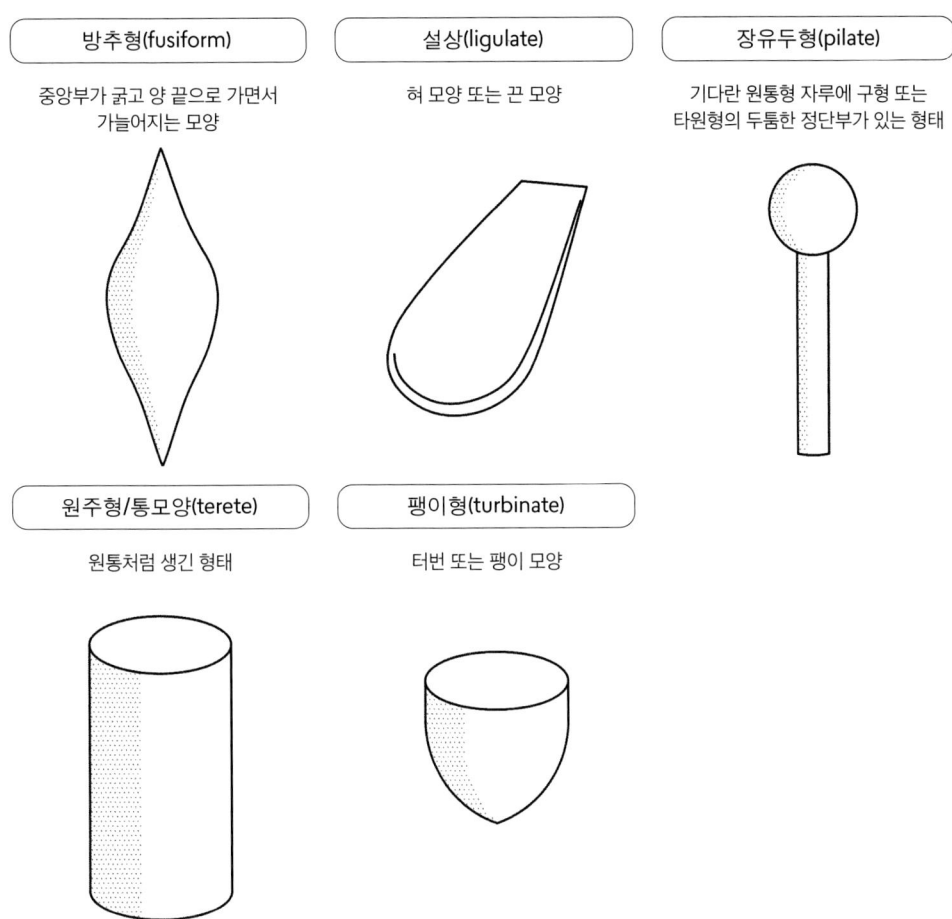

방추형(fusiform)

중앙부가 굵고 양 끝으로 가면서
가늘어지는 모양

설상(ligulate)

혀 모양 또는 끈 모양

장유두형(pilate)

기다란 원통형 자루에 구형 또는
타원형의 두툼한 정단부가 있는 형태

원주형/통모양(terete)

원통처럼 생긴 형태

팽이형(turbinate)

터번 또는 팽이 모양

출처 : Plant Systematics(second edition) Michael G. Simpson AP

1-5 평면 형태(Planar shapes)

구분		평면 형태						
정형	>12:1	검형						
	12:1~6:1		선형					
	6:1~3:1		협장타원형	장타원형	피침형	도피침형	협삼각형	
	3:1~2:1				피침상난형	도피침상난형		
	2:1~3:2		장타원형	타원형	난형	도란형	삼각형	흙손형
	~6:5			광타원형	광난형			
	~1:1			원형			정삼각형	
	기타	침형/띠형						
부정형		심장형	낫형	제금형	신장형	주걱형	추형	

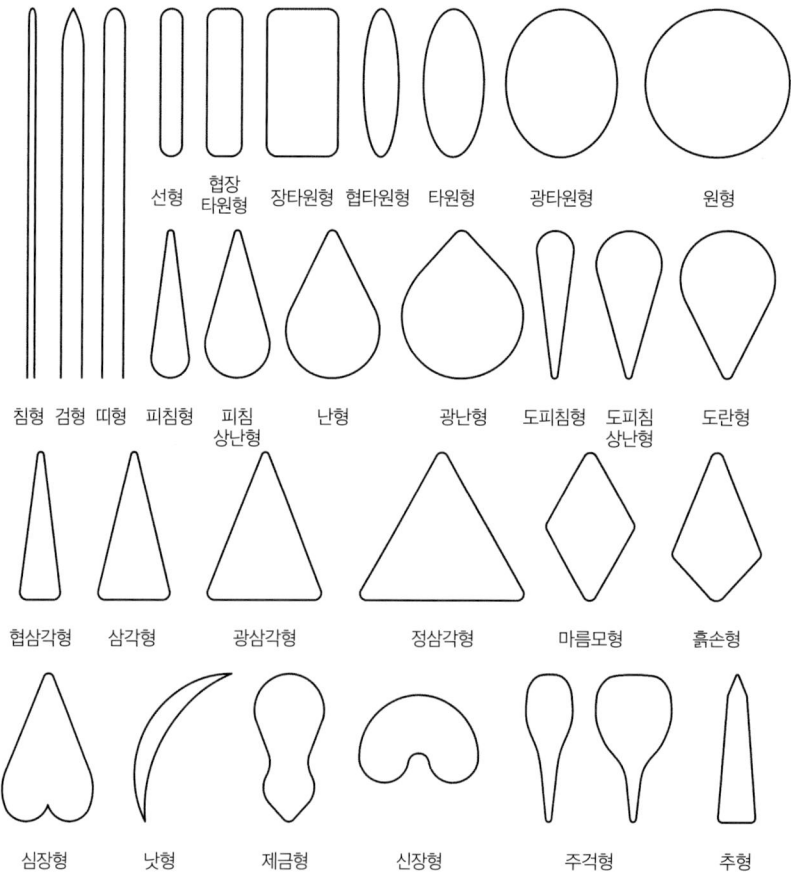

선형　협장타원형　장타원형　협타원형　타원형　광타원형　원형

침형 검형 띠형　피침형　피침상난형　난형　광난형　도피침형　도피침상난형　도란형

협삼각형　삼각형　광삼각형　정삼각형　마름모형　흙손형

심장형　낫형　제금형　신장형　주걱형　추형

출처 : Plant Systematics(second edition) Michael G. Simpson AP

52

1-6 표면 특징(Surface features)

무모상/평활상(glabrous)
잎 표면에 털이 없고 밋밋한 상태

망상(reticulate)
그물 같은 모양

추피상(rugose)
표면이 주름진 모양, 흔히 솟아난 물집들이 있는
것과 같은 상태

유두상(papillate)
표면에 젖꼭지 모양의 작은 돌기물이나 융기물
이 있는 모양

조립상(muricate)
작고 날카로운 돌기 때문에 거친 모양

미립상/과립상/비듬상(farinaceous)
미세한 가루가 덮여 있는 상태

조선상(striate)
위 아래로 뻗은 가느다란 선들이 있는 상태

고랑상(canaliculate)
기다랗게 홈이 파여진 상태, 흔히 잎자루나 주맥
에 적용

피침상(aculeate/princkly)
날카로운 비엽침성, 비경침성 부속체인 피침이
있는 상태

미요상(punctate)
조그만 구멍 또는 색깔 있는 점 등이 있는 상태

수포상(bullate)
흔히 솟아난 물집들이 있는 것과 같은 상태

1-7 털/모용(Trichome)

단모(simple trichome)

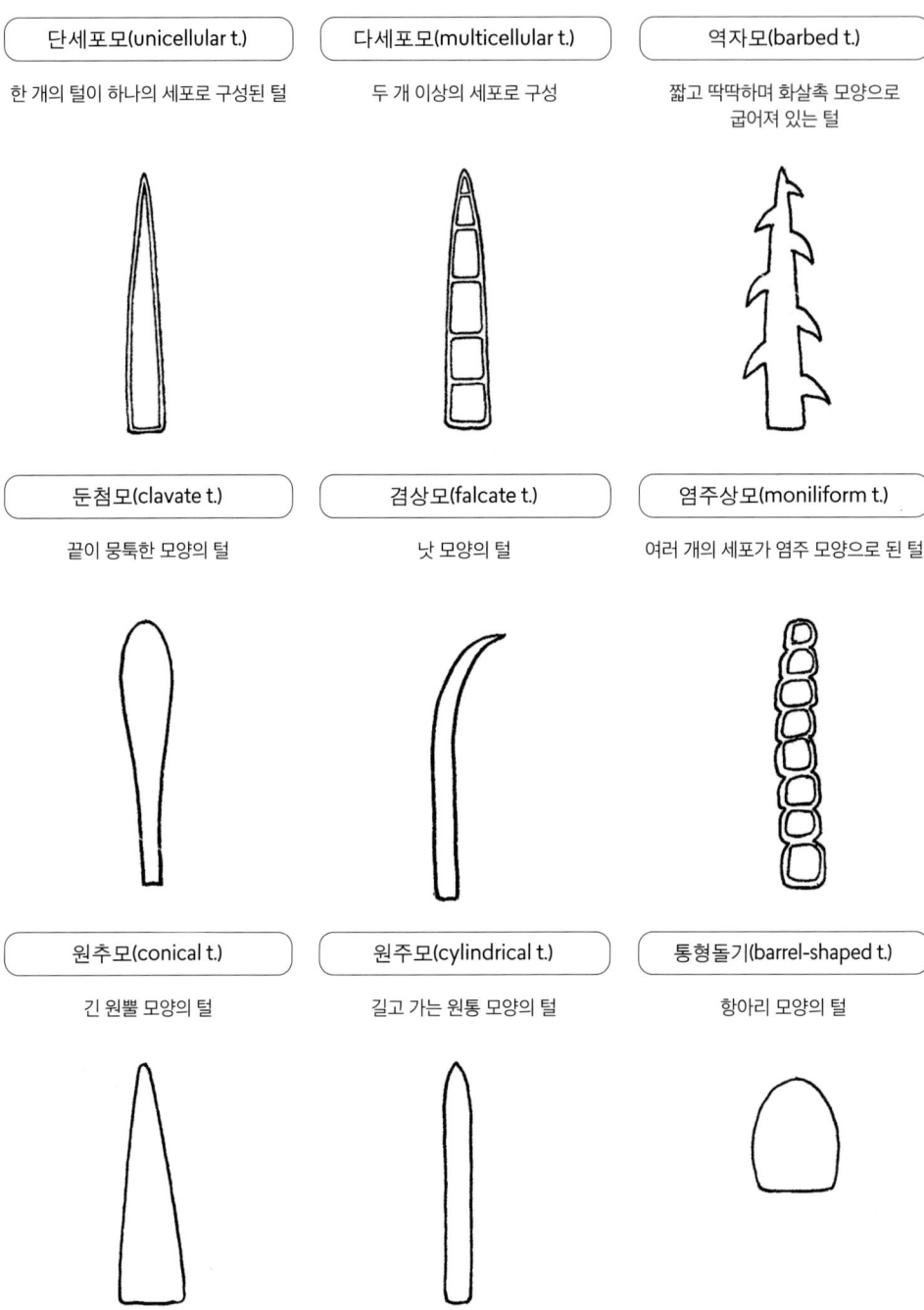

단세포모(unicellular t.)

한 개의 털이 하나의 세포로 구성된 털

다세포모(multicellular t.)

두 개 이상의 세포로 구성

역자모(barbed t.)

짧고 딱딱하며 화살촉 모양으로
굽어져 있는 털

둔첨모(clavate t.)

끝이 뭉툭한 모양의 털

겸상모(falcate t.)

낫 모양의 털

염주상모(moniliform t.)

여러 개의 세포가 염주 모양으로 된 털

원추모(conical t.)

긴 원뿔 모양의 털

원주모(cylindrical t.)

길고 가는 원통 모양의 털

통형돌기(barrel-shaped t.)

항아리 모양의 털

유두상돌기(papillate t.)	강직모(setose t.)	장편모(paleaceous t.)
젖꼭지 모양의 돌기형 털	곧고 빳빳한 털	길고, 밑은 편평하며 끝으로 갈수록 둥근 털

  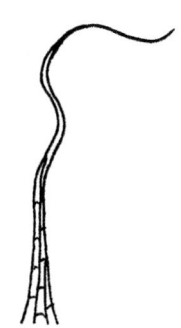

경선모(strigose t.)	견모(sericeous t.)
곧고 뻣뻣하며 날카로운 털이 눌린 상태의 털	길고 부드러운 비단실 같은 털로 대개 눌려져 있음

출처 : Vascular Plant Systematics, Albert E. Radford, et al. 1974

복모(complex trichome)

다각모(multiangulate t.)	자상모(echinoid t.)	T자형모(T-Shaped t.)
여러 방향으로 솟아나 여러 개의 털	밤송이처럼 돋아난 털	T자 모양으로 생긴 털

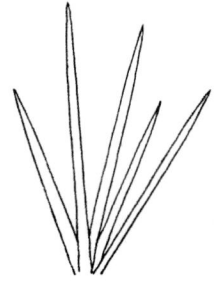

순형모(peltate t.)	별모양털/성상모(stellate t.)	별모양털/성상모(stellate t.)
방패모양의 털, 자리가 있거나 없음	여러 갈래로 갈라진 털 (자루가 없는 타입)	여러 갈래로 갈라진 털 (자루가 있는 타입)

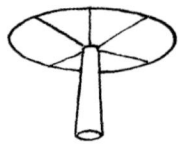

수상모(dendroid t.)	선모(샘털, glandular t.)
나무 모양의 털	표피 세포의 변형으로 끝에 분비샘이 발달한 털(다세포 선모와 단세포 선모가 있음)

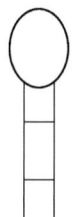

1-8 자세(Posture)

횡자세(Posture:Transverse)

반곡형(recurved)

정단부가 바깥쪽이나 아래쪽을 향해
점진적으로 굽은 형태

수하형(cernuous)

아래쪽을 향해 늘어진 상태

정곡형(squarrose)

기부의 윗부분에서 갑자기 굽어지거나 펼쳐지는 것

내곡형(incurved)

안쪽 또는 위쪽으로 굽은 상태

물결형(flexuous)

물결 모양으로 기복이 심한 모양

종자세(Posture:Longitudial)

접첩형(conduplicate)

중앙 축을 따라 종방향으로 인접한 향축면이
V자 모양으로 접혀 있는 상태

외권형(revolute)

가장자리가 뒤쪽으로 말리는 상태

내권형(involute)

가장자리가 윗면을 향해 안쪽으로 말리는 상태

기와형(cup-shaped)

표면 전체가 한쪽으로 오목하거나 볼록한 상태

접선형(plicate)

합죽선처럼 연속해서 주름이 진 상태

파동형(undulate/repand)

가장자리가 수직면에 대해서 파도상인 형태

비틀림(Posture:Twisting)

전도형(resupinate)

180° 뒤로 젖혀 있거나 꼬여있는 형태

2. 영양기관

2-1 뿌리

뿌리(Root)

| 주근계(taproot system) | 수근계(Fibrous root System) | 저장근(storage root) |

주근(원뿌리)과 측근(잔뿌리)이
뚜렷한 뿌리 형태

주근과 측근이 구별되지 않고 같은
굵기로 나오는 상태

식물의 양분을 저장하는 뿌리

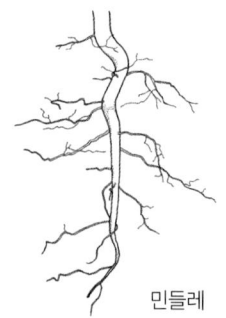

민들레

질경이

당근

| 지지근(prop root) | 기생근(houstorial root) | 호흡근/공기뿌리 (pneumatophores) |

공기 뿌리의 한 종류로 지지하는
역할을 하는 뿌리

기주식물의 조직에 침입하여 영양을
흡수할 수 있도록 특수화된
기생식물의 뿌리

땅 위에 나와 있는 뿌리로 호흡 기능을
하며 지지기능과 보호기능을
갖기도 한다.

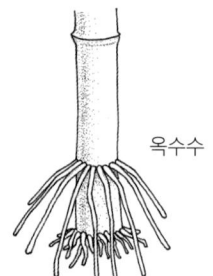

옥수수

새삼

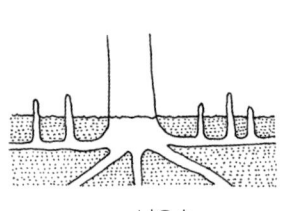

낙우송

| 판근(buttress root) | 괴근(tuberous root) |

수평방향으로 뻗은 뿌리로
지지작용을 함

뿌리의 일부가 비대하여 덩어리
모양으로 된 뿌리

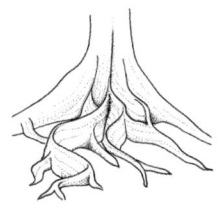

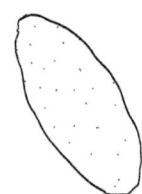

2-2 줄기

줄기의 습성(Stem habit)

평복성(prostrate)

기어가는 또는 편평하게 누워 자라는
상태로 마디에서 뿌리를 내리지 않음

포복성(repent)

대개 지면을 따라 성장하면서 마디에서
뿌리가 나와 뻗어가는 줄기

경복성(decumbent)

줄기가 지면을 기다가 끝에
직립하는 모양

유경성(caulescent)

지상에 줄기가 있는 식물

무경성(acaulescent)

지상에 줄기가 없는 식물

총생상(cespitose)

지상에서 줄기가 빽빽이
모여 자라는 상태

하늘나리

민들레

산부추

줄기의 유형(Stem types)

근경/땅속줄기(rhizome)

땅속에서 수평으로 자라는 줄기

인경/비늘줄기(bulb)

아주 적은 양의 수직 줄기조직

경침(thorn)

줄기나 가지 끝이 변한 가시

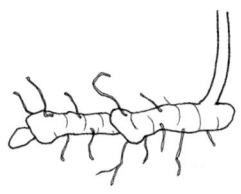

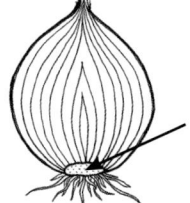

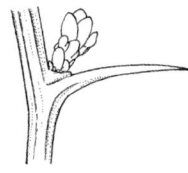

줄기의 유형(Stem types)

엽상경(cladodes)

광합성을 하는 편평한 줄기

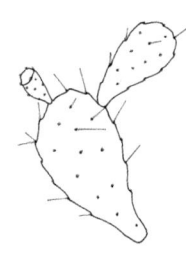

구경/알줄기(corm)

얇은 비늘잎으로 싸여있는 짧고 단단한 땅속줄기

속생지(fascicle)

매우 짧은 마디 사이를 지닌 경엽부

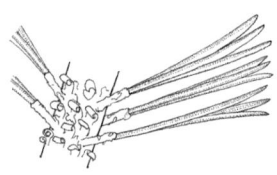

포복경/기는줄기(stolon)

절간이 긴 줄기

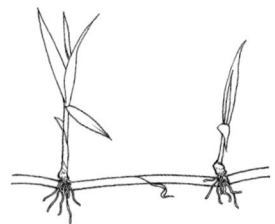

괴경.덩이줄기(tuber)

눈과 마디를 갖는 땅속줄기가 비대해진 것

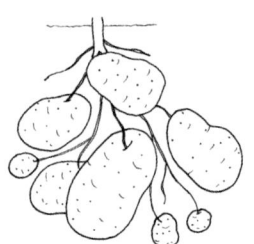

팽창경(caudiciform stem)

키가 작고 부풀은 다년생 저장 줄기

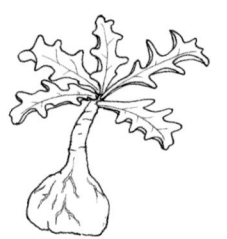

자좌(areole)

퇴화되고 변형되어 신장하지 않은 정단분열조직으로 엽침을 가지고 있음

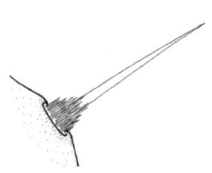

소지(Twig)

끝눈/정아
(terminal(apical) bud)

줄기의 끝에 있는 눈

겨드랑이눈/측아
(lateral(axillary) bud)

잎자루와 가지가 만나는 사이에 생긴 눈

잎자국/엽흔(leaf scar)

잎이 가지에서 떨어진 자국

관속흔(vascular bundle scars)

엽흔 속에서 관속이 잘라진 흔적

탁엽흔(stipule scar)

탁엽이 떨어진 자리, 일부 종은 가지를 완전히 감싸기도 함

영양아(vegetative bud)

꽃이 되는 눈을 제외한 잎이나 가지 등이 되는 눈

꽃눈/화아(fliral bud)

꽃/화서가 될 눈

혼(합)아(mixed bud)

화아와 영양아가 같이 들어 있는 눈

측생덧눈/병생부아
(collateral buds)

둘 이상의 액아가 나란히 자라는 형태의 눈

중생덧눈/중생부아
(superposed buds)

둘 이상의 눈이 수직으로 자리를 잡고 있는 눈

잠아(dormant bud)

오랫동안 동면 상태로 있는 눈. 줄기가 완전한 생장을 하면 동면 상태로 있다가 줄기의 생장점이 상했을 경우 자라기 시작함

벗은눈/나아(naked bud)

인편, 털과 같은 보호장치로 덮여 있지 않은 눈

잎자루눈/엽병내아
(infrapetiola bud)

잎자루의 밑부분에 의해 둘러싸인 눈
(예:쪽동백나무, 버즘나무)

위정아/준정아/가정아
(pseudoterminal bud)

가지 끝부분에 위치하면서 정아처럼 보이는 눈

잎막눈/부정아
(adventitious bud)

줄기의 마디 이외에서 나오는 눈

소지(Twig)의 구성

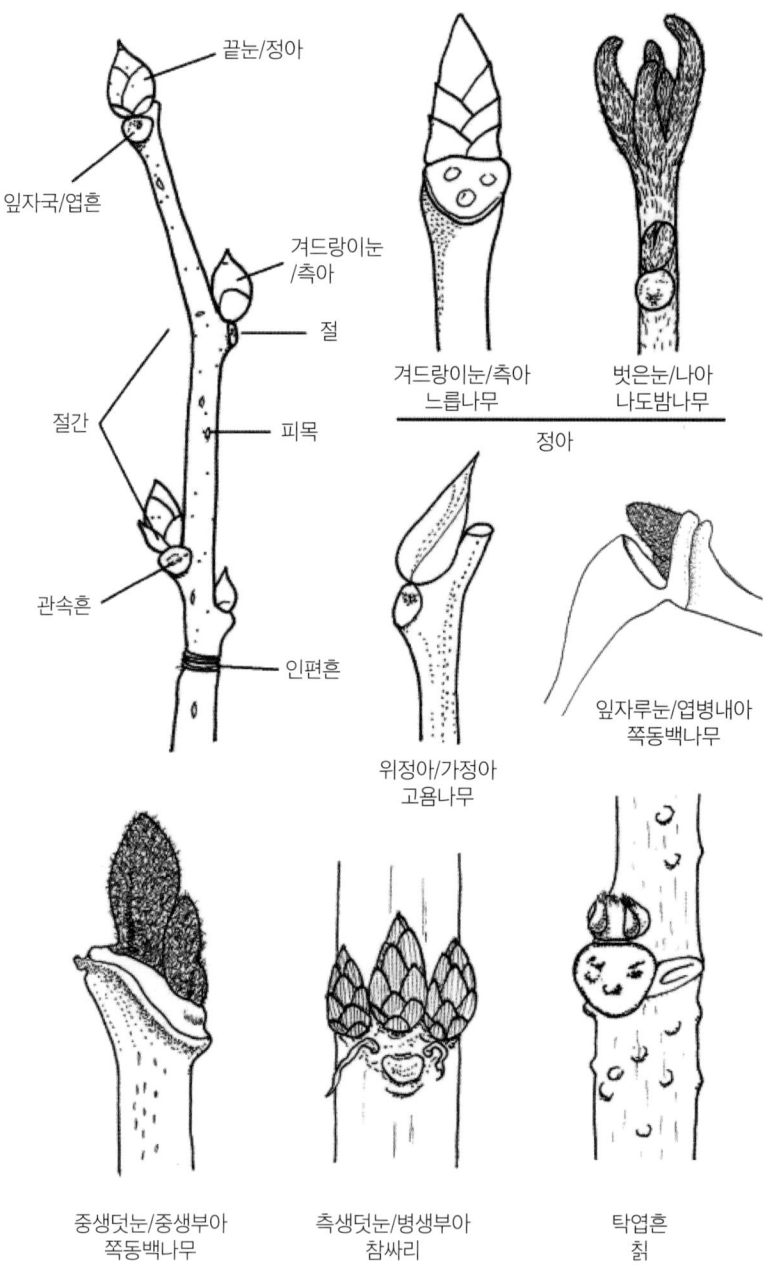

끝눈/정아

잎자국/엽흔

겨드랑이눈
/측아

절

절간

피목

관속흔

인편흔

겨드랑이눈/측아
느릅나무

벗은눈/나아
나도밤나무

정아

위정아/가정아
고욤나무

잎자루눈/엽병내아
쪽동백나무

중생덧눈/중생부아
쪽동백나무

측생덧눈/병생부아
참싸리

탁엽흔
칡

2-3 잎

잎맥(Leaf Venation)

단일맥(uninervous veined)

중앙부의 주맥만 있고 측맥은 없는 상태
(석송식물, 솔잎난식물, 속새식물, 구과식물)

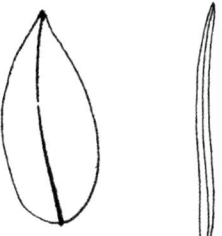

차상맥(dichotomous veined)

맥이 일정한 크기와 방향을 가지고 연속해서 쌍으로
분지하는 형태, 주맥 없음(예:은행나무)

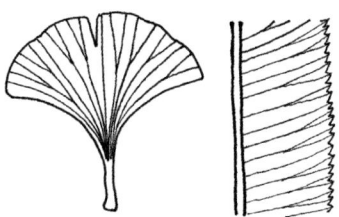

나란히맥/평행맥(parallel veined)

측맥이 주맥과 평행한 맥(대부분의 외떡잎식물)

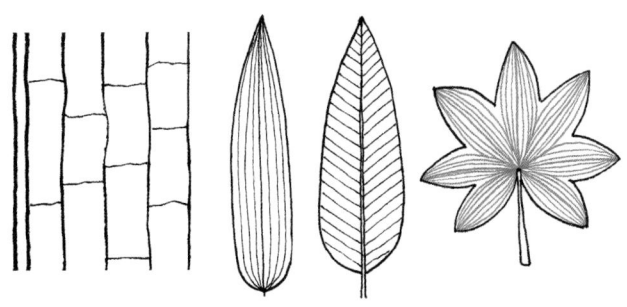

그물맥/망상맥(netted/reticulate veined)

잎의 주맥에서 갈라져 나와 그물 모양으로 퍼지는 맥(비외떡잎성 현화식물)

잎의 배열(Leaf Arrangment)

어긋나기/호생(alternate)

마디마다 1개의 잎(또는 다른 기관)들이 줄기를 돌아가면서 배열한 상태. 부착점의 열 또는 줄의 수에 따라 일열호생,이열호생,삼열호생, 나선상호생(다열호생)으로 나뉨.

이열호생(distichous)

부착점들이 2개의 열 또는 줄을 따라 호생하는 것(달뿌리풀)

달뿌리풀

나선상호생(spiral)

부착점들이 4개 이상의 열 또는 줄을 따라 호생하는 것(털중나리)

털중나리

마주나기/대생(opposite)

잎(또는 다른 기관)들이 한 마디에 2개씩 서로 마주나는 것으로 교호대생과 위교호대생으로 나뉨

교호대생(decussate)

대생하는 한 쌍의 잎이 앞에 달린 잎과 직각을 이루면서 달리는 것(물고추나물)

물고추나물

위교호대생(nondecussate)

대생하는 한 쌍의 잎이 앞에 달린 잎과 직각이 아닌 방향으로 달리는 것(쥐똥나무)

쥐똥나무

돌려나기/윤생(whorled)

3장 이상의 잎(또는 다른 기관)들이 한 마디에 달리는 상태(하늘말나리)

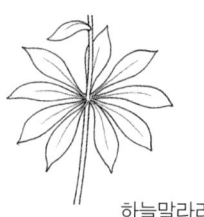

하늘말나리

과상(equitant)

2열로 난 잎(또는 다른 기관)이 마주 겹쳐나며 바깥 것이 안쪽 것을 끌어안은 모양(범부채)

범부채

뭉쳐나기/속생(fasciculate)

잎(또는 다른 기관)들이 다발로 모여나는 것(섬잣나무)

섬잣나무

잎의 분할(Leaf Division)

우상천열(pinnately lobed)

중앙축을 기준으로 잎 가장자리가 얇게
갈라진 것(1/8~ 1/4)

우상중열(pinnately cleft)

중앙축을 기준으로 잎 가장자리가
중간쯤 갈라진 것(1/4 ~1/2)

우상심열(pinnately parted)

중앙축을 기준으로 잎 가장자리가 깊게
갈라진 것(1/2~ 3/4)

우상전열(pinnately divided)

중앙축을 기준으로 잎 가장자리가 거의
끝까지 갈라진 것(3/4~거의 1)

장상천열(palmately lobed)

한 점을 기준으로 잎 가장자리가 얇게
갈라진 것(1/8~ 1/4)

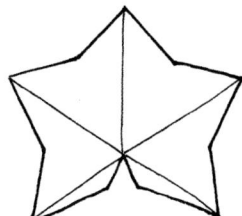

장상중열(palmately cleft)

한 점을 기준으로 잎 가장자리가
중간쯤 갈라진 것(1/4 ~1/2)

장상심열(palmately parted)

한 점을 기준으로 잎 가장자리가 깊게
갈라진 것(1/2~ 3/4)

장상전열(palmately divided)

한 점을 기준으로 잎 가장자리가 거의
끝까지 갈라진 것(3/4~거의 1)

정단부(Apex)

점첨두(acuminate)	**미두/꼬리모양(caudate)**
점차 뾰족해져 잎(또는 다른 기관) 끝이 약간 길어진 것 <45°	잎(또는 다른 기관) 끝에 꼬리모양의 부속체가 있는 모양 <45°
예철두(cuspidate)	**협예두(narrowly acute)**
잎(또는 다른 기관) 끝이 짧고 예리하게 뾰족한 모양 <45°	잎(또는 다른 기관) 가장자리는 곧고 예리하게 뾰족한 모양 <45°
예두(acute)	**둔두(obtuse)**
잎(또는 다른 기관) 끝이 짧게 뾰족한 모양 45°~90°	잎(또는 다른 기관) 끝이 둔한 모양 >90°
평두(truncate)	**원두(rounded)**
잎(또는 다른 기관) 끝이 주맥과 직각으로 편평한 모양 약 180°	잎(또는 다른 기관) 끝이 둥근 모양
요두(emarginate)	**미요두(retuse)**
잎(또는 다른 기관) 끝이 오목하게 파진 모양	잎(또는 다른 기관) 끝이 V자형으로 얕게 파인 모양
소철두(apiculate)	**까락모양(aristate)**
잎(또는 다른 기관) 끝에 유연성이 있는 작은 돌기가 나온 모양 >3:1, 유연함	잎(또는 다른 기관) 끝에 단단한 까락이나 센털을 가진 모양 >3:1, 뻣뻣함
덩굴손(cirrhose)	**급첨두/미철두(mucronate)**
잎(또는 다른 기관) 끝이 유연성이 있으며 심하게 굽어진 모양	잎 끝에 가시나 털이 달린 것처럼 급히 뾰족한 모양 1:1~3:1
유두형(mucronulate)	**엽침형(spinose/pungent)**
잎(또는 다른 기관) 끝이 단단하고 곧은 모양 <1:1	잎(또는 다른 기관) 끝이 뾰족하고 단단한 가시처럼 생긴 모양

정단부(Apex)

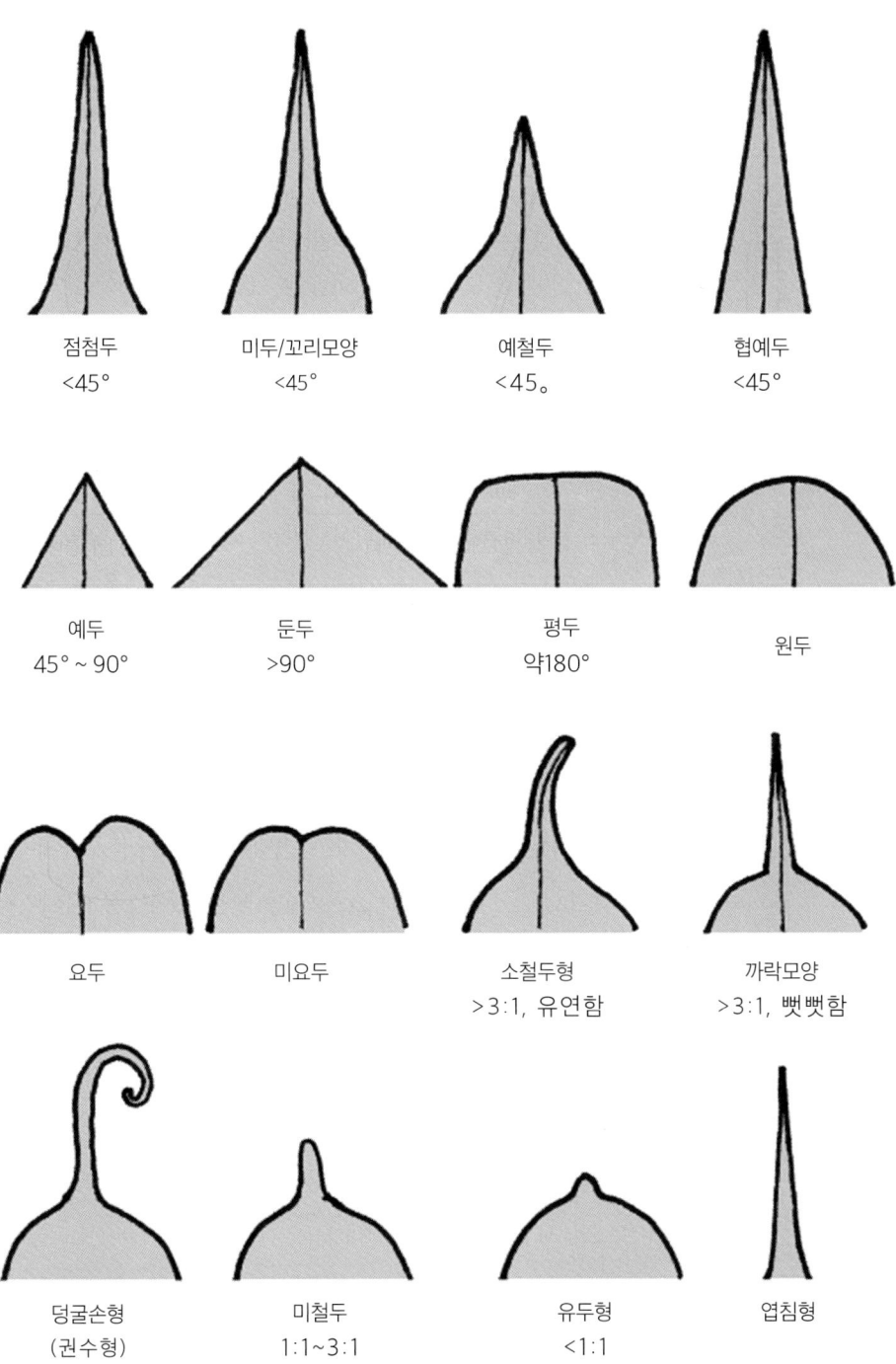

점첨두
<45°

미두/꼬리모양
<45°

예철두
<45。

협예두
<45°

예두
45° ~ 90°

둔두
>90°

평두
약180°

원두

요두

미요두

소철두형
>3:1, 유연함

까락모양
>3:1, 뻣뻣함

덩굴손형
(권수형)

미철두
1:1~3:1

유두형
<1:1

엽침형

가장자리(Margins)

전연(entire)

잎(또는 다른 기관) 가장자리가 갈라지지 않거나
또는 톱니나 가시 등이 없고 매끄러운 모양

톱니/예거치(serrate)

잎(또는 다른 기관) 가장자리가 톱니처럼 잘게
갈라지며 모두 잎끝을 향함, 더 잘게 갈라질 경우는
가는톱니/소예거치(serrulate)

겹톱니/이중거치 (doubly serrate)

잎(또는 다른 기관) 가장자리의 큰 예거치
안에 예거치가 있는 모양

치아상거치(dentate)

잎(또는 다른 기관) 가장자리에 밖을 향하여 뾰족하게
뻗은 치아상 모양의 톱니가 있는 모양, 더 작게 갈라질
경우는 소치아상거치(denticulate)

둔한톱니/둔거치(crenate)

잎(또는 다른 기관) 가장자리가
둥근 톱니 모양

엽침형연(spinose)

잎(또는 다른 기관) 가장자리가 날카롭고,
단단하며 가시처럼 생긴 돌기 모양의 형태

설치형(praemorse)

잎(또는 다른 기관) 가장자리가
톱날같이 파손된 형태를 지닌 모양

연모형(ciliate)

잎(또는 다른 기관) 가장자리에 짧고 부드러운 털이
난 모양(더 작은 연모일 경우 세연모연(ciliolate))

조섬유연(filiferose)

잎(또는 다른 기관) 가장자리에 조악한
섬유처럼 생긴 구조가 있는 모양

물결모양/파상(sinuate)

잎(또는 다른 기관) 가장자리가 물결 모양으로
기복이 심한 모양

결각상(incised)

잎(또는 다른 기관) 가장자리가 불규칙하게
날카롭고 깊게 갈라진 모양

빗살형(pectinate)

잎(또는 다른 기관) 가장자리가 빗의 살과 같이
일정하게 갈라져 있는 모양

가장자리(Margins)

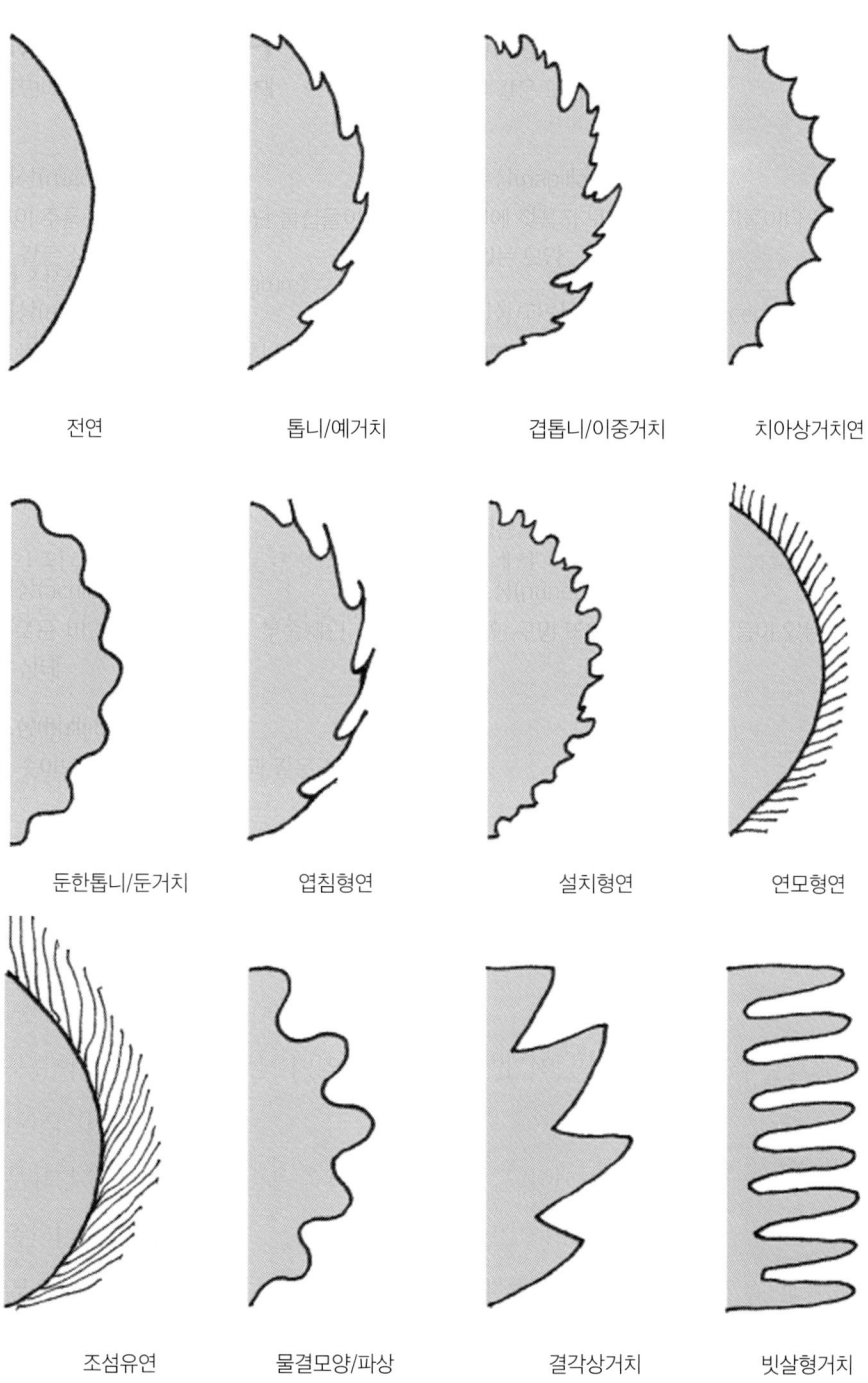

전연	톱니/예거치	겹톱니/이중거치	치아상거치연
둔한톱니/둔거치	엽침형연	설치형연	연모형연
조섬유연	물결모양/파상	결각상거치	빗살형거치

기부(Base)

유저(attenuate)

잎(또는 다른 기관) 기부가 잎자루를 따라 점진적으로
좁아지는 모양(곡선을 이룸)
<45°

협예저/협설저
(narrowiy cuneate)

잎(또는 다른 기관) 기부의 가장자리가 거의 직선이면서
좁아지는 모양으로 각은 45°보다 작음
<45°

쐐기모양/예저/설저
(cuneate)

잎(또는 다른 기관) 기부의 가장자리가 거의 직선이면서
좁아지는 모양으로 각은 45°보다 크고 90°보다 작음
45°~90°

둔저(obtuse)

잎(또는 다른 기관) 기부의 가장자리가 거의 직선이며 각은
90°보다 큰 모양
>90°

원저(rounded)

잎(또는 다른 기관) 기부가 둥근 모양

평저/절저(truncate)

잎(또는 다른 기관) 기부가 잘린 것같이
편평한 모양

심장저(cordate)

잎(또는 다른 기관) 기부가 심장 모양

콩팥모양/신장저(reniform)

잎(또는 다른 기관) 기부가 콩팥 모양
또는 강낭콩 모양

이저(auriculate)

잎(또는 다른 기관) 기부가 작은 귀 모양

전저(sagittate)

잎(또는 다른 기관) 기부가 화살촉의 아랫부분과 같은
모양으로 기부 양 열편이 아래쪽을 향함

의저(oblique)

잎(또는 다른 기관) 기부가 좌우대칭이 아닌
일그러진 모양(예:느릅나무)

순저(peltate)

잎(또는 다른 기관) 기부가 방패 모양

기부(Base)

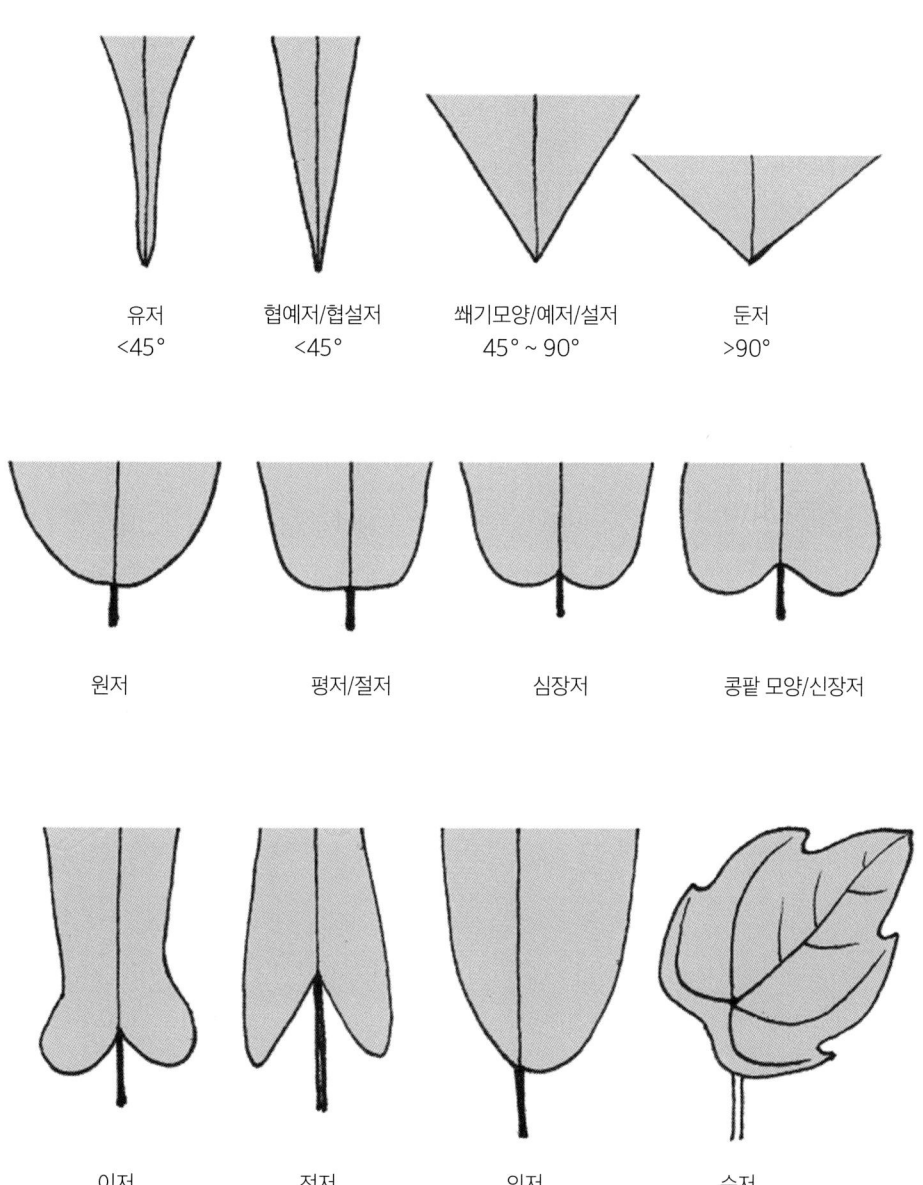

유저
<45°

협예저/협설저
<45°

쐐기모양/예저/설저
45° ~ 90°

둔저
>90°

원저

평저/절저

심장저

콩팥 모양/신장저

이저

전저

의저

순저

잎의 유형(Leaf Types)

단엽(홑잎 simple)	단신복엽(unifoliolate)	이출복엽(geminate)
잎몸이 하나인 잎	복엽이지만 소엽이 퇴화되어 단엽처럼 보이는 잎	잎 또는 소엽이 2개 달리는 복엽, 2개로 구성된 잎이 2쌍이 있으면 이회이출복엽

 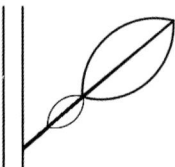  

이출복엽   이회이출복엽

삼출복엽(trifoliolate)

장상삼출복엽(palmate-ternate) :
소엽이 한 지점에 부착하는 잎
우상삼출복엽(pinnate-ternate) :
정소엽이 엽축의 정단에 달리는 잎

이회삼출복엽(biternately compound)
: 2번 분지하여 3개의 작은 잎이 달리는 복엽

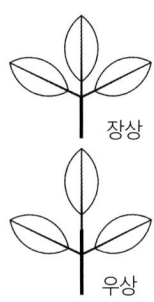

장상

우상

장상복엽/손모양겹잎 (palmately compound)

엽병의 끝에 4개 이상의
소엽이 달리는 복엽

우상복엽(pinnately compound)

기수우상복엽(imparipinnate)	우수우상복엽(paripinnate)	이회우상복엽(bipinnately compound)
: 정단부에 소엽이 있어서 소엽의 수가 홀수인 복엽	: 정단부에 소엽이 없어서 소엽의 수가 짝수인 복엽	: 2번 갈라져 깃모양으로 작은잎이 달리는 복엽

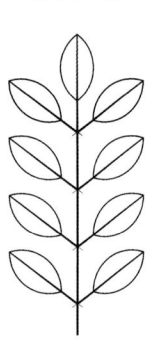 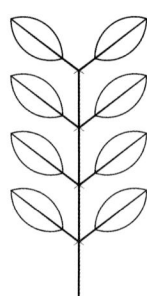 

잎의 변형(Leaf Deformation)

덩굴손(tendril)

식물체를 지지하기 위하여 다른 물건을
감을 수 있도록 줄기나 잎이 변한 부분

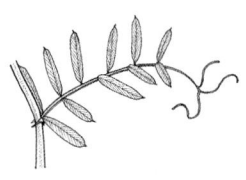

살갈퀴

불염포(spathe)

화서를 둘러싸는 커다란 총포

앉은부채

저장잎(storage leaf)

양분을 저장하는 잎

양파

촉수잎(tentacular leaf)

자극에 민감하고 분비샘이 발달한 잎

끈끈이주걱

포자잎(sporophyll)

포자낭을 생산하는 양치식물의 잎

좀고사리

낭상엽(Pitcher leaf)

내부의 용액을 담고 있는 용기처럼
생긴 잎

벌레잡이통풀

총포(involucral bract)

화서를 둘러싸고 있는 총포편의 집합체

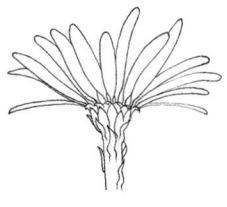

벌개미취

포충엽(insect-catching)

곤충 포획을 목적으로 변형된 잎이나
잎의 일부분

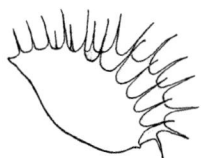

파리지옥

엽침(spine)

잎이나 탁엽이 변한 가시

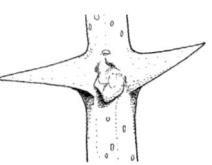

아까시나무

3. 생식기관

3-1 꽃

꽃의 구성(Flower parts)

수술/웅예(stamen)

약(꽃밥)과 수술대(화사)로 이루어진 웅성 생식기관

약/꽃밥(ancher)

수술대 끝에 달린 꽃자루를 담고 있는 주머니와 같은 기관

수술대/화사(filament)

수술에서 약을 달고 있는 실 같은 자루

암술/자예(pistil)

암술머리, 암술대, 씨방(자방)으로 이루어진 자성 생식기관

암술머리/주두(stigma)

꽃가루를 받는 부분이며, 암술의 가장 위에 있음

암술대/화주(style)

씨방과 암술머리를 연결하는 좁은 부분

씨방/자방(ovary)

밑씨를 포함한 암술의 아랫부분이 부푼 곳

밑씨/배주(ovules)

미성숙한 씨로 주피와 대포자낭으로 둘러싸임

화관(corolla)

하나의 꽃에서 꽃잎을 총칭

꽃잎/화판(petal)

화관의 한 조각

꽃받침/악(calyx)

꽃의 가장 밖에서 꽃잎을 싸고 있는 꽃받침조각들의 총칭

꽃받침조각/악편(sepal)

꽃받침을 이루는 하나하나의 열편

꿀샘/밀선(nectary)

꿀을 분비하는 조직이나 기관

꽃턱/화탁(receptacle)

꽃 구성요소들이 붙는 꽃자루의 정단 부분

꽃자루/소화경(pedicel)

한 개의 꽃을 달고 있는 자루(줄기)

포(bract)

꽃의 기부에 있는 잎과 같은 구조

꽃의 구성(Flower parts)

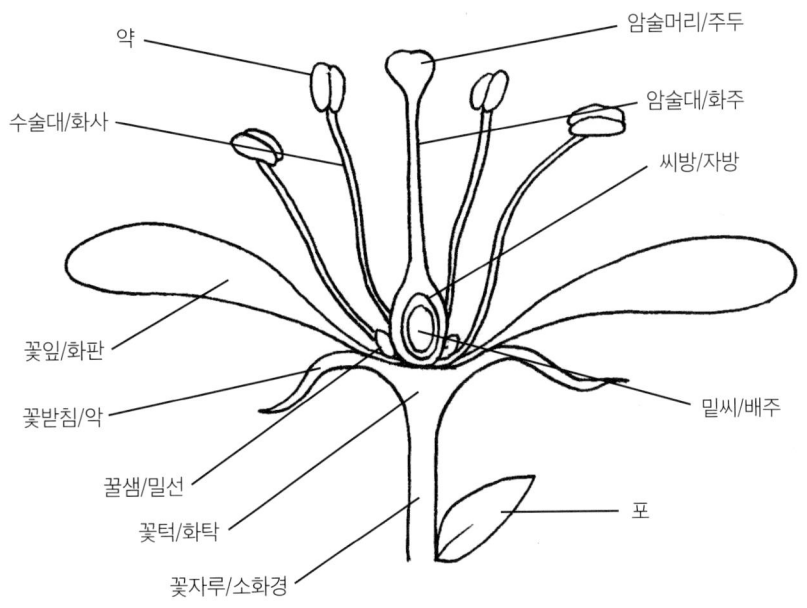

약

암술머리/주두

수술대/화사

암술대/화주

씨방/자방

꽃잎/화판

꽃받침/악

밑씨/배주

꿀샘/밀선

꽃턱/화탁

포

꽃자루/소화경

화피(perianth)

꽃받침이나 꽃잎의 구별이 명확하지 않은 꽃에서
꽃잎과 꽃받침을 함께 지칭하는 말.
내화피(inner perianth)와 외화피(outer perianth)로 구분함

화탁통(hypanthium)

잔 모양 또는 대롱 모양의 구조로, 씨방의 상부
또는 주위에 있으며, 가장자리에 꽃받침조각,
꽃잎, 수술 등이 달림

꽃받침대/화반(disk)

씨방의 기부를 둘러싸는 꽃턱의 일부가 비대해진
것으로 원반상이나 도너츠 모양

덧꽃받침조각/부악(epicalyx)

꽃받침과 유사하며 꽃받침 밑에
돌려난 포의 조각

예주(column/gynandrium)

수술과 암술이 융합한 복합체(예:난과) 또는
수술대가 융합한 구조(예:아욱과)

식물(꽃)의 성(plant(Flower) sex)

양성화 (perfect/bisexual flower)	단성화(imperfect/ unisexual flower)
암술과 수술이 함께 있는 꽃	암술과 수술 중 한 가지만 있는 꽃으로 암꽃과 수꽃으로 나뉨

암꽃(pistillate flower)	수꽃(staminate flower)
단성화로 암술만 있고, 수술이 없거나 퇴화된 꽃	단성화로 수술만 있고, 암술이 없거나 퇴화된 꽃

양성화주(hermaphrodite plant)	암수한그루(monoecious)
양성화만 있는 식물	자웅동주. 암꽃과 수꽃이 한 그루에 달려 있는 식물(예:참나무속 Quercus)

암수딴그루(dioecious)	잡성주(polygamous)
자웅이주. 암꽃과 수꽃이 서로 다른 그루에 달려 있는 것(예:버드나무속 Salix)	양성꽃과 단성꽃이 한 개체에 달리는 것 (예:팽나무속 Celtis)

수꽃양성화한그루 (andromonoecious)	수꽃양성화딴그루 (androdioecious)
웅성양성동주. 수꽃과 양성화가 한 개체에 있는 경우	웅성양성이주. 한 개체에는 수꽃, 다른 개체에는 양성화가 달리는 경우

암꽃양성화한그루 (gynomonecious)	암꽃양성화딴그루 (gynodioecious)
자성양성동주. 암꽃과 양성화가 한 개체에 있는 경우	자성양성이주. 한 개체는 암꽃, 다른 개체에는 양성화가 달리는 경우

암꽃수꽃양성화한그루 (polygamomonoecious)	암꽃수꽃양성화딴그루 (polygamodioecious)
삼성동주. 한 개체에 양성화, 암꽃, 수꽃이 함께 존재하는 경우	삼성이주. 수꽃, 암꽃, 양성화가 각기 다른 개체에 달리는 경우

씨방의 위치(Ovary position)

상위자방(ovary superior)	반하위자방(ovary half-inferior)	하위자방(ovary inferior)
씨방이 꽃받침, 꽃잎, 수술 위에 있는 것	꽃받침이 씨방의 하반부까지 유합하고 위쪽은 떨어져 있는 것	씨방이 꽃받침, 꽃잎, 수술 밑에 있는 것

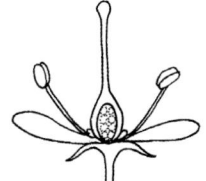 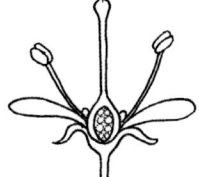 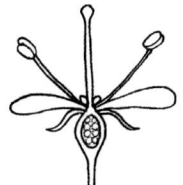

꽃받침의 유합(Sepal fusion)

이편악(갈래꽃받침 aposepalous/chorisepalous)

꽃받침이 서로 떨어져 있는 상태

산초나무　　　　　　　　　장구밥나무

합편악(통꽃받침 synsepalous/gamosepalous)

꽃받침이 서로 붙어 있는 상태

 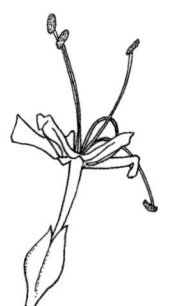 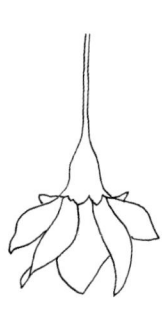

황근　　　　　누리장나무　　　　때죽나무

화피의 유형(perianth Types) - 이판화관(갈래꽃부리 polypetalous)

- 정제화관(regular) - 어느 방향으로나 대칭이 되는 방사상칭 꽃

장미형(rosaceous)	십자화형(cruciform)	석죽형(caryophyllaceous)
장미꽃처럼 생김	십자화의 꽃처럼 +자 모양	패랭이꽃처럼 생김

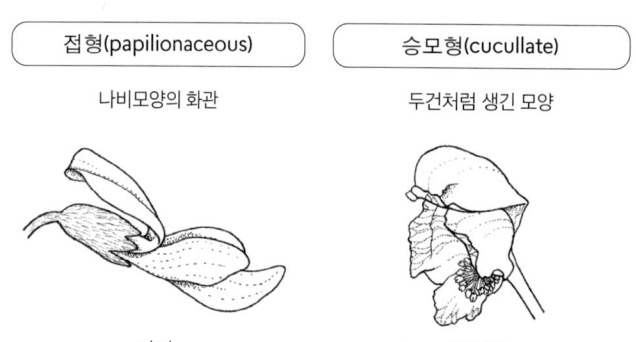

콩배나무   말냉이   패랭이꽃

부정제화관(irregular) - 좌우만 대칭이 되는 꽃

접형(papilionaceous)	승모형(cucullate)
나비모양의 화관	두건처럼 생긴 모양

싸리   백부자

화피의 유형(perianth Types) - 합판화관(통꽃부리 gamopetalous)

• 정제화관(regular) - 어느 방향으로나 대칭이 되는 방사상칭 꽃

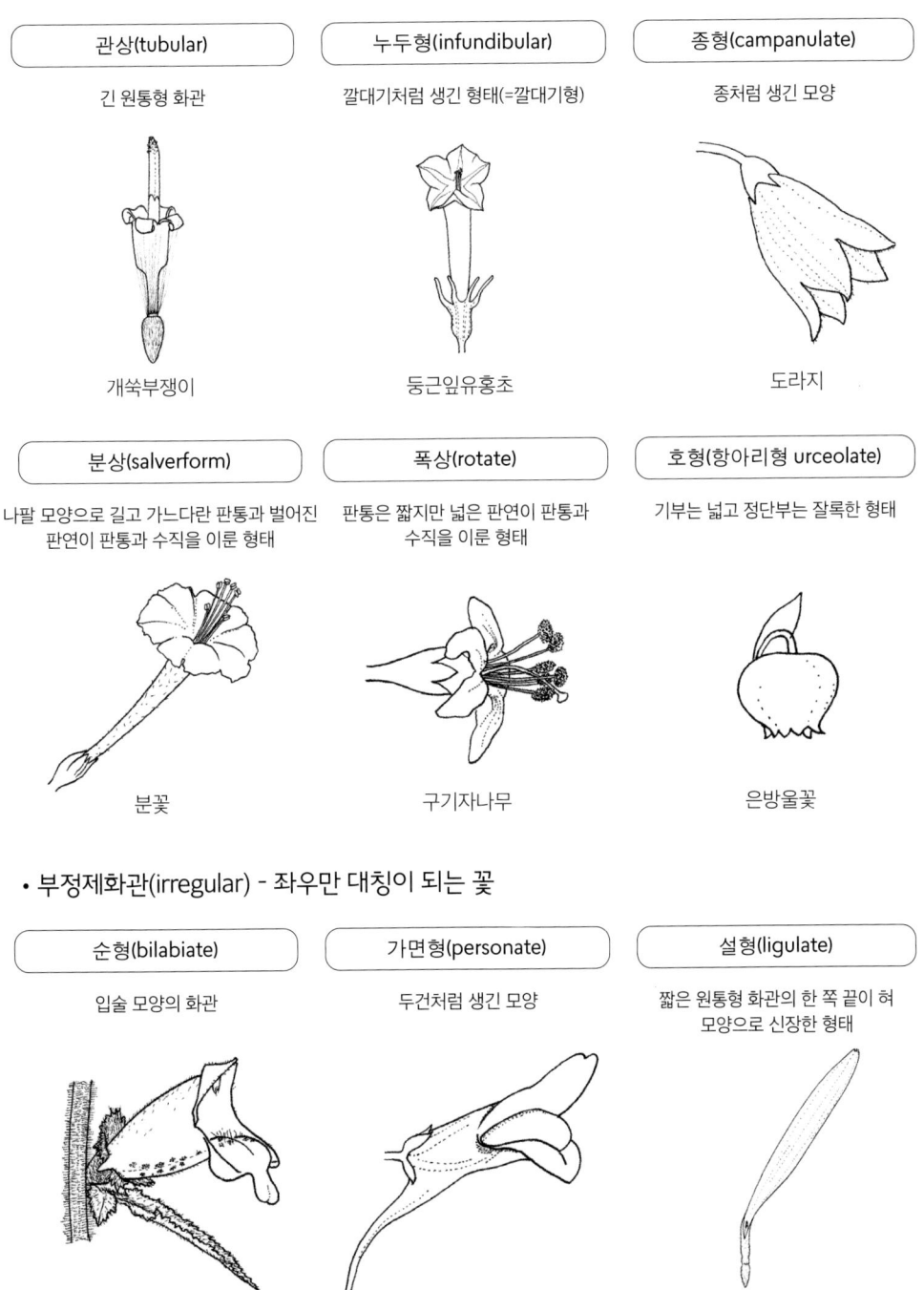

관상(tubular)
긴 원통형 화관
개쑥부쟁이

누두형(infundibular)
깔대기처럼 생긴 형태(=깔대기형)
둥근잎유홍초

종형(campanulate)
종처럼 생긴 모양
도라지

분상(salverform)
나팔 모양으로 길고 가느다란 판통과 벌어진 판연이 판통과 수직을 이룬 형태
분꽃

폭상(rotate)
판통은 짧지만 넓은 판연이 판통과 수직을 이룬 형태
구기자나무

호형(항아리형 urceolate)
기부는 넓고 정단부는 잘록한 형태
은방울꽃

• 부정제화관(irregular) - 좌우만 대칭이 되는 꽃

순형(bilabiate)
입술 모양의 화관
나도송이풀

가면형(personate)
두건처럼 생긴 모양
해란초

설형(ligulate)
짧은 원통형 화관의 한 쪽 끝이 혀 모양으로 신장한 형태
개쑥부쟁이

화서의 유형(Inflorescence Types) - 무한화서(indeterminate)

수상화서(spike)

축 하나에 자루가 없는 작은 꽃이
여러 송이 달리는 화서

총상화서(raceme)

축 하나에 소화경성 꽃이
여러 송이 달리는 화서

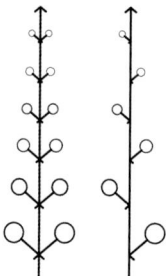

단산방화서(corymb)

꽃자루의 길이가 위로 갈수록 짧아져
꽃대 끝이 비슷한 높이를 갖는
꽃차례(simple)

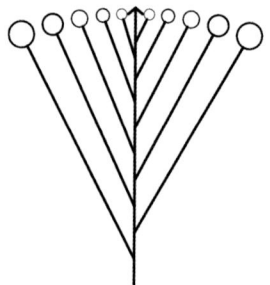

복산방화서(corymb)

두 차례 혹은 그 이상 분지하는
화서축에 소화경성 꽃들이
편평하거나 약간 볼록하게 배열하는
화서(compound)

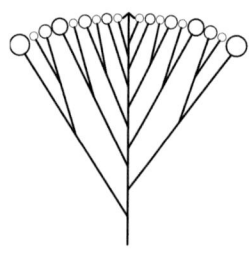

원추화서(panicle)

총상화서가 분지하여 전체적으로
원뿔 모양을 이룬 화서

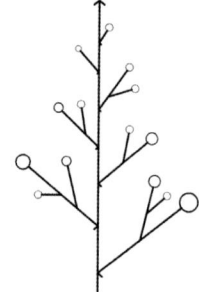

두상화서(head)

꽃자루가 없거나 짧은 꽃이 줄기 끝에
모여 밀생한 화서
(바깥에서 안쪽으로 개화)

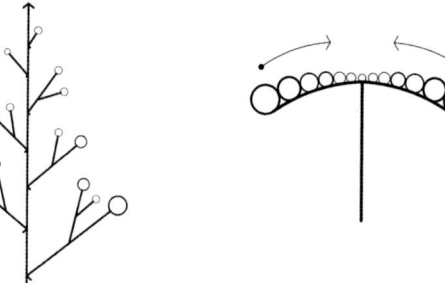

산형화서(umbel)

정단부가 편평하거나 볼록하고
꽃자루가 한 지점에 모여 달리는 화서
(바깥에서 안쪽으로 개화)

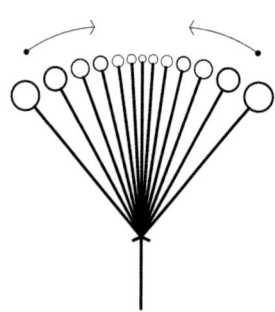

[참고] 화살표는 개화가 진행되는 순서, 원의 크기가 큰 것부터 개화함

화서의 유형(Inflorescence Types) – 유한화서(determinate)

기산화서(dichasium)

단기산화서(simple d.) :
꽃 3개로 이루어진 기산화서

복기산화서(compound d.) :
단기산화서가 여러 번 반복되어
이루어진 꽃차례

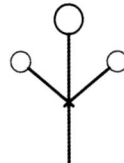
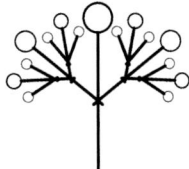

권산화서(drepanium)

축이 한쪽으로만 계속해서 발달하는
단산화서

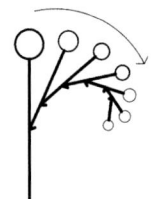

취산화서(cyme) – 유한화서를 가리키는 일반 용어

복취산화서(compound c.) :
여러 가닥으로 분지된 취산화서

권산상취산화서(helocoid c.)
꽃자루 한쪽이 퇴화하여 축의 한쪽으로
말리듯 발달한 화서

안목상취산화서(scorpoid c.) :
가지가 서로 엇갈리며 차례로
발달하는 화서

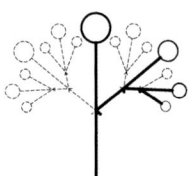
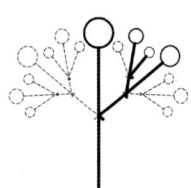

호산화서(rhipidium)

가지가 연속된 축에 호생하며 달리는
화서로 호산상취산화서로
간주하기도 함

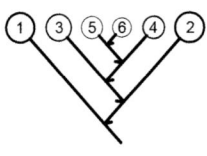

두상화서(head)

꽃자루가 없거나 짧은 꽃이 줄기 끝에
모여 밀생한 화서
(안쪽에서 바깥쪽으로 개화)

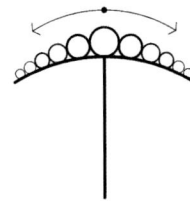

산형화서(umbel)

정단부가 편평하거나 볼록하고
꽃자루가 한 지점에 모여 달리는
화서(안쪽에서 바깥쪽으로 개화)

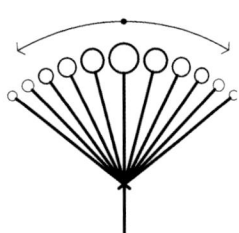

[참고] 화살표는 개화가 진행되는 순서, 원의 크기가 큰 것부터 개화함

화서의 유형(Inflorescence Types) – 이차화서(secondary I.)

밀추화서(thyrse)

본질적으로 취산화서들이 총상화서를 이룬 것으로 주축은
무한화서지만 축에 대생하는 단위 화서들은 소화경성
취산화서임

윤산화서(verticillaster)

대생하는 취산화서들이 수상화서를 이룬 형태

복총상화서(compound raceme)

총상화서가 반복된 화서

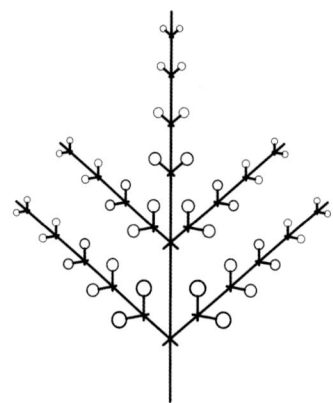

복산형화서(compound umbel)

화경 끝에 산경이라는 2차 축이 달리고,
각 산경 끝에 소화경들이 모여 달리는 화서

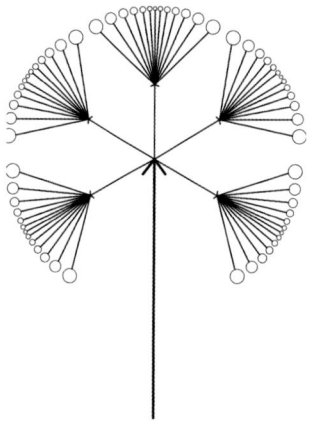

화서의 유형(Inflorescence Types) - 특수화서(Specialized I.)

유이화서/미상화서(catkin)

꽃자루가 거의 없으며 꽃잎이 없는 단성꽃으로 아래로 처진 꽃대축에 밀생한 이삭모양 화서

육수화서(spadix)

육질의 꽃대축에 꽃자루가 없는 작은 꽃이 모여 있는 화서

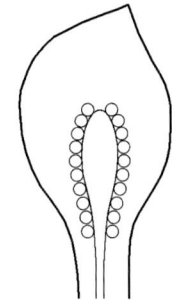

은두화서(hypanthodium)

꽃대축의 일부가 변형되어 항아리 모양으로 되고 그 내부에 많은 꽃이 달리는 화서

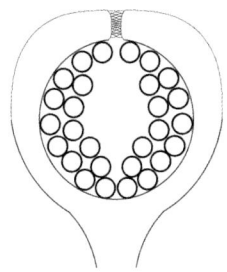

소수화서(spikelet)

벼과, 사초과의 작은이삭(소수)으로 구성되어 있는 화서

배상화서(cyathium)

컵 같은 총포 속에 한 개의 암꽃과 여러 개의 수꽃이 들어 있는 화서

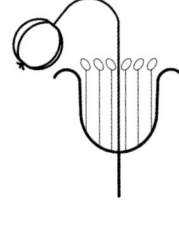

수술(stamen)

수술의 진화(enolution)

전형적인 피자식물의 점진적 변화

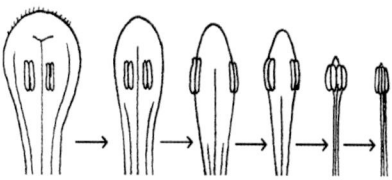

출처 : Cronquist(1968)

수술의 유형(Types)

화사형(filamentouse) : 자루형으로 생긴 수술대에 원주형
　　　　약이 달린 구조
판상(laminar) : 잎처럼 생긴 구조에 반약이 붙어 있음
헛수술(staminodia) : 불임성 수술

 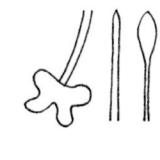

화사형　　　　판상　　　　헛수술형

수술의 배열(arrangement)

수술들간의 상대적 위치

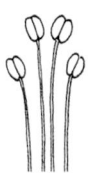 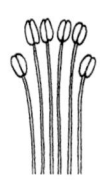 

이강웅예　　　사강웅예　　　이쌍웅예

약(anther)

약의 부착(attachment)

수술대가 약의 어느 부분에 붙는지 위치나 형태를 나타냄

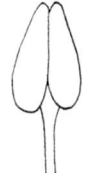 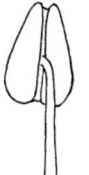 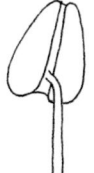

저착　　　　측착　　　　아저착
basifixed　　dorsifixed　　subbasifixed

약의 열개(dehiscence)

꽃가루를 방출하기 위해 열리는 방식

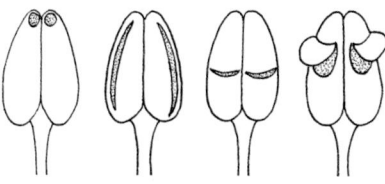

공개　　　　종개　　　　횡개　　　　판개
poricidal　longutudinal　transvers　valvular

84

수술의 유합(stamen fusion)

이생웅예(apostemonous)

수술이 서로 떨어져 있는 상태

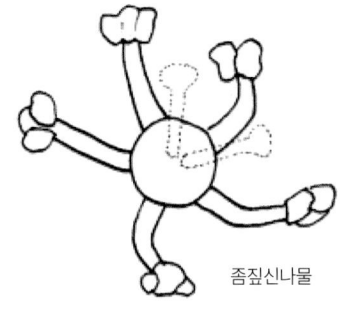

좀짚신나물

화판상생(epipetalous)

수술이 꽃잎이나 화관에 이합한 상태

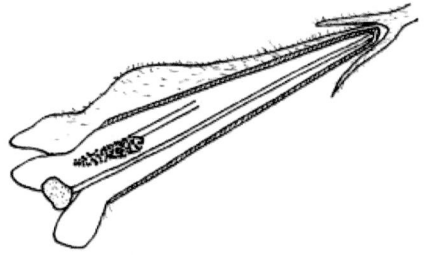

병꽃나무(수술은 모두 5개임)

양체웅예(diadelphous)

수술이 2개의 무리로 나누어진 형태로 수술대는 합생함

갈퀴나물

단체웅예(monadelphous)

수술대가 하나로 합쳐져 보통 암술대 주변에서
통 모양을 이룸

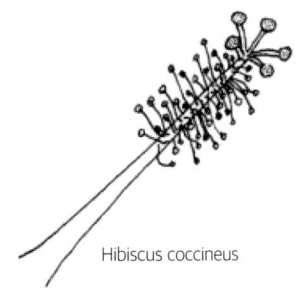

Hibiscus coccineus

취약웅예(syngenesious)

약이 합쳐서 서로 융합되어 있는 수술

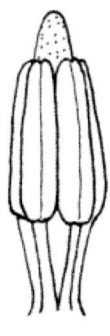

금강초롱

삼체웅예(triadelphous)

수술이 3개의 다발로 뭉쳐있는 상태

물고추나물

심피(Carpel)/자방의 부착형(Overy attachment)

심피의 발생(crpel development)

심피는 밑씨를 생산하는 대포자잎으로
단심피와 복심피로 구분. 심피의 발달은
배복성의 평평한 잎으로부터 발생하며,
이 잎이 접히고 접첩하여 궁극적으로는
배주를 감쌈

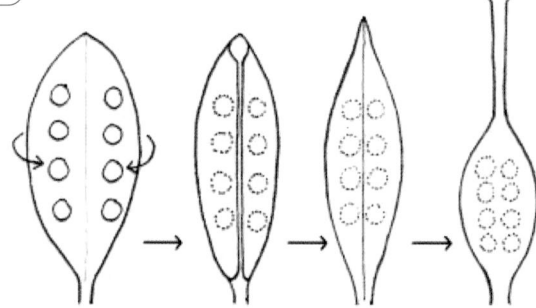

암술군의 유합(Gynoecium fusion)/배주

단심피 : 암술군이 1개의 심피로 이루어진 경우

이생심피 : 암술군의 심피가 서로 떨어진 경우

합생심피 : 암술군의 심피가 서로 동합한 경우

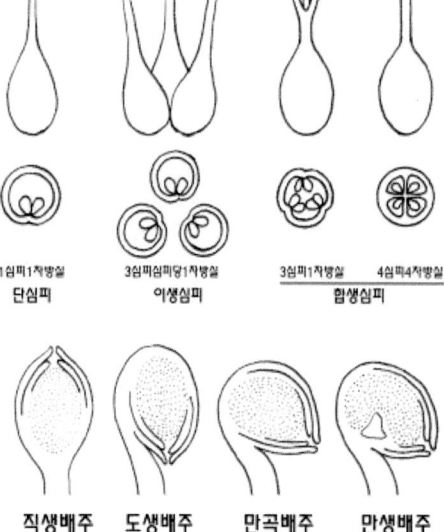

태좌형(Placentation)

중축태좌 : 격벽이 있는 복자방의 자방축에 태좌가
있음(표준 태좌형; 예:백합과)

측벽태좌 : 자방벽에 태좌가 있는 형태(예:제비꽃과)

변연태좌 : 단심피성 자방의 가장자리에 태좌가
존재(예:콩과)

독립중앙태좌 : 격벽이 없는 복자방의 자방축을 따라
태좌가 배열되는 형태(예:석죽과)

정단태좌 : 자방의 정단부에 태좌가 배열(예:연꽃과)

기저태좌 : 자방의 기부에 태좌가 배열(예:국화과)

중축정단태좌 : 격벽이 있는 자방의 정단부에 둘 이상의
태좌가 있는 형태(예:산형과)

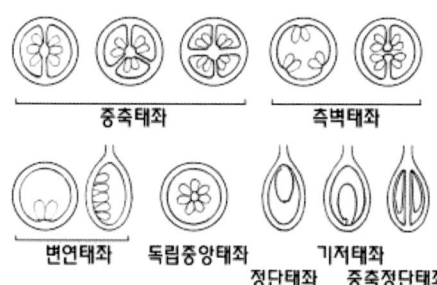

3-2 열매

진과(true fruit) - 씨방이 발달하여 과피가 된 유형

건폐과(dry indehiscent fruit)

<table>
<tr><td>수과(achene)</td></tr>
</table>

1개의 자방실에 1개의 씨를 가지며, 씨는 자방벽의 한 곳에만
붙어 있고 다 익어도 열리지 않음

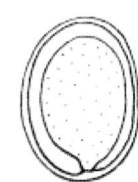

<table>
<tr><td>시과(samara)</td></tr>
</table>

날개가 있는 열매

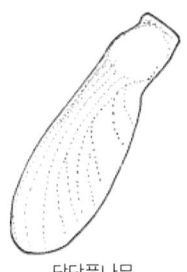

사위질빵   단면

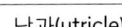

당단풍나무

<table>
<tr><td>견과(nut)</td></tr>
</table>

흔히 딱딱한 껍질에 싸여 있고 보통
1개의 씨가 들어 있는 열매

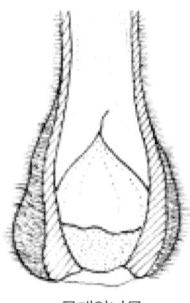

물개암나무

<table>
<tr><td>낭과(utricle)</td></tr>
</table>

작은 주머니 모양의 열매로 과피는
얇은 막질의 형태

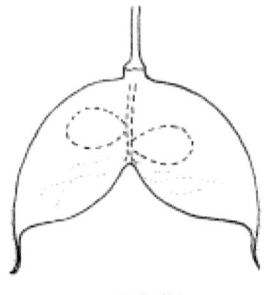

고추나무

육질과(fleshy fruit)

감귤과(hesperdium)

내과피에 의해 과육이 여러 개의 방으로 분리된 열매

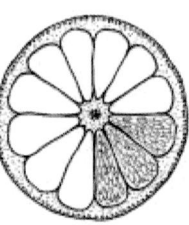

귤

석류과(balausta)

과피가 두껍고 상하 여러 개의 방으로 구성된 열매

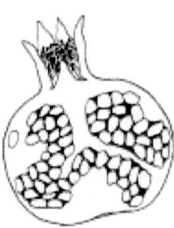

석류

장과(berry)

한 개의 암술에서 발생한 열매로 여러 개의 씨가 들어 있는 육질성 열매

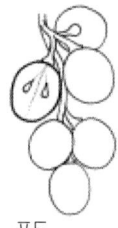

포도

핵과(drupe)

내과피는 매우 단단한 핵이며, 중과피는 육질, 외과피는 얇은 열매

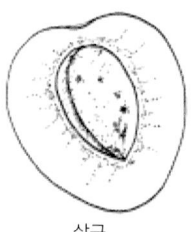

살구

건개과(dry dehiscent fruit)

골돌과(follicle)

하나의 심피에서 발달하며, 다 익으면 한 개의 봉선으로 터짐

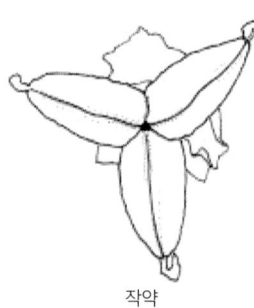

작약

협과(legume)

1개의 심피가 성숙하며, 다 익으면 대개 두 개의 봉선을 따라 벌어지는 열매

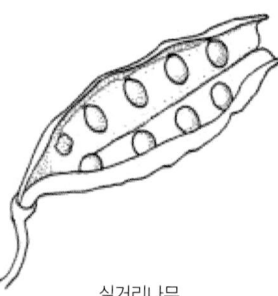

실거리나무

삭과(capsule)

한 개 이상의 심피로 구성되며, 열매가 다 익으면 벌어짐.

진달래

건개과(dry dehiscent fruit) - 분열과(schizocarp)

골돌형(follicles)

성숙시 암술의 심피(일반적으로 2개)가 쪼개지며, 각 심피는 골돌로 발달

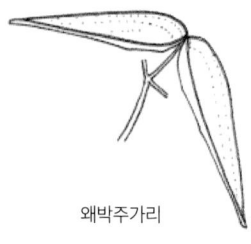

왜박주가리

분과형(mericarps)

1개의 자방을 이룬 심피들이 열매가 성숙하는 동안 쪼개지며, 각 심피는 단위 분과로 발달

긴사상자

견과형(nutlets)

1개의 자방이 성숙하는 중에 열편으로 갈라지고 자방 성숙시 각 열편은 쪼개져 떨어지는 소견과로 발달

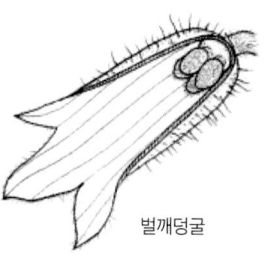

벌깨덩굴

가과(False fruit) - 씨방과 씨방 이외의 부분이 자라서 된 열매

단과(simple fruit) - 한 개의 심피로 구성된 한 개의 암술이 자라서 된 열매

이과(pome)	장미과(hip)	영과(caryopsis)
다육성 열매로 열매의 중심은 하위자방에서 발달하며 육질은 꽃턱이 변한 것	한 개의 꽃에서 여러 개의 심피가 성숙하여 이루어진 수과로 구성되며, 성숙된 육질성 꽃턱통에 의해 둘러싸인 열매	1개의 종자로 이루어진 건폐과로 종피가 과피벽에 이합되어 있음

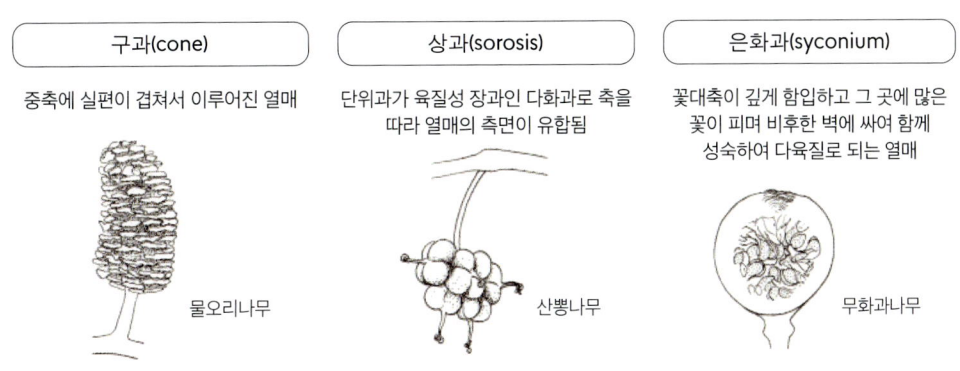

사과   용가시나무   벼과 식물

취과-집합수과	취과-집합핵과	취과-집합골돌과
수과가 모인 취과(한 꽃 안에 있는 둘 이상의 씨방이 발달한 것)	핵과로 이루어진 취과	골돌과가 모인 취과

딸기   산딸기   목련

다화과(multiple fruit) - 여러 개의 꽃이 밀집한 꽃차례가 성숙해서 하나의 열매가 된 것

구과(cone)	상과(sorosis)	은화과(syconium)
중축에 실편이 겹쳐서 이루어진 열매	단위과가 육질성 장과인 다화과로 축을 따라 열매의 측면이 유합됨	꽃대축이 깊게 함입하고 그 곳에 많은 꽃이 피며 비후한 벽에 싸여 함께 성숙하여 다육질로 되는 열매

물오리나무   산뽕나무   무화과나무

3-3 종자

씨/종자(Seed)

배(embryo)

씨 안에 들어 있으며 새로운 식물체로 자라게 될 부분

씨껍질/종피(seed coat)

씨의 껍질로 밑씨의 주피(integument: 밑씨를 싸고 있는 부분)가 변한 것

씨털/종발(coma)

박주가리의 씨처럼 씨의 정단에 나는 털

제(hilum)

씨에 남아 있는 흔적으로 밑씨였을 때 씨방벽에 붙어 있던 자리

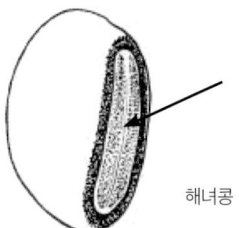

해녀콩

봉선/배선(raphe)

인접한 주병 때문에 만들어진 종피의 능선, 성숙하면 갈라져 꽃가루나 씨를 방출함

배젖/배유(endosperm)

속의 배를 싸고 있고, 배가 성장하는 데 필요한 양분을 공급하는 조직

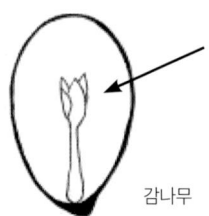

감나무

종침(caruncle)

씨의 기부에 있는 육질성 돌기물로 일반적으로 동물에 의한 종자의 산포에 관여

떡잎/자엽(cotyledon)

배의 발육기에 있어서 맨 처음 마디에 생기는 첫 번째 잎으로 주로 젖이 발달한 것

가종피/종의(aril)

주병, 배선 또는 주피(이 경우 나중에 주피로부터 독립) 등이 육질성 돌기로 변한 것으로 동물에 의한 종자 산포 역할을 함

4장

출제 예상
300종 식물

양치식물

나자식물

피자식물

양
치
식
물

멸||
....
특산
....
|
....
적색
....
귀화
....
교란
....
기후
....

뱀톱/석송과

Huperzia serrata (Thunb.) Trevis. ☞ serrata 톱니가 있는

2020. 08. 14. 덕유산

잎

포자낭

생육형태	전국의 산지. 상록성 여러해살이풀.
잎	길이 9~17mm, 폭2~4mm, 약한 윤기가 나고 가죽질. 끝은 뾰족하고 가장자리에 불규칙한 톱니가 있음.
포자낭	잎겨드랑이에 신장형으로 달림.
포자	6~9월에 성숙함.
동정포인트	잎이 장타원형이며 하부를 제외한 잎 전체에 불규칙한 톱니가 있다.
비교	뱀톱속(*Hiperzia*)에서는 뱀톱과 긴다람쥐꼬리(*H. jejuensis*)가 잎가장자리에 톱니가 생긴다. 뱀톱은 하부를 제외한 전체에 톱니가 생기지만 긴다람쥐꼬리는 윗부분에만 톱니가 있는 점이 다르다.

제주고사리삼/고사리삼과

Mankyua chejuense B.Y. Sun, M.H. Kim & C H. Kim ☞ chejuense 제주도에 자라는

양치식물

멸 I
특산
V
EN
귀화
교란
기후

2024. 01. 26. 제주도

전체 모습

생육 환경

생육형태	제주, 저지대 습한지역. 상록성 여러해살이 풀, 높이 10~15cm.
땅속줄기	흑갈색, 지름 0.5cm, 옆으로 김.
공통자루	길이 8~12cm, 털은 없고 녹색임.
영양잎	연한 녹색 또는 녹색으로 3개로 갈라진 후 다시 2개로 갈라져 5~6개의 우편으로 보임. 가장자리에 톱니가 있음.
포자낭수	이삭 모양이며 1~3개로 갈라짐.
포자낭군	포자잎 가장자리를 따라 2줄로 배열함.

동정포인트	땅속줄기가 옆으로 뻗으며, 영양잎이 3개로 갈라진 후 다시 2개로 갈라져 5~6개의 우편으로 보인다.
해설	우리나라 고유속(Endemic Genus)이며, 제주고사리삼속(*Mankyua*)의 유일한 종으로 멸종위기 야생생물 I급, 특산식물, 식물구계학적 특정식물 V등급, 적색목록 위기(EN)종이다.

솔잎난/솔잎난과

Psilotum nudum (L.) P. Beauv. ☞ nudum 노출된

2012. 06. 10. 제주도

줄기

포자낭군

생육형태	제주, 전남, 경남. 상록성 여러해살이풀, 바위 틈이나 나무 위에 자라는 착생식물.
땅속줄기	지름 1~2mm, 길게 기며, 암갈색 헛뿌리에 덮여 있음. 뿌리는 없음.
줄기	다복하게 나며, 다소 모가 지고 녹색임 높이는 10~30cm, 잎은 없음.
포자낭	3실, 구형이며 녹색에서 노란색으로 익음.
포자	6~9월에 성숙함.
동정포인트	착생식물로 뿌리와 잎은 없고, 줄기가 차상으로 여러 번 갈라져서 풍성하게 된다. 포자낭은 3실로 줄기의 짧은 가지에 달린다.
해설	솔잎난속(*Psilotum*)은 우리나라에 1속 1종이 있다. 멸종위기 야생생물 II급, 식물구계학적 특정식물 V등급, 적색목록 위기종(EN)이다.

94

쇠뜨기/속새과

Equisetum arvense L. ☞ arvense 밭에서 자라는

2016. 04. 18. 경북 안동

영양줄기

생식줄기

생육형태	전국. 초지, 길가, 논두렁 등. 하록성 여러해살이풀, 높이 20~50cm.
생식줄기	길이 10~30cm, 연분홍 또는 연한 갈색이며 가지를 치지 않음. 줄기 끝에 포자낭 이삭이 달림.
영양줄기	높이 30~40cm, 지름 2~4mm이며, 마디에 비늘 모양으로 퇴화한 잎과 잎처럼 보이는 가지가 돌려남. 줄기 속은 비어 있고 겉에 6~10개의 능선이 있음.
동정포인트	줄기는 두 가지 모양이고 생식줄기는 연한 갈색으로 포자낭 이삭이 달리고, 영양줄기는 녹색으로 줄기가 돌려난다.
비교	물쇠뜨기(*E. pratense*)는 쇠뜨기에 비해 줄기의 마디 사이에 가는 돌기가 있고, 엽초의 치편은 투명한 막질이므로 구분된다. 북부지방(백두산)에 분포한다.

4장 출제 예상 300종 식물 95

속새/속새과

Equisetum hyemale L. ☞ hyemale : 겨울의

2021. 09. 09. 강원 평창

포자낭이삭

줄기의 엽초

전체 모양

생육형태   전국. 습지. 상록성 여러해살이풀
땅속줄기   옆으로 길게 뻗으며 지면 가까운 곳에서 여러
        개로 갈라져 나옴.
줄기   높이 30~60cm, 지름 5~7mm 짙은 녹색이
        다. 속이 비어 있고, 마디 사이에는 10~18개
        의 능선이 있음.
포자낭이삭 길이 6~10mm, 원추형으로 줄기 끝에 붙음.

동정포인트 상록성이며 포자낭이삭에 자루가 없고, 줄기
        의 가지는 발생하지 않는다. 식물구계학적 특
        정식물 Ⅲ등급, 기후변화 지표종이다.
비교   개속새(*E. ramosissimum*)는 속새에 비해 줄
        기의 지름은 3~5mm로 얇고 중간 이하에
        2~3개의 불규칙한 가지가 있어 구분된다. 전
        국의 산과 들에 분포한다.

꿩고비/고비과

Osmunda cinnamomea L. ☞ cinnamomea 계피의 색깔과 비슷한

2022. 05. 13. 강원 인제

영양잎

포자잎과 포자낭(원)

생육형태	전국. 산지 숲 속, 습한 지역. 하록성 여러해살이풀.
잎자루	짧고 적갈색 털이 있지만 성숙하면서 탈락함.
영양잎	길이 30~80cm, 폭 15~20cm, 난상 피침형으로 1회 우상복엽이다. 끝이 갑자기 좁아지고 누런 녹색을 띰.
포자잎	영양잎보다 짧고, 포자낭이 전체를 감싸고 포자 산포 후 적갈색으로 변해 여름까지 남음.
동정포인트	이엽성으로 포자잎과 영양잎이 따로 나온다. 영양잎은 1회우상복엽으로 끝이 갑자기 좁아지고 포자잎은 포자 산포 후 갈색으로 변해 여름까지 남는다. 식물구계학적 특정식물 II 등급이다.
비교	꿩고비에 비해 고비(*O. japonica*)는 2회우상복엽이고, 음양고비(*O. claytoniana*)는 영양잎의 중간에 포자잎이 달리므로 구분된다.

양
치
식
물

멸Ⅱ
....
특산
....
구계
....
적색
....
귀화
....
교란
....
기후

고비/고비과

Osmunda japonica Thunb. ☞ japonica 일본의

2020. 05. 19. 제주도 한라수목원

영양엽과 포자엽

포자엽 확대

생육형태	전국. 숲 속, 산자락, 초지 및 습지. 하록성 여러해살이풀.
땅속줄기	굵고, 잎이 가깝게 모여서 비스듬히 남.
영양잎	길이 30~70cm, 삼각형~장타원형으로 1회 우상복엽. 표면에 윤기가 있고 가장자리에는 미세한 톱니가 있음.
포자잎	장타원상 피침형이고 곧게 서며 적갈색을 띤 자루가 있음.
포자낭	포자잎의 우측 가장자리에 달림.
동정포인트	이엽성으로 포자잎과 영양잎이 따로 나온다. 영양잎은 2회 우상복엽이고 포자잎은 영양잎이 돌려난 가운데에서 자란다.
비교	고비에 비해 꿩고비(*O. cinnamomea*)는 1회 우상복엽이고, 음양고비(*O. claytoniana*)는 영양잎의 중간에 포자잎이 달리므로 구분된다.

생이가래/생이가래과

Salvinia natans (L.) All. ☞ natans 물에 뜨는

2015. 08. 22. 경북 안동. 포자낭과(원)

물 위에 뜨는 잎

물 속에서 뿌리 역할을 하는 잎

생육형태	전국. 물 위에 떠 자람. 한해살이 수생식물.
줄기	가늘게 수면 위를 뻗으며, 털이 많고 가지가 많이 갈라짐.
잎	돌려나고, 물 위에 뜬 2장의 잎은 가운데 잎맥의 양쪽에 깃처럼 배열되고 길이 1~1.5cm, 타원형으로 양 끝이 둔함. 물에 잠기는 잎은 수염뿌리 모양으로 가늘게 갈라짐.
포자낭과	포자는 크고 작은 것의 두 가지 형태가 있음.
동정포인트	부유식물로 줄기는 길게 뻗는다. 잎은 총 3개로 물 위의 잎은 타원형으로 마주나고 윗면에 단단한 털이 있다. 물 속의 잎은 뿌리처럼 잘게 갈라진다.
해설	물의 흐름이 거의 없는 저수지나 논 등에 자라며, 생육이 왕성하여 수면 전체를 덮을 정도로 큰 무리를 이룬다.

황고사리/잔고사리과

Dennstaedtia wilfordii (T. Moore) H. Christ ☞ wilfordii 한국의 식물을 채집한 Wilford의

2024. 08. 29. 경기 남양주. 포자낭군(원)

어린 잎

잔고사리

생육형태	전국. 습한 곳. 하록성 여러해살이풀.
땅속줄기	가늘고 옆으로 길게 뻗음.
잎자루	길이 5~30cm, 밑부분은 흑자색이고 광택이 남.
잎몸	길이 10~30cm, 타원상 피침형으로 2~3회 우상으로 갈라짐. 생식잎은 영양잎보다 더 크고 곧추서는 경향이 있음.
포자낭군	포자낭군은 원형으로 단일맥의 끝인 잎가장자리에 달리고, 포막은 컵 모양으로 털이 없음.

동정포인트	잎몸은 타원상 피침형이며, 전체에 털이 없다. 포막은 가장자리 끝에 달리고 포막은 컵 모양이다.
비교	잔고사리(*D. hirsuta*)는 전체에 털이 많고 땅속줄기는 짧게 뻗는다. 또한 황고사리에 비해 건조한 지역에 주로 분포한다.

고사리/잔고사리과

Pteridium aquilinum var. *latiusculum* (Desv.) Underw. ex A. Heller 📖

aquilinum 활처럼 굽은
latiusculum : 매우 넓은

2023. 06. 27. 충남 태안

전체 모습

생육형태	전국. 저지대 양지바른 곳. 하록성 여러해살이풀, 높이 1~3m.
땅속줄기	굵고 땅 속 깊이 뻗음.
잎자루	길이 20~80cm, 연한 황토색, 연갈색 털이 밀생함.
잎	긴 삼각형 또는 장타원형으로 2~3회 우상으로 갈라짐. 맨 아래 우편이 잎몸 전체의 1/2 정도로 큼. 잎 뒷면에 털이 있음.
포자낭군	잎가장자리를 따라 길게 붙음.

동정포인트	포자낭군이 잎가장자리를 따라 길게 붙으며, 위포막으로 덮인다. 맨 아래 우편이 잎몸 전체의 1/2 정도로 크다.
해설	전국에 분포하며, 사막 지역을 제외한 전 세계에 분포한다. 봄의 새순을 식용한다.

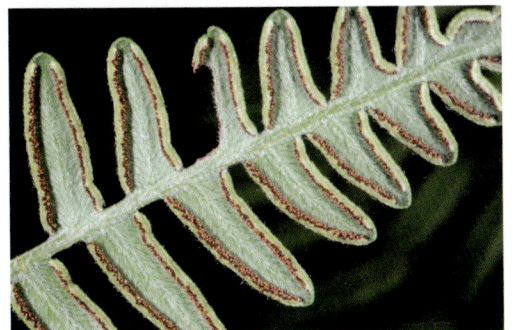

포자낭군

물고사리/물고사리과

Ceratopteris thalictroides (L.) Brongn. ☞ thalictroides 미나리아재비과 꿩의다리속(Thalictrum)과 비슷한

2013. 08. 09. 경남 양산 ©양형호

영양잎 ©양형호

포자잎

생육형태　제주, 전남, 전북, 경남. 한해살이 수생식물.
땅속줄기　짧고 곧게 자람.
잎자루　길이 30~40cm, 녹색, 드물게 비늘조각이 있음.
영양잎　난형 또는 난상 삼각형, 길이 5~20cm, 폭 2~17cm로 2~3회 깃 모양으로 갈라짐.
포자잎　영양잎보다 크고 1~3회 우상으로 갈라지며 열편의 폭이 좁고 자루가 없음.

동정포인트　수생 양치식물로 영양잎과 포자잎이 따로 나는 2엽성이다. 영양잎은 난상 또는 난상 삼각형이고, 포자잎은 1~3회 우상으로 갈라지고 위포막에 덮인다.
해설　제주를 포함한 남부지방에 생육하는 양치식물로 멸종위기 야생생물 II급, 식물구계학적 특정식물 V등급, 적색목록 준위협종(NT)이다.

102

꼬리고사리/꼬리고사리과

Asplenium incisum Thunb. ☞ incisum 날카롭게 찢어진

2018. 09. 13. 강원 홍천

포자잎과 포자낭군(원)

생육형태	전국. 바위틈, 돌담 등. 상록성 여러해살이풀.
땅속줄기	짧고 곧게 서거나 비스듬히 섬.
영양잎	잎자루 1~2cm, 얕은 골이 지고, 잎몸 15cm 이하, 1~2회 우상으로 갈라짐.
생식잎	잎자루 3~11cm, 표면은 녹색, 뒷면은 자갈색에서 진한 밤색. 잎몸 10~40cm, 장타원상 피침형으로 2~3회 우상복엽이며 우편의 가장자리는 짧고 뾰족하거나 둔한 톱니가 있음.
포자낭군	열편의 주맥 가까이에 2줄로 붙음.
포막	장타원형 또는 초승달 모양.

동정포인트	잎이 모여나고 2회 우상복엽으로 우편의 가장자리가 뾰족하거나 둔한 톱니가 있다.
비교	애기꼬리고사리(*A. varians*)는 꼬리고사리에 비해 잎자루는 녹색이고, 생식잎과 영양잎의 차이가 거의 없다.

애기꼬리고사리

거미고사리/꼬리고사리과

Asplenium ruprechtii Sa. Kurata ☞ ruprechtii 식물학자 Franz Josef Ruprecht (1814~1870)의

2019. 04. 16. 경기 광주 남한산성

무성아로 번식하는 모습

군락

생육형태   전국. 나무, 바위 틈, 담벼락 등. 상록성 여러
            해살이풀.
땅속줄기   짧고 곧게 서거나 비스듬히 자람.
잎자루   가늘며 녹색임.
잎몸   장타원형 또는 피침형으로 길이 3~15cm이
            고, 홑잎. 윗부분이 길게 뻗어 끝에 무성아가
            달림.
포자낭군   선형 또는 장타원형으로 엽축 양쪽에 배열함.
포막   가장자리가 밋밋하며 막질임.

동정포인트 주로 바위 틈, 노목에 붙어 자란다. 잎은 장타
            원형 또는 피침형으로 가장자리가 밋밋하거
            나 물결 모양이며, 끝이 길게 자라 끝에 무성
            아가 달린다.
해설   거미고사리는 자연교잡이 잘 일어나는 종으
            로 꼬리고사리, 사철고사리, 돌담고사리 등과
            교잡하여 거미꼬리고사리, 거미사철고사리,
            거미돌담고사리 등의 잡종을 형성한다.

104

뱀고사리/개고사리과

Athyrium yokoscense (Franch. & Sav.) H. Christ ☞ yokoscense 일본 요코스카 지방의

점진적 좁아짐

2017. 09. 28. 경기 구리

포자낭군   자루 없음   자루 있음

생육형태	전국. 산지. 하록성 여러해살이풀.
땅속줄기	곧게 또는 비스듬히 섬.
잎자루	길이 15~30cm, 비늘조각은 연한 암갈색.
잎몸	피침형 또는 장타원상 피침형으로 길이 25~40cm, 2회 우상복엽.
포자낭군	열편의 주맥과 가장자리 중간에 붙음.
포막	장타원형, J자형 또는 갈고리형이고 가장자리는 갈라지지 않음.

동정포인트 잎몸이 2회 우상복엽이고, 점진적으로 좁아지며 첫 번째 소우편에 자루가 없다.

비교 개고사리(*A. niponicum*)는 2~3회 우상복엽, 잎몸 윗부분이 급격히 좁아져 긴 꼬리모양으로 되며, 첫 번째 소우편에 자루가 있다.

급격히 좁아짐

개고사리

야산고비/야산고비과

Onoclea sensibilis L. ☞ sensibilis 민감한, 시들기 쉬운

2024. 09. 02. 서울 북한산. 포자잎(원)

군락

개면마

생육형태	전국. 들판, 습지, 개울가 등지. 하록성 여러해살이풀.
땅속줄기	옆으로 길게 뻗음.
영양잎	잎자루는 10~50cm, 연한 갈색, 잎몸은 길이 10~30cm, 삼각상 타원형이며 우편은 5~11쌍, 엽축으로 흘러 날개를 이룸.
포자잎	2회 우상복엽, 선상 피침형.
포자낭군	주맥과 잎자루를 제외하고 모든 포자잎에 붙음. 투명한 포막에 둘러싸이고 다시 잎이 둘러쌈. 포막은 구슬 모양.
동정포인트	땅속줄기는 길게 기고, 영양잎은 1회 우상으로 우편이 5~11쌍, 그물맥이고, 포자잎은 2회 우상, 소우편은 염주알 모양이다. 식물구계학적 특정식물 I 등급이다.
비교	개면마(*Pentarhizidium orientale*)는 야산고비에 비해 땅속줄기는 짧고 곧게 서며, 잎맥은 유리맥, 포자잎은 1회 우상, 우편은 선형이므로 구분된다.

106

관중/관중과

Dryopteris crassirhizoma Nakai ☞ crassirhizoma 뿌리가 굵은

2025. 06. 01. 강원 태백

포자낭군

엽축 하부 인편

생육형태	전국. 숲 속 그늘. 상록성 여러해살이풀.
땅속줄기	굵고 짧으며 잎이 모여남.
잎자루	길이 10~30cm, 갈색이나 적갈색, 비늘조각은 난상 피침형에서 좁은 피침형, 옅은갈색에서 흑갈색.
잎몸	길이 20~80cm, 타원형에서 난상 타원형 또는 피침형으로 2회 우상복엽.
포자낭군	열편의 주맥과 가장자리 중간에 붙지만 주맥이나 가장자리 가까이 붙기도 함.
포막	갈색, 신장형이고 가장자리는 밋밋함.
동정포인트	잎몸은 선상 피침형, 중간에서 아래로 갈수록 뚜렷하게 좁아지고, 우편은 깊게 갈라진다. 잎자루와 엽축의 비늘조각은 갈색에서 흑갈색으로 밀생하여 붙는다.
해설	전국적으로 분포하며 관상용으로 심는다.

관중속(*Dryopteris*) 관련 종

누른애기족제비고사리
D. kobayashii Kitag..

잎자루와 엽축은 녹색이다. 잎자루의 비늘조각은 선상 피침형으로 광택이 나는 흑색이다.

바위족제비고사리
D. saxifraga H. Itô

주로 바위틈에 나고, 잎은 아래로 쳐지며, 우편은 약간 위로 굽고, 잎자루와 엽축의 비늘조각이 직각으로 붙는다.

가는잎족제비고사리
D. chinensis (Baker) Koidz.

전국에 흔하게 자라며, 잎몸은 3회 우상, 전체적으로 오각형이며, 잎자루, 엽축, 우축의 비늘조각은 오래 남는다.

홍지네고사리
D. erythrosora (D.C. Eaton) Kuntze

잎자루의 비늘조각이 암갈색 또는 흑갈색이고, 소우편의 맥이 뒷면에서 명확하고, 포막의 색깔이 보통 홍색이다.

비늘고사리
D. lacera (Thunb.) Kuntze

포자낭군은 위쪽의 우편에만 국한되어 붙고, 겨울철에 포자낭군을 갖는 우편이 말라 축소된다.

곰비늘고사리
D. uniformis (Makino) Makino

포자낭군이 잎몸의 윗쪽 1/4~3/4에 붙고, 잎자루 비늘조각은 흑갈색이며, 포자낭군이 달리는 우편은 마르지 않는다.

십자고사리/관중과

Polystichum tripteron (Kunze) C. Presl ☞ tripteron 날개가 3개인

2024. 10. 03. 강원 홍천

잎몸

포자낭군

<table>
</table>

생육형태	전국. 숲 속. 하록성 여러해살이풀.
땅속줄기	곧거나 짧게 옆으로 김.
잎자루	길이 10~30cm, 인편은 갈색으로 잎자루 하부에 밀생하며 밀착해 붙음.
잎몸	1회 우상복엽이고, 길이 30~50cm로 맨 아래 우편이 크게 발달해 전체가 십자 모양을 이룸.
포자낭군	주맥과 가장자리의 중간에 대개 일렬로 붙음.
포막	방패형으로 일찍 떨어짐.
동정포인트	1회 우상복엽이고, 맨 아래 우편이 크게 발달해 전체가 십자 모양을 이룬다.
해설	전국의 숲 속에 흔히 분포하며 크고 작은 군락을 이룬다.

넉줄고사리/넉줄고사리과

Davallia mariesii T. Moore ex Baker ☞ mariesii 채집가 Maries의

2019. 07. 22. 북한산. 단풍든 모습(원)

전체 모습

근경

생육형태	전국. 바위나 나무에 착생. 하록성 여러해살이풀.
땅속줄기	갈색 또는 회갈색, 굵고 길게 뻗으며, 겉에 선형의 비늘조각이 밀생함.
잎자루	길이 5~15cm, 붉은빛이 돔.
잎몸	삼각상 난형, 길이 10~20cm, 너비 8~15cm, 3~4회 우상으로 깊게 갈라짐.
포자낭군	최종열편의 잎맥 끝에 1개씩 달림.
포막	막질이고 컵 모양이며 가장자리가 밋밋함.
동정포인트	바위나 나무에 착생하는 양치류로 근경은 굵고 노출되어 뻗으며 선형의 비늘조각이 밀생한다. 잎몸은 삼각상 난형으로 3~4회 우상으로 갈라진다.
해설	줄고사리과(*Davalliaceae*)는 전 세계에 5속 110여종이 있으며, 우리나라에는 넉줄고사리 1속 1종이 분포한다. 관상용, 장식용으로 이용한다.

우단일엽/고란초과

Pyrrosia linearifolia (Hook.) Ching ☞ linearifolia 잎이 선형인

2020. 09. 13. 강원 오대산

생육 모습

잎몸과 성모

생육형태	전국. 바위나 나무에 착생. 상록성 여러해살이풀.
땅속줄기	가늘고 길게 옆으로 뻗으며, 잎이 드문드문 남.
잎몸	잎자루는 없으며, 잎몸은 길이 5~10cm, 선형이며 끝은 둔하고 가장자리는 밋밋함. 잎 전체에 갈색 별 모양 털이 빽빽하게 남.
포자낭군	원형 또는 타원형으로 잎의 주맥을 따라 양쪽에 1~2줄씩 붙음. 포막은 없음.
동정포인트	잎자루 없는 잎은 선형이고 땅속줄기를 따라 드문드문 달린다. 잎몸 전체에 별 모양 털이 밀생한다.
비교	큰우단일엽(*P. × nipponica*)은 우단일엽과 세뿔석위의 잡종으로 우단일엽에 비해 잎의 너비가 넓고 포자낭군이 5~6열로 배열한다.

석위/고란초과

Pyrrosia lingua (Thunb.) Farw. ☞ lingua 혀(舌)

2014. 11. 10. 전남 신안

포자낭군

세뿔석위

생육형태	제주, 전남, 경남. 바위나 나무에 착생. 상록성 여러해살이풀.
땅속줄기	옆으로 길게 뻗음.
잎자루	길이 20cm, 피침형의 갈색 별 모양의 털이 달림.
잎몸	길이 12~23cm, 넓은 피침형으로 가죽질. 끝은 다소 뾰족하거나 둔하며, 가장자리는 밋밋함. 뒷면에 갈색 털이 많음.
포자낭군	원형으로 주맥을 제외한 잎 뒷면 전체에 달림. 포막은 없음.
동정포인트	바위나 나무에 착생하는 상록 양치식물이다. 잎은 넓은 피침형으로 갈라지지 않으며, 포자낭군은 잎 뒷면 전체에 달린다. 식물구계학적 특정식물 III등급이다.
비교	세뿔석위(*P. hastata*)는 잎몸이 3~5갈래로 중열 또는 천열하며, 애기석위(*P. petiolosa*)는 석위에 비해 소형이고 잎몸은 타원형, 잎자루에 홈이 있다.

고란초/고란초과

Selliguea hastata (Thunb.) Fraser-Jenk. ☞ hastata 칼 끝 모양의

2024. 08. 01. 제주도

생육 모습

포자낭군

생육형태	전국. 저지대 습기 있는 바위에 착생. 상록성 여러해살이풀.
땅속줄기	길게 옆으로 뻗으면서 잎이 드문드문 달리고 비늘조각이 있음.
잎자루	길이 2~15cm.
잎몸	타원상 피침형, 홑잎, 드물게 2~3갈래로 갈라짐. 표면은 녹색, 뒷면은 약간 흰빛이 돌고, 가장자리는 다소 물결 모양이며 털이 없음.
포자낭군	포자낭군은 측맥 사이에 하나씩 달리고 원형, 지름 1.5~3mm로 잎몸 뒷면 가운데 잎맥과 가장자리 중간에 붙음.
포막	없음.
동정포인트	상록성으로 바위에 착생하며 땅속줄기가 길게 뻗는다. 잎몸은 장타원상 피침형으로 간혹 갈라지기도 한다. 포자낭군은 원형, 포막은 없다. 식물구계학적 특정식물 II등급이다.

전나무/소나무과

Abies holophylla Maxim. ☞ holophylla 잎이 갈라지지 않는

2011. 06. 11. 경기 안성(식재)

대원추체

수형

잎

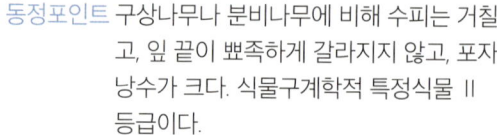

씨

생육형태 중부이북, 높은 숲 속이나 산 능선부. 상록 교목, 높이 40m, 지름 1.5m.

잎 선형으로 길이 4cm, 폭 2mm, 끝이 뾰족함. 잎 뒷면 가운데 잎맥 양쪽에 하얀 기공선이 있음.

원추체 암수한그루, 소원추체는 원통 모양으로 길이 15mm, 황록색이고, 2년지의 잎겨드랑이에 달림. 대원추체는 2~3개가 가까이 달리며 장타원형으로 길이 3.5cm, 연한 녹색, 2년지에 곧추서서 달림. 성숙한 대원추체는 원통형 길이 10~20cm, 10월에 익음.

씨 난상 삼각형으로 연한 갈색이고 날개가 있음.

동정포인트 구상나무나 분비나무에 비해 수피는 거칠고, 잎 끝이 뾰족하게 갈라지지 않고, 포자낭수가 크다. 식물구계학적 특정식물 ॥ 등급이다.

구상나무/소나무과

Abies koreana E.H. Wilson ☞ koreana 한국의

2019. 08. 17. 제주도 한라산. 배주인편과 씨(원)

구상나무 수형

분비나무 수형

구상나무 대원추체

분비나무 대원추체

생육형태 백두대간 소백산 이남, 고지대. 상록 교목, 높이 18m, 지름 1.0m.

잎 도피침상 선형으로 길이 1cm, 너비 2mm 내외, 끝이 오목하게 들어가고, 뒷면은 흰 빛을 띰.

원추체 암수한그루, 소원추체는 타원형, 대원추체는 장타원형으로 검은 자주색에서부터 밝은 녹색에 이르기까지 다양함. 포편의 상부가 배주인편 밖으로 노출되어 끝부분이 아래쪽을 향해 젖혀짐. 성숙한 대원추체는 원통형 길이 5cm, 10월에 익음.

씨 난상 삼각형으로 날개가 있음.

동정포인트 분비나무(*A. nephrolepis*)에 비해 잎이 약간 짧고 더 넓으며 수지구멍이 표피 부분에 가깝다. 포는 씨 성숙전에 완전히 뒤로 젖혀진다. 하지만 두종이 매우 유사해 형태적으로 명확히 구분하기가 쉽지 않다. 특산식물, 식물구계학적 특정식물 III등급, 적색목록 위기종(EN)이다.

소나무/소나무과

Pinus densiflora Siebold & Zucc. ☞ densiflora 꽃이 밀집해서 피는

2023. 05. 11. 전북 부안

수형

소원추체

대원추체(가지 끝부터 올해, 작년, 재작년)

씨

생육형태	전국. 산지. 상록 교목, 높이 35m, 지름 1.8m.
잎	2개씩 뭉쳐나며, 바늘 모양으로 끝이 뾰족함. 잎의 단면은 반달 모양.
원추체	암수한그루, 소원추체는 노란색으로 새가 지에 모여 달림. 대원추체는 가지 끝에 달리며 달걀 모양으로 짙은 자주색임. 성숙하면 난상으로 노란빛을 띤 갈색이며 이듬해 10월에 익음.
씨	타원형으로 검은 갈색이며, 날개는 연한 갈색 바탕에 검은 갈색 줄이 있음.
동정포인트	잎이 2개씩 달리고 수피가 다소 붉은 갈색을 띠며, 2년 된 가지의 껍질이 불규칙하게 벗겨진다.
해설	형태에 따라 반송, 금강소나무, 처진소나무 등 다양한 품종으로 나뉘기도 한다.

잣나무/소나무과

Pinus koraiensis Siebold & Zucc. ☞ koraiensis 한국의

수형

수피

대원추체

어린 가지와 잎

2011. 08. 14. 강원 삼척

생육형태	지리산 이북, 고지대 능선부. 상록 교목, 높이 30m, 지름 1.0m.
잎	짧은가지 끝에 5장씩 뭉쳐나며, 길이 7~12mm, 바늘 모양이며, 3개의 능선이 있음. 잎 양면에 흰 기공선이 5~6줄씩 있으며, 가장자리에 잔톱니가 있음.
원추체	암수한그루, 소원추체는 노란색, 새 가지 밑에 달리고, 대원추체는 연한 홍자색으로 새가지 끝에 달림. 성숙하면 긴 난상, 길이 12~15cm, 지름 6~8cm, 이듬해 10월에 익음.
씨	날개가 없으며, 일그러진 삼각상 난형임.

동정포인트 우리나라에 생육하는 소나무과 식물 중 대원추체의 크기가 가장 크다. 잎은 5개씩 뭉쳐나고 씨에는 날개가 없다. 식물구계학적 특정식물 II등급이다.

나자식물

멸II
특산
II
적색
귀화
교란
기후

리기다소나무/소나무과

Pinus rigida Mill. ☞ rigida 구부러지지 않는, 단단한

2018. 04. 13. 경기 안양. 줄기에 돋아나는 부정아(원)

생육지 전경

생육형태	북아메리카 원산, 전국에 조림. 상록 교목, 높이 30m, 지름 1.0m.
잎	3개씩 모여나고, 길이 7~14cm, 비틀어짐. 잎은 가지 아래까지 남.
원추체	암수한그루, 소원추체는 긴 원주형, 황록색이며, 새 가지의 아래쪽에 모여 달림. 대원추체는 난상, 연한 자주색으로 새 가지 끝에 달림. 성숙하면 난상이며, 이듬해 9~10월에 진한 갈색으로 익음.
씨	난상 삼각형으로 양 끝이 좁고 흑갈색으로 씨 길이의 2배가 되는 날개가 있음.

동정포인트 잎이 3개씩 달리고 줄기에 짧은 가지가 나와 잎이 무성하게 달린다. 원추체의 배주인편 끝에 가시같은 돌기가 있다. 전국에 조림용, 사방용으로 식재한다.

소원추체

어린 대원추체

곰솔/소나무과

Pinus thunbergii Parl. ☞ thunbergii 스웨덴 식물학자 C. P. Thunberg (1743~1828)의

2019. 05. 16. 경북 울릉도. 수피(원)

수형

새가지

대원추체

소원추체

생육형태	해안가 및 인근 산지. 상록 교목, 높이 30m, 지름 1.5m.
잎	길이 9~14cm, 바늘 모양으로 짙은 녹색. 끝이 뾰족하며 2개가 뭉쳐나고, 2~3년 동안 남아 있음.
원추체	암수한그루, 수분기는 4~5월. 소원추체는 원통형으로 노란색, 대원추체는 난상으로 자색임. 성숙하면 길이 4~7cm, 이듬해 가을에 익음.
씨	난형~타원형으로 날개가 있음.
동정포인트	소나무(*P. densiflora*)에 비해 수피는 흑갈색이고 겨울눈은 흰색이다. 잎이 2개인 것은 소나무와 같지만 더 억센 편이고 수지 구멍이 가운데에 있다.
해설	바람과 염분에 저항성이 강하고 성장이 빨라 방풍림이나 가로수로 심기도 한다.

멸Ⅱ
특산
구계
적색
귀화
교란
기후

편백/측백나무과

Chamaecyparis obtusa (Siebold & Zucc.) Endl. ▣ obtusa 원 모양인

2022. 11. 08. 전남 진도

수형

잎 뒷면

대원추체

화백

생육형태 일본 원산, 조림용 식재(주로 남부). 상록
교목, 높이 30m, 지름 60cm.

잎 끝이 둥근 난상 능형. 잎 뒷면에 Y자 모양
의 흰색 기공선이 있음.

원추체 암수한그루, 원추체는 4월 가지 끝에 달
림. 소원추체는 길이 3mm, 자갈색이고
타원형. 대원추체는 지름 1cm, 붉은 갈색
이고 둥그스름함. 성숙한 대원추체는 난
형, 어린가지 끝에 붙으며, 10~11월에 적
갈색으로 익음.

씨 지름 3~3.5cm, 적갈색, 측면에 날개가 있
음.

동정포인트 화백에 비해 잎이 줄기에 붙으며, 끝이 둥
글다. 잎 뒷면의 기공선도 Y자 모양이다.

비교 화백(*C. pisifera*)은 잎 끝이 줄기에서 떨어
지고 끝은 뾰족하며 잎 뒷면의 기공선도
W자 또는 나비모양이므로 구분할 수 있
다.

120

노간주나무/측백나무과

Juniperus rigida Siebold & Zucc. ☞ rigida 구부러지지 않는, 단단한

2013. 06. 30. 강원 영월

수형

소원추체(터지기 전)

생육형태 전국. 산지 능선, 양지바른 곳. 상록 교목, 높이 8m, 지름 20cm.

잎 길이 12~20mm, 3장씩 돌려나며, 선형으로 3개의 능선이 있음.

원추체 암수딴그루, 소원추체는 타원형이며, 20개 내외의 인편은 녹갈색. 대원추체는 녹색이며 3개의 인편이 있음. 성숙하면 지름 7~8mm의 구형. 이듬해 가을에 남청색~흑색으로 익음.

씨 길이 6.5mm, 난상으로 갈색이며 기름선이 있음.

동정포인트 향나무속(*Juniperus*) 식물은 비늘잎과 바늘잎을 모두 가지고 있는데 반해 노간주나무는 바늘잎만 가지고 있다. 잎 표면에 흰색의 기공선이 있으며 횡단면은 V자형, 씨는 원추체당 3개가 들어 있다.

잎

대원추체

나
자
식
물

멸II
───
특산
───
IV
───
LC
───
귀화
───
교란
───
기후

측백나무/측백나무과

Platycladus orientalis (L.) Franco ☞ orientalis 동방(東方)의

2015. 01. 15. 경남 거제

대원추체(붉은색), 소원추체(파란색)

생육형태	전국. 석회암 또는 퇴적암지대 절벽. 상록교목, 높이 25m, 지름 1.0m.
잎	비늘 모양으로 V자나 X자 모양으로 겹겹이 배열하며 뒷면에 작은 줄이 있음.
원추체	암수한그루, 소원추체는 갈색을 띤 노란색이며, 길이 2~2.5mm의 타원형, 10개의 비늘조각이 있음. 대원추체의 비늘조각은 8개, 연한 자갈색이고 길이 3mm 정도의 구형임. 성숙하면 난형, 처음엔 분백색이지만 9~10월에 익으면 적갈색으로 변함.
씨	길이 5mm, 타원형, 회갈색이며 날개가 없음.

동정포인트 잎은 모두 비늘 모양이며 끝이 뾰족하고 양면이 모두 녹색이다. 원추체에는 6~8개의 배주인편이 있고, 배주인편 사이에 1~2개의 씨가 들어 있다.식물구계학적 특정식물 IV급이다. 적색목록 관심대상(LC)종이다.

성숙한 대원추체

생육지(충북 단양)

멸II
특산
II
적색
귀화
교란
기후

주목/주목과

Taxus cuspidata Siebold & Zucc. ☞ cuspidata 급격하게 뾰족해지는

2020. 09. 04. 전북 덕유산. 잎 뒷면(원)

대원추체

소원추체

잎

씨

생육형태	아고산대 산지 능선 및 사면. 상록 교목, 높이 20m, 지름 1.5m.
잎	길이 1.5~2.5cm, 폭 3mm, 선형, 나선 형태로 달리고 옆으로 뻗은 가지에서는 우상으로 2줄로 배열. 앞면은 짙은 녹색, 뒷면은 2개의 연한 노란색 줄이 있음.
원추체	암수딴그루(간혹 암수한그루), 소원추체는 6개의 비늘조각으로 싸여 가지 아래쪽에 노란색으로 달림, 대원추체는 녹색 배주가 몇 개의 인편에 싸여 있고, 수분기에는 배주 끝의 주공(micropyle)에서 액체가 분비됨.
씨	5~6mm, 컵 모양의 붉은색 가종피에 싸여 있음. 8~9월에 익음.

동정포인트 이름처럼(붉을 주朱+나무 목木) 수피가 붉은색이다. 씨는 난형~난상 구형으로 붉은색 가종피에 싸여 있지만 가운데가 비어 있어 씨가 보인다. 식물구계학적 특정식물 II등급이다.

함박꽃나무/목련과

Magnolia sieboldii K. Koch ☞ sieboldii 식물학자 Philipp Franz von Siebold(1796~1866)의

2025. 06. 01. 강원 태백. 겨울눈(원)

꽃

잎 앞면

잎 뒷면

열매

수형

생육형태	전국 산지. 낙엽 아교목, 높이 7~10m.
잎	어긋나며 길이 6~15cm, 타원형 또는 넓은 도란형이며 끝은 급히 뾰족해지고, 가장자리는 밋밋함. 잎 뒷면은 회색빛이 도는 녹색이며 잎맥 위에 털이 있음.
꽃	5~6월에 잎이 난 후, 옆 또는 밑을 향해 양성화가 피며 흰색이고 향기가 남. 꽃받침조각은 3장, 난상이며, 꽃잎보다 작음. 꽃잎은 6~9장이며 도란형.
열매	집합골돌과. 9월에 익으면 터져서 흰 실에 씨가 달려서 나옴.
씨	타원형, 적색의 외종피에 싸여 있음.

동정포인트 목련속(*Magnolia*) 식물 중에 유일하게 꽃이 위를 향하지 않고 옆 또는 아래를 향하므로 구분된다. 개화기도 5~6월이다. 식물구계학적 특정식물 II등급이다.

피자식물

열II
특산
II
적색
귀화
교란
기후

124

목련속(*Magnolia*) 관련 종

목련
M. kobus DC.
꽃은 잎보다 먼저 피며, 꽃잎은 꽃받침보다 길고 6~9개,
활짝 열리며, 밑부분에 연한 붉은 줄이 있다.

태산목
M. grandiflora L.
상록성이며 어린가지, 잎 뒷면, 잎자루 등에 갈색 털이 밀
생한다.

백목련
M. heptapeta (Buc'hoz) Dandy
꽃은 잎보다 먼저 피며, 꽃잎과 꽃받침이 구별되지 않으며,
펴져서 벌어지지 않는다.

자주목련
M. denudata var. *purpurascens* (Maxim.) Rehder
& E.H. Wilson
백목련에 비해 화피편 바깥쪽은 홍자색이고 안쪽만 흰색
이다.

일본목련 ⓒ권오정
M. obovata Thunb.
꽃은 잎보다 늦게 피며, 꽃은 위를 향한다. 잎은 20~40cm
로 대형이다.

생강나무/녹나무과

Lindera obtusiloba Blume ☞ obtusiloba 결각의 끝 부분이 둔함

2014. 07. 22. 경기 남양주. 가을 단풍(원)

암꽃

수꽃

잎

열매

잎눈(가지끝), 꽃눈(둥근눈)

생육형태	전국. 산지. 낙엽 관목, 높이 3~6m.
겨울눈	잎눈은 장타원형으로 가지 끝에 붙고, 꽃눈은 잎눈 아래에 붙고 원형임. 수꽃눈이 암꽃눈보다 약간 더 큼.
잎	어긋나며, 길이 5~15cm, 심장형 또는 난상, 가장자리는 밋밋하거나 3~5갈래로 크게 갈라짐.
꽃	암수딴그루, 3~4월에 잎보다 먼저 피고, 산형꽃차례, 화피는 6장. 수꽃에는 수술 6개, 암꽃에는 암술 1개와 헛수술 9개가 있음.
열매	장과. 지름 7~8mm, 9~10월에 검게 익음.

동정포인트 생강나무속(*Lindera*) 식물 중에 낙엽성이다. 잎은 삼출맥이고, 3갈래로 갈라지기도 하므로 구분된다.

홀아비꽃대/홀아비꽃대과

Chloranthus japonicus Siebold

2021. 04. 30. 강원 인제 ⓒ이호

꽃

열매

잎

옥녀꽃대

생육형태	전국. 숲 속. 여러해살이풀, 높이는 20~40cm.
줄기	마디가 3~4개 있고, 윤기가 나며 보라색을 띰.
잎	길이 4~12cm, 폭 5~6cm, 줄기 끝에 4장이 모여나며, 난형 또는 타원형, 가장자리에 날카로운 톱니가 있음.
꽃	4~5월에 줄기 끝의 수상꽃차례에 피며, 흰색. 꽃받침과 꽃잎은 없음. 수술은 3개, 흰색 실 같으며, 길이 4~5mm, 수술대 양쪽 2개의 바깥쪽에 꽃밥이 달림.
열매	삭과. 넓은 도란형.
동정포인트	줄기 끝에 4개의 잎이 모여나며, 줄기 끝 수상꽃차례에 양성화가 달린다.
비교	옥녀꽃대(*C. fortunei*)는 가운데 수술에 2실로 된 꽃밥, 양쪽 수술에 1실로 된 꽃밥이 안쪽으로 붙는다. 주로 남부지방에 분포한다.

삼백초/삼백초과

Saururus chinensis (Lour.) Baill. ☞ chinensis 중국에 생육하는

2008. 07. 02. 제주 서귀포 ©양형호

잎

열매

잎

군락

생육형태 제주. 저지대의 연못이나 습지. 여러해살이풀, 높이 50~100cm, 곧추 섬.

땅속줄기 옆으로 길게 뻗으며, 흰색.

잎 길이 5~15cm, 어긋나며, 난상 타원형. 잎 끝은 뾰족하고, 밑은 심장형, 가장자리는 밋밋함. 잎자루의 밑부분이 넓어져 줄기를 감쌈.

꽃 6~8월에 줄기 끝의 총상꽃차례에 붙으며 흰색. 처음에는 밑을 향하지만 나중에는 똑바로 섬. 수술6~7개, 암술은 3~5개.

열매 둥글고 씨는 각 실에 1개씩 있음.

동정포인트 총상꽃차례에 피는 꽃의 화피는 없다. 윗부분의 잎 2~3개는 꽃이 필 때 앞면이 흰색으로 변한다.

해설 멸종위기 야생생물 II급, 식물구계학적 특정식물 V등급, 적색목록 위기종(EN)이다.

등칡/쥐방울덩굴과

Aristolochia manshuriensis Kom. ☞ manshuriensis 만주에 생육하는

2018. 05. 20. 강원 태백

꽃

예주

열매

열매 횡단면

수피(감고 있는 나무)

겨울눈

생육형태	경남 이북(강원, 경북에 밀집). 덩굴성 목본식물, 길이 10m.
줄기	새 가지는 녹색이고 2년지는 회갈색이며 오래된 줄기에는 코르크가 발달함.
잎	어긋나고, 길이 20~30cm, 둥근 심장형. 잎밑은 깊은 심장형이고 어린잎에는 털이 밀생하나 나중에 없어짐. 잎가장자리는 밋밋하고 잎자루는 7cm 정도.
꽃	암수한그루, 5~6월, U자 모양으로 잎겨드랑이에 1송이씩 달림.
열매	삭과로 6면의 원주형이며 9~10월에 암갈색으로 익음.

동정포인트 잎이 칡을 닮아 이름이 붙여졌으며, 꽃은 U자로 꼬부라지며, 꽃은 잎겨드랑이에 1송이씩 달린다. 식물구계학적 특정식물 II등급이다.

※ 예주: 수술군과 암술군이 유합하여 하나의 구조를 이루는 것(쥐방울덩굴과, 난과 일부)

족도리풀/쥐방울덩굴과

Asarum sieboldii Miq.

2024. 05. 02. 전북 무주

꽃받침조각
화주돌기
수술
꽃받침통
씨방(반하위)
중축태좌
씨

꽃 해부

잎

꽃

생육형태	전국의 숲 속 경사지, 계곡 주변. 여러해살이풀.
땅속줄기	옆으로 뻗으며, 마디가 발달함.
잎	땅속줄기에서 1~2장이 나며, 심장형 또는 신장형, 길이와 폭이 각각 5~10cm, 가장자리가 밋밋함. 잎 앞면은 녹색으로 털이 없으며, 뒷면은 맥 위에 잔털이 남. 잎자루는 길이 13~20cm.
꽃	4~5월에 잎 사이에서 난 꽃대 끝에 1개씩 달리며, 족도리 모양. 꽃받침통 위쪽이 3갈래로 갈라지고, 갈래는 삼각형, 검은 빛이 도는 자주색으로 뒤로 젖혀지지 않음. 수술은 12개, 암술은 6개.
열매	장과. 8~9월에 익으며 끝에 꽃받침조각이 달려 있음.
동정포인트	잎에 무늬가 없는 녹색이다. 꽃받침조각은 뒤로 젖혀지지 않고, 자주색으로 끝이 뾰족하다.

오미자/오미자과

Schisandra chinensis (Turcz.) Baill.

2015. 04. 30. 경기 화성

꽃(수꽃)

열매

잎

남오미자 수형

남오미자 열매

생육형태	전국. 숲 속. 낙엽 덩굴성 목본, 길이 10m, 줄기가 갈라지고 갈색.
잎	어긋나며, 홑잎, 넓은 타원형, 도란형 또는 장타원형, 길이 7~10cm, 폭 3~5cm, 가장자리에 치아상거치가 있음. 잎 뒷면 맥 위에 털이 남.
꽃	암수딴그루, 5~6월에 핌. 화피는 6~9장, 타원형으로 흰색 또는 연한 분홍색. 수술은 5개, 암술은 많음.
열매	장과. 8~9월에 붉은색으로 익음.
동정포인트	낙엽성으로 잎가장자리에 물결 모양의 톱니가 있고 열매는 총상으로 달린다. 식물구계학적 특정식물 II등급이다.
비교	남오미자(*Kadsura japonica*)는 상록성으로 잎가장자리에 치아상거치가 드문드문 있으며, 열매는 구형으로 뭉쳐난다.

가시연/수련과

Euryale ferox Salisb. ex K.D. Koenig & Sims ☞ ferox 가시가 많은

2007. 08. 15. 경기 시흥 관곡지(식재)

꽃

잎

왜개연

생육형태	중부 이남 연못이나 습지. 한해살이 수생 식물.
땅속줄기	짧고 수염뿌리가 많이 남.
잎	지름 20~120cm, 타원형으로 물 위에 뜸. 잎 표면은 광택이 나며 주름져 있고, 뒷면은 흑자색으로 잎의 양면 잎맥 위에 가시가 있음.
꽃	7~8월에 밝은 자주색 꽃이 피며 지름 4cm 정도. 꽃받침은 4개로 꽃잎보다 큼. 꽃잎, 수술은 다수이고 씨방하위.
열매	검은색으로 딱딱하고 씨는 구형.
동정포인트	잎은 지름 20~120cm로 주름져 있으며 광택이 난다. 꽃은 가시가 돋은 꽃자루 끝에 피며, 꽃받침은 4개, 꽃잎과 수술은 많다. 멸종위기 야생생물 II급, 식물구계학적 특정식물 V등급, 적색목록 취약종(VU)이다.
비교	왜개연꽃(*Nuphar pumila* DC.)은 잎의 지름이 7~17cm, 주름이 없으며, 꽃은 노란색으로 핀다.

132

순채/어항마름과

Brasenia schreberi J.F. Gmel. ☞ schreberi J. C. D. von Schreber (1739~1810)의

2020. 06. 16. 제주

꽃

점액질

생육형태	중부 이남, 연못이나 저수지 등. 여러해살이풀.
줄기	수면을 따라 뻗으며, 옆으로 듬성듬성 가지를 침.
잎	길이 6~10cm, 타원형, 가장자리는 밋밋하며 잎자루는 중앙부에 붙음. 잎 뒷면은 자주빛이며 점액질로 덮여 있음.
꽃	5~7월에 자주빛의 꽃이 핌. 꽃받침과 꽃잎은 3개씩, 꽃잎은 꽃받침보다 약간 더 길게 발달.
열매	난형으로 익어도 벌어지지 않음.
동정포인트	잎 뒷면과 잎자루에 투명한 점액질로 뒤덮인다. 꽃은 암술이 먼저 성숙한 다음 수술이 자라 올라온다.
해설	멸종위기 야생생물 II급, 식물구계학적 특정식물 V등급, 적색목록 취약종(VU)이다.

생육 환경(제주 한라생태숲)

백부자/미나리아재비과

Aconitum coreanum (H. Lev.) Rapaics ☞ coreanum 한국의

2020. 09. 22. 충북 단양

꽃

잎

생육형태	강원, 충북, 경기, 숲 속, 풀밭. 여러해살이 풀, 높이 0.4~1.3m, 덩이뿌리가 발달함.
잎	어긋나며, 길이 4~6.5cm, 3~5개로 갈라지고, 열편은 다시 갈라져 선형으로 됨.
꽃	7~8월에 연한 노란색 또는 자주빛이 도는 노란색으로 핌. 꽃받침조각은 5개로 투구 모양이고 2개의 꽃잎은 위쪽 꽃받침조각 속으로 들어감. 수술은 많고 암술은 3개 (드물게 4, 5개).
열매	골돌과로 길이 1~2cm.

열매

어린 열매

동정포인트 잎은 2~3회 갈라져 마지막 열편은 선형으로 되며, 꽃의 색은 노란색 또는 자주빛이 도는 노란색이다.

해설 멸종위기 야생생물 II급, 식물구계학적 특정식물 V등급, 적색목록 취약종(VU)이다.

투구꽃/미나리아재비과

Aconitum jaluense Kom. ☞ jaluense 압록강의

2024. 10. 03. 강원 홍천. 어린 잎(원)

꽃

꽃 확대

열매

잎

생육형태 전국. 숲 속. 여러해살이풀.

줄기 곧거나 비스듬히 서고, 높이 80~100cm.

잎 어긋나며, 3~5갈래로 갈라짐. 줄기 위쪽의 잎은 점점 작아지고, 3갈래로 갈라짐.

꽃 9월에 총상꽃차례 또는 겹총상꽃차례에 피며, 투구 모양, 보라색. 꽃받침조각은 5장, 꽃잎처럼 보임. 꽃잎은 2장, 위쪽 꽃받침조각 속에 있으며, 꿀샘으로 됨. 씨방은 3~4개, 수술은 많고 아래쪽이 날개처럼 넓어짐.

열매 골돌과 긴 피침형으로 끝이 뾰족함.

동정포인트 분류군 내 변이가 심한 편이며, 2년생 뿌리를 지니는 줄기가 직립하고 잎이 3갈래로 깊게 갈리며, 꽃이 달리는 소화경에 긴 선형의 샘털이 분포한다. 식물구계학적 특정식물 I 등급이다.

복수초/미나리아재비과

Adonis amurensis Regel & Radde ☞ amurensis 아무르 지방에 생육하는

2019. 03. 11. 충남 공주

꽃

꽃

열매

잎

생육형태	전국. 숲 속, 초지 경사면. 여러해살이풀, 개화시 5~15cm, 나중에 30~40cm까지 자람.
잎	어긋나며, 3~4번 우상으로 갈라지는 복엽. 아래쪽 잎자루는 길지만 위쪽으로 갈수록 짧아짐.
꽃	3~4월, 노란색으로 줄기 끝에 1개씩 핌. 꽃받침은 보통 8~9장, 꽃잎과 길이가 비슷하거나 조금 길며, 검은 갈색을 띔. 꽃잎은 길이 1.4~2.0cm, 10~30개. 수술과 암술은 많음.
열매	수과. 공 모양이며, 길이 1cm 정도의 꽃턱에 모여 달리고 가는 털이 있음.

동정포인트 줄기는 분지하지 않으며(간혹 분지), 꽃받침은 보통 8~9개로 개복수초나 세복수초(흔히 5개)보다 많으며, 길이는 꽃잎보다 비슷하거나 조금 길다. 인엽은 잎으로 발달하지 않는다.

꿩의바람꽃/미나리아재비과

Anemone raddeana Regel ☞ raddeana 시베리아 식물 연구가 Radde의

2021. 04. 02. 경기 안양

포   꽃받침조각

꽃

잎

열매

뿌리

생육형태	전국. 숲 속 습한 곳. 여러해살이풀.
땅속줄기	옆으로 뻗고 육질이며 굵음.
줄기	높이 15~20cm, 가지가 갈라지지 않음.
잎	잎자루가 길고, 1~2번 3갈래로 갈라지며, 보통 연한 녹색.
꽃	4~5월에 줄기 끝에 1개씩 피며, 흰색, 지름 3~4cm. 꽃을 받치고 있는 포는 3장이며, 각각 3갈래로 끝까지 갈라짐. 꽃자루는 길이 2~3cm이며, 긴 털이 남. 꽃받침조각은 8~13개, 꽃잎처럼 보이고 길이 2cm 정도의 장타원형. 꽃잎은 없음. 수술과 암술은 많고, 꽃밥은 흰색.
열매	수과. 씨방에 털이 있음.

동정포인트 우리나라 생육하는 바람꽃속(*Anemone*) 식물 중에 꽃받침조각이 12개 내외로 흔히 5개인 다른 바람꽃 종류와 구분된다.

동의나물/미나리아재비과

Caltha palustris L. ☞ palustris 물가에 자라는

2017. 05. 02. 강원 평창

꽃

잎

씨(눈금:2mm)   피나물

생육형태 전국(제주 제외)의 숲 속 습기 많은 곳. 여러해살이풀.

잎 뿌리잎은 모여나며, 잎자루가 길고, 둥근 심장형으로 큰 것은 지름 20cm에 이름. 줄기잎은 잎자루가 짧거나 없음.

꽃 4~5월에 노란색 꽃이 줄기 위쪽에 2~4개씩 달림. 꽃받침조각은 5~7장이며, 꽃잎처럼 보임. 꽃잎은 없음. 수술은 많고, 암술은 4~16개.

열매 골돌과 끝에 짧은 부리가 있음.

동정포인트 잎은 둥근 심장형으로 갈라지지 않으며, 가장자리에 물결 모양의 둔한 톱니가 있다. 꽃은 줄기 끝부분에 대개 2개씩 피며, 꽃잎같은 꽃받침조각이 5~7 개, 꽃잎은 없다. 식물구계학적 특정식물 II등급이다.

비교 피나물(*Hylomecon vernalis*)은 양귀비과로 잎은 우상복엽, 불규칙한 톱니가 있고, 꽃잎은 보통 4장이다.

병조희풀/미나리아재비과

Clematis heracleifolia var. *urticifolia* (Nakai ex Kitag.) U.C. La ☞종

heracleifolia 미나리과
어수리속(Heracleum)의 잎과 비슷한

2021. 08. 04. 충북 괴산. 겨울눈(원)

꽃

꽃 단면(양성화)

열매

수형

자주조희풀

생육형태 전국. 숲 속. 낙엽 관목, 높이 1.0~1.5m.

잎 마주나며, 작은잎 3장으로 된 복엽. 작은 잎은 광난형, 가장자리에 보통 결각은 없고 톱니가 있음.

꽃 암수한그루와 암수딴그루가 섞여 있음. 7~9월에 줄기 위쪽의 잎겨드랑이에 모여 달리고, 보라색 또는 하늘색으로 꽃대가 짧음. 화피는 통형이며 윗부분은 4갈래로 갈라져 뒤로 젖혀짐.

열매 수과. 길이 3~5mm, 납작한 타원형, 털이 달린 2cm 이상의 암술대가 남아 있음.

동정포인트 잎은 3출엽으로 가장자리에 톱니가 드문드문 있으며, 화피편의 윗부분만 뒤로 말리고, 수술대는 꽃밥보다 길고 넓다. 식물구계학적 특정식물 III등급이며, 특산식물이다.

비교 자주조희풀(*C. heracleifolia*)은 화피편의 반 이상이 말린다.

으아리/미나리아재비과

Clematis terniflora var. *mandshurica* (Rupr.) Ohwi ☞ terniflora 3개의 꽃이 피는

2014. 07. 15. 강원 양구

꽃

참으아리 줄기(목질화)

잎

큰꽃으아리 꽃

열매

큰꽃으아리 잎

생육형태 　전국. 숲 가장자리, 풀밭. 낙엽 덩굴성 반목본, 길이 2m.

잎 　마주나며, 작은잎 5~7장으로 이루어진 우상복엽. 작은잎은 난상 타원형, 가장자리가 밋밋함. 잎자루는 다른 물체를 감는 덩굴손 역할을 함.

꽃 　5~9월에 지름 2~4cm의 흰색 꽃이 취산꽃차례에 달림. 화피편은 4~6장, 꽃잎처럼 보임. 수술은 많고, 암술대엔 긴 털이 밀생함.

열매 　난상 타원형으로 흰색 털이 있음.

동정포인트 덩굴성으로 화피편은 4~6장, 열매에는 암술대가 변한 깃털 모양의 긴 털이 있다.

비교 　참으아리(*C. terniflora*) 줄기가 목질화 되고, 큰꽃으아리(*C. patens*)는 꽃이 대형이고 잎가장자리와 맥 위에 털이 있다.

140

할미밀망/미나리아재비과

Clematis trichotoma Nakai ☞ trichotoma 3개로 분지하는

2013. 06. 06. 강원 영월

꽃

잎

열매

줄기

사위질빵

할미밀망(좌), 사위질빵(우)

생육형태　전국. 숲 가장자리. 낙엽 덩굴성 목본, 길이 5~7m.

잎　마주나며, 작은잎 3~5장으로 이루어진 우상복엽. 작은잎은 난상, 큰 결각이 있고 끝은 매우 뾰족함. 잎자루는 길며 털이 있음.

꽃　5~6월에 취산꽃차례로 달림. 양성화로 흰색, 지름 3~4cm. 화피편은 4~5장, 연한 갈색 털이 있음. 수술은 많고, 암술대에는 긴 털이 밀생함.

열매　수과. 난상, 털이 있는 암술대가 남음.

동정포인트　꽃차례는 줄기과 잎 사이에서 나오고, 꽃은 3개씩 모여 달린다. 특산식물이다.

비교　사위질빵(*C. apiifolia*)은 할미밀망에 비해 줄기, 꽃, 잎이 소형이고, 꽃차례는 줄기 끝이나 잎겨드랑이에서 나오며, 꽃은 5개 이상이 달린다.

노루귀/미나리아재비과

Hepatica asiatica Nakai ☞ asiatica 아시아의

2008. 03. 16. 경기 안양

꽃
잎

열매

섬노루귀(식재)

생육형태	전국. 숲 속. 여러해살이풀, 크기 8~20cm, 전체에 희고 긴 털이 많음.
잎	뿌리에서 나며 3~6장. 잎몸은 3갈래로 갈라진 삼각형이며, 밑은 심장형, 끝은 다소 뾰족함. 잎 앞면에 보통 얼룩무늬가 없지만 있는 경우도 있음.
꽃	3~5월에 잎보다 먼저 피고 길이 6~12cm. 꽃대 끝에 1개씩 달림. 색은 흰색, 분홍색, 보라색. 포는 꽃잎처럼 보이며, 6~11장.
열매	수과. 퍼진 털이 있음.
동정포인트	잎이 나오기 전에 꽃이 먼저 피며, 꽃색은 다양하고, 잎의 끝은 다소 뾰족한 편이다. 식물구계학적 특정식물 Ⅰ등급이다.
비교	섬노루귀(*H. maxima*)는 상록성으로 대형이며, 꽃과 잎이 같이 나오고 열매에 털이 없다.

미나리아재비/미나리아재비과

Ranunculus japonicus Thunb.

2022. 05. 13. 강원 인제

군락

꽃   뿌리잎

생육형태	전국. 숲 가장자리, 풀밭. 여러해살이풀. 곧추서며, 높이 50~70cm, 털이 많음.
잎	뿌리잎은 깊게 3~5갈래로 갈라지고, 잎자루가 깊. 잎몸은 길이 2.5~7.0cm, 가장자리에 불규칙하고 둔한 톱니가 있음. 아래 줄기잎에는 잎자루가 있음.
꽃	5~6월, 노란색으로 줄기 끝에 취산꽃차례 끝에 1개씩 달림. 꽃받침은 5개로 타원형이며 털이 있음. 꽃잎은 5개, 길이가 꽃받침의 2배 정도. 암술과 수술은 많음.
열매	수과. 구형이며 모여 달림.

동정포인트 줄기와 뿌리잎의 잎자루에 퍼진 털이 있으며, 꽃은 노란색으로 광택이 나고, 열매는 구형으로 털이 없다.

해설 미나리아재비속은 꽃잎이 5개로 노란색, 수술과 암술은 다수이고, 독초인 경우가 많다.

산꿩의다리/미나리아재비과

Thalictrum filamentosum Maxim. ☞ filamentosum 실 모양의

2019. 08. 09. 서울 북한산

꽃

전초

잎

옆매

생육형태 전국. 숲 속 그늘. 여러해살이풀, 높이 20~60cm.

잎 뿌리잎은 보통 1개, 엽병이 길고 3개씩 2~3회 갈라짐. 작은잎은 장타원형, 끝이 둔하고 흔히 2~3개로 갈라짐.

꽃 6~7월에 줄기 끝에 산방상으로 달리고 흰색. 꽃받침은 4~5장, 일찍 떨어짐. 꽃잎은 없고, 수술은 많으며 환상(고리 모양)으로 배열하고 윗부분은 넓고 밑부분은 실처럼 가늠. 꽃밥은 1mm 정도로 장타원형. 암술은 2~5개.

열매 수과. 가는 자루가 있으며, 조금 납작한 편이고, 양쪽에 1~4맥이 있으며, 8~10월 익음.

동정포인트 뿌리는 방추형, 꽃은 산방상으로 난다. 수과는 1~4맥이 있고, 옆이나 위를 향하며, 자루의 길이는 3~4mm이다.

꿩의다리속(*Thalictrum*) 관련 종

금꿩의다리

T. rochebrunianum var. *grandisepalum* Franch. & Sav.

작은잎은 도란형이고 꽃받침은 자주색이다. 수과는 자루가 길다.

긴잎꿩의다리

T. simplex var. *brevipes* H. Hara

줄기에 예리한 능선이 있다. 꽃받침은 황녹색이며 수과에는 자루가 없다.

꼭지연잎꿩의다리

T. ichangense Lecoy. ex Oliv.

작은잎은 방패형으로 식물체는 30cm, 잎은 길이 2~4cm이다.

은꿩의다리

T. actaefolium var. *brevistylum* Nakai

꽃받침은 홍자색, 수술대 하부는 가늘고, 암술대는 굽어 있다. 수과는 자루가 없고 맥이 10개이다.

자주꿩의다리

T. uchiyamae Nakai

뿌리는 괴경이다. 작은잎은 난상이며 가죽질이고 뒷면은 회청색이다. 꽃받침은 자색이 돈다.

큰꿩의다리

T. minus L.

줄기는 둥글고, 소화경은3~8mm, 꽃은 황녹색이다.

매발톱나무/매자나무과

Berberis amurensis Rupr. ☞ amurensis 아무르지방에 생육하는

2025. 06. 01. 강원 태백

꽃

잎

열매

수피

가시

겨울눈

생육형태	아고산대 산지 능선부. 낙엽 관목, 높이 3m.
수피	회갈색, 코르크 발달, 가시가 남.
잎	어긋나며 짧은 가지에는 모여난 것처럼 보임. 길이 3~8cm, 타원형, 도란형이며 가장자리에 날카로운 톱니가 있음.
꽃	5~6월, 길이 4~10cm의 총상꽃차례에 노란색 꽃이 10~20개 달림. 꽃자루는 길이 0.5~1.0cm다. 꽃받침 6장이며 2줄로 붙고 꽃잎도 6장이며 긴 난형.
열매	장과. 길이 6~7mm, 타원형으로 9~10월에 붉게 익음.
동정포인트	총상꽃차례에 많은 꽃(10~20개)이 달리며, 열매는 붉게 익고, 타원형이다. 식물구계학적 특정식물 II등급이다.
비교	매자나무(*B. koreana*)는 매발톱나무보다 가지는 적색~암적색이며, 잎의 톱니는 간격이 넓으며, 열매는 구형이다.

새모래덩굴/새모래덩굴과

Menispermum dauricum DC. ☞ dauricum 다후리아(dahuria) 지방의

2013. 06. 04. 강원 영월

암꽃

잎

어린 잎

댕댕이덩굴

생육형태	전국. 해가 잘드는 산지나 풀밭. 낙엽 덩굴성 목본, 길이 1~3m.
잎	어긋나며, 홑잎, 심장형, 가장자리는 밋밋하고 3~5갈래로 얕게 갈라짐. 잎자루는 방패 모양으로 붙음. 표면은 녹색, 뒷면은 흰빛이 돌며 털이 없음.
꽃	암수딴그루, 4~6월에 원추꽃차례에 달림. 수꽃은 꽃받침조각 4~6장, 꽃잎 6~10장, 수술 12~28개, 꽃받침조각이 꽃잎보다 큼. 암꽃은 심피 3개, 암술머리 2갈래.
열매	핵과. 9~10월에 검게 익음.
동정포인트	잎은 심장형으로 3~5갈래로 얕게 갈라지며, 잎자루가 잎가장자리에서 약간 안쪽에 붙는 순형이다.
비교	댕댕이덩굴(*Cocculus trilobus*)은 잎은 순형이 아니고, 잎 양면, 잎자루에 갈색 털이 난다.

으름덩굴/으름덩굴과

Akebia quinata (Houtt.) Decne. ☞ quinata 작은잎이 5개인, 5수성의

2020. 04. 26. 경기 군포 겨울눈(원)

암꽃

수꽃

잎

열매(장과)

열매

멀꿀

생육형태 전국. 산지. 낙엽 덩굴성 목본, 길이 7m.

잎 어긋나며, 작은잎 5~7장으로 이루어진 손바닥 모양. 작은잎은 난형 또는 타원형으로 길이 3~6cm, 끝이 오목하고, 가장자리가 밋밋함. 뒷면은 흰빛이 돎.

꽃 암수한그루, 총상꽃차례에 달림. 꽃받침조각은 3개. 수꽃은 꽃차례 위쪽에 달리며, 수술 6개가 서로 떨어져 있음. 암꽃은 수꽃보다 크고, 꽃차례 아래쪽에 달리며, 기둥 모양의 암술대가 3~6개 있음.

열매 장타원형, 익으면 세로로 벌어짐.

동정포인트 작은잎이 5~7개로 손바닥 모양이며, 암수한그루로 꽃받침조각은 3개, 꽃잎은 없다.

비교 멀꿀(*Stauntonia hexaphylla*)은 으름덩굴에 비해 상록성으로 꽃받침조각은 6개, 열매는 익어도 벌어지지 않는다.

148

애기똥풀/양귀비과

Chelidonium majus var. *asiaticum* (H. Hara) Ohwi ☞ majus 거대한, asiaticum 아시아의

2022. 04. 25. 경기 의왕

꽃

꽃 확대

꽃봉오리

잎

겨울 잎(로제트)

열매

생육형태	전국. 강가, 길가, 숲가장자리, 풀밭. 두해살이풀, 높이 30~80cm.
잎	어긋나며, 길이 7~15cm, 1~2회 우상으로 갈라짐. 잎은 녹색으로 청색 기운이 돌며, 뒷면은 흰색. 가장자리에 둔한 톱니와 결각이 있음.
꽃	5~8월에 줄기 끝이나 가지 끝의 산형꽃차례에 달림. 꽃잎은 노란색으로 4개, 길이 1~1.5cm의 타원상 도란형~도란형. 수술은 많고 암술은 1개.
열매	삭과. 양 끝이 좁고 길이가 같은 대가 있음.

동정포인트 꽃잎과 수술은 노란색이며, 줄기와 잎 뒷면에 흰색의 긴 털이 밀생한다. 식물체에 상처를 내면 노란색의 유액이 나온다.

※ 로제트: 뿌리잎이 지면상에 방사상으로 퍼진 상태

현호색/현호색과

Corydalis remota Fisch. ex Maxim. ☞ remota 떨어져 있는

2012. 04. 15. 강원 원주 치악산. 괴경(원)

꽃

열매

씨

군락

잎의 다양한 모습

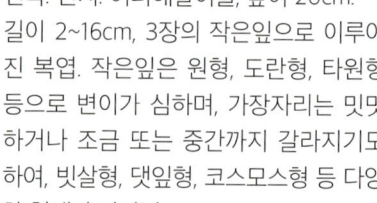

생육형태 전국. 산지. 여러해살이풀, 높이 20cm.

잎 길이 2~16cm, 3장의 작은잎으로 이루어진 복엽. 작은잎은 원형, 도란형, 타원형 등으로 변이가 심하며, 가장자리는 밋밋하거나 조금 또는 중간까지 갈라지기도 하여, 빗살형, 댓잎형, 코스모스형 등 다양한 형태가 나타남.

꽃 엷은 홍자색으로 줄기 끝에 달리는 총상꽃차례에 무리 지어 핌. 화관은 길이 2cm 정도. 수술은 6개.

열매 삭과. 씨는 흑갈색.

동정포인트 괴경은 많은 층의 껍질이 있고, 잎은 2~4회 3출엽이거나 우상으로 갈라진다. 꽃은 밝은청색에서 분홍, 보라, 흰색 등 다양하게 나타난다. 씨는 1줄로 달린다.

산괴불주머니/현호색과

Corydalis speciosa Maxim. ☞ speciosa 아름다운, 화려한

2019. 04. 17. 강원 평창 오대산

꽃

겨울 잎

잎

군락

생육형태 전국. 산과 들의 습기 있는 곳. 두해살이 풀, 높이 30~50cm.

잎 어긋나며, 길이 10~15cm, 2회 우상으로 갈라짐. 잎몸의 마지막 소우편은 가늘고 장타원형으로 끝이 뾰족함.

꽃 3~6월에 줄기와 가지 끝의 총상꽃차례에 피며, 길이 1.5~2.0cm, 밝고 진한 노란색. 꽃차례는 길이 5~25cm. 포는 난상 피침형이며, 갈라지기도 함. 꽃뿔(거)은 끝이 조금 구부러짐.

열매 삭과. 길이 2~3cm, 염주 모양의 선형이고, 5~7월에 익음.

동정포인트 줄기는 원형으로 각이 지지 않는다. 암술머리의 돌기는 8개다. 삭과는 선형으로 규칙적으로 잘룩잘룩하며 씨 표면에 짧은 반구형 돌기가 있다.

현호색속(*Corydalis*) 관련 종

갈퀴현호색

C. grandicalyx B.U. Oh & Y.S. Kim

꽃받침은 달걀형으로 떨어지지 않고 남아 있는 숙존성이 며, 갈퀴처럼 갈라진다.

염주괴불주머니

C. heterocarpa Siebold & Zucc.

줄기는 원형으로 열매는 염주처럼 잘룩잘룩하며 씨는 1줄로 배열한다.

자주괴불주머니

C. incisa (Thunb.) Pers.

줄기는 골이 지고 암술머리는 리본 모양으로 꽃은 자주색이다(드물게 흰색). 꽃뿔은 두텁다.

점현호색

C. maculata B.U. Oh & Y.S. Kim

괴경의 내부는 노란색, 잎의 표면에 흰 점이 있다(드물게 없기도 하다). 꽃은 청색이다. 우리나라 특산식물이다.

조선현호색

C. turtschaninovii Besser

소화경은 포와 길이가 비슷하다. 포는 항상 결각상이고, 내화판은 선단부에 유합한다. 암술머리의 돌기는 14개다.

갯괴불주머니

C. platycarpa (Palib.) Makino

염주괴불주머니에 비해 삭과는 넓은 선형이고 씨는 2줄로 배열한다.

히어리/조록나무과

Corylopsis glabrescens var. *gotoana* (Makino) T. Yamanaka ☞ glabrescens 털이 없는

피자식물

열II
특산
IV
LC
귀화
교란
기후

2017. 03. 21. 전남 곡성

꽃

꽃 확대

잎

열매

겨울눈

수피

생육형태	강원, 경기 일부지역, 경남, 전남. 낙엽 관목, 높이 3~5m.
잎	어긋나며, 광타원형~원형으로 길이 5~9cm, 심장 모양, 가장자리에 물결 모양의 뾰족한 톱니가 있음. 잎 뒷면은 회색이 돌며 6~8개의 나란히 배열된 측맥이 뚜렷함.
꽃	양성화, 잎보다 먼저 피며 길이 3~4cm의 총상꽃차례에 6~8개씩 달리고 노란색. 꽃받침, 꽃잎, 수술은 각각 5개.
열매	삭과. 둥글고 털이 많음. 9월에 익으며, 씨는 검은색.

동정포인트 잎은 광타원형~원형으로 맥이 뚜렷하며, 꽃은 잎보다 먼저 피고, 노란색으로 꽃받침, 꽃잎, 수술이 각각 5개다. 식물구계학적 특정식물 IV등급이다. 적색목록 관심대상(LC)종, 특산식물이다.

피
자
식
물

멸 II
┈┈┈┈
특산
┈┈┈┈
III
┈┈┈┈
적색
┈┈┈┈
귀화
┈┈┈┈
교란
┈┈┈┈
기후

굴거리나무/굴거리나무과

Daphniphyllum macropodum Miq. ☞ macropodum 자루가 긴

2024. 01. 26. 제주도

수꽃

열매

겨울눈

수형

좀굴거리나무(좌), 굴거리나무(우)

생육형태 충남 이남, 울릉도. 상록 교목, 높이 10m, 지름 30cm.

잎 어긋나며, 가지 끝에 모여 달림. 길이는 12~20cm, 장타원형으로 끝은 뽀족하고 밑은 쐐기 모양. 잎가장자리는 밋밋하다. 잎몸은 가죽질이고 표면은 녹색, 뒷면은 분백색.

꽃 암수딴그루, 4~5월에 총상꽃차례로 달림. 화피는 없으며 수술이 8~10개, 암꽃은 약간 둥근 씨방에 2개의 암술대가 있음.

열매 핵과. 장타원형으로 10~11월에 짙은 하늘색으로 익음.

동정포인트 잎 뒷면은 분백색을 띠며, 그물맥이 뚜렷하지 않다. 암술머리는 적색이고 수꽃의 꽃받침은 없다. 식물구계학적 특정식물 III등급, 기후변화 지표종이다.

비교 좀굴거리나무(*D. teijsmannii*)는 잎 뒷면이 녹색으로 그물맥이 뚜렷하고, 암술머리는 미백색이며, 수꽃은 꽃받침이 있다.

느릅나무/느릅나무과

Ulmus davidiana var. *japonica* (Rehder) Nakai ☞ davidiana 중국 식물 채집가, 선교사인 A. David의

2016. 07. 19. 경기 포천

꽃

잎

열매

수형

겨울눈

수피

생육형태 전국. 산지. 낙엽 교목, 높이 15m, 지름 70cm.

잎 어긋나며, 타원형 또는 도란형으로 길이 3~10cm, 폭 2~6cm이며, 끝이 갑자기 좁아져서 꼬리처럼 됨. 잎가장자리는 겹톱니가 있음. 잎자루에 털이 있음.

꽃 양성화, 잎보다 먼저 피며 취산꽃차례에 모여남. 화피편은 4개로 얕게 갈라지며, 수술은 4~5개, 암술대는 2개로 갈라지고 흰색 털이 밀생함.

열매 시과. 도란상 타원형, 날개가 있고, 털이 없으며 5~6월에 익음.

동정포인트 산지에 흔히 자라며, 어긋나는 잎은 엽저가 비대칭(의저)이다. 열매에 털이 없고, 바람에 의해 수분하는 풍매화이다. 식물구계학적 특정식물 I 등급이다.

난티나무

Ulmus laciniata (Trautv.) Mayr

잎 양면에 거친 털이 있고, 잎 끝이 3~7개의 결각상으로 갈라진다.

참느릅나무

Ulmus parvifolia Jacq.

꽃은 가을에 피고, 열매는 늦가을에 맺는다. 잎은 털이 없고, 톱니는 단순하다.

왕느릅나무

Ulmus macrocarpa Hance

느릅나무에 비해 잎이 대형이고 열매에 털이 있고, 크기도 크다(약 3cm).

비술나무

Ulmus pumila L.

느릅나무속 중 잎이 가장 작고, 잎 뒷면에 털이 없다.

느티나무

Zelkova serrata (Thunb.) Makino

열매는 핵과. 날개와 털이 없으며 자루가 매우 짧다.

시무나무

Hemiptelea davidii (Hance) Planch.

수피 및 가지에 가시가 달리고, 열매는 비대칭으로 한쪽에만 날개가 생긴다.

※ 느릅나무속(*Ulmus*)은 열매에 날개가 있으며, 시무나무속(*Hemiptelea*)은 날개가 한쪽에만 있고, 느티나무속(*Zelkova*)은 날개가 없다.

환삼덩굴/삼과

Humulus japonicus Siebold & Zucc.

2023. 06. 27. 충남 태안

수꽃차례

줄기

수꽃

새싹

암꽃

씨

생육형태	전국. 길가, 들, 빈터. 덩굴성 여러해살이풀, 길이 2~4m.
잎	마주나며, 5~7갈래의 손바닥 모양, 길이와 폭이 각각 5~12cm. 갈래는 난상 또는 피침형, 가장자리에 규칙적인 톱니가 있고, 양면에 거친 털이 남.
꽃	암수딴그루, 7~10월에 핌. 수꽃차례는 길15~25cm, 황록색이고 꽃받침조각과 수술이 각각 5개씩 있음. 암꽃은 짧은 총상꽃차례에 달리는데, 포는 꽃이 진 후에 크게 자람.
열매	수과. 포는 자갈색으로 끝이 뒤로 약간 젖혀지고, 씨는 3~4mm, 9~11월에 황갈색으로 익음.
동정포인트	덩굴성 여러해살이풀로 줄기에 가시가 있다. 잎의 열편은 5~7개로 양면에 거친 털이 있다.
해설	2019년 생태계교란 식물로 지정되었다.

산뽕나무/뽕나무과

Morus bombycis Koidz. ☞ bombycis 누에(蠶)의

2025. 05. 27. 전남 무주, 겨울눈(원)

암꽃

수꽃

잎

수피

열매

뽕나무

생육형태 전국. 낙엽 관목이나 소교목, 높이 7~8m.
잎 어긋나며, 난형~광난형, 잎 끝은 뾰족하고 밑은 심장 모양. 가장자리는 예리한 톱니가 있음.
꽃 암수딴그루(간혹 잡성화), 수꽃차례는 아래로 드리우고, 꽃잎과 수술이 각각 4개, 암꽃차례는 타원형, 녹색으로 암술머리가 2개로 갈라짐.
열매 수과로 이루어진 다화과. 6~8월에 검게 익음.

동정포인트 잎의 끝이 꼬리처럼 길게 뾰족해지며, 암술대는 열매가 익을 때까지 남는다.
비교 뽕나무(*M. alba*)는 산뽕나무에 비해 암술대는 매우 짧고, 잎 끝의 톱니는 둔하다. 몽고뽕나무(*M. mongolica*)는 톱니가 매우 날카롭다.

158

모시풀/쐐기풀과

Boehmeria nivea (L.) Gaudich. ☞ nivea 눈처럼 하얀

2018. 06. 07. 전남 광양

모시풀 턱잎

섬모시풀 턱잎

생육형태	중국 원산, 도서 및 해안가. 여러해살이풀, 높이 1~2m.
잎	어긋나며 난상 원형으로 길이 10~15cm, 너비 6~12cm, 끝은 꼬리처럼 길고, 가장자리에 톱니가 있음. 앞면은 짙은 녹색, 뒷면은 솜털이 밀생하여 흰색을 띰.
꽃	암수한포기, 7~8월에 핌. 수꽃차례는 원줄기 아래쪽에, 암꽃차례는 위쪽에 달림. 수꽃은 황백색, 암꽃은 연한 녹색.
열매	수과. 길이 1mm 정도의 난형이고 아래에 자루가 있음.
동정포인트	모시풀속(*Boehmeria*) 중 섬모시풀과 함께 잎이 어긋난다. 원뿔 모양의 취산꽃차례에 달리고 열매에 짧은 자루가 있다.
비교	섬모시풀(var. *tenacissima*)은 턱잎이 중간 이하에서 합착하고, 줄기와 잎자루에 누운 털이 있지만 모시풀과 같은 종으로 보기도 한다.

섬모시풀

거북꼬리/쐐기풀과

Boehmeria tricuspis (Hance) Makino ☞ tricuspis 끝이 세 갈래로 갈라진

2014. 06. 26. 경기 가평

풀거북꼬리

개모시풀

생육형태	전국, 산지 그늘진 곳, 여러해살이풀, 높이 0.5~1.0m.
잎	마주나며, 잎몸은 길이 10~14cm, 넓은 난형으로 끝이 깊게 3갈래로 갈라져 가운데가 피침형으로 길게 뾰족해짐.
꽃	7~8월, 암꽃차례는 줄기 위에 달리고, 수꽃차례는 줄기 아래에 달리며 가지가 갈라짐.
열매	수과. 도란형, 짧은 털로 덮임.
동정포인트	거북꼬리는 초본이며, 흔히 가지가 갈라지지 않으며, 잎 끝이 3개로 갈라진다.
비교	풀거북꼬리(*B. gracilis*)는 잎이 갈라지지 않고 끝이 뾰족하며 줄기속이 비어 있다. 개모시풀(*B. platanifolia*)은 잎이 얇고, 가장자리가 결각상이며 끝이 3갈래로 갈라진다.
해설	최근 거북꼬리를 숲거북꼬리로 보는가 하면, 풀거북꼬리를 좀깨잎나무와 동종으로 보기도 한다. 개모시풀도 왜모시풀과 동종으로 보는 의견 등 모시풀 속(*Boehmeria*)의 정리가 필요하다.

160

모시물통이/쐐기풀과

Pilea mongolica Wedd. ☞ monglica 몽골의

2020. 08. 21. 충북 단양

열매

열매와 씨

물통이

강계큰물통이

산물통이

큰물통이 ⓒ이만규

생육형태 전국. 농경지, 숲 가장자리. 한해살이풀, 높이 30~50cm.

잎 마주나며, 끝이 꼬리처럼 뾰족하고, 가장자리에 톱니가 있음.

꽃 암수한그루, 9~10월에 잎겨드랑이에서 여러 개가 모여 핌. 수꽃은 화피편과 수술이 각 2개, 암꽃은 화피편이 3개이고 선형으로 길이가 같음.

열매 수과. 10~11월에 익으며, 난형이고 길이 1mm 정도, 갈색 점이 있음.

동정포인트 잎의 거치가 많고, 열매의 화피편은 3개, 선형으로 씨보다 약간 짧다.

비교 물통이(*P. peploides*)는 잎이 광난형~원형으로 거치가 거의 없다. 강계큰물통이(*P. oligantha*)는 3쌍 정도의 둥근 거치가 있으며, 잎 양면에 털이 있다. 산물통이(*P. japonica*)는 꽃차례의 자루가 길어 구분할 수 있으며, 큰물통이(*P. pumila*)는 화피편 3개 중 2개가 길어져 열매를 감싼다.

가래나무/가래나무과

Juglans mandshurica Maxim. ☞ mandshurica 만주에 생육하는

2018. 09. 12. 강원 홍천

암꽃

수꽃

잎

열매

수형

수피와 겨울눈

생육형태	지리산 이북, 산지, 계곡가. 낙엽 교목, 높이 20m.
수피	회색이며 세로로 갈라짐.
겨울눈	인편이 없이 나출되어 있으며, 끝눈은 원추형.
잎	기수우상복엽, 작은잎은 7~17개, 장타원형 가장자리에 잔톱니가 있음. 잎 뒷면에 털이 밀생함.
꽃	암수한그루, 4~5월에 핌. 수꽃차례는 아래로 드리우고, 암꽃차례는 4~10개로 암술머리가 붉은색이며 2개로 갈라짐.
열매	핵과. 9월에 익으며, 겉에 갈색의 샘털이 밀생함.

동정포인트 잎은 기수우상복엽으로 작은잎이 7~17개, 가장자리에 톱니가 있다. 암꽃차례에 많은 꽃이 달리며, 암술머리는 붉은색이다. 열매는 난형이고 겉에 갈색 털이 밀생한다. 식물구계학적 특정식물 I 등급이다.

가래나무과(Juglandaceae) 관련 종

호두나무

Juglans regia L.

잎은 기수우상복엽으로 작은잎은 5~7개, 타원형이며 가장자리가 밋밋하다. 암꽃은 1~3개가 달리고, 암술머리는 노란색이다. 열매는 구형으로 겉에 털이 없다.

굴피나무

Platycarya strobilacea Siebold & Zucc.

잎은 기수우상복엽으로 작은잎은7~19개, 장타원상 피침형으로 가장자리에 깊은 톱니가 있다. 수꽃차례은 보통 직립하며, 암꽃차례는 2~3cm의 난상이다. 열매는 솔방울 모양의 견과이고 씨에 날개가 발달한다.

중국굴피나무

Pterocarya stenoptera C. DC.

잎은 기수우상복엽, 작은잎은 9~21개, 장타원형이며 가장자리에 잔톱니가 있다. 수꽃차례는 아래로 드리우고 암꽃차례는 길이 5~8cm이다. 열매는 장타원형으로 2개의 날개가 있다.

상수리나무/참나무과

Quercus acutissima Carruth. ☞ acutissima 매우 예리한

2020. 09. 30. 경기 의왕. 겨울눈(원)

암꽃

수꽃

잎

열매

수형

수피

생육형태 전국. 주로 해발고도가 낮은 산지. 낙엽 교목, 높이 20~25m.

수피 회갈색이며 세로로 불규칙하게 갈라짐.

겨울눈 긴 난상으로 인편은 20~30개.

잎 어긋나며, 장타원형으로 길이 10-20cm, 너비 3~4cm이고, 가장자리에 끝이 매우 뾰족한 톱니가 있음.

꽃 암수한그루, 4~5월에 핌. 수꽃차례는 길게 늘어지고, 암꽃차례는 곧추섬.

열매 견과는 둥글고, 지름 2cm, 포린은 뒤로 젖혀짐.

동정포인트 굴참나무와는 달리 수피에 코르크가 발달하지 않는다. 잎의 폭이 좁고 날씬한 세장형이다. 뒷면은 광택이 있는 연한 녹색으로 단모 또는 여러 세포로 된 단모가 있지만 육안으로는 없는 것처럼 보인다.

굴참나무/참나무과

Quercus variabilis Blume ☞ variabilis 변하기 쉬운

2010. 09. 12. 충북 단양 소백산. 겨울눈(원)

암꽃

잎

열매

수피

수형

생육형태 전국. 산지. 낙엽 교목, 높이 25cm.

수피 회백색, 코르크가 두껍게 발달함.

겨울눈 난상, 5각형으로 각이 짐.

잎 어긋나며, 장타원형으로 길이 8~15cm, 너비 4-7cm이며, 뒷면에 회백색의 별처럼 생긴 털들이 빽빽하게 달림.

꽃 암수한그루, 4~5월에 핌. 수꽃차례는 길게 늘어지고, 수술은 5~8개, 암꽃차례는 곧추섬.

열매 견과. 구형, 뒤로 젖혀지고 많은 포린으로 싸여 있음.

동정포인트 잎은 난상 타원형~장타원형으로 잎 뒷면에 단모와 별모양의 털이 있어 흰색으로 보인다. 상수리나무에 비해 잎의 폭이 넓어 다소 통통해 보인다. 줄기에 코르크가 발달한다. 낙엽 참나무류 중에 상수리나무와 더불어 열매가 2년만에 성숙한다.

갈참나무/참나무과

Quercus aliena Blume ☞ aliena 성질이 다른

2018. 09. 27. 충북 제천. 겨울눈(원)

암꽃

수꽃

잎

잎 뒷면

열매

수피

생육형태 전국. 주로 해발고도가 낮은 산지. 낙엽 교목, 높이 25cm, 지름 1m.

수피 회갈색 또는 흑갈색으로 얇고 불규칙하게 갈라짐.

겨울눈 장타원형으로 끝이 다소 뭉툭함.

잎 어긋나며, 5~30cm, 도란형~도란상 장타원형. 가장자리에 톱니가 있으며, 뒷면은 회백색, 별 모양의 털이 밀생함.

꽃 암수한그루, 4~5월에 핌. 수꽃차례는 길게 늘어지고, 수술은 6~9개, 암꽃차례는 곧추섬.

열매 견과. 타원형, 깍정이(각두)에는 삼각형의 포린이 달림.

동정포인트 잎은 도란형 또는 도란상 장타원형으로 가장자리에 둔한톱니가 있다. 잎은 예저, 잎자루는 길고 단모가 있으나 곧 떨어진다. 잎 뒷면은 별 모양의 털이 밀생해 회백색으로 보인다.

졸참나무/참나무과

Quercus serrata Murray ☞ serrata 톱니가 있는

2019. 06. 13. 서울 북한산

암꽃

수꽃

잎

열매

겨울눈

신갈나무와 졸참나무

생육형태	전국. 주로 해발고도가 낮은 산지. 낙엽 교목, 높이 25m, 지름 1m.
수피	회백색이며 세로로 골이 짐.
겨울눈	3~6mm, 난상.
잎	어긋나며, 도란상 타원형 또는 난상 피침형, 길이 2~19cm, 너비 1.5~10cm, 잎끝은 뾰족하거나 점차 뾰족해지며, 잎밑은 뾰족함. 잎 표면과 맥 위에 털이 있음. 잎자루는 길이 10~23mm이고 털이 있음.
꽃	암수한그루, 4~5월에 개화. 수꽃차례는 길게 늘어지고, 암꽃차례는 곧추섬.
열매	견과는 장타원형이, 길이 1~2cm, 깍정이의 포린은 삼각상 피침형으로 비늘처럼 붙어 있음.

동정포인트 잎자루는 10~23mm로 길다. 잎은 도란상 타원형으로 잎의 톱니는 날카로우며, 잎 뒷면 전체에 누운 단모와 별 모양 털이 있다. 잎과 열매가 모두 작다.

신갈나무/참나무과

Quercus mongolica Fisch. ex Ledeb. ☞ mongolica 몽골의

2019. 07. 04. 서울 북한산. 유엽테(원)

암꽃

수꽃

잎

열매

수형

생육형태	전국. 산지. 낙엽 교목, 높이 30cm, 지름 1m.
수피	회색 또는 회갈색으로 세로로 불규칙하게 갈라짐.
겨울눈	난상, 5각형으로 각이 짐.
잎	어긋나며, 7~20cm, 도란형으로 끝은 다소 둥글며 양면에 털이 없음. 잎자루는 2~5mm 정도로 짧음.
꽃	암수한그루, 4~5월에 핌. 수꽃차례는 길게 늘어지고, 수술은 5~8개, 암꽃차례는 곧추섬.
열매	견과. 타원형, 깍정이에는 삼각상 피침형의 포린이 달림.

동정포인트 잎은 도란형으로 가장자리에 물결 모양의 톱니가 3~17쌍 있다. 잎자루는 매우 짧으며, 잎 앞뒷면에 털이 없다. 고도가 높은 산지에서는 순림을 형성하기도 하며, 내한성과 맹아력이 강하다.

떡갈나무/참나무과

Quercus dentata Thunb. ☞ dentata 이빨 모양의

2022. 08. 24. 충북 단양

암꽃

수꽃

잎

수형

열매

생육형태 전국. 주로 해발고도가 낮은 산지. 낙엽 교목, 높이 25m, 지름 1m.

수피 회색 또는 회갈색이며 불규칙하게 갈라짐.

겨울눈 4~10mm, 난상 장타원형이며, 소지와 더불어 털이 많음.

잎 어긋나며, 도란형~도란상 장타원형. 끝은 둔하고 밑부분은 귀 모양, 가장자리에 물결 모양의 둥근 톱니가 있음. 잎 표면에는 어려서는 털이 있다가 자라면서 대부분 탈락하고 가운데에만 남으며, 뒷면에는 별 모양 털이 밀생함. 잎자루는 매우 짧음.

꽃 암수한그루, 4~5월에 핌. 수꽃차례는 길게 늘어지고, 암꽃차례는 곧추섬.

열매 견과. 난상 구형, 깍정이의 포린은 적갈색으로 뒤로 젖혀짐.

동정포인트 잎이 크고 뒷면에 회갈색 털이 밀생하며, 깍정이의 포린이 뒤로 젖혀진다.

종가시나무/참나무과

Quercus glauca Thunb. ☞ glauca 회록색의

2019. 11. 21. 제주

잎

잎 뒷면

열매

개가시나무

개가시나무 잎 앞면

개가시나무 잎 뒷면

생육형태 제주, 서남해안, 낮은 산지. 상록 교목, 높이 20m, 지름 60cm.

잎 어긋나기, 가죽질, 장타원형~난상 장타원형으로 중간 이상 상단부에 톱니가 있음. 표면은 광택이 나고 뒷면에는 황회색의 털이 있으나 곧 떨어짐.

꽃 암수한그루, 4~5월에 개화. 수꽃차례는 길게 늘어지고, 암꽃차례는 곧추서며 3~5개가 모여남.

열매 견과. 난형~난상 타원형 9월에 익음. 깍정이의 인편은 동심원상의 띠 모양으로 합착되어 있으며, 6~7개의 층이 있음.

동정포인트 잎은 난상 장타원형으로 중간 이상에 톱니가 있고, 뒷면은 황회색 털이 난다. 식물구계학적 특정식물 III등급이다.

비교 개가시나무(*Q. gilva*)는 어린가지, 잎자루, 잎 뒷면에 황갈색 털이 밀생한다. 멸종위기 야생생물 II급이다.

박달나무/자작나무과

Betula schmidtii Regel ☞ schmidtii : F. Schmidt(1751~1834)의

2022. 10. 13. 강원 원주

잎

열매

수피

겨울눈

개박달나무

물박달나무

생육형태 전국. 해발 1,000m 이하 산지. 낙엽 교목, 높이 30m, 지름 1m.

수피 암회색, 오래되면 두껍고 작은 조직으로 떨어짐.

겨울눈 5~8mm, 긴 난형.

잎 어긋나며, 난상으로 길이 4~8cm이며, 잎 끝은 점차 뾰족해지고, 밑은 넓게 뾰족하다. 잎 뒷면에 선점이 있음.

꽃 암수한그루, 5~6월에 핌. 수꽃차례는 가지 끝에 달려서 아래로 처지며, 암꽃차례는 위로 서고 원통형.

열매 타원형 소견과. 위를 향하고 좁은 날개가 있으며, 9월에 익음.

동정포인트 수피는 암회색으로 두꺼운 조직으로 갈라지며, 열매는 길이 2.5~3.5cm, 씨에 날개가 약간 발달한다. 식물구계학적 특정식물 Ⅲ등급이다.

비교 개박달나무(*B. chinensis*)는 열매가 구 형고, 잎 뒷면에 선점이 없으며, 물박달나무(*B. dahurica*)는 수피가 작은 조각으로 벗겨진다.

4장 출제 예상 300종 식물 **171**

까치박달/자작나무과

Carpinus cordata Blume ☞ cordata 심장 모양의

2019. 06. 21. 경기 의왕. 씨(원)

수꽃

잎

열매

수피

과포(눈금2mm)

겨울눈. 잎눈(위), 수꽃눈(아래)

생육형태	전국. 산지. 낙엽 교목, 높이 15m, 지름 60cm.
수피	회색, 거의 평활함.
겨울눈	긴 난형, 끝이 뾰족함.
잎	어긋나기, 길이 6~15cm의 광난형, 끝은 날카롭고 잎가장자리는 겹톱니 모양. 앞면에는 털이 없고 뒷면의 잎맥에만 작은 이삭의 털이 있음.
꽃	암수한그루, 5월에 핌. 수꽃차례는 길게 늘어지고, 수꽃은 각 포에 1개씩 달리며 4~8개의 수술이 있음. 암꽃차례는 가지 끝에 달려 밑으로 처지며, 각 포에 2개씩 달리고, 씨방은 1개, 암술머리는 2갈래로 갈라짐.
열매	길이 6~8cm, 원통형. 소견과는 과포의 기부에 달리며, 장타원형.
동정포인트	잎의 크기가 크고 측맥이 16~20쌍 정도로 많다. 열매는 원통형으로 잎 모양의 과포가 빽빽이 싸고 있다. 과포는 대칭이다.

서어나무/자작나무과

Carpinus laxiflora (Siebold & Zucc.) Blume ☞ laxiflora 성기게 난 꽃의

2022. 06. 22. 강원 속초

암꽃과 수꽃

수피

잎

열매(겨울)

개서어나무(좌), 서어나무(우)

생육형태	전국. 산지. 낙엽 교목, 높이 15m, 지름 1m.
수피	회색, 울퉁불퉁함.
겨울눈	5~10mm, 긴 난상. 잎눈(암꽃눈이 들어 있기도 함)은 수꽃눈보다 작음.
잎	어긋나며, 난형 또는 난상 타원형. 끝은 꼬리처럼 길고, 가장자리에 불규칙한 겹톱니가 있음. 뒷면 맥 위에 잔털이 남.
꽃	암수한그루, 4~5월에 핌. 수꽃은 아래로 드리우고, 암꽃은 새가지에서 아래로 달리며, 암꽃은 포의 안쪽에 2개씩 달림.
열매	5~10cm의 긴 원통형, 과포는 광난형.
동정포인트	잎 끝이 꼬리처럼 길게 뾰족해지며 과포가 좀 더 작고 양쪽에 톱니가 발달한다.
비교	개서어나무(*C. tschonoskii*)는 잎 끝이 짧고, 과포의 한쪽에만 톱니가 발달한다.

미국자리공/자리공과

Phytolacca americana L. ☞ americana 미국의

2016. 09. 08. 전북 진안

꽃

잎

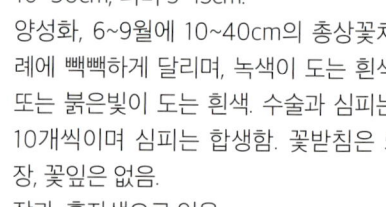

열매

군락

자리공

자리공 꽃

생육형태	전국. 빈터, 하천변. 북아메리카 원산, 여러해살이풀.
줄기	높이 3m, 가지가 많이 갈라짐.
잎	어긋나기, 타원형 또는 난상으로 길이 10~30cm, 너비 5~15cm.
꽃	양성화, 6~9월에 10~40cm의 총상꽃차례에 빽빽하게 달리며, 녹색이 도는 흰색 또는 붉은빛이 도는 흰색. 수술과 심피는 10개씩이며 심피는 합생함. 꽃받침은 5장, 꽃잎은 없음.
열매	장과. 흑자색으로 익음.

동정포인트	꽃차례가 아래로 쳐지고 심피는 10개가 합생한다. 귀화식물이다.
비교	자리공(*P. acinosa*)은 꽃차례가 곧추서거나 비스듬히 위를 향하고, 수술은 8~10개, 심피는 8~10개가 이생한다.

번행초/번행초과

Tetragonia tetragonoides (Pall.) Kuntze ☞ tetragonoides 사각형 비슷한

2019. 05. 02. 경남 통영

꽃

꽃

잎

잎 뒷면

군락

열매(눈금:2mm)

생육형태	중부 이남. 바닷가 모래땅, 바위틈. 여러해살이풀, 누워 자라거나 덩굴지며, 가지가 갈라지고 길이 40~50cm.
잎	난상 삼각형 또는 난형으로 길이 4~6cm, 가장자리가 밋밋함.
꽃	4~11월에 잎겨드랑이에 1~2개씩 달리며 노란색. 꽃자루는 짧고 굵음. 수술은 노란색이며 9~16개. 암술대는 4~6갈래로 갈라짐.
열매	견과. 벌어지지 않고 윗부분에 가시 같은 돌기가 있음.

동정포인트 식물체 전체에 사마귀같은 돌기가 있고, 잎은 두터운 다육질이다. 열매는 4~5개의 돌기가 있고 익어도 벌어지지 않는다. 식물구계학적 특정식물 II 등급이다.

피
자
식
물

멸॥
⋯⋯⋯
특산
⋯⋯⋯
구계
⋯⋯⋯
적색
⋯⋯⋯
귀화
⋯⋯⋯
교란
⋯⋯⋯
기후
⋯⋯⋯

명아주/명아주과

Chenopodium album L. ☞ album 흰색의

2013. 06. 29. 강원 영월

꽃

잎

열매

씨

새순

군락

생육형태	전국. 밭, 길가, 초지, 빈터. 한해살이풀.
줄기	높이 60~150cm, 곧추서고, 가지를 치며, 녹색 줄이 있음.
잎	어긋나기, 난형~삼각상 난형으로 전체에 털이 없음. 잎몸은 끝이 뾰족하며, 밑은 쐐기 모양으로 불규칙한 톱니가 있음. 잎자루는 깊. 어린잎은 흰색 또는 붉은색이 돔.
꽃	양성화, 5~10월에 가지 끝과 잎겨드랑이에 이삭꽃차례가 모여 원추꽃차례를 이룸.
열매	낭과. 납작한 원모양이며 씨는 검은색으로 광택이 있음.

동정포인트 잎은 난형~삼각상 난형으로 가장자리에 불규칙한 톱니가 있으며 분백색이 돈다. 씨에 광택이 난다. 귀화식물이다.

명아주속(*Chenopodium*) 관련 종

가는갯능쟁이

Atriplex gmelinii C.A. Mey. ex Bong.

잎은 너비 15mm 이하로 폭이 좁고, 대개 톱니가 없지만 2~3개 있는 것도 있다.

가는명아주

C. album var. *stenophyllum* Makino

명아주에 비해 잎이 피침형 또는 장타원형으로 잎가장자리에 톱니가 없다(간혹 빈약하게 발달하기도 한다).

냄새명아주

C. pumilio R. Br.

잎이 타원형으로 가장자리에 물결 모양의 톱니가 있다. 줄기가 가늘고 줄기와 잎 뒷면에 샘점이 있어 냄새가 난다.

양명아주

C. ambrosioides L.

잎이 피침형으로 가장자리에 물결 모양의 톱니가 있다. 줄기와 잎에 샘점이 있어 냄새가 난다.

좀명아주

C. ficifolium Sm.

명아주에 비해 소형이고 개화기가 빠르며, 잎은 장타원형으로 좁다. 하부의 결각이 크게 발달한다.

취명아주

C. glaucum L.

줄기와 잎이 두텁고 잎가장자리에 물결 모양의 톱니가 있다. 화피편이 3~4개이며 열매의 일부만 감싼다.

피자식물

멸II
⋯⋯⋯⋯
특산
⋯⋯⋯⋯
구계
⋯⋯⋯⋯
적색
⋯⋯⋯⋯
귀화
⋯⋯⋯⋯
교란
⋯⋯⋯⋯
기후

쇠무릎/비름과

Achyranthes bidentata var. *japonica* Miq.   bidentata 거치가 2개인
japonica 일본의

2019. 08. 19. 제주도

잎

열매

전초

털쇠무릎 전초

털쇠무릎 꽃

털쇠무릎 열매

생육형태   전국. 민가, 농경지, 하천가, 섬 등. 여러해
살이풀, 높이 50~100cm.

잎   마주나기, 타원형~난형으로 양면에 털이
있으며 가장자리는 밋밋함.

꽃   양성화, 7~10월 녹색으로 개화. 꽃대에 흰
색 털이 있음. 작은 포는 3개, 바늘 모양이
며, 밑 부분에 막질의 부속체가 있음.

열매   장타원형, 황갈색으로 광택이 남.

동정포인트   꽃이 꽃차례에 성글게 달리고, 꽃대에 털
이 있으며, 포의 기부에 막질 부속체가
0.5~0.7mm로 털쇠무릎에 비해 크다.

비교   털쇠무릎(var. *tomentosa*)은 꽃이 꽃차례
에 빽빽하게 달리고, 식물체에 털이 밀생
한다. 열매의 포 기부 부속체가 쇠무릎보
다 작다(0.3~0.5mm).

개비름/비름과

Amaranthus lividus L. ☞ lividus 푸른색을 띠는

2018. 07. 05. 충남 예산

꽃

잎

열매

생육모습

생육형태 전국. 밭, 길가, 빈터, 민가 부근. 한해살이 풀, 밑부분에서 가지가 많이 갈라지고 높이 30~80cm, 털이 없음.

잎 어긋나며, 길이 4~8cm, 삼각상 난형으로 끝은 오목하게 들어가고 가장자리는 밋밋함.

꽃 7~8월에 잎겨드랑이에서 덩어리로 뭉쳐 달리고, 줄기 끝에서 길이 2~8cm의 수상 꽃차례를 이룸. 화피편은 3장, 좁은 피침형이며, 수술은 3개, 암술은 1개.

열매 낭과. 난상, 화피보다 다소 길고 약간의 주름이 있음.

동정포인트 낭과는 익어도 벌어지지 않으며, 포는 화피편보다 길다. 잎은 너비 2.5~4mm로 끝이 약간 파이고, 줄기는 비스듬히 자라다가 곧추선다. 귀화식물이다.

쇠비름/쇠비름과

Portulaca oleracea L. ☞ oleracea 밭에서 재배하는

2015. 06. 18. 강원 춘천

꽃

열매

씨

생육 모습

생육형태 전국. 밭, 길가. 한해살이풀, 비스듬히 옆으로 자라며, 높이 10~30cm, 가지를 많이 치고 다육질이며, 털이 없음.

잎 어긋나며, 줄기 끝에서는 돌려붙으며, 다육질로 두껍고 윤이 나며, 잎자루는 없음. 잎몸은 길이 15~25mm, 도란형 또는 장타원형으로 밑부분은 쐐기 모양이며 끝은 둔하고 가장자리는 밋밋함.

꽃 6~9월에 노란색으로 피며, 가지 끝에 3~5개씩 모여 달림.

열매 열개과. 9월에 익으며 난상. 씨는 검고 둥글며 가장자리에 작은 돌기가 있음.

동정포인트 밭이나 길가에 흔히 자라며, 잎은 도란형으로 다육질이며 윤이 난다. 열매 중앙부가 갈라져 뚜껑처럼 열려 씨가 노출된다.

비교 채송화(*P. grandiflora*)는 잎몸이 선상 원주형이라 구분된다.

벼룩이자리/석죽과

Arenaria serpyllifolia L.

2016. 06. 10. 충남 부여

꽃

열매

생육 모습

생육형태	전국. 들판, 길가, 경작지 등. 한해 또는 두해살이풀, 곧추서거나 비스듬히 자라며, 높이 8~15cm, 밑에서 가지를 치고 전체에 짧은 털이 있음.
잎	마주나며, 잎자루는 없음. 잎몸은 길이 3~5mm, 난형 또는 넓은 타원형으로 양쪽 끝은 뾰족하고 가장자리는 밋밋함.
꽃	4~5월, 흰색, 윗부분 잎겨드랑이에 취산꽃차례로 달림. 꽃받침조각은 5개, 난형 또는 넓은 피침형으로 길이 3~5mm, 끝은 뾰족함. 꽃잎은 5개, 도란형, 끝은 둔함. 수술은 10개, 암술은 3개.
열매	삭과. 난형, 5~6월에 익으며, 끝은 6개로 갈라짐.
동정포인트	전체에 짧은 털이 밀생한다. 잎은 마주나며, 난형 또는 넓은 타원형으로 가장자리가 밋밋하다. 꽃잎이 꽃받침보다 짧다.

패랭이꽃/석죽과

Dianthus chinensis L. ☞ chinensis 중국에 생육하는

2017. 06. 10. 경기 수원 ©김현희

꽃

열매

잎

술패랭이꽃

생육형태 전국. 숲가장자리, 초지, 바닷가 등. 여러해살이풀, 높이 30~50cm.

잎 마주나며, 선형 또는 피침형, 잎끝은 뾰족하고, 밑은 줄기를 조금 감쌈. 줄기 아래쪽 잎은 수평으로 벌어지거나 밑으로 처짐.

꽃 6~8월에 줄기 또는 가지 끝에서 1~3개씩 피며, 붉은 보라색. 꽃받침은 원통형으로 5개로 갈라지며, 소포는 보통 4개, 꽃잎은 5개로 끝이 약간 갈라짐.

열매 삭과. 끝이 4개로 갈라지고 꽃받침으로 싸여 있음.

동정포인트 꽃잎 끝이 갈라지고, 소포는 꽃받침통 길이의 1/2 정도이거나 같다.

비교 꽃잎이 잘고 깊게 갈라지는 종을 술패랭이꽃(*D. longicalyx*)이라고 한다.

동자꽃/석죽과

Lychnis cognata Maxim. ☞ cognata 친근한

2022. 08. 05. 충북 단양

꽃   잎

열매   씨

생육형태	전국. 높은 산. 여러해살이풀, 높이 40~120cm이며 마디가 뚜렷함.
잎	마주나며, 피침상 난형으로 끝이 뾰족하고, 양면과 가장자리에 털이 있음.
꽃	6~8월, 주황색, 잎겨드랑이와 원줄기 끝에 취산꽃차례를 이룸. 꽃받침은 긴 곤봉 모양으로 끝이 5갈래. 꽃잎은 5장이고 납작하게 벌어짐. 수술은 10개, 암술대는 5개.
열매	삭과. 꽃받침통 안에 들어 있음.
동정포인트	전체에 털이 적고, 잎의 기부가 좁다. 꽃의 색은 주황색이며 꽃잎은 천열한다. 식물구계학적 특정식물 II등급이다.
비교	제비동자꽃(*L. wilfordii*)은 동자꽃에 비해 잎은 좁은 긴 난상이며 꽃잎이 여러 개로 갈라진다. 멸종위기 야생생물 II급이다.

장구채/석죽과

Silene firma Siebold & Zucc. ☞ firma 강한, 견고한

2019. 10. 10. 서울 북한산

꽃

잎

열매

씨

전초

생육형태 전국. 산과 들. 두해살이풀, 높이 30~80cm, 곧추서고 분지하지 않으며 털이 없음.

잎 마주나며, 피침상 난형~피침형으로 양끝이 뾰족하고 가장자리에 털이 있음.

꽃 7월, 잎겨드랑이와 원줄기 끝에 취산꽃차례를 이룸. 꽃받침은 7~10mm, 원통형으로 끝이 얕게 5개로 갈라짐. 꽃잎은 흰색이고 5개이며 끝이 2개로 갈라짐. 수술은 10개, 암술대는 3개로 갈라짐.

열매 삭과. 대가 짧으며, 끝이 6개로 갈라짐. 씨는 신장형, 자갈색이고 겉에 작은 돌기가 있음.

동정포인트 두해살이풀로 식물체 전체에 털이 없다. 줄기는 곧추서고 평활하며 마디는 흑색이다.

닭의덩굴/마디풀과

Fallopia dumetorum (L.) Holub ☞ dumetorum 덤불 모양의

2018. 09. 19. 강원 평창

잎

열매

생육 모양

큰닭의덩굴

생육형태	전국. 길가, 농경지, 하천변. 덩굴성 한해살이풀.
줄기	옆으로 길게 기며, 길이 70~150cm, 가지가 많이 갈라짐.
잎	어긋나며, 길이 5~10cm, 난형 또는 삼각형으로 잎맥과 잎자루에 미세한 돌기가 있음.
꽃	6~9월이 피고 잎겨드랑이에서 모여 총상꽃차례를 이루며, 홍색을 띰. 화피편은 날개가 발달함.
열매	삭과. 원형이며 가장자리가 매끈함.

동정포인트 열매는 길이 5~7mm, 날개와 더불어 타원형 또는 원형으로 가장자리가 매끈하다. 귀화식물이다.

비교 큰닭의덩굴(*F. dentatoalata*)은 열매의 길이가 1cm로 날개와 더불어 도란형이다. 날개의 가장자리에 둔한 톱니가 있다.

며느리밑씻개/마디풀과

Persicaria senticosa (Meisn.) H. Gross ex Nakai ☞ senticosa 가시가 밀생한

2016. 07. 26. 충남 태안

꽃

잎

줄기

며느리배꼽

생육형태	전국. 길가, 빈터, 물가. 덩굴성 한해살이풀, 길이 1~2m, 가지가 많이 갈라지고 줄기는 네모지며, 갈고리 같은 가시가 남.
잎	어긋나며, 삼각형으로 잎끝이 뾰족하고 밑은 심장형, 양면에 털이 있음.
꽃	7~8월, 줄기나 가지 끝, 잎겨드랑이에 양성화가 약한 두상으로 핌. 수술은 8개, 암술은 1개, 암술대는 3개로 갈라짐.
열매	수과. 약간 세모진 구형이며, 검게 익고 광택이 있음.
동정포인트	잎은 삼각형으로 밑부분의 가장자리에 잎자루가 붙는다. 꽃줄기는 가지가 갈라진다.
비교	며느리배꼽(*P. perfoliata*)은 잎의 중간 하부에 잎자루가 붙는 순형이고, 턱잎이 보다 크고 가시 외에는 털이 없다.

186

고마리/마디풀과

Persicaria thunbergii (Siebold et Zucc.) H. Gross

2016. 09. 26. 강원 횡성

꽃

잎

열매

씨

군락

새순

생육형태 전국. 하천, 도랑, 물가. 덩굴성 한해살이 풀.

줄기 길이 1m, 능선을 따라 밑으로 향한 가시가 있음.

잎 어긋나며, 길이 4~7cm, 창검 모양이며, 잎 밑은 심장형, 짙은 녹색으로 털이 약간 있음. 턱잎은 전체가 막질이거나 윗부분이 녹색인 초질이고 긴 털이 있음.

꽃 8~9월에 가지 끝에 10~20개씩 뭉쳐 달려 핌. 작은꽃자루는 매우 짧고 꽃잎은 없음. 꽃받침은 5개로 갈라짐. 수술은 8개, 암술대는 3개.

열매 삭과. 황갈색, 세모로 각이 지며, 10~11월에 익음.

동정포인트 잎은 창검 모양이고 털이 약간 있고, 턱잎은 가장자리가 밋밋하다. 꽃은 10~20가 뭉쳐나고 홍색, 흰색 끝에 붉은빛이 도는 것, 흰색 등 다양하다.

마디풀/마디풀과

Polygonum aviculare L. ☞ aviculare 새가 좋아하는

2016. 05. 27. 충남 부여

꽃

열매

잎

생육형태 전국. 길가, 빈터, 경작지. 한해살이풀, 길이 10~40cm, 곧추서거나 비스듬하며, 가지가 많이 갈라짐.

잎 어긋나며, 장타원형~선상 타원형, 양 끝이 둔하고, 마르면 녹색.

꽃 5~10월, 잎겨드랑이에서 1~5개가 모여 달림. 붉은빛이 도는 흰색이며 화피는 중앙까지 5갈래로 갈라짐. 수술은 6~8개, 암술은 3갈래.

열매 수과. 약간 세모진 난형, 검은 갈색으로 익으며 잔점이 있고 광택이 없음.

동정포인트 잎집(엽초)에 가는 맥이 있고 끝에 털이 있다. 수술은 6~8개이며 열매는 세모진 난형으로 화피의 길이보다 짧다. 열매는 잔점이 있고 광택이 없다.

애기수영/마디풀과

Rumex acetosella L. ☞ acetosella 수영처럼 신맛이 나는

2018. 06. 19. 강원 평창

암꽃

암꽃(좌), 수꽃(우)

잎

어린 열매

군락

겨울 모습

생육형태 전국. 황무지, 경작지, 숲 가장자리. 여러
해살이풀.

줄기 높이 20~50cm, 세로 능선이 있음.

잎 어긋나며, 뿌리잎은 모여나며 창 모양, 길
이 3~6cm, 잎자루가 길다. 줄기잎은 어긋
나게 달리며, 피침형 또는 장타원형으로
아래쪽은 창 모양.

꽃 5~6월에 암수딴포기로 피며, 붉은 녹색,
줄기 끝 원추꽃차례에 돌아가며 달림.

열매 수과. 타원형, 갈색이고 능선이 3개 있음.
6~7월에 익음.

동정포인트 잎이 창 모양이고 땅속줄기가 길게 뻗는
다. 화피편은 꽃이 핀 다음 날개모양으로
자라지 않는다. 귀화식물로 생태계교란
식물이다.

소리쟁이/마디풀과

Rumex crispus L. ☞ crispus 주름이 있는, 물결치는

2014. 06. 20. 경남 거창

꽃

열매

잎

생육형태   전국. 길가, 빈터, 경작지. 유럽 원산 귀화
식물, 여러해살이풀, 높이 60~120cm, 전
체에 털이 없음.

잎   길이 10~25cm, 장타원형~피침형으로 끝
은 뾰족하고 잎가장자리는 물결 모양. 뿌
리잎과 아래의 줄기잎은 긴 잎자루가 있
으나 윗부분의 줄기잎은 크기가 작으며,
잎자루도 짧음.

꽃   5~6월, 줄기 끝의 원추꽃차례에 모여 달
림. 화피편은 녹색, 난형으로 수술은 6개,
암술은 3개.

열매   수과. 세모진 난형으로 윤기가 남.

동정포인트   잎가장자리에 주름이 많고 내화피편이 원
형이며 톱니가 없다. 귀화식물이다.

190

소리쟁이속(*Rumex*) 관련 종

수영
R. acetosa L.

애기수영에 비해 대형이고, 내화피편은 꽃이 핀 다음 자란다. 가장자리는 밋밋하다.

돌소리쟁이
R. obtusifolius L.

내화피편의 돌기가 크고 불규칙하며, 잎 뒤면에 미세한 돌기가 있다.

잎 뒷면 돌기

금소리쟁이
R. maritimus L.

내화피편의 가장자리 돌기가 내화피편의 최대폭보다 길다.

부령소리쟁이
R. patientia L.

내화피편의 가장자리가 밋밋하고 밑부분은 뚜렷한 심장형이다.

좀소리쟁이
R. nipponicus Franch. & Sav.

내화피편의 가장자리 돌기가 내화피편의 너비와 비슷하거나 짧다.

참소리쟁이
R. japonicus Houtt.

내화피편은 넓은 심장형이고 가장자리에는 미세한 예거치가 있다.

산작약/작약과

Paeonia obovata Maxim. ☞ oborata 도란형의

2020. 06. 13. 강원 평창(식재)

꽃

열매

새순

백작약

생육형태	강원도와 충청도에 제한적 생육. 여러해 살이풀, 높이 40~70cm.
잎	어긋나기, 1~2회 3갈래로 갈라지는 복엽. 작은잎은 도란형으로 가장자리가 밋밋함. 잎 앞면은 녹색이고, 뒷면은 연한 녹색.
꽃	5~6월에 줄기 끝에 1개씩 피며, 지름 7~10cm로 벌어짐. 꽃잎은 5~7개로 보통 연한 분홍색 또는 홍색. 수술은 많고, 암술은 3~4개이며, 자라면서 끝이 뒤로 휘어짐.
열매	골돌과. 끝에 붙어 있는 암술대가 길며 갈고리 모양으로 구부러짐.
동정포인트	꽃은 긴 꽃대 끝에 1개씩 피고, 꽃의 색은 연한 분홍색 또는 홍색이다. 멸종위기 야생생물 II급이다. 식물구계학적 특정식물 V등급, 적색목록 위기(EN)종이다.
비교	백작약(*P. japonica*)은 꽃대가 짧고, 꽃은 흰색으로 핀다.

우묵사스레피나무/차나무과

Eurya emarginata (Thunb.) Makino ☞ emarginata 앞 부분이 오목한 모양의

2016. 10. 18. 전남 여수

수꽃   잎

열매   수형

사스레피나무 잎, 암꽃, 수꽃

생육형태	남부지방, 해안가. 상록 관목 또는 소교목, 높이 2~6m.
잎	어긋나며, 2줄로 붙고, 가죽질, 좁은 도란형으로 끝이 오목하게 들어감. 잎 가장자리는 뒤로 젖혀짐.
꽃	암수딴그루, 11~12월에 핌. 잎겨드랑이에서 1~4개씩 밑을 향해 달리고, 노란빛이 도는 연한 녹색, 지름 4~5mm. 꽃받침조각은 5개. 꽃잎은 5개, 난형.
열매	장과. 구형이며 이듬해 8~11월에 검게 익음.
동정포인트	꽃은 겨울에 피며, 잎은 좁은 도란형으로 잎이 뒤로 말려 우묵하게 들어간다. 식물구계학적 특정식물 III등급이다.
비교	사스레피나무(*E. japonica*)는 잎이 타원형~도피침형으로 뒤로 말리지 않고, 꽃은 2~4월에 암수딴그루에 핀다. 열매는 같은 해 10~11월에 익는다.

다래/다래나무과

Actinidia arguta (Siebold & Zucc.) Planch. ex Miq. ☞ arguta 날카로운 거치가 있는

2018. 06. 13. 강원 춘천

양성화

수꽃

잎

열매

새순

수피

생육형태 전국. 산지. 낙엽 덩굴성 목본, 길이 10m.
줄기 회갈색, 불규칙하게 갈라지며, 골 속은 갈색 계단상.
잎 어긋나기, 넓은 난형, 넓은 타원형 또는 타원형으로 길이 6~12cm. 끝은 점점 뾰족하게 되며 밑부분은 둥글거나 심장형.
꽃 암수딴그루, 5~6월에 3~10개씩 취산꽃차례를 이루어 피며, 흰색, 지름 2cm. 수술은 다수로 암자색이며, 씨방은 호리병 모양이고 털이 없으며 암술대는 선형.
열매 장과. 길이 2.5cm 정도, 10월에 황록색으로 익음.

동정포인트 가지는 골 속이 계단상으로 연한 갈색이다. 암수딴그루로 꽃밥은 검은색이다. 열매는 길이 2.5cm 정도의 광타원형이며 털이 없고 황록색으로 익는다.

개다래/다래나무과

Actinidia polygama (Siebold & Zucc.) Maxim. ☞ polygana 양성화, 단성화가 같이 피는

2013. 06. 06. 강원 영월

암꽃

수꽃

잎

열매

왼쪽부터 쥐다래, 개다래, 다래의 골 속과 겨울눈

생육형태 전국. 산지. 낙엽 덩굴성 목본, 길이 10m, 골 속은 흰색으로 차 있음.

잎 어긋나기, 광난형으로 길이 10~15cm, 밑은 보통 둥글거나 평평함. 끝은 뾰족하고 잎은 둥글거나 평평함.

꽃 암수딴그루, 6~7월에 1~3개씩 취산꽃차례를 이루어 피며, 흰색, 지름 2~2.5cm. 수술은 다수로 꽃밥은 노란색이며, 씨방은 장타원형, 털이 없으며 암술대는 선형.

열매 장과. 끝이 뾰족한 타원형으로 익을 때까지 꽃받침이 남아 있음. 10월에 노란색으로 익음.

동정포인트 골 속은 흰색이다. 암수딴그루로 꽃밥은 노란색이다. 열매는 타원형이며 노란색으로 익는다.

비교 쥐다래(*A. kolomikta*)는 골 속이 갈색 계단상이며 열매 끝은 뾰족해지지 않는다.

물레나물/물레나물과

Hypericum ascyron L. ☞ ascyron 그리스의 지역명

2012. 07. 18. 강원 정선

꽃

열매

고추나물

잎

군락(경북 안동)

고추나물(좌), 물레나물(우)

생육형태 전국. 습한 풀밭. 여러해살이풀, 높이 50~ 100cm.

줄기 곧추서고 가지가 갈라지며 각이 짐.

잎 마주나기, 피침형으로 끝은 뾰족하고 가 장자리는 밋밋하며 밑은 심장 모양으로 잎자루 없이 줄기를 감쌈.

꽃 6~7월에 가지 끝에 달리고 붉은색을 띤 노란색. 꽃잎은 바람개비처럼 휘어지고, 수술은 다수, 암술대는 5개로 중앙까지 갈 라짐.

열매 삭과. 난형, 씨는 그물 무늬가 있음.

동정포인트 꽃은 노란색으로 크고(지름 4~6cm), 수술 은 다수로 5묶음, 암술대는 중간까지 5개 로 갈라진다. 잎에 투명한 점이 있다.

비교 고추나물(*H. erectum*)은 높이 20~60cm 로 줄기는 원형이다. 수술은 3 묶음, 암술 대는 3개로 갈라진다. 잎에 검은 점이 있 다.

196

피나무/피나무과

Tilia amurensis Rupr. ☞ amurensis 시베리아 아무르 지방의

2018. 09. 05. 강원 평창

꽃

잎

열매

수형(개화기)

수피

피나무(좌), 찰피나무(우)

생육형태	전국. 숲 속 및 계곡 주변. 낙엽 교목, 높이 20m, 너비 1m.
수피	회갈색, 세로로 얕게 갈라짐.
겨울눈	난형, 아린은 2개, 털이 없음.
잎	어긋나기, 광난형으로 끝이 갑자기 뾰족해지고, 아래쪽은 심장 모양. 잎가장자리에 뾰족한 톱니가 있음.
꽃	양성화, 5~7월에 3~20개씩 산방꽃차례를 이룸. 꽃잎은 피침형, 수술은 꽃잎보다 길고 씨방에 털이 밀생함.
열매	견과. 도란형, 8~9월에 익으며, 포가 달려 있음.
동정포인트	식물체 전체에 털이 없다. 잎 뒷면 맥 위나 맥겨드랑이에 갈색 털이 있다. 식물구계학적 특정식물 Ⅱ등급이다.
비교	찰피나무(*T. mandshurica*)는 잎 뒷면에 흰색 별 모양 털이 밀생하고, 겨울눈에도 짧은 털과 별 모양 털이 밀생한다.

황근/아욱과

Hibiscus hamabo Siebold & Zucc. ☞ hamabo 갯방풍의 일본명에서 유래

2018. 07. 19. 제주

꽃

열매

수피

잎

수형

씨

생육형태 제주, 전남. 낙엽 관목, 높이 1~3m.

잎 어긋나기, 원형 또는 넓은 도란형, 예두, 원저 또는 아심장저이고 가장자리에는 둔한 톱니가 있음. 잎 표면에 털이 약간 있고 뒷면은 회백색 밀모가 있음.

꽃 7~8월에 가지 끝부분의 잎겨드랑이에 달리고 밝은 노란색. 꽃잎은 5장이며 암술머리가 5갈래로 갈라짐. 꽃 중앙부와 암술머리가 암적색.

열매 삭과. 난형, 꽃받침의 흔적이 남고, 5갈래로 갈라지며 잔털이 밀생함. 씨는 신장형으로 작은 돌기가 있음.

동정포인트 국내에 유일하게 자생하는 무궁화속(Hibiscus) 식물이다. 꽃은 밝은 노란색이며 중앙부가 암적색이다. 식물구계학적 특정식물 V등급, 적색목록 준위협(NT)종이다.

끈끈이주걱/끈끈이귀개과

Drosera rotundifolia L. ☞ rotundifolia 잎이 둥근

2011. 06. 27. 강원 인제

꽃봉오리

잎

잎

잎

생육 모습

끈끈이귀개

생육형태	전국. 습지, 늪. 여러해살이풀, 식충식물, 높이 20cm.
잎	도란형, 뿌리에서 뭉쳐나 옆으로 퍼짐. 잎 부분은 갑자기 좁아져서 잎자루가 되며 주걱처럼 생겼음. 표면에는 적색의 포충용 긴 샘털이 빽빽하게 남.
꽃	7월, 흰색이며 총상꽃차례에 달림. 꽃대는 가늘고 길며 15~25cm, 꽃잎은 도란형으로 5개. 수술은 5개, 암술은 3개로 다시 2열함.
열매	삭과. 3개로 갈라짐.
동정포인트	잎은 도란상 편원형으로 기부가 급히 좁아져 엽병으로 된다. 씨는 거의 선형이다. 식물구계학적 특정식물 III등급이다.
비교	끈끈이귀개(*D. peltata* var. *nipponica*)는 높이 10~30cm로 다소 분지하며, 턱잎이 없고 잎은 초승달 모양이다. 멸종위기 야생생물 II급이다.

졸방제비꽃/제비꽃과

Viola acuminata Ledeb. ☞ acuminata 끝이 점점 뾰족해지는

2018. 05. 20. 강원 태백

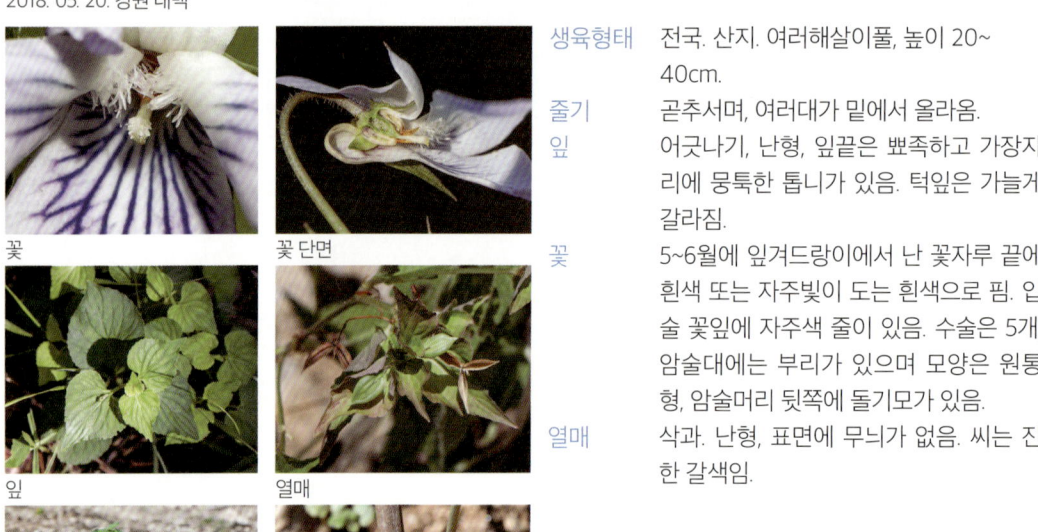

꽃

꽃 단면

잎

열매

전체 모습

턱잎

생육형태	전국. 산지. 여러해살이풀, 높이 20~40cm.
줄기	곧추서며, 여러대가 밑에서 올라옴.
잎	어긋나기, 난형, 잎끝은 뾰족하고 가장자리에 뭉툭한 톱니가 있음. 턱잎은 가늘게 갈라짐.
꽃	5~6월에 잎겨드랑이에서 난 꽃자루 끝에 흰색 또는 자주빛이 도는 흰색으로 핌. 입술 꽃잎에 자주색 줄이 있음. 수술은 5개, 암술대에는 부리가 있으며 모양은 원통형, 암술머리 뒷쪽에 돌기모가 있음.
열매	삭과. 난형, 표면에 무늬가 없음. 씨는 진한 갈색임.

동정포인트 줄기가 있는 제비꽃 종류(유경성)로 잎은 난형으로 잎 끝이 뾰족하다. 꽃은 연한 자색으로 피며, 옆 꽃잎과 아래쪽 꽃잎에 자색 줄이 있다. 우리나라 자생 제비꽃 중 왜졸방제비꽃과 함께 암술머리 뒷쪽에 돌기모가 있다.

남산제비꽃/제비꽃과

Viola albida var. *chaerophylloides* (Regel) F. Maek. ☞ albida 새하얀

2013. 04. 21. 경기 안양

꽃

잎

열매

새순

전체 모습

생육형태	전국. 산지, 들, 숲 가장자리. 여러해살이 풀, 잎은 뿌리에서 모여남.
잎	어긋나기, 3갈래로 갈라지고, 양쪽 갈래는 다시 2개로 갈라짐. 잎이 갈라지는 정도는 변이가 매우 심함.
꽃	4~5월에 잎 사이에서 난 꽃자루 끝에 흰색으로 피고 꽃잎은 5개, 옆 꽃잎에 털이 있음. 꽃뿔은 짧은 원통형.
열매	삭과. 난형, 세모가 지며, 7~8월에 익음.

동정포인트 줄기가 없는 종류(무경성)로 꽃과 잎이 모여난다. 잎은 3갈래로 갈라지고 다시 2갈래로 갈라지는데 갈라지는 정도는 변이가 매우 심하다. 옆 꽃잎에 털이 있고, 옆 꽃잎과 아래 꽃잎에 자색 줄무늬가 있으며, 꽃 안쪽은 녹색이다. 근연 분류군과 잡종 현상이 다양하게 일어나는 종이다.

제비꽃/제비꽃과

Viola mandshurica W. Becker ☞ mandshurica 만주에 생육하는

2020. 04. 11. 경기 의왕

잎

꽃 단면

열매

씨

전체 모습

생육형태	전국. 길가, 들, 낮은 산 숲 가장자리. 여러해살이풀, 잎은 뿌리에서 모여남.
잎	어긋나기, 피침형 또는 삼각상 피침형으로 털은 거의 없고 잎은 아래쪽으로 흘러 잎자루 윗부분에서 날개처럼 되며, 가장자리에 톱니가 있음.
꽃	4~5월, 자주색, 짙은 자주색, 드물게 흰 바탕에 자주색 줄이 있기도 하고 꽃잎은 5개, 옆 꽃잎 안쪽에 털이 있음. 꽃뿔은 원통형으로 약간 깊
열매	삭과. 장타원형, 표면에 털이 없으며, 씨는 연한 갈색~적갈색.

동정포인트 줄기가 없는 종류(무경성)로 개화기에 꽃자루는 잎의 길이와 비슷하거나 더 길다. 잎은 피침형 또는 삼각상 피침형으로 털이 없고 잎자루에 날개가 발달한다. 잎자루와 꽃자루에 털이 없다. 옆 꽃잎 안쪽에 털이 있다.

노랑제비꽃/제비꽃과

Viola orientalis (Maxim.) W. Becker ☞ orientalis 동양의

2019. 04.11. 서울 북한산

꽃

잎

열매

씨

생육형태 전국. 햇빛이 잘 드는 산지. 여러해살이풀, 높이 10~20cm.

잎 뿌리에서 나는 잎은 2~3장이며 긴 잎자루가 있음. 잎몸은 난형으로 가장자리에 파상의 톱니가 있음. 표면은 광택이 있고, 뒷면은 갈색을 띰. 줄기에 나는 잎은 맨 아래의 1장을 제외하고는 잎자루가 짧음. 턱잎은 작고 떨어지며, 가장자리는 매끈함.

꽃 4~5월에 줄기의 끝의 잎 사이에서 2~3개가 핌. 꽃 색은 노란색으로 옆꽃잎 안쪽에는 적갈색 줄이 있고 안쪽에 털이 있음. 꽃뿔은 매우 짧음.

열매 삭과. 타원형, 세모짐. 씨는 연한 노란색.

동정포인트 유경성으로 잎은 난형, 심장 모양으로 꽃은 노란색이다. 옆 꽃잎 안쪽에 털이 있고, 암술대 상부는 점차 두상으로 비후되며 양 측면에 털이 있다. 식물구계학적 특정식물 II등급이다.

제비꽃속(*Viola*) 관련 종

고깔제비꽃
V. rossii Hemsl.

무경성. 잎이 나올 때 잎자루 부분이 말려서 나온다. 꽃은 홍자색으로 핀다.

둥근털제비꽃
V. collina Besser

무경성. 식물체 전체에 털이 많다. 특히 열매에 짧은 털이 밀생한다. 잎몸이 난상 심장형이고, 개화기가 빠른 종류다.

서울제비꽃
V. seoulensis Nakai

무경성. 식물체에 털이 많다. 잎은 피침상 난형으로 전체적으로 밝은 녹색을 띤다.

알록제비꽃
V. variegata Fisch. ex Link

무경성. 잎은 심장형으로 앞면은 짙은 녹색이며 보통 맥을 따라 흰 무늬가 있고, 뒷면은 자주색을 띤다.

잔털제비꽃
V. keiskei Miq.

무경성. 잎은 둥근털제비꽃과 비슷하지만 꽃이 흰색이고 열매에 털이 없는 점이 다르다.

태백제비꽃
V. albida Palib.

무경성. 잎은 장란형~삼각상 난형으로 가장자리의 톱니는 깊게 패이고, 앞면에 무늬가 없다.

가시박/박과

Sicyos angulatus L. ☞ angulatus 모가 난

2015. 09. 01. 경기 가평

수꽃

열매

군락

잎

군락

겨울 모습

생육형태 전국. 강가, 길가, 농경지, 숲 가장자리. 북미 원산, 덩굴성 한해살이풀.

줄기 길이 4~8m, 각이 지고 연한 털이 빽빽하게 남.

잎 어긋나기, 거의 원형으로 5~7갈래로 갈라지며, 폭 8~12cm, 끝은 뾰족하고, 밑은 심장형.

꽃 6~9월에 잎겨드랑이에서 나온 총상꽃차례에 달리며 황록색. 암꽃은 연한 녹색, 잎겨드랑이에서 머리 모양으로 달림.

열매 장과. 3~10개가 둥글게 모여나며, 흰색 가시로 덮여 있음.

동정포인트 식물체 전체에 옆으로 퍼진 털이 많다. 잎은 거의 원형으로 5~7갈래로 얕게 갈라지며, 3~4개로 갈라진 덩굴손과 마주난다. 열매에 길고 강한 가시가 있다. 귀화식물이며 생태계교란 식물이다.

호랑버들/버드나무과

Salix caprea L. ☞ caprea 야생의 산양 암컷

2019. 04. 29. 서울 북한산. 겨울눈(원)

수꽃

암꽃차례 단면

잎

수피

여우버들(좌), 호랑버들(우)

생육형태 전국. 산지. 낙엽 소교목, 높이 10m, 지름 60cm.

수피 암회색, 노목은 불규칙하게 갈라짐.

잎 어긋나기, 타원형 또는 넓은 타원형, 끝은 뾰족하고 밑은 둥글며, 가장자리에 성긴 톱니가 있음. 뒷면은 흰털이 많음.

꽃 암수딴그루, 3~5월, 수꽃이삭은 타원형, 수술 2개, 노란색이며 털이 없음. 암꽃이삭은 장타원형. 씨방은 털이 있으며 긴 자루가 있음.

열매 삭과. 장타원형으로 4~6월에 익고 털이 있음.

동정포인트 잎은 타원형 또는 넓은 타원형으로 융모가 발달하며, 꽃은 3~4월에 개화한다.

비교 여우버들(*S. xerophila*)는 잎이 장타원형으로 뒷면 잎맥은 희미하게 발달하고, 꽃은 5월에 개화한다.

키버들/버드나무과

Salix koriyanagi Kimura ex Goerz ☞ koriyanagi 키버들의 일본명에서 유래

2018. 06. 07. 전남 광양

암꽃

수꽃

열매

잎 앞면

잎 뒷면

겨울눈

생육형태 전국(제주 제외), 하천, 계곡 주변부. 낙엽 관목, 높이 2~3m.

줄기 황갈색 또는 갈색, 어린 가지는 털이 없음. 겨울눈은 타원형, 황갈색.

잎 마주나기, 간혹 어긋나거나 돌려남. 선상 피침형으로 잎끝은 뾰족하고 밑은 둥글 며, 가장자리는 아랫 부분을 제외하고 잔 톱니가 있음.

꽃 암수딴그루, 3~4월에 잎보다 먼저 핌. 수 꽃차례는 수술 2개, 꿀샘 1개이며 암꽃차 례는 꿀샘 2개. 씨방은 대가 없고 흰 털이 많음.

열매 삭과. 피침상 난형, 털이 있음.

동정포인트 흔히 꽃과 잎이 마주나고(간혹 어긋남), 잎은 선상 피침형, 뒷면에 털이 없이 분회 색이 돈다.

버드나무속(Salix) 관련 종

갯버들

S. gracilistyla Miq.

잎 전체에 잔톱니가 발달하고, 소지와 겨울눈, 잎 뒷면에 회백색 털이 밀생한다.

버드나무

S. pierotii Miq.

가지가 두터워 아래로 쳐지지 않으며, 잎은 피침형이며, 씨방에 털이 밀생한다. 터지기 전 꽃밥은 붉은색이다.

선버들

S. triandra subsp. *nipponica* (Franch. & Sav.) A.K. Skvortsov

수술은 3개씩 달리고, 잎에 잔거치가 있으며, 턱잎에 사마귀 같은 돌기가 있다.

수양버들

S. babylonica L.

가지가 가늘어 아래로 쳐지며, 씨방에 털이 없다.

왕버들

S. chaenomeloides Kimura

개화 이후 새순이 적색을 띠고, 꽃차례는 직립하고, 수술이 보통 5개다.

쪽버들

S. maximowiczii Kom.

꽃차례가 아래로 쳐지며, 잎의 거치가 촘촘하게 발달하고, 잎의 밑부분은 흔히 심장형이다.

냉이/십자화과

Capsella bursa-pastoris (L.) Medik.

2025. 04. 12. 전남 진도

꽃

잎

열매

화서

생육형태   전국. 햇볕 잘 드는 공터, 길가. 두해살이 풀, 높이 10~50cm로 가지가 많이 갈라짐.

잎   뿌리잎은 길이 10cm 이상, 로제트 모양으로 땅 위에 퍼지고 우상으로 갈라지며, 치아상거치가 있음. 줄기에 나는 잎은 어긋나며 피침형으로 밑이 귀 모양으로 되어 줄기를 반쯤 감쌈.

꽃   꽃은 3~6월, 흰색으로 줄기와 가지 끝의 총상꽃차례에 달림. 꽃받침조각은 4개로 타원형. 꽃잎은 4개, 주걱 모양.

열매   삭과(단각과). 거꾸로 된 삼각형. 씨는 연한 노란색.

동정포인트   식물체 전체에 털이 있고, 줄기의 잎은 귀 모양으로 줄기를 감싼다. 열매는 거꾸로 된 삼각형으로 윗부분이 요두이며 전체적으로 하트 모양이다.

미나리냉이/십자화과

Cardamine leucantha (Tausch) O.E. Schulz ☞ leucantha 흰색 꽃의

2018. 05. 20. 강원 태백

꽃

잎

열매(눈금:2mm)

군락

전초

생육형태 전국. 산과 들의 그늘진 곳. 여러해살이풀, 높이 50cm.

잎 어긋나기, 5~7개의 작은잎으로 된 우상복엽. 작은잎은 넓은 피침형 또는 장타원형으로 작은잎의 잎자루는 없고, 끝이 길게 뽀족하며 가장자리에 불규칙한 톱니가 있음.

꽃 6~7월, 흰색으로 줄기 끝에 총상꽃차례로 핌. 꽃받침은 길이 3mm 정도의 타원형, 녹색이고 털이 있음. 꽃잎은 꽃받침 길이의 2배 이상이며 도피침형. 수술 6개 중 2개가 길고, 암술은 1개, 털이 조금 있음.

열매 삭과(장각과). 길이 2cm 정도.

동정포인트 전초에 부드러운 털이 있다. 작은잎은 크며, 끝이 길게 뾰족하고 가장자리에 불규칙한 톱니가 있다.

꽃다지/십자화과

Draba nemorosa L. ☞ nemorosa 산속에 자라는

2018. 04. 10. 충북 충주

꽃

꽃 확대

뿌리잎

뿌리잎 확대

열매

군락

생육형태 전국. 초지, 길가, 공터, 숲 가장자리. 두해살이풀, 높이 10~30cm, 줄기는 곧추서고, 전체에 흰 털과 별 모양 털이 많음.

잎 어긋나기, 뿌리잎은 길이 2~4cm, 장타원형으로 가장자리에 약한 톱니가 있고 줄기잎은 난상 장타원형이며 길이 1~3cm.

꽃 3~5월, 노란색으로 줄기 끝에 총상꽃차례로 피고. 꽃받침조각은 4장, 장타원형~난형. 꽃잎은 4장, 길이 3mm. 암술대는 매우 짧아서 없는 것처럼 보임.

열매 삭과(단각과). 장타원형~타원형, 표면에 털이 밀생함.

동정포인트 전초에 별 모양 털이 많다. 뿌리잎은 로제트형으로 퍼지고, 줄기잎은 난상 장타원형으로 끝부분이 둔하며, 가장자리에 톱니가 약간 있다. 열매는 장타원형으로 옆으로 퍼져 달린다.

만병초/진달래과

Rhododendron brachycarpum D. Don ex G. Don ☞ brachycarpum 열매가 짧은

2021. 05. 24. 경북 울릉도

꽃

잎

열매

잎 뒷면

겨울눈

생육형태	전국. 높은 산 숲 속. 상록 관목, 높이 1~4m.
잎	어긋나지만 가지 끝에서 5~7개씩 모여 달림. 장타원형이며 끝이 둔하고 밑부분은 둥글고 가장자리가 뒤로 말림. 잎 앞면은 짙은 녹색으로 윤이 나고, 뒷면은 회갈색 또는 연한 갈색으로 털이 많음.
꽃	6~7월, 가지 끝의 총상꽃차례에 10~20개씩 달림. 흰색 또는 연한 붉은색으로 깔때기 모양이며 끝이 5갈래로 갈라짐. 수술은 10개, 길이가 서로 다르고, 씨방에 갈색 털이 밀생함.
열매	삭과. 장타원형으로 8~9월에 익음.
동정포인트	잎은 둥근 모양 또는 약한 심장 모양으로 뒷면에 갈색 털이 있다. 꽃은 흰색에서 옅은 분홍색이다. 식물구계학적 특정식물 III등급이다.
비교	노랑만병초(*R. aureum*)의 잎은 점차 좁아지고, 잎 뒷면은 연녹색이며 꽃은 연한 노란색이다.

212

철쭉/진달래과

Rhododendron schlippenbachii Maxim. ☞ schlippenbachii 독일 사람

2013. 05. 30. 강원 인제

꽃

잎

수형

군락(덕유산)

겨울눈

열매: 진달래(좌), 철쭉(우)

생육형태 전국. 숲 속, 산지 능선. 낙엽 관목, 높이 2~5m.

잎 어긋나지만 가지 끝에서 5개씩 모여 달림. 도란형~광난형으로 가장자리가 밋밋함. 표면은 녹색, 뒷면은 연녹색으로 맥 위에 털이 있음.

꽃 4~6월, 잎이 나면서 동시에 핌. 연분홍색, 드물게 흰색이며 깔때기 모양, 윗부분에 붉은 반점이 있음. 수술은 10개, 암술은 1개.

열매 삭과. 난형으로 10~11월에 익음.

동정포인트 잎은 도란형~광난형으로 잎이 나면서 꽃이 피고, 가지 끝에 보통 5개가 돌려난 것처럼 보인다. 꽃 색은 보통 연분홍색이다.

비교 진달래(*R. mucronulatum*)는 잎이 나오기 전에 꽃이 피고, 꽃 색은 홍자색이다. 잎은 장타원상 피침형~도피침형이다.

산철쭉/진달래과

Rhododendron yedoense f. *poukhanense* (H. Lev.) M. Sugim. ☞ yedoense 일본 에도지방에 분포하는

2015. 05. 13. 강원 홍천

꽃

잎

잎(겨울)

열매

겨울눈

꼬리진달래

생육형태 전국. 산지 물가, 능선. 반상록 관목, 높이 1~2m.

잎 어긋나지만 가지 끝에서 모여 달림. 장타원형 또는 도피침형, 양 끝이 좁고 가장자리에 톱니가 없음. 잎 뒷면 맥 위에는 잎자루와 더불어 갈색 털이 밀생함.

꽃 4~5월, 가지 끝에 2~3개씩 달림. 붉은색 또는 자주색으로 깔때기 모양이며 끝이 5갈래로 갈라짐. 수술은 10개, 씨방은 난형으로 갈색 털이 밀생함.

열매 삭과. 난형으로 9~10월에 익음.

동정포인트 반상록성 관목으로 잎과 줄기, 잎자루 등에 갈색의 긴 털이 밀생한다. 원종은 겹꽃이다.

비교 꼬리진달래(*R. micranthum*)는 주로 강원, 경북, 충북의 석회암지대에 자라고, 흰색의 양성화가 가지 끝에 총상으로 모여 달린다.

214

노루발/노루발과

Pyrola japonica Klenze ex Alef.

2020. 06. 14. 충남 태안

꽃

매화노루발(좌), 노루발(우)

잎

열매

생육형태	전국. 숲 속. 상록 여러해살이풀.
잎	뿌리에서 1~8장이 모여남. 길이 4~7cm, 타원형~넓은 타원형으로 두터움. 잎 앞면은 진한 녹색, 뒷면은 연한 보라색을 띰.
꽃	6~7월, 흰색, 총상꽃차례에 달림. 꽃줄기는 15~30cm, 꽃받침은 5갈래로 깊게 갈라짐. 꽃잎은 5장, 수술은 10개, 암술대는 길게 나오며 약간 굽음.
열매	삭과. 지름 7~8mm의 평평한 구형, 5갈래로 갈라짐.
동정포인트	잎은 뿌리에서 모여나며, 잎은 타원형으로 표면에 흰색 무늬가 있다. 꽃은 흰색으로 핀다.
비교	매화노루발(*Chimaphila japonica*)은 잎이 줄기에 달리고 꽃은 줄기 끝에 1~2개씩 달린다.

멸॥
특산
॥
LC
귀화
교란
기후

수정난풀/수정난풀과

Monotropa uniflora L. ☞ uniflora 꽃이 하나인

2016. 09. 09. 제주 ⓒ양형호

구상난풀

나도수정초

생육형태	전국. 숲 속 그늘에 드물게 남. 여러해살이 풀, 부생식물.
줄기	덩어리 같은 뿌리에서 여러 대가 나오며 높이 8~15cm, 순백색.
잎	어긋나기, 비늘 모양으로 퇴화되었음. 장 타원형으로 가장자리는 둥긂.
꽃	5~8월, 2cm 정도의 종 모양으로 끝에 1개씩 달림. 꽃잎은 3~5장, 장타원형이며 안쪽에 털이 있음. 수술은 10개 꽃잎보다 짧고, 암술은 1개. 씨방은 5칸.
열매	삭과. 넓은 타원형으로 위를 향해 달림.

동정포인트 부생식물로 전초가 순백색이며, 털이 거의 없다. 꽃은 1개, 씨방 5실이며 중축태좌이다.

비교 구상난풀(*M. hypopithys*)은 전체가 연한 황갈색으로 잔털이 있으며 꽃의 수는 많다. 나도수정초(*Monotropastrum humile*)는 과실이 액과이고 씨방이 1실,측막태좌이다.

암매/암매과

Diapensia lapponica var. *obovata* F. Schmidt ☞ lapponica 스칸디나비아 반도 북부 지명, obovata 도란형의

2007. 06. 06. 제주 ⓒ양형호

꽃 ⓒ이만규

잎과 열매 ⓒ소순구

생육 모습 ⓒ소순구

생육형태 제주, 바위 틈. 상록 관목, 높이 5cm, 포복성, 방석처럼 퍼지며 가지에 털이 없음.

잎 빽빽하게 달리고, 가죽질이며 도란형. 끝은 둥글고, 밑은 뾰족하며, 가장자리는 매끈함.

꽃 5~6월, 흰색 또는 연한 홍색, 통꽃이며 5갈래로 깊게 갈라짐. 꽃받침조각은 긴 원형이고 화관은 흰색이며 5개의 노란색 수술은 화관통부 끝에 달림.

열매 삭과. 구형으로 꽃받침에 싸여 있으며 3갈래로 갈라짐.

동정포인트 한라산 정상부 일대에 분포하며, 남획 및 기후변화로 생육에 위협을 받는 종이다. 멸종위기 야생생물 I급, 식물구계학적 특정식물 V등급, 적색목록 위급종(CR)이다.

고욤나무/감나무과

Diospyros lotus L. ☞ lotus 그리스의 지역명

2024. 07. 24. 충남 청양

꽃

잎

열매(가을)

열매(겨울)

수피

겨울눈

생육형태	전국. 산과 들, 민가 근처. 낙엽 교목, 높이 10~15m.
수피	짙은 회색 또는 회갈색, 불규칙하게 갈라짐.
잎	어긋나기, 길이 6~12mm, 타원형~장타원형으로 가장자리가 밋밋함. 표면은 녹색, 뒷면은 회백색이며 잎맥 위에 굽은 털이 남.
꽃	암수딴그루, 6월에 종 모양의 꽃이 잎겨드랑이에 달림. 수꽃은 2~3개씩 달리며, 수술이 16개. 암꽃은 헛수술 8개와 암술 1개.
열매	장과. 둥글고 지름 1.5~2cm, 10~11월에 노랗게 익음.

동정포인트 꽃은 붉은빛이 돌고, 열매의 크기가 작다.
비교 감나무(*D. kaki*)는 소지에 털이 밀생하고, 꽃이 녹색, 열매의 크기가 크다.

때죽나무/때죽나무과

Styrax japonicus Siebold & Zucc.

2020. 05. 26. 전북 무주 덕유산

꽃 단면

열매

수피

잎

수형

겨울눈

생육형태 전국. 산지. 낙엽 소교목, 높이 4~8m.

수피 연한 흑색, 어린가지는 녹색.

겨울눈 나아, 난형으로 갈색 별모양털이 밀생하며, 중생부아가 생김.

잎 어긋나기, 길이 2~8cm, 난형 또는 장타원형, 끝은 뾰족하고 밑부분은 쐐기형, 가장자리는 밋밋하거나 얕은 톱니가 있음.

꽃 5~6월, 양성화가 잎겨드랑이에서 1~6개 모여 아래로 드리움. 화관은 흰색으로 5갈래로 갈라짐. 수술은 10개, 긴 암술대가 있음.

열매 둥글고, 완전히 익으면 껍질이 벗겨지고 씨가 나옴.

동정포인트 잎은 길이 2~8cm, 난형 또는 장타원형이다. 꽃은 잎겨드랑이에 1~6개가 아래로드리운다.

쪽동백나무/때죽나무과

Styrax obassia Siebold & Zucc. ☞ obassia 일본의 지역명에서 유래

2013. 05. 26. 경기 안양

잎	수형
열매	씨
수피	2년지와 겨울눈

생육형태 전국. 산지. 낙엽 소교목, 높이 10~15m.
수피 연한 흑색, 평활하나 오래되면 가늘게 갈라짐. 2년지는 종잇장처럼 벗겨짐.
겨울눈 나아, 갈색 별 모양 털이 밀생하며, 초기에는 엽병 속에 들어 있는 엽병내아임.
잎 어긋나기, 타원형 또는 난상 원형, 끝은 급히 뾰족해지며, 밑은 둥글고, 상반부에 잔톱니가 있음. 뒷면은 흰빛, 별 모양의 털이 있음.
꽃 5~6월, 10~20cm의 총상꽃차례에 많은 꽃이 달리고, 꽃받침은 5~9개, 화관은 5갈래로 갈라지며, 수술은 10개, 긴 암술대가 있음.
열매 삭과. 난상 원형~타원형으로 9~10월에 익음.

동정포인트 때죽나무에 비해 잎이 타원형 또는 난상 원형으로 크다. 2년지 가지가 종잇장처럼 벗겨지고, 꽃차례에 많은 꽃이 달린다.

노린재나무/노린재나무과

Symplocos sawafutagi Nagam. ☞ sawafutagi 노린재나무의 일본명에서 유래

2013. 05. 30. 강원 인제

꽃

잎

열매

수피

겨울눈

검노린재

생육형태	전국. 산지. 낙엽 관목, 높이 2~5m.
수피	회백색, 회갈색, 세로로 갈라짐.
겨울눈	길이 2mm, 원추형.
잎	어긋나기, 길이 4~8cm, 타원상 도란형으로 양 끝이 뽀족함. 잎 표면은 짙은 녹색이며 털이 없고 뒷면에 털이 있거나 없음.
꽃	5월, 양성화, 새가지 끝에 원추꽃차례로 달림. 꽃잎은 장타원형으로 옆으로 퍼짐. 수술은 다수이고 화관보다 길게 나옴.
열매	타원형으로 9월에 남색으로 익음.
동정포인트	잎은 도란형으로 끝이 급격하게 뽀족해지며, 열매가 남색으로 익는다.
비교	검노린재(*S. tanakana*)는 잎이 장타원형으로 열매는 검게 익는다. 주로 남부지방에 분포한다.

큰까치수염/앵초과

Lysimachia clethroides Duby ☞ clethroides 매화오리속(Clethra)과 비슷한

2015. 07. 22. 강원 강릉

꽃

잎

열매

땅속줄기

전초

까치수염

생육형태	전국. 산과 들의 양지. 여러해살이풀, 높이 50~100cm.
줄기	전체에 털이 거의 없으나 윗부분과 꽃차례에는 털이 조금 있음.
잎	어긋나기, 장타원형 또는 장타원상 피침형, 끝은 뾰족하고 가장자리는 밋밋함. 잎 앞면은 녹색으로 짧은 털이 있는 경우도 있고, 뒷면은 연한 녹색으로 털이 없음.
꽃	6~8월, 한쪽으로 기울어진 총상꽃차례에 위를 향해 다닥다닥 달리며, 흰색.
열매	삭과. 난상 원형.
동정포인트	잎은 장타원형으로 어긋나며, 줄기 상부와 꽃차례에 털이 약간 있다. 땅속줄기는 길게 뻗으며 퇴화된 잎이 붙는다(사진의 붉은원).
비교	까치수염(*L. barystachys*)은 잎이 선상 장타원형으로 끝이 둔하며, 전초에 털이 많다.

좁쌀풀/앵초과

Lysimachia davurica Ledeb. ☞ davurica 다후리아 지방의

2018. 07. 12. 강원 정선

꽃

잎

잎 확대

열매

참좁쌀풀

생육형태 전국. 산지 습한 곳, 공터. 여러해살이풀, 높이 40~100cm로 줄기 끝에서 가지가 갈라지기도 함.

잎 길이 4~12cm, 피침형으로 줄기 아래쪽에서는 어긋나지만 중간 이상에서는 마주나거나 3~4장씩 돌려나며 가장자리가 밋밋하고 잎자루는 짧음.

꽃 6~8월, 줄기 끝에 원추꽃차례로 달리고 노란색. 꽃받침은 통 모양, 5갈래로 깊게 갈라짐. 화관은 5갈래로 깊게 갈라지며 수술은 5개.

열매 삭과. 구형, 8월에 익으며 긴 암술대가 남음.

동정포인트 꽃잎에 무늬가 없고, 끝 부분은 둥글며, 잎은 피침형으로 검은 점이 흩어져 있다. 식물구계학적 특정식물 III등급이다.

비교 참좁쌀풀(*L. coreana*)은 꽃 안쪽에 붉은 무늬가 있고, 잎은 타원형~난형으로 검은 점이 없다. 우리나라 특산식물이다.

기생꽃/앵초과

Trientalis europaea subsp. arctica (Fisch. ex Hook.) Hultén ☞ europaea 유럽의

2020. 04. 28. 국립공원공단 식물보전센터

기생꽃

전초

참기생꽃. 2019. 06. 08. 강원 태백

생육형태 고산 습지, 물이끼의 이탄지. 여러해살이 풀, 높이 10cm 내외.

잎 줄기 밑부분의 잎은 비늘같이 나고, 줄기 윗부분의 잎은 윤생상으로 달림. 잎몸은 길이 1.2~3cm, 도란상 쐐기 모양으로 끝은 둥글며 가장자리는 밋밋함.

꽃 4~5월에 흰색으로 피고, 잎겨드랑이에서 가늘고 긴 화경이 1~3개 나와 그 끝에 1개씩 달림.

열매 삭과. 구형.

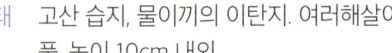

동정포인트 참기생꽃에 비해 소형이고 잎은 길이 1.2~3cm로 끝이 약간 둥글다. 멸종위기 야생생물 II급, 식물구계학적 특정식물 V등급, 적색목록 준위협(NT)종이다.

비교 참기생꽃(*T. europaea*)은 기생꽃에 비해 대형이고, 잎은 길이 2~7cm로 끝이 뾰족하거나 둔하다. 두 종의 분류학적 위치에 대한 연구가 필요하다.

돈나무/돈나무과

Pittosporum tobira (Thunb.) W.T. Aiton ☞ tobira 일본명에서 유래

2019. 05. 02. 경남 통영

꽃

꽃 확대

잎

수형

열매

씨

생육형태 남해안, 바닷가 및 산지. 상록 관목 또는 소교목, 높이 2~3m.

잎 길이 4~10cm, 긴 도란형으로 두꺼움. 가장자리에 톱니가 없고, 뒤로 말림. 표면은 짙은 녹색으로 윤채가 있음.

꽃 5~6월, 흰색 또는 노란색의 꽃이 가지 끝에 취산꽃차례로 달림. 꽃잎, 꽃받침, 수술은 5개씩.

열매 길이 1.2cm 정도의 삭과로 짧은 털이 밀생하고 연한 녹색 10월에 누렇게 익으면 3개로 갈라지며 씨는 적색.

동정포인트 잎은 보통 가지 끝에 모여 달리며, 긴 도란형으로 두껍고 윤채가 있다. 열매는 3개로 갈라지며 붉은색 씨가 노출되는데 씨는 점액질이다. 식물구계학적 특정식물 III등급, 기후변화 생물지표종이다.

산수국/수국과

Hydrangea serrata var. *acuminata* (Siebold & Zucc.) Nakai

☞ serrata끝거치가 있는
☞ acuminata 끝이 점차 뾰족해지는

2018. 06. 24. 경기 안양(식재)

꽃

잎

열매

겨울눈

등수국

수국

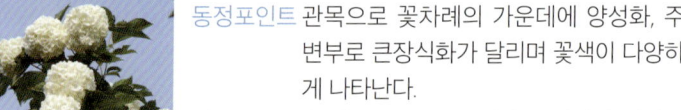

생육형태	전국. 계곡이나 산기슭의 바위틈. 낙엽 관목, 높이 50~200cm.
줄기	직립, 수피는 회갈색, 얕게 갈라지며 오래되면 조각으로 떨어짐.
잎	마주나기, 길이 5~15cm, 장타원형 또는 난형, 끝은 조금씩 뾰족해지며, 밑은 둥글거나 쐐기형이고, 가장자리에 잔톱니가 있음. 잎자루는 길이 1~3cm.
꽃	7~8월, 줄기 끝에 산방꽃차례로 달림. 가장자리는 장식화(흔히 무성화)이며 흰색, 자주색, 청색 등 다양함.
열매	삭과. 난형 또는 타원형으로 9~10월에 익음.
동정포인트	관목으로 꽃차례의 가운데에 양성화, 주변부로 큰장식화가 달리며 꽃색이 다양하게 나타난다.
비교	수국(*H. macrophylla*)은 무성화만 머리모양으로 달리고, 등수국(*H. petiolaris*)은 덩굴성이다.

까치밥나무/까치밥나무과

Ribes mandshuricum (Maxim.) Kom. ☞ mandshuricum 만주에 생육하는

2013. 05. 17. 강원 태백

꽃

잎 뒷면

어린 가지

잎 앞면

열매

까마귀밥나무

생육형태	지리산 이북의 깊은 산. 낙엽 관목, 높이 1~2m.
수피	회색으로 벗겨지며, 어린 가지는 밤색을 띠고 윤기가 있음.
잎	어긋나기, 길이 5.5~10cm, 3갈래로 갈라진 손바닥 모양으로 가장자리에 겹톱니가 있음. 앞면은 녹색으로 잔털이 있고, 뒷면은 흰 털이 빽빽하게 남.
꽃	5~6월, 황록색의 꽃이 가지 끝이나 잎겨드랑이에 총상꽃차례로 달림. 꽃대와 꽃줄기에 잔털이 있음.
열매	장과. 둥글며 8월에 붉게 익음.
동정포인트	꽃은 양성화로 꽃차례는 아래로 드리우고, 수술이 화관 밖으로 길게 나온다. 식물구계학적 특정식물 III등급, 기후변화 지표종이다.
비교	까마귀밥나무(*R. fasciculatum* var. *chinense*)는 암수딴그루로 꽃은 잎겨드랑이에 속생(3~5개)하고, 잎자루는 2~3cm로 짧다.

피자식물

멸II
특산
III
적색
귀화
교란
기후

기린초/돌나물과

Phedimus kamtschaticus (Fischer) 't Hart in 't Hart & Eggli ☞ kamtschaticus 캄차카 반도의

2018. 06. 13. 경기 가평

꽃

잎

열매

새순

가는기린초 꽃과 잎

생육형태	전국. 산의 초지와 바위지대. 여러해살이 풀, 높이 22~33cm.
줄기	직립, 뿌리에서 3개 이상 나고, 적녹색이며 털이 없음.
잎	어긋나기, 길이 4~5cm, 주걱형~도피침형, 둔두, 유저이며 가장자리는 상부에 톱니가 있음.
꽃	5~6월, 양성화, 노란색이며, 수술은 꽃잎의 이배수, 암술대는 꽃잎보다 짧음.
열매	골돌과. 난형, 진한 갈색으로 익음.

동정포인트	줄기는 뿌리에서 3개 이상 나오고 잎의 기부는 유저, 꽃잎은 장타원형 혹은 피침형이다.
비교	가는기린초(*P. aizoon*) 줄기가 1~2개가 나오고, 줄기 상부는 간혹 5개 이상으로 가지를 친다.
해설	기린초속(*Phedimus*)은 원뿌리를 가지고, 크기는 15cm 이상, 정단에 10개 이상의 꽃이 피며, 씨 표면 무늬가 사각형 등의 형질로 돌나물속(*Sedum*)과 구분한다.

돌나물/돌나물과

Sedum sarmentosum Bunge ☞ sarmentosum 덩굴줄기가 있는

2013. 06. 16. 강원 영월

꽃

잎

어린 열매

겨울 모습

말똥비름

말똥비름(좌), 돌나물(우)

생육형태	전국. 숲 가장자리와 들판. 여러해살이풀, 높이 10~16cm.
줄기	전체적으로 땅을 기며, 연한 녹색으로 털이 없음.
잎	돌려나기, 길이 12~18cm, 타원형, 끝은 둔하고, 기부는 쐐기 모양, 가장자리는 밋밋함.
꽃	5월, 양성화, 노란색이며 정단부에 취산꽃차례를 이룸. 수술은 꽃잎의 이배수, 심피는 꽃잎 수와 같고, 암술대는 꽃잎보다 짧음.
열매	골돌과. 난형, 진한 갈색으로 7~8월에 익음.
동정포인트	줄기는 전체적으로 포복한다. 잎은 타원형으로 3개씩 돌려난다.
비교	말똥비름(*S. bulbiferum*)은 잎겨드랑이에 살눈이 달리며(붉은 화살표), 번식은 주아 및 씨로 한다.

노루오줌/범의귀과

Astilbe chinensis (Maxim.) Franch. & Sav.

2021. 06. 29. 지리산

꽃

잎

새순

숙은노루오줌

전초. 오대산

생육형태	전국. 산지. 여러해살이풀, 50~70cm.
잎	뿌리잎은 2회 3출 또는 드물게 3회 3출하고, 잎자루가 길며 끝에 붙은 작은잎은 장타원형~도란형. 줄기잎은 어긋남.
꽃	5~7월에 꽃줄기 위쪽에 발달하는 원추꽃차례에 달리며, 분홍색이지만 변이가 심함. 꽃차례에 샘털이 있고 꽃자루 가지에 밀생함. 수술은 10개, 암술대는 2개.
열매	삭. 끝이 2갈래로 갈라짐.
동정포인트	작은잎은 장타원형~도란형이며, 끝이 짧게 뾰족하고 꽃차례의 곁가지는 비스듬히 위를 향한다.
비교	숙은노루오줌(A. koreana)은 작은잎이 난상 또는 넓은 타원형이고 결각상 톱니가 현저하며 꽃차례의 곁가지는 밑으로 쳐진다.

개병풍/범의귀과

Astilboides tabularis (Hemsl.) Engl. ☞ tabularis 평평한 판의

2011. 06. 26. 강원 평창 한국자생식물원

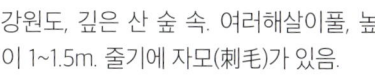

꽃봉오리

잎

어린 줄기(좌) 성숙한 줄기(우)

새순

생육지 전경

도깨비부채

생육형태 강원도, 깊은 산 숲 속. 여러해살이풀, 높이 1~1.5m. 줄기에 자모(刺毛)가 있음.

잎 둥근 방패 모양으로 뿌리에서 나며 가장자리가 7갈래로 얕게 갈라지고, 큰 것은 지름이 80cm 이상.

꽃 양성화, 6~7월에 줄기 끝부분의 큰 원추꽃차례에 흰색~연분홍색 꽃이 무리지어 핌. 꽃잎은 5장, 선형이고 꽃잎보다 긴 5개의 수술과 2대의 암술대가 있음.

열매 삭과. 암술대 사이가 벌어져 많은 씨가 나옴.

동정포인트 줄기에는 자모가 있으며, 잎은 대형으로 방패 모양이다. 식물구계학적 특정식물 V등급, 적색목록 준위협(NT)종이다.

비교 도깨비부채(*Rodgersia podophylla*)는 잎이 손바닥 모양으로 갈라진다. 끝부분은 다시 3~5개로 얕게 갈라지고 불규칙한 톱니가 있다.

짚신나물/장미과

Agrimonia pilosa Ledeb. ☞ pilosa 연모가 있는

2020. 08. 14. 전북 무주 덕유산. 꽃 확대(원)

꽃

잎

열매

좀짚신나물 꽃

좀짚신나물 전초

생육형태	전국. 풀밭 양지. 여러해살이풀, 높이 30~100cm.
잎	어긋나기, 5~7개의 작은잎으로 이루어진 우상복엽이며, 밑부분의 작은잎은 점차 작아짐.
꽃	6~8월에 노란색으로 핌. 원줄기 끝과 가지 끝의 총상꽃차례에 달리고, 길이 10~20cm. 꽃잎은 도란형, 길이 3~6mm. 수술은 12개.
열매	수과. 꽃받침에 싸여 있음.

동정포인트 꽃은 꽃차례에 밀집해서 붙고 수술의 수는 10~12개이다.

비교 좀짚신나물(*A. nipponica*)은 전체가 작고 꽃은 꽃차례에 성글게 달리며, 수술의 수는 흔히 5개다. 산짚신나물(*A. coreana*)은 꽃이 꽃차례에 성글게 달리며 수술의 수는 흔히 20개 이상이다.

피자식물

멸II
특산
구계
적색
귀화
교란
기후

232

뱀딸기/장미과

Duchesnea indica (Andr.) Focke ☞ indica 인도의

2011. 06. 12. 경기 안성

꽃

잎

열매

수과

산뱀딸기 잎과 열매

생육형태 전국. 길가, 농경지, 풀밭, 하천가. 여러해
살이풀, 줄기는 길게 자람.

잎 어긋나며, 길이 2.0~3.5cm, 작은잎 3장으
로 된 복엽. 작은잎은 난상 타원형으로 가
장자리에 겹톱니가 있음.

꽃 4~5월에 잎겨드랑이의 긴 꽃자루에 1개
씩 피며, 노란색. 지름 1.5~2.0cm. 덧꽃받
침조각(부악)은 꽃받침조각보다 조금 큼.
꽃잎은 넓은 난상, 길이 5~10mm.

열매 집합수과(수과가 모인 취과)로 지름
1~2cm이고 적색.

동정포인트 잎의 표면은 진녹색, 열매의 표면(꽃턱이
발달한 것)은 광택이 있으며, 수과의 겉은
매끈하다.

비교 산뱀딸기(*D. chrysantha*)는 잎이 황록색,
열매의 표면에 광택이 없고, 수과의 표면
에 유두상 돌기가 있다.

터리풀/장미과

Filipendula glaberrima Nakai ☞ glaberrima 털이 전혀 없는

2010. 07. 10. 강원 태백

꽃

잎

새순

전초

생육형태	전국. 고도가 높은 산지. 여러해살이풀, 높이 80~160cm.
잎	근생엽은 1회 우상복엽으로 5개로 갈라지며, 열편은 피침형으로 결각상 톱니가 있고 끝이 뽀족함. 줄기잎은 어긋나며 턱잎은 피침상 장타원형.
꽃	7~8월에 흰색으로 피고 줄기와 가지 끝의 취산상 산방꽃차례에 달림. 꽃받침은 4~5개이며 나중에 뒤로 젖혀짐. 꽃잎은 4~5개, 둥글며 밑부분이 짧게 뾰족해지고 길이 3mm 정도.
열매	삭과. 난상 타원형으로 8~9월에 익으며, 가장자리에 털이 있음.

동정포인트 전체에 털이 거의 없다. 수술의 길이는 꽃잎의 2배 이상이고 턱잎은 줄기를 감싸지 않는다. 꽃색은 흰색 또는 연분홍색이고, 열매에 털이 있다. 식물구계학적 특정식물 ।등급이다.

오이풀/장미과

Sanguisorba officinalis L. ☞ officinalis 약용으로 효과가 있는

2011. 06. 12. 경기 안성

꽃

잎

열매

씨

가는오이풀

산오이풀

생육형태 전국. 저지대 숲 속, 풀밭. 여러해살이풀, 높이 30~150cm.

잎 어긋나며, 작은잎 3~13개로 된 우상복엽임. 작은잎은 장타원형~타원형, 끝이 둥글고 가장자리에 삼각형의 톱니가 있음.

꽃 7~9월에 이삭꽃차례로 빽빽하게 달리며, 진한 붉은색 또는 드물게 흰색. 꽃받침은 4갈래, 꽃잎은 없음. 수술은 4개, 꽃밥은 어두운 갈색.

열매 수과. 9월에 익으며 모서리를 따라 날개가 있음.

동정포인트 꽃차례는 타원형으로 색은 어두운 홍자색이고 수술은 꽃받침보다 짧다.

비교 가는오이풀(*S. tenuifolia*)는 잎이 선상 장타원형이고 꽃은 흰색이다. 산오이풀(*S. hakusanensis*)은 고산성으로 꽃차례가 길고 꽃은 홍자색이며 수술은 6~12개이다.

야광나무/장미과

Malus baccata (L.) Borkh. ☞ baccata 장과(漿果) 모양의

2018. 04. 16. 서울

꽃 단면

열매

수형

잎

수피

아그배나무

생육형태 전국. 산, 강가. 낙엽 관목 또는 소교목, 높이 6~10m.

수피 회갈색, 오래되면 조각으로 떨어짐.

잎 어긋나기, 길이 3.0~8.0cm, 난형 또는 타원형, 가장자리에 잔톱니가 있음. 잎자루는 길이 3~4cm.

꽃 5~6월, 흰색, 지름 3~4cm. 짧은가지 끝의 산형꽃차례로 달리며, 꽃자루는 길이 2~5cm. 꽃받침조각은 피침형이며, 안쪽에 털이 있고, 꽃이 진 다음 떨어짐.

열매 이과. 구형, 지름 6~9mm, 9~10월에 익음.

동정포인트 잎에 결각이 없고, 꽃받침조각이 일찍 떨어진다. 열매는 6~9mm다. 식물구계학적 특정식물 I 등급이다.

비교 아그배나무(*M. sieboldii*)는 야광나무에 비해 잎에 결각이 생기고, 열매의 크기가 4~6mm로 작다.

귀룽나무/장미과

Prunus padus L. ☞ padus 그리스 지역명

2007. 05. 05. 출처:국립생물자원관

꽃   잎

열매   수형(2019.04.11.북한산)

수피   귀룽나무, 개벚지나무, 산개벚지나무

생육형태	전국. 숲 속, 계곡가에 흔함. 낙엽 교목, 높이 15m.
수피	회갈색, 피목이 발달하고, 오래되면 불규칙하게 갈라짐.
잎	어긋나며, 길이 6~12cm, 도란형 또는 타원형, 날카로운 톱니가 있고 잎자루는 길이 1~2cm이며, 위쪽에 샘점이 있음.
꽃	4~6월, 흰색, 새가지 끝의 총상꽃차례에 달리고 꽃차례는 20~30개의 꽃이 달리며, 아래쪽에는 잎이 달림.
열매	핵과. 둥글고, 지름 6~8mm, 검게 익음.
동정포인트	봄에 잎이 빨리 돋고, 꽃차례 하부에 잎이 난다.
비교	개벚지나무(*P. maackii*)는 꽃차례 하부에 잎이 없고, 산개벚지나무(*P. maximowiczii*)는 톱니가 있는 포가 있으며 열매가 익을 때까지 떨어지지 않는다.

산벚나무/장미과

Prunus sargentii Rehder ☞ sargentii 미국의 식물학자 C. S. Sargent의

2020. 04. 28. 전북 무주 덕유산

꽃

꽃 단면

잎

수피

수형

겨울눈

생육형태 전국. 백두대간 높은 산지. 낙엽 교목, 높이 20m.

잎 어긋나기, 타원형 또는 도란형이고, 끝은 점차 뾰족해지고, 밑은 심장 모양에 가까움. 가장자리는 톱니가 있음. 표면은 털이 있거나 없으며, 뒷면은 분백색이고 털이 없음. 잎자루 위쪽에 1쌍의 꿀샘이 있음.

꽃 4~5월, 흰색 또는 연분홍색, 2~3개가 모여 산형꽃차례를 이룸. 꽃잎은 둥글고 향기가 없다. 꽃자루, 수술대, 암술대, 씨방에 털이 없음.

열매 핵과. 1cm 정도, 5~6월에 흑자색으로 익음.

동정포인트 잎이 나오면서 꽃이 피고, 산형꽃차례에 달린다. 꽃자루는 짧아(1~2.5mm) 없는 것처럼 보이며, 꽃자루, 수술대, 암술대, 씨방에 털이 없다. 식물구계학적 특정식물 III등급이다.

해당화/장미과

Rosa rugosa Thunb. ☞ rugosa 주름이 있어 오그라들어 보이는

2014. 07. 08. 충남 예산

꽃

열매

수피　겨울눈

잎

생육 모습

흰해당화

생육형태	전국. 해안가 모래땅이나 산기슭. 낙엽 관목, 1.5~2m.
줄기	겉에 바늘 모양의 가시, 가시모양의 털, 부드러운 털이 많음.
잎	어긋나며, 작은잎이 7~9장으로 된 우상복엽. 작은잎은 길이 3~5cm, 타원형 또는 난형으로 가장자리에 톱니가 있음. 잎 뒷면에 잔털이 많음.
꽃	6~8월, 홍자색, 가지 끝에 1~3개씩 달림. 꽃자루에 잔털이 많고 가시가 나기도 하며 길이 1~3cm.
열매	수과. 지름 2.0~2.5cm로 둥글고 8~9월에 붉은색으로 익음.
동정포인트	소지와 가시에 털이 많으며, 작은잎은 7~9개의 우상복엽이며 주름이 있다. 열매 끝부분에 꽃받침열편이 남아 있다. 식물구계학적 특정식물 Ⅱ등급이다.
비교	흰꽃으로 피는 품종은 흰해당화(f.*alba*), 겹꽃 품종은 만첩해당화(f. *plena*)이다.

산딸기/장미과

Rubus crataegifolius Bunge ☞ crataegifolius 장미과 산사나무속(Crataegus)과 잎이 비슷한

2014. 06. 20. 경남 거창

꽃

잎

열매

군락

겨울눈

줄딸기

생육형태	전국. 숲 가장자리, 길가, 들녘. 낙엽 관목, 높이 1~2m.
잎	어긋나기, 난상 타원형으로 길이 4~11cm, 3~5갈래로 갈라지거나 갈라지지 않음. 가장자리에 불규칙한 톱니가 있고 잎자루에 가시가 있음.
꽃	5~6월, 흰색, 가지 끝의 겹산방꽃차례에 달리지만 2~3개씩 모여 달리기도 함. 꽃받침조각은 피침형, 꽃잎은 타원형.
열매	핵과가 모인 취과(집합핵과). 7~8월에 붉게 익음.
동정포인트	줄기, 잎자루, 잎 뒷면에 가시가 많고, 꽃은 겹산방꽃차례로 여러 개가 핀다.
비교	줄딸기(*R. oldhamii*)는 줄기가 옆으로 뻗으며, 잎은 5~7개의 작은잎을 가지는 우상복엽이다.

멍석딸기/장미과

Rubus parvifolius L. ☞ parvifolius 작은잎의

2025. 06. 27. 전남 완도

꽃

잎

열매

겨울눈

복분자딸기의 잎

복분자딸기의 열매

생육형태 전국. 산의 양지, 들판. 낙엽 관목, 높이 1~2m.

잎 어긋나기, 3출복엽. 작은잎은 길이 1~2cm의 난상 원형 또는 도란형으로 가장자리에 불규칙한 겹톱니가 있음. 잎끝은 둔하거나 둥글고, 뒷면에 흰 털이 밀생함.

꽃 5~7월, 홍자색, 가지 끝에 산방꽃차례에 달림. 꽃잎은 난형 또는 아원형, 5장이 위를 향함.

열매 핵과가 모인 취과(집합핵과)로 구형이며, 7~8월에 빨갛게 익음.

동정포인트 3출엽으로 작은잎은 도란형이며 끝이 둥글고 뒷면에 흰 털이 밀생한다.

비교 복분자딸기(*R. coreanus*)는 줄기가 흔히 흰색 분으로 덮이고 털이 없다. 잎은 5~7개의 우상복엽이며, 가시는 주로 갈고리 모양이다.

쉬땅나무/장미과

Sorbaria sorbifolia (L.) A. Braun ☞ sorbifolia 장미과 마가목속(Sorbus)과 잎이 비슷한

2013. 06. 30. 강원 영월

꽃   잎

열매   새순

겨울눈   좀쉬땅나무

생육형태	전국. 숲 가장자리, 산골짜기 주변. 낙엽관목, 높이 2m.
잎	어긋나기, 작은잎 13~23개인 우상복엽. 작은잎은 길이 6~10cm, 피침형~난상 피침형으로 잎끝은 점차 뾰족해지고, 밑은 둥글고 가장자리에 겹톱니가 있음.
꽃	6~7월, 흰색, 가지 끝의 총상꽃차례에 달리며 꽃자루와 함께 털이 있음. 수술은 40~50개, 꽃잎보다 길게 나옴. 씨방은 5개이며 털이 없고 서로 떨어져 있음.
열매	골돌과. 긴 원형, 길이 6mm 정도, 표면에 털이 밀생하고 9월에 성숙함.
동정포인트	꽃차례는 보통 위로 서고, 수술은 40~50개, 열매에는 털이 많다. 식물구계학적 특정식물 III등급이다.
비교	좀쉬땅나무(*S. kirilowii*)는 꽃차례가 보통 아래로 처지고, 수술은 20개, 열매에는 털이 없다.

242

팥배나무/장미과

Sorbus alnifolia (Siebold & Zucc.) K. Koch ☞ alnifolia 자작나무과 오리나무속(Alnus)과 잎이 유사한

2020. 05. 12. 경기 안산

꽃 | 잎

열매 | 수형

수피 | 겨울눈 | 씨

생육형태 전국. 산지. 낙엽 교목, 높이 10~20m.

잎 어긋나기, 길이 5~12cm, 난형 또는 타원형의 홑잎으로 가장자리에 불규칙한 겹톱니가 있음. 잎끝은 급하게 뾰족해지며, 밑은 둥글고 잎자루는 길이 1~2cm.

꽃 4~6월, 흰색, 가지 끝의 겹산방꽃차례에 달림. 꽃잎은 5개, 수술은 20개쯤이며, 암술대는 2갈래.

열매 이과. 타원형이며, 9~10월에 붉은색으로 익으며, 표면에 흰색 피목이 흩어져 있음.

동정포인트 잎은 난형 또는 타원형으로 가장자리에 겹톱니가 발달한다. 열매는 가지 끝의 겹산방꽃차례에 달린다. 마가목속(*Sorbus*) 다른 종에 비해 잎은 홑잎이며 암술대는 2개인 것이 다르다.

마가목/장미과

Sorbus commixta Hedl. ☞ commixta 혼합하다

2019. 05. 16. 경북 포항

꽃

잎

열매

수형

겨울눈

당마가목(잎뒷면과 겨울눈)

생육형태	전국. 높은 산지. 낙엽 소교목, 높이 6~12m.
겨울눈	털이 없고, 점성이 있음.
잎	어긋나기, 작은잎 9~13개인 우상복엽. 작은잎은 길이 3~6cm, 장타원형~피침형으로 가장자리에 날카로운 톱니가 있음. 끝은 길게 뾰족하고, 밑부분은 둥글며 좌우 비대칭임.
꽃	5~6월, 흰색, 가지 끝의 겹산방차례에 달림. 수술은 20개 정도, 길이는 꽃잎과 비슷함. 암술대는 3~4개.
열매	이과. 지름 5~6mm로 둥글고 10월에 붉게 익음.
동정포인트	잎, 꽃차례, 겨울눈에 털이 적거나 없다. 식물구계학적 특정식물 II등급이다.
비교	당마가목(*S. pohuashanensis*)는 잎(특히 뒷면)과 겨울눈에 흰색 털이 밀생한다. 턱잎은 크고 줄기를 완전히 감싼다.

참조팝나무/장미과

Spiraea fritschiana C.K. Schneid. ☞ fritschiana 오스트리아 Karl F. Fritsch의

2023. 06. 20. 경기 가평

꽃   꽃

잎   열매

꼬리조팝나무   인가목조팝나무

생육형태 전국. 숲 속, 숲 가장자리. 낙엽 관목, 1~2m, 줄기가 모여남.

잎 어긋나며, 난형 또는 난상 타원형, 가장자리에 고르지 않은 거친 톱니가 있음. 잎 앞면은 녹색이며, 뒷면은 연한 녹색, 양면에 털이 없음.

꽃 5~6월, 흰색, 붉은색, 가지 끝에 겹산방꽃차례에 달림. 꽃잎은 난형, 수술은 많고 꽃잎보다 길게 나옴.

열매 골돌과. 4~5개, 털이 거의 없고, 9~10월에 익음.

동정포인트 꽃이 겹산방꽃차례에 달리며 잎과 열매에 털이 없다. 잎의 끝은 뾰족하다. 식물구계학적 특정식물 Ⅲ등급이다.

비교 꼬리조팝나무(*S. salicifolia*)은 꽃이 연한 홍색으로 원추꽃차례에 달리고, 인가목조팝나무(*S. chamaedryfolia*)는 잎이 광난형으로 수술은 35~40개이다.

조팝나무/장미과

Spiraea prunifolia var. *simpliciflora* (Nakai) Nakai ☞ prunifolia 장미과 벚나무속(Prunus)과 잎이 비슷한

2020. 04. 19. 경기 수원

꽃

잎

열매

수형

겨울눈   씨   임도에 식재한 모습

생육형태	전국. 숲 가장자리. 낙엽 관목, 높이 1.5~2.0m.
잎	어긋나기, 길이 2.0~4.5cm, 타원형 또는 난상으로 끝이 뾰족하고 밑은 쐐기형이며 가장자리에 잔톱니가 있음.
꽃	4~5월, 흰색, 줄기의 짧은 가지에 4~5개가 산형상으로 달림. 수술은 20개 정도, 길이는 꽃잎보다 짧음. 암술대는 3~4개로 수술보다 짧음.
열매	골돌과. 털이 없고 9~10월에 익음.
동정포인트	꽃잎은 타원형으로 끝이 뾰족하다. 꽃은 산형꽃차례로 4~5개가 모여 피고, 수술과 암술대는 꽃잎보다 길이가 짧다.
비교	기본종은 만첩조팝나무(*S. prunifolia*)로 겹꽃이 핀다.

246

국수나무/장미과

Stephanandra incisa (Thunb.) Zabel ☞ incisa 날카롭게 찢어진

2020. 05. 12. 경기 안산

꽃　　　　잎

열매　　　　수형

겨울눈　씨　　나도국수나무

생육형태	전국. 산지. 낙엽 관목, 1~2m, 줄기가 모여남.
잎	어긋나며, 길이 2~4cm의 난형 또는 삼각상 난형. 끝은 길게 뽀족하고, 밑부분은 쐐기형, 가장자리에 결각상 톱니가 발달하며 크게 3개로 갈라짐.
꽃	5~6월, 흰색, 가지 끝에 원추꽃차례에 달림. 꽃차례의 축과 꽃자루에 잔털이 있음. 수술은 10개, 꽃잎보다 짧음.
열매	골돌과. 구형 또는 도란형, 잔털이 있음. 9~10월에 익음.
동정포인트	꽃이 원추꽃차례에 달리며 꽃차례, 열매에 샘털이 없다.
비교	나도국수나무(*Neillia uyekii*)은 국수나무에 비해 잎이 보다 크고, 끝이 꼬리처럼 길다. 꽃차례에 잔털과 샘털이 있으며, 꽃자루, 꽃받침, 열매에 긴 샘털이 밀생한다.

매듭풀/콩과

Kummerowia striata (Thunb.) Schindl. ☞ striata 줄무늬가 있는

2018. 08. 27. 경기 부천

꽃

줄기

둥근매듭풀

매듭풀(좌), 둥근매듭풀(우)
위부터 잎 앞면, 뒷면, 턱잎

생육형태	전국. 산, 들, 길가. 한해살이풀, 높이 10~30cm.
줄기	밑에서 가지가 많이 갈라지고, 밑으로 향한 털이 있음.
잎	어긋나기, 3출복엽. 작은잎은 길이 10~15mm, 긴 도란형으로 끝이 둥글거나 둔함. 턱잎은 피침형~장타원형.
꽃	8~9월, 연한 홍색, 잎겨드랑이에서 피고 꽃잎은 길이 5mm, 꽃받침 길이의 2배 정도.
열매	협과. 난형으로 9월에 익음.
동정포인트	줄기에 밑을 향한 털이 있다. 잎은 긴 도란형이며, 턱잎은 흔히 연한 갈색으로 피침형이고, 열매는 꽃받침보다 2.5~3배 길다.
비교	둥근매듭풀(*K. stipulacea*)은 줄기에 위로 향한 털이 있고, 잎은 넓은 타원형, 턱잎은 흔히 녹색으로 난상, 열매는 꽃받침보다 약간 길다.

248

갯완두/콩과

Lathyrus japonicus Willd.

2023. 05. 08. 충남 태안

꽃　　　　　　　꽃

잎　　　　　　　군락

생육형태 전국. 바닷가 모래땅. 여러해살이풀, 길이 15~60cm.

잎 어긋나며, 작은잎 8~12장으로 된 우상복엽. 작은잎은 길이 1.5~3.0cm, 난형 또는 타원형으로 가장자리가 밋밋함. 줄기 위쪽에는 잎끝이 변한 덩굴손이 생기기도 함.

꽃 5~7월, 보라색 또는 드물게 흰색, 나비 모양으로 길이 1.8~2.5cm. 잎겨드랑이에서 난 꽃대 끝의 총상꽃차례에 3~5개씩 달림. 꽃받침은 넓은 통 모양. 꽃잎 기판은 둥근 난형, 끝이 조금 오목하고 줄이 있음.

열매 협과. 길이 4~6cm, 납작한 장타원형으로 7~8월에 익음. 씨는 3~5개.

동정포인트 땅속줄기가 길게 뻗고, 줄기의 하부는 눕고, 턱잎은 작은잎보다 약간 작으며 창 모양이다. 식물구계학적 특정식물 II등급이다.

고삼/콩과

Sophora flavescens Aiton ☞ flavescens 엷은 노란색의

2017. 05. 30. 충북 제천

꽃

열매

씨

잎

전초

생육형태	전국. 산, 들. 여러해살이풀, 높이 80~120cm.
줄기	곧추서며, 위쪽에서 가지가 갈라지고 아래쪽은 나무질.
잎	어긋나기, 작은잎 13~23장으로 된 우상복엽. 작은잎은 길이 2~4cm, 장타원형으로 가장자리가 밋밋함.
꽃	6~8월, 연한 노란색, 가지 끝의 총상꽃차례에 한쪽으로 치우쳐 달림. 꽃받침은 넓은 통 모양, 꽃잎은 길이 15mm 정도. 수술은 10개, 길이가 같고, 아래쪽이 서로 붙어 있음.
열매	협과. 원통형, 씨와 씨 사이가 잘록하게 들어가 염주 모양으로 되고, 끝이 부리처럼 길고 뾰족함. 9~10월에 익음.

동정포인트 줄기는 곧추서고, 작은잎은 2~4cm로 길다. 꽃은 연한 노란색이며, 열매는 씨와 씨 사이가 잘록해서 염주 모양으로 된다.

비수리/콩과

Lespedeza cuneata (Dum. Cours.) G. Don. ☞ cuneata 쐐기 모양의

2016. 09. 08. 전북 익산

꽃

잎

열매

호비수리

생육형태	전국. 초지, 들판. 여러해살이풀 또는 아관목, 길이 1m.
잎	어긋나기, 3출복엽으로 빽빽하게 달림. 작은잎은 길이 7~25mm, 선상 도피침형으로 끝이 둥글거나 오목하고,가장자리가 밋밋함. 잎 뒷면은 잔털이 남. 잎자루는 5~15mm.
꽃	8~9월, 흰색 또는 자줏빛이 도는 흰색, 잎 겨드랑이에서 2~4개씩 모여 피며 잎보다 짧음.
열매	협과. 광난형, 길이 3mm, 10월에 어두운 갈색으로 익음.
동정포인트	줄기는 보통 녹색이고, 작은잎 측맥 사이의 그물맥이 뚜렷하지 않고, 열매가 꽃받침보다 2배 정도 길다.
비교	호비수리(*L. davurica*)는 잎자루와 꽃줄기가 길고, 열매는 꽃받침보다 짧다.

싸리/콩과

Lespedeza bicolor Turcz. ☞ bicolor 두 가지 색의

2018. 07. 12. 강원 정선

꽃 정면

꽃 측면

잎

열매

수피

참싸리(좌), 싸리(우)

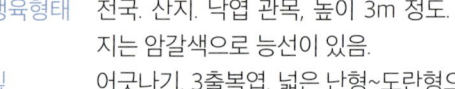

생육형태 전국. 산지. 낙엽 관목, 높이 3m 정도. 소지는 암갈색으로 능선이 있음.

잎 어긋나기, 3출복엽. 넓은 난형~도란형으로 끝은 둥글고, 약간 오목하게 들어가기도 함. 뒷면에 견모가 있음.

꽃 7~8월, 홍자색, 느슨한 총상꽃차례에 모여 달림. 꽃받침은 털이 있으며, 얕게 4개로 갈라지고, 뒤의 것은 다시 2개로 갈라짐. 꽃받침조각은 삼각상 피침형이며 끝이 뾰족하지만 꼬리처럼 길어지지 않음.

열매 협과. 납작한 광타원형~도란형이며 털이 있고 9~10월에 익음.

동정포인트 꽃차례가 크고 길며, 꽃받침조각이 꼬리처럼 길어지지 않는다. 꽃의 익판은 용골판보다 짧다.

Lespedeza cyrtobotrya Miq.

2025. 09. 25. 인천

꽃

잎

열매

수피

참싸리(좌), 싸리(우)

참싸리(좌), 싸리(우)

생육형태 전국. 산지. 낙엽 관목, 높이 1~3m 정도.

줄기 곧게 자라고 가지를 많이 치며, 전체에 흰 털이 있음.

잎 어긋나기, 3출복엽. 넓은 난형~도란형으로 끝은 둥글고, 약간 오목하게 들어가기도 함. 밑은 둥글고 가장자리는 밋밋함. 표면은 녹색, 털이 없으며, 뒷면에 부드러운 털이 있음.

꽃 7~9월, 홍자색, 잎겨드랑이에서 나온 짧은 꽃줄기에 총상꽃차례로 달림. 꽃받침은 삼각상 피침형으로 끝이 길게 뾰족해짐. 꽃줄기와 꽃자루에 흰 털이 있음.

열매 협과. 납작한 광타원형~도란형이며 털이 있고 9~10월에 익음.

동정포인트 꽃차례가 잎 길이보다 짧고 조밀하게 달린다. 꽃받침조각이 꼬리처럼 길어진다.

조록싸리/콩과

Lespedeza maximowiczii C.K. Schneid. ☞ maximowiczii 러시아 식물학자 C. J. Maximowicz(1827~1891)의

2013. 06. 15. 강원 영월

꽃

잎

열매

수형

겨울눈

군락

생육형태	전국. 숲 가장자리. 낙엽 관목, 높이 2~4m.
겨울눈	피침형~피침상 난형, 가장자리에 털이 있음.
잎	어긋나기, 3출복엽. 작은잎은 길이 3~6cm, 난상 타원형으로 끝은 뾰족함. 뒷면은 녹색으로 털이 남.
꽃	6~7월, 홍자색, 잎겨드랑이에서 총상꽃차례에 모여 달림. 꽃차례는 길이 4~10cm. 꽃자루는 털이 많음. 꽃받침은 종 모양, 4갈래로 깊게 갈라짐.
열매	협과. 장타원형이며 털이 있고 9~10월에 익으며 끝이 뾰족함.
동정포인트	잎이 난상 타원형으로 끝이 뾰족하다. 꽃받침은 뾰족한 삼각 모양으로 끝이 길게 발달한다. 열매에 열매 자루가 발달한다.
해설	털조록싸리(var. *tomentella*)는 특산식물로 조록싸리에 비해 잎에 털이 많은 특징으로 구분하기도 하지만 동일종으로 보는 견해도 있다.

칡/콩과

Pueraria lobata (Willd.) Ohwi ☞ lobata 얕게 갈라진

2025. 09. 10. 경남 진주

꽃

잎

열매

군락

어린 가지

겨울눈

생육형태	전국. 산지, 들판, 하천변. 낙엽 덩굴성 목본, 길이 10m.
줄기	덩굴성으로 어린 가지에 갈색 털이 남.
잎	어긋나기, 3출복엽. 난형~마름모형으로 끝은 뾰족하고 밑은 넓은 쐐기형~심장형. 가장자리는 밋밋하거나 2~3갈래로 갈라짐.
꽃	7~8월, 홍자색, 잎겨드랑이에서 나온 수상꽃차례로 달림. 꽃은 길이 1.8~2.5cm이며, 기판 중앙에 노란색 무늬가 있음. 꽃받침의 아래쪽 열편은 통부보다 1.5~2배 정도 길게 자람.
열매	협과. 길이 4~9cm, 넓은 선형. 평평하며 털이 있고 9~10월에 익음.

동정포인트 낙엽 덩굴성 목본으로 길이 10m 정도로 자란다. 잎은 3출엽으로 가장자리가 2~3개로 갈라지기도 한다. 꽃은 수상꽃차례에 달리고 기판 중앙에 노란색 무늬가 있다.

보리수나무/보리수나무과

Elaeagnus umbellata Thunb. ☞ umbellata 산형꽃차례의

2019. 04. 24. 경기 군포

꽃 단면

잎

열매

수피

겨울눈

뜰보리수(6월 9일)

생육형태	전국. 숲 가장자리, 계곡 주변, 풀밭. 낙엽 관목, 높이 3~5m.
겨울눈	나아, 광난형 또는 원추형으로 끝이 뾰족하고 측아보다 큼.
잎	어긋나기, 길이 3~8cm, 도피침형~넓은 도란형. 앞면은 은빛에서 녹색으로 변하고, 뒷면은 은빛이 나는 흰색으로 인모(비늘 모양의 털)로 덮여 있음.
꽃	4~6월, 잎겨드랑이에서 1~5개의 양성화가 은백색으로 달림. 꽃받침통은 길이 5~7mm, 끝이 4갈래로 갈라지며, 꽃잎처럼 보이고, 안쪽은 노란빛에서 갈색으로 변함. 수술은 4개, 암술은 1개.
열매	장과. 둥글거나 타원형이며 9~10월에 적색으로 익으며 인모가 있음.
동정포인트	낙엽성으로 봄에 개화하고 가을에 익는다. 열매는 둥글고 인모가 있다.
비교	뜰보리수(*E. multiflora*)는 꽃이 연한 노란색이며 열매가 더 크고 일찍 익는다.

이삭물수세미/개미탑과

Myriophyllum spicatum L. ☞ spicatum 이삭모양 꽃차례가 있는

2012. 09. 25. 경기 오산 물향기수목원 ⓒ이호

꽃봉오리

수꽃

잎

생육형태 전국. 저수지, 하천. 여러해살이풀, 침수성 수생식물.

줄기 줄기는 연약하고 물 깊이에 따라 2m까지 자라며, 두께 2~3mm, 윗부분에서 가지가 갈라짐.

잎 4개씩 돌려나며, 길이 2~3cm, 잎자루가 없는 13~15개의 작은잎이 우상으로 마주나며 길게 갈라짐.

꽃 7~9월, 수상꽃차례는 물 밖으로 나오며 길이 3~8cm, 10개 이상의 마디가 있어 마디에서 4개의 꽃이 달림. 수꽃은 꽃차례 윗부분에 달리며, 암꽃은 꽃차례 아랫부분에 달림.

열매 난형. 길이 1.5~2.0mm, 등쪽에 미세한 털이 있으며 3~5개의 돌기가 있음.

동정포인트 물수세미(*M. verticillatum*)에 비해 꽃대가 물 밖으로 나오는 줄기 끝에 수상꽃차례로 달린다.

부처꽃/부처꽃과

Lythrum anceps (Koehne) Makino ☞ anceps 2능형(2稜形)의

2019. 08. 23. 서울 북한산

꽃

꽃

잎

줄기

털부처꽃 꽃

털부처꽃 군락

생육형태 전국. 습지, 하천. 여러해살이풀, 높이 50~100cm.

줄기 곧추서며, 가늘고 윗부분에서 가지가 갈라지고 전체에 털이 적거나 없음.

잎 마주나기, 길이는 3~4cm, 넓은 피침형으로 짧은 잎자루가 있거나 없고 끝은 뾰족하며 잎가장자리는 밋밋함.

꽃 7~8월, 자홍색, 상부의 잎겨드랑이에서 3~5개가 취산상으로 달리며 마디에 돌려나는 것처럼 보임. 꽃받침통 윗부분의 부속체는 보통 옆으로 퍼지며 기부가 좁고 넓은 피침형 또는 난상 장타원형.

열매 삭과. 8월에 익으며, 꽃받침 안에 있음.

동정포인트 전체에 털이 적거나 없으며 꽃받침통 윗부분의 부속체는 옆으로 퍼진다.

비교 털부처꽃(*L. salicaria*)은 전체에 털이 많고, 꽃받침통 윗부분의 부속체는 위로 향한다. 그러나 털이나 부속체의 각도는 연속적 변이의 폭으로 보고 두 종을 통합하는 의견도 있다.

백서향나무/팥꽃나무과

Daphne kiusiana Miq. ☞ kiusiana 일본 큐슈의

2019. 02. 14. 경기 화성(식재)

꽃　　　　　　　꽃

열매　　　　　　수형(식재)

서향나무 꽃과 수형

생육형태	서해안 도서, 제주 숲 속. 상록 관목, 높이 1m.
줄기	곧게 서며, 가지가 많이 갈라짐.
잎	어긋나기, 길이 7~14cm, 피침형으로 연한 가죽질이고, 윤기가 나며, 가장자리는 밋밋하고 잎자루는 짧음.
꽃	3~4월, 암수딴그루, 흰색이며, 전년지 끝에 두상으로 모여 핌. 꽃받침통은 겉에 잔털이 있으며 끝은 4갈래로 갈라짐. 수술은 8개, 씨방은 난형, 털이 있음. 향기가 강함.
열매	장과. 난상 원형이며 5~6월에 주홍색으로 익음.
동정포인트	잎은 길이가 7~14cm, 피침형이다. 꽃은 흰색이며 꽃받침통 바깥쪽에 털이 많다.
비교	서향나무(*D. odora*)는 잎 길이가 4~9cm, 꽃은 연한 홍자색이며 꽃받침통에 털이 없다.

마름/마름과

Trapa japonica Flerow

2019. 08. 15. 제주

꽃

꽃 확대

열매

뿌리

군락

애기마름

생육형태	전국. 습지, 하천, 호수 등 정수역. 한해살이풀, 부엽식물.
줄기	가늘고 길게 자람.
잎	마주나기, 길이 3~4cm, 난상 마름모형으로 줄기 위쪽에 모여남. 잎가장자리는 불규칙한 톱니가 있음. 잎자루는 연한 털과 공기주머니가 있음.
꽃	7~9월, 흰색, 물 위로 나온 꽃자루 끝에 1개씩 달리고, 꽃자루는 나중에 길어지며, 꽃받침, 꽃잎, 수술은 각각 4개, 암술은 1개.
열매	핵과. 검은색으로 겉이 딱딱하고, 납작한 역삼각형이며 양쪽에 뿔이 2개 있음.
동정포인트	잎 뒷면 맥 위와 잎자루에 털이 많고, 열매의 뿔은 2개다.
비교	애기마름(*T. incisa*)은 마름에 비해 소형이고, 잎의 가장자리에 안쪽을 향한 뾰족한 톱니가 있고, 열매의 뿔은 4개다.

바늘꽃/바늘꽃과

Epilobium pyrricholophum Franch. & Sav. ☞ pyrricholophum 붉은색 씨에 솜털이 있는

2018. 09. 19. 강원 평창

꽃

잎

열매

군락

줄기

돌바늘꽃 ⓒ이만규

생육형태 전국. 습지 및 산지 습한 곳. 여러해살이 풀, 높이 24~80cm, 식물체 전체에 털이 많음.

줄기 곧게 서며, 가지가 갈라짐.

잎 마주나기, 길이 2~5cm, 난형~난상 피침형으로 끝은 둔하고 밑은 둥글며, 줄기를 감쌈. 잎가장자리에는 불규칙한 톱니가 있으며, 잎맥에 짧은 털이 있음.

꽃 7~9월, 분홍색 또는 자주색, 줄기 윗부분의 잎겨드랑이에서 1개씩 핌. 꽃받침과 꽃잎은 각각 4개.

열매 삭과. 둥근 기둥 모양, 9~10월에 익음. 씨는 1.5~1.8mm.

동정포인트 식물체 전체에 털이 많고, 잎은 흔히 난형~난상 피침형이며, 씨의 길이가 1.5~1.8mm이다.

비교 돌바늘꽃(*E. amurense* subsp. *cephalo stigma*)은 전체적으로 털이 적고, 잎은 장타원형, 씨 길이는 0.8~1.2mm이다.

4장 출제 예상 300종 식물 261

달맞이꽃/바늘꽃과

Oenothera biennis L. ☞ biennis 해를 넘겨 사는, 2년생의

2018. 08. 01. 충남 예산

꽃

로제트

군락

잎

열매

큰달맞이꽃

생육형태	전국. 북미원산, 길가, 빈터, 하천변. 두해살이풀, 높이 30~150cm.
잎	어긋나기, 길이 5~20cm, 장타원형 또는 도피침형, 가장자리는 밋밋하거나 얕은 톱니가 있음.
꽃	6~9월, 노란색이며 조밀하게 달림. 꽃받침은 선형, 수술과 암술은 길이가 비슷하며, 암술머리는 4개로 갈라짐.
열매	삭과. 길이 2~3cm의 장타원상 원통형, 털이 많음.
동정포인트	꽃의 지름은 3~5cm, 암술대와 수술의 길이가 비슷하다. 귀화식물이다.
비교	큰달맞이꽃(*O. glazioviana*)은 달맞이꽃에 비해 꽃이 크고(5~7cm), 암술은 수술보다 길다. 줄기 털은 밑부분이 적색으로 부풀어 있다.

262

박쥐나무/박쥐나무과

Alangium platanifolium var. *trilobum* (Miq.) Ohwi 🌿

platanifolium 버즘나무과 버즘나무속(Platanus)과
잎이 비슷한, trilobum 세 조각의

2012. 06. 08. 제주

꽃

잎 앞면

잎 뒷면

열매

겨울눈

생육형태 전국. 산지. 낙엽 관목, 높이 3~6m 정도.

잎 어긋나기, 길이와 폭이 7~20cm, 둥근 모양 또는 오각형, 위쪽이 3~5갈래로 갈라지고, 끝이 꼬리처럼 뾰족함.

꽃 6~7월, 잎겨드랑이에서 난 꽃대에 1~4개씩 취산꽃차례로 달리며, 아래를 향하고, 노란빛이 도는 흰색. 꽃자루에 마디가 있음. 꽃잎은 6개로 선형, 뒤로 말림. 수술은 12개, 암술은 1개.

열매 핵과. 길이 7~8cm, 타원형이며 검은빛이 도는 푸른색으로 9월에 익음.

동정포인트 잎은 둥근 모양 또는 오각형으로 3~5갈래로 갈라진다. 꽃잎은 6개로 뒤로 둥글게 말린다.

층층나무/층층나무과

Cornus controversa Hemsl. ☞ controversa 의심스러운

2011. 05. 22. 강원 삼척

꽃

잎

열매

어린 줄기   겨울눈   수형

생육형태 전국. 산지 계곡부. 낙엽 교목, 높이 20m.

수피 어두운 회갈색, 어린 가지는 녹색 또는 적색이며 피목이 있음.

잎 어긋나기, 길이 6~14cm, 광난형 또는 타원상 난형이며, 끝은 급한 점첨두, 밑은 둥글고 윗면은 녹색, 뒷면은 흰색이며, 엽병은 적색을 띠고, 털이 없음. 측맥은 5~8쌍.

꽃 5~6월, 화경에는 잔털이 밀생하거나 털이 없음. 꽃잎은 흰색으로 좁은 장타원형 또는 넓은 피침형이고 표면에 누운 털이 있으며, 수술은 4개, 암술은 1개.

열매 핵과. 지름 7~8mm, 구형이며 8~9월에 흑색으로 익음.

동정포인트 가지가 층층으로 달린다. 말채나무(*C. walteri*)에 비해 측맥이 6~9쌍으로 많고, 곰의말채나무(*C. macrophylla*)에 비해 잎이 어긋나고 가지 끝에 모여 달린다.

산딸나무/층층나무과

Cornus kousa F. Buerger ex Miq. ☞ kousa 산딸나무의 일본 방언에서 유래

2011. 06. 18. 인천 강화, 화살표:총포편

꽃(화살표·꽃잎)

잎

열매

수피

겨울눈.잎눈(좌), 꽃눈(우)

수형

생육형태	전국. 산지. 낙엽 교목, 7~10m.
잎	마주나기, 길이 2~12cm의 타원형 또는 난형. 끝은 꼬리처럼 뾰족하고, 밑부분은 둥글며, 가장자리에 밋밋하거나 물결 모양의 톱니가 있음. 잎맥은 4~5쌍.
꽃	6~7월, 20~30개의 꽃이 두상꽃차례로 핌. 총포는 4개, 흰색이고, 난형 또는 넓은 피침형. 꽃잎은 길이 2.5mm, 황록색으로 장타원형.
열매	취과. 9~10월에 붉은색으로 익고, 구형.

동정포인트 꽃이 잔가지 끝에 20~30개가 꽃자루 없이 머리 모양으로 둥글게 붙는다. 총포는 4개로 꽃잎처럼 보이며, 꽃잎과 수술은 각각 4개, 암술은 1개다.

제비꿀/단향과

Thesium chinense Turcz.

2017. 05. 10. 경북 안동

꽃

줄기와 잎

열매

전초

생육형태 전국. 풀밭, 하천, 해안가 등. 여러해살이풀, 반기생성, 높이 15~40cm, 가지가 많이 갈라지고, 털이 없음.

잎 어긋나기, 길이 2~4cm, 선형으로 잎맥은 1개, 흰빛이 도는 녹색, 간혹 3갈래로 갈라지기도 함.

꽃 4~6월, 흰색, 잎겨드랑이에서 피며, 꽃자루는 없거나 길이 4mm 이하로 짧음. 꽃밥은 밖으로 나오지 않고, 암술대는 매우 짧음.

열매 소견과. 타원형 또는 구형으로 녹색이며, 길이 2~2.5mm. 7~8월에 익음.

동정포인트 잎은 선형으로 잎맥은 1개다. 열매 자루는 3~5mm이고, 열매 표면에 그물 모양의 맥이 있다.

비교 긴제비꿀(*T. refractum*)은 열매 자루의 길이가 5~7mm, 열매 표면에 세로맥이 있다.

겨우살이/단향과

Viscum coloratum (Kom.) Nakai ☞ coloratum 색을 칠한

2018. 04. 26. 강원 정선

잎

어린 열매

열매

유목

생육 모습

생육형태	전국. 산지. 반기생성 상록 소관목, 전체가 새 둥지처럼 둥글게 자란다. 가지는 Y자로 분지하며, 노란빛이 도는 녹색.
잎	마주나기, 길이 3~7mm, 피침형, 끝은 둥글고 밑부분은 차츰 좁아지고 가장자리가 밋밋함. 짙은 녹색을 띠며 잎자루는 없음.
꽃	암수딴그루, 3~4월, 가지 끝에 보통 3개씩 달리고, 꽃자루가 없으며, 노란색. 화피는 종 모양, 4갈래로 갈라짐.
열매	장과. 연한 노란색으로 익음.

동정포인트 반기생성 식물로 참나무속, 밤나무속, 팽나무속, 오리나무속, 자작나무속 등의 식물 줄기에 기생한다. 새 둥지처럼 둥근 수형을 만들고 가지는 차상분지한다. 열매는 연한 노란색으로 익는다.

비교 열매가 붉은색으로 익는 나무를 붉은겨우살이(f. *rubroauranticum*)라 한다.

노박덩굴/노박덩굴과

Celastrus orbiculatus Thunb. ☞ orbiculatus 둥근 모양의

2019. 06. 08. 강원 태백, 잎가장자리(원)

수꽃 잎

어린 열매 열매

수피 겨울눈

생육형태 전국. 숲 속. 낙엽 덩굴성 목본, 길이 10m
줄기 갈색 또는 회갈색, 얕게 갈라짐.
잎 어긋나기, 길이 5~10cm의 타원형. 잎끝
은 갑자기 뾰족해지고 밑부분은 둥글며,
가장자리엔 둔한 톱니가 있음. 엽병 길이
는 1~2.5cm.
꽃 암수딴그루, 5~6월, 황록색, 1~10여 개의
꽃이 잎겨드랑이에 취산꽃차례로 달리며,
소화경 길이는 3~5mm. 꽃받침조각과 꽃
잎은 각각 5개. 수꽃에는 5개의 긴 수술이
있으나 암꽃에는 5개의 짧은 수술과 1개
의 암술이 있음.
열매 삭과. 구형으로 10월에 노란색으로 익고,
3갈래로 갈라져 밝은 적색의 씨가 드러
남.

동정포인트 덩굴성 목본으로 다른 나무나 바위를 타
고 자란다. 잎은 타원형으로 잎 뒷면에 털
이 없다. 열매는 노란색, 씨는 붉은색이다.

화살나무/노박덩굴과

Euonymus alatus (Thunb.) Siebold ☞ alatus : 날개가 있는

피
자
식
물

멸Ⅱ
특산
구계
적색
귀화
교란
기후

2018. 05. 07. 경기 남양주

꽃

잎

열매

새순

가지

겨울눈

회잎나무

생육형태 전국. 산지. 낙엽 관목, 높이 1~3m.

잎 마주나기, 길이 3~7cm, 난형 또는 넓은 피침형으로 양쪽 끝은 뾰족하고, 잎 가장자리는 날카로운 톱니 모양이며 잎 양면에 털이 없음.

꽃 5~6월, 잎겨드랑이에서 나온 꽃대에 연한 녹색의 꽃이 모여 취산꽃차례를 이룸. 꽃받침은 4갈래로 갈라지며, 갈래조각은 반달 모양이고, 꽃잎은 4개.

열매 삭과. 10~11월에 익음.

동정포인트 낙엽성이며 가지와 줄기에 코르크질의 날개가 발달한다. 잎에 털이 없고, 겨울눈의 아린은 10개 이상이다.

비교 회잎나무(f. *ciliatodentatus*)는 가지에 코르크질의 날개가 발달하지 않는 품종이지만 개체 변이로 보는 의견도 있다.

회나무/노박덩굴과

Euonymus sachalinensis (F. Schmidt) Maxim. ☞ sachalinensis 사할린의

2018. 05. 21. 강원 태백

꽃

잎

열매

씨

참회나무(좌), 회나무(우)

참회나무

생육형태 전국. 숲 속. 낙엽 관목 또는 소교목, 높이 2~4m.

잎 마주나기, 길이 5~10cm, 타원형 또는 난형, 밑부분은 쐐기 모양이고 간혹 둥글며 끝은 점차 뾰족해지고 가장자리에 잔톱니가 있음.

꽃 5~6월, 잎겨드랑이에서 나온 취산꽃차례에 황록색 꽃이 10개 정도가 달림. 꽃받침조각, 꽃잎, 수술은 각각 5개.

열매 삭과. 구형으로 5개의 둔한 날개가 있음. 9~10월에 적갈색으로 익음.

동정포인트 꽃, 열매는 5수성이고 열매에 날개가 약간 발달한다. 잎 뒷면의 측맥이 뚜렷하다. 식물구계학적 특정식물 I등급이다.

비교 참회나무(*E. oxyphyllus*)는 회나무와 같이 5수성이지만 열매에 날개가 발달하지 않는다. 잎 뒷면 측맥이 뚜렷하지 않은 차이가 있다지만 구분하기가 쉽지 않다.

미역줄나무/노박덩굴과

Tripterygium regelii Sprague & Takeda ☞ regelii 독일의 분류학자 E. A. Regel의

2011. 08. 14. 강원 삼척

꽃

잎

열매

생육 모습

어린 줄기   수피   겨울눈

생육형태	전국. 산지. 낙엽 덩굴성 목본, 길이 2~4m.
줄기	적갈색, 돌기가 많고, 털은 없으며, 능선이 있음. 2년지는 흑갈색.
잎	어긋나기, 길이 5~15cm, 넓은 난형 또는 타원형으로 끝이 뾰족하고, 가장자리에 둔한 톱니가 있음.
꽃	6~7월, 흰색의 꽃이 잎겨드랑이와 가지 끝에서 원추꽃차례에 달리고, 꽃받침은 5 갈래로 갈라지며, 갈래는 삼각형. 꽃잎은 5개, 타원형, 꽃받침보다 길게 자람.
열매	시과. 3개의 날개가 있고, 씨가 1개씩 들어 있으며, 9~10월에 익음.
동정포인트	덩굴성이며 보통 덤불 형태로 자란다. 꽃은 원추꽃차례에 달리고, 열매에 3개의 날개가 있다. 식물구계학적 특정식물 Ⅱ 등급이다.

먼나무/감탕나무과

Ilex rotunda Thunb. ☞ rotunda 둥그스름한

2019. 11. 21. 제주

꽃

잎

열매

수피

호랑가지나무 꽃

호랑가시나무 열매

생육형태	전남, 제주, 숲 속 및 계곡부. 낙엽 교목, 높이 10m.
수피	회백색~짙은 회색, 매끈함.
잎	어긋나기, 길이 4~9cm, 타원형~장타원형, 끝은 둥글거나 짧게 뾰족하고, 밑부분은 쐐기형, 가장자리는 밋밋함. 가죽질이며 측맥은 희미함.
꽃	암수딴그루, 5~6월, 새가지의 잎겨드랑이에서 나온 취산꽃차례에 연한 보라색 꽃이 2~7개 정도가 달림. 꽃받침조각, 꽃잎, 수술은 각각 4~5개.
열매	핵과. 구형, 지름 5~8mm, 11~12월에 붉게 익고, 씨가 5~6개 들어 있음.

동정포인트	상록성으로 꽃은 새가지의 잎겨드랑이 달린다. 꽃은 연보라, 열매는 붉게 익는다. 식물구계학적 특정식물 IV등급이다.
비교	호랑가시나무(*I. cornuta*)는 관목으로 꽃은 묵은 가지의 잎겨드랑이에 핀다.

272

회양목/회양목과

Buxus microphylla var. *koreana* Nakai ex Rehder ☞ microphylla 잎이 작은

2016. 05. 25. 서울(식재)

꽃

꽃 확대

긴 잎눈과 동그란 꽃눈

생육 모습

수피

겨울눈

씨

생육형태	전국. 산지 바위지대, 석회암 지대. 상록 관목, 높이 1~7m.
잎	마주나기, 길이 1.5~2cm, 타원형으로 끝은 둥글거나 오목하고 밑부분은 쐐기형, 가장자리는 밋밋하며 뒤로 약간 말림.
꽃	암수한그루, 3~4월, 잎겨드랑이에 연한 노란색의 꽃이 피며, 가운데에 암꽃이 1개 있고, 둘레에 수꽃이 몇 개 붙음. 꽃받침조각은 4개, 꽃잎은 없음. 수꽃에는 수술이 1~4개 있음.
열매	삭과. 도란형으로 두 개의 뿔같은 돌기가 있음. 씨는 길이 6mm 가량의 장타원형이며 광택이 나는 흑색.

동정포인트 상록성이며 석회암지대의 바위틈에 흔히 자란다. 잎은 타원형이고 가죽질로 다소 두터우며 뒤로 약간 말린다. 열매는 3갈래로 갈라지며 각각 2개씩의 검은 씨가 들어 있다. 식물구계학적 특정식물 I등급이다.

애기땅빈대/대극과

Euphorbia maculata L. ☞ maculata 반점이 있는

2020. 08. 07. 경기 의왕

꽃

잎

땅빈대

큰땅빈대

큰땅빈대(좌), 애기땅빈대(우)

생육형태	전국. 길가, 농경지, 풀밭. 한해살이풀, 높이 10~20cm, 털이 많고 땅 위에 누워 자람. 종종 적색을 띰.
잎	마주나기, 길이 5~10mm, 장타원형, 양끝은 둥글고 가장자리에 잔톱니가 있으며, 잎의 중앙에 갈색 반점이 있으나 가끔 없기도 함.
꽃	6~7월, 잎겨드랑이에서 배상꽃차례로 피고, 수술 1개로 된 수꽃과 암술 1개로 된 암꽃이 술잔처럼 생긴 총포 속에 들어 있으며, 흰색의 부속체가 있음.
열매	삭과. 털이 있으며 9~10월에 익음.
동정포인트	줄기, 잎, 열매에 털이 있고, 잎의 중앙에 흔히 갈색 반점이 있다. 귀화식물이다.
비교	땅빈대(*E. humifusa*)는 잎의 표면에 갈색 반점이 없고, 열매에 털이 없다. 큰땅빈대(*E. hypericifolia*)는 대형으로 비스듬히 또는 곧추자라고 열매에 털이 없다.

개감수/대극과

Euphorbia sieboldiana C. Morren & Decne. ☞ sieboldiana 일본 식물을 연구한 Siebold의

2020. 06. 13. 강원 평창 오대산

꽃

새순

열매

생육 모습

대극

흰대극

생육형태 전국. 숲 속. 여러해살이풀, 높이 20~40 cm 정도.

잎 어긋나기, 길이 3~6cm, 도피침형~장타원형으로 가장자리는 밋밋함. 꽃대가 갈라지는 줄기 위에 5개의 잎이 돌려남.

꽃 4~7월, 녹황색이며 배상꽃차례로 피고, 총포는 삼각상 난형 또는 삼각형이며 선체는 초승달 같고 홍자색.

열매 삭과. 구형이며 3갈래로 갈라지고, 털이 없음. 9월에 익음.

동정포인트 꽃차례의 선체가 양쪽 끝이 길게 나와 마치 초승달처럼 되고, 열매의 겉이 밋밋하다.

비교 대극(*E. pekinensis*)은 선체가 타원형으로 돌출된 부분이 없고, 열매에 사마귀 같은 돌기가 있다. 흰대극(*E. esula*)은 선체양쪽에 뾰족한 돌기가 있고 열매에 사마귀 같은 돌기가 있다.

갈매나무/갈매나무과

Rhamnus davurica Pall. ☞ davurica 다후리아 지방의

2011. 07. 20. 강원 태백

잎 앞면

잎 뒷면

어린 열매

수피

겨울눈

참갈매나무

생육형태 전국. 아고산대 숲 속. 낙엽 관목 또는 소교목, 높이 4~8m.

잎 마주나거나 거의 마주나지만 짧은 가지에서는 모여나며, 길이 4~10cm, 장타원형 또는 타원상 도란형. 끝은 점차 뾰족해지고, 밑은 쐐기형, 가장자리에는 둔한 잔톱니가 있음.

꽃 5~6월, 암수딴그루, 잎겨드랑이에 1~2개씩 달리며, 황록색. 꽃잎과 꽃받침조각은 각각 4장씩. 수꽃에 퇴화한 암술이 있음. 암꽃에는 꽃밥이 없는 수술이 있음.

열매 핵과. 둥글고 9~10월에 검게 익음.

동정포인트 잎은 장타원형~타원상 도란형이고 가지 끝에 가시가 거의 생기지 않으며, 겨울눈이 크다. 주로 강원도 아고산대에 분포한다. 식물구계학적 특정식물 IV등급이다.

비교 참갈매나무(*R. ussuriensis*)는 잎이 장타원형이고 가지 끝에 가시가 발달한다. 주로 저지대 숲 가장자리에 분포한다.

276

담쟁이덩굴/포도과

Parthenocissus tricuspidata (Siebold & Zucc.) Planch. ☞ tricuspidata 3첨두(三尖頭)의

2021. 09. 02. 경기 안산

꽃

어린 열매

열매

가을의 단풍과 열매

줄기　　겨울눈

미국담쟁이덩굴

생육형태　전국. 산지, 돌담, 나무, 바위에 붙음. 낙엽 덩굴성 목본, 줄기 5~10m.

잎　어긋나기, 홑잎 또는 작은잎 3장으로 된 복엽. 작은잎은 광난형으로 끝이 점차 뾰족해지고 밑은 심장형, 가장자리에 불규칙한 톱니가 있음.

꽃　6~7월, 황녹색, 잎겨드랑이에서 취산꽃차례로 피고 꽃잎은 5개로 타원형. 수술은 5개, 암술은 1개.

열매　장과. 둥글고 검게 익으며 백분으로 덮여 있음.

동정포인트　덩굴손은 4~12개로 갈라져 다른 물체에 붙는다. 잎은 광난형이고 3갈래로 결각이 지지만 간혹 3출엽으로 갈라지기도 한다.

비교　미국담쟁이덩굴(*P. quinquefolia*)은 잎이 5개의 작은잎으로 이루어진 장상복엽이다.

애기풀/원지과

Polygala japonica Houtt.

2015. 04. 28. 경기 화성

꽃

전초

열매

씨

생육 모습

두메애기풀

생육형태	전국. 산과 들의 양지. 초본성 반관목, 높이 20cm.
잎	어긋나기, 길이 1.5~2.5cm, 타원형~장타원형으로 가장자리가 밋밋함. 잎맥은 2~3개.
꽃	4~5월, 자주색으로 총상꽃차례에 피고, 꽃받침조각은 5개, 꽃잎처럼 보이며, 양쪽 2장이 보다 큼. 꽃잎은 3장이며, 밑에서 서로 붙음. 수술은 8개이고, 암술대는 2갈래로 갈라짐.
열매	삭과. 둥글고 납작하며 9월에 익음.
동정포인트	초본성 반관목으로 잎은 타원형~장타원형으로 가장자리가 밋밋하다. 전국의 산과 들에 분포한다.
비교	두메애기풀(*P. sibirica*)는 여러해살이풀로 잎은 피침형 또는 장타원형으로 양끝이 좁다. 주로 고산지대에 분포한다.

고추나무/고추나무과

Staphylea bumalda DC. ☞ bumalda 사람 이름 Bumalda의

2018. 05. 09. 경남 거창. 씨(원)

꽃

잎

열매

수형

겨울눈　잎자국　말오줌때

생육형태 전국. 숲 가장자리, 경사지대, 숲 속. 낙엽
관목, 높이 3~5m.

잎 마주나기, 작은잎 3장으로 된 복엽임. 작
은잎은 길이 4~8cm, 타원형 또는 난상 타
원형이며 가장자리에는 뾰족한 잔톱니가
있음.

꽃 5~6월, 흰색, 원추꽃차례로 피고, 꽃잎은
도란상 장타원형. 수술은 5개, 암술은 1개,
암술머리는 끝이 2갈래로 갈라짐.

열매 낭과. 풍선 모양, 9~10월에 익음.

동정포인트 잎은 3출엽이고, 열매는 풍선 모양으로
부풀어 안에 1~2개의 씨가 들어 있다.

비교 말오줌때(*Euscaphis japonica*)는 잎이
4~7개로 이루어진 우상복엽이다. 열매는
육질의 가종피에 둘러쌓여 있으며, 씨는
광택이 나는 검은색이다.

모감주나무/무환자나무과

Koelreuteria paniculata Laxm. ☞ paniculata 원추형 꽃차례를 가진

2020. 07. 15. 충남 태안

꽃(양성화·붉은색, 수꽃·파란색)

잎

열매

수형

수피   겨울눈

군락(충남 태안)

생육형태 황해도, 강원 이남 해안가, 인근 산지. 낙엽 소교목, 높이 3~6m.

잎 어긋나기, 작은잎 7~15개로 된 우상복엽이며, 작은잎은 길이 5~10cm, 난상 장타원형으로 가장자리에 불규칙하고 둔한 톱니가 있음.

꽃 수꽃양성화한그루(웅성동주), 6~7월, 노란색으로 원추꽃차례에 달림. 꽃자루는 짧고, 꽃의 중심부는 적색. 꽃받침은 거의 5개, 꽃잎은 4개로 갈라지며 뒤로 젖혀지고 기부에 적색 부속체가 있음. 수술은 8개, 수술대 아랫부분에 긴 털이 있음.

열매 삭과. 풍선 모양이고 10월에 갈색으로 익음.

동정포인트 잎은 기수우상복엽으로 작은잎의 가장자리에 불규칙한 톱니가 있다. 열매는 삭과로 풍선 모양이다. 식물구계학적 특정식물 III등급이다.

단풍나무/단풍나무과

Acer palmatum Thunb. ☞ palmatum 손바닥 모양의, 장상복엽의

2019. 08. 18. 제주

꽃(양성화·붉은색, 수꽃·파란색)

잎

잎 뒷면

수형

수피

겨울눈

시닥나무

생육형태 남부지방, 숲 속. 낙엽 교목, 높이 10~15m.

잎 마주나기, 5~7갈래로 깊이 갈라지는 손바닥 모양. 열편은 넓은 피침형, 끝은 점차 뽀족해지고, 가장자리에 겹톱니가 있음. 잎자루가 달리는 부분에 털이 있음.

꽃 수꽃양성화한그루, 5~6월, 암적색의 산방꽃차례로 피며, 꽃잎은 도란상 장타원형. 꽃받침조각은 5개로 부드러운 털이 있음. 꽃잎은 5장, 수술은 8개.

열매 시과가 2개 붙은 분열과. 거의 수평으로 벌어지고, 7~9월에 익음.

동정포인트 잎은 길이 5~7cm, 열편이 가늘고 길며, 잎자루, 꽃차례, 꽃자루, 열매에 털이 없다. 식물구계학적 특정식물 III등급이다.

비교 시닥나무(*A. komarovii*)는 잎의 열편은 5개로 갈라지며 가운데 열편이 길게 발달하고 거치가 있다. 꽃은 총상꽃차례에 핀다.

고로쇠나무/단풍나무과

Acer pictum var. *mono* (Maxim.) Franch. ☞ pictum 색이 있는, mono 하나의

2020. 05. 21. 제주도

수꽃

열매

수피

잎

개화기(4월29일 북한산)

겨울눈

생육형태	전국. 산지. 낙엽 교목, 높이 20m.
수피	회색~회갈색, 세로로 얕게 갈라짐.
잎	마주나기, 5갈래로 갈라지는 장상엽. 각 열편의 끝은 꼬리처럼 뾰족해지고 가장자리는 밋밋하지만 1~2개의 큰 톱니가 생기기도 함.
꽃	수꽃양성화한그루, 4~5월, 새가지 끝에 황록색으로 모여 달림. 꽃받침조각과 꽃잎은 각각 5개, 수술은 8개, 암술대는 2갈래로 깊게 갈라짐.
열매	시과가 2개 붙은 분열과. 90도 이하로 벌어지고, 9~10월에 익음.
동정포인트	잎은 손바닥 모양으로 잎가장자리가 밋밋하거나 1~2개의 큰 톱니가 있다. 열매는 90도 이하로 벌어진다.
해설	원종은 털고로쇠나무(*A. pictum*)라 하며 잎 뒷면에 털이 있지만 같은 종으로 보는 의견도 있다.

당단풍나무/단풍나무과

Acer pseudosieboldianum (Pax) Kom. ☞ pseudosieboldianum sieboldianum 종과 비슷한

2019. 06. 30. 강원 평창 오대산

꽃(양성화:붉은색, 수꽃:나머지)

수꽃

잎

열매

수피

겨울눈

개화기(4월 29일 북한산)

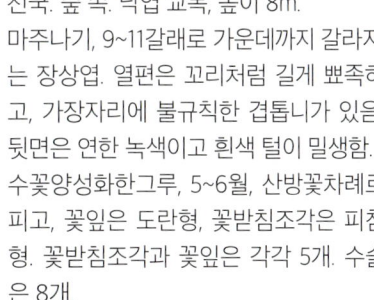

생육형태 전국. 숲 속. 낙엽 교목, 높이 8m.

잎 마주나기, 9~11갈래로 가운데까지 갈라지는 장상엽. 열편은 꼬리처럼 길게 뾰족하고, 가장자리에 불규칙한 겹톱니가 있음. 뒷면은 연한 녹색이고 흰색 털이 밀생함.

꽃 수꽃양성화한그루, 5~6월, 산방꽃차례로 피고, 꽃잎은 도란형, 꽃받침조각은 피침형. 꽃받침조각과 꽃잎은 각각 5개. 수술은 8개.

열매 시과가 2개 붙은 분열과. 거의 수평으로 벌어지고, 9~10월에 익음.

동정포인트 잎은 9~11갈래로 갈라지고 잎자루, 꽃차례, 꽃자루에 털이 있다. 열매는 거의 수평으로 벌어지고 털이 거의 없다.

신나무/단풍나무과

Acer tataricum subsp. *ginnala* (Maxim.) Wesm. ☞ tataricum 러시아 tatar 지역의

2017. 05. 12. 경북 안동

꽃(양성화:화살표) 수꽃

열매 수피

겨울눈 중국단풍

생육형태   전국. 낮은 지대 습한 곳. 낙엽 소교목, 높이 8m.

잎   마주나기, 길이 4~8cm, 삼각상 난형~난형으로 밑부분에서 3갈래로 갈라짐. 끝은 꼬리처럼 길어지고 가장자리에는 불규칙한 톱니가 있음.

꽃   수꽃양성화한그루, 5~6월, 새가지 끝에 황록색 꽃이 산방상 원추꽃차례로 모여 달리고, 꽃받침조각과 꽃잎은 각각 5개, 수술은 8개, 암술대는 2갈래로 깊게 갈라짐.

열매   시과가 2개 붙은 분열과. 90도 이하로 벌어지고, 9~10월에 익음.

동정포인트 잎 아랫부분에 큰 결각이 발달해서 3개의 결각으로 보이며, 산방상 원추꽃차례에 달린다.

비교   중국단풍(*A. buergerianum*)은 잎에 거치가 없고, 꽃은 산방꽃차례에 달린다.

복자기/단풍나무과

Acer triflorum Kom. ☞ triflorum 3개의 꽃이 피는

2013. 06. 29. 강원 영월. 겨울눈(원)

꽃

잎

열매

단풍

수피 복자기(좌), 복장나무(우)

복장나무

생육형태	전국. 숲 속. 낙엽 교목, 높이 10m.
수피	회백색, 가지에 붉은빛이 돔.
잎	마주나기, 3출복엽, 길이 5~10cm, 작은잎은 타원상 피침형. 끝은 뾰족하고, 2~3개의 큰 톱니가 있음. 앞면에는 털이 드문드문 있고, 뒷면 맥 위에 거센털이 있음.
꽃	수꽃양성화딴그루, 4~5월, 가지 끝의 산방꽃차례에 3개씩 달리고, 꽃자루에 황백색 털이 밀생.
열매	시과가 2개 붙은 분열과. 회갈색 털이 밀생. 90도 이하로 벌어지고, 9~10월에 익음.
동정포인트	수피는 거칠게 벗겨지고, 잎에 2~3개의 결각이 생기며, 잎자루에 털이 많다. 열매는 3개씩 달리며, 회갈색 털이 밀생한다. 식물구계학적 특정식물 Ⅲ등급이다.
비교	복장나무(*A. mandshuricum*)는 수피가 벗겨지지 않고 매끈하다. 잎에는 결각이 없이 둔한 톱니가 있고, 잎자루와 열매에 털이 없다.

붉나무/옻나무과

Rhus javanica L. ☞ javanica 자바섬(java)의

2025. 08. 25. 강원 정선

꽃(수그루)

암꽃

잎

열매

겨울눈

오배자

생육형태 전국. 낮은 산지, 하천변, 들판. 낙엽 소교목, 높이 5~10m.

잎 어긋나기, 7~13개의 작은잎으로 이루어진 우상복엽으로 엽축에 날개가 있음. 작은잎은 길이 5~12cm, 난형~난상 장타원형으로 가장자리에 둔한 톱니가 있음.

꽃 암수딴그루, 8~9월, 황백색 꽃이 원추꽃차례에 모여 달리며, 꽃받침조각, 꽃잎, 수술은 각각 5개. 수꽃의 꽃잎은 뒤로 완전히 젖혀지고, 수술은 꽃받침통 밖으로 길게 나옴. 암꽃의 암술대는 3갈래로 갈라짐.

열매 핵과. 구형으로 표면에 다갈색 털과 샘털이 밀생. 10~11월에 황적색으로 익음.

동정포인트 잎의 엽축에 날개가 있고, 작은잎에 톱니가 있으며, 꽃차례는 가지 끝에 달린다. 오배자진딧물이 잎에 기생해서 만든 충영을 '오배자'라고 한다.

개옻나무/옻나무과

Toxicodendron trichocarpum (Miq.) Kuntze ☞ trichocarpum 열매에 털이 있는

2018. 05. 28. 강원 강릉(수그루)

꽃(암그루)　잎

열매　개화기(4월 28일 강릉)

수피　겨울눈　개옻나무(좌), 옻나무(우)

생육형태 전국. 산지. 낙엽 관목 또는 소교목, 높이 4~7m.

잎 어긋나기, 13~17개의 작은잎으로 이루어진 우상복엽. 작은잎은 길이 5~10cm, 타원형으로 끝이 갑자기 뾰족해지며, 가장자리에 밋밋하지만 간혹 결각이 생기기도 함.

꽃 암수딴그루, 5~6월, 잎겨드랑이에서 나온 원추꽃차례에 황록색 꽃이 달리고, 꽃받침조각, 꽃잎, 수술은 각각 5개. 수꽃의 수술은 꽃 밖으로 길게 나옴. 암꽃의 씨방에는 가시 같은 털이 밀생하며, 암술대는 3갈래로 갈라짐.

열매 핵과. 구형으로 표면에 가시 같은 털이 많으며, 9~10월에 황갈색으로 익음.

동정포인트 수피는 회백색으로 작은잎에 간혹 결각이 생기기도 함. 열매의 표면에 가시 같은 털이 밀생한다.

비교 옻나무(*T. verniciifluum*)는 교목성으로 엽축에 붉은빛이 없고, 열매에 털이 없다.

가중나무/소태나무과

Ailanthus altissima (Mill.) Swingle ☞ altissima 매우 높은

2016. 06. 10. 충남 부여

꽃(수그루)   잎

열매   수형

수피   겨울눈   소태나무

생육형태	전국. 중국 원산, 도로, 민가변에 야생화됨. 낙엽 교목, 높이 25m.
잎	어긋나기, 13~27개의 작은잎으로 이루어진 우상복엽. 작은잎은 길이 6~15cm, 난상 피침형. 끝은 길게 뾰족하고, 가장자리 하부에 2~4개의 톱니와 샘이 있음.
꽃	암수딴그루, 5~6월, 백록색 꽃이 원추꽃차례에 달리며 꽃받침조각은 5~6장, 삼각형이고, 꽃잎은 5-6장, 아래쪽에 털이 밀생. 수술은 10개, 암술은 5개.
열매	시과. 적갈색이며 납작한 장타원형. 씨는 난상 구형, 시과의 중앙에 위치함.
동정포인트	작은잎의 기부에 2~4개의 선점이 있으며, 잎을 문지르면 역한 냄새가 난다. 귀화식물이다.
비교	소태나무(*Picrasma quassioides*)는 잎가장자리에 파상의 톱니가 있고, 꽃차례는 잎겨드랑이에 나고, 수피, 가지, 잎에서 쓴맛이 난다. 열매는 핵과. 겨울눈은 나아(裸芽)다(가중나무는 인편이 있음).

산초나무/운향과

Zanthoxylum schinifolium Siebold & Zucc. ☞ schinifolium 옻나무과 Schinus속과 비슷한

2014. 07. 10. 강원 홍천

수꽃　　　　　　　　잎

열매　　　　　　　　수형

수피　　　겨울눈　　초피나무

생육형태 전국. 산지. 낙엽 관목, 높이 1~3m.
잎 어긋나기, 12~21개의 작은잎으로 이루어
진 우상복엽. 엽축에 좁은 날개가 있음. 작
은잎은 길이 1.5~5.0mm, 피침형으로 가
장자리에 얕은 톱니가 있음.
꽃 암수딴그루, 7~8월에 연한 녹색으로 산방
꽃차례에 피고, 수꽃은 수술이 5개, 퇴화
된 암술이 있음. 암꽃은 3~5개의 심피로
갈라지며, 수술이 퇴화되어 있음.
열매 삭과. 10~11월에 적갈색으로 익음. 열매가
익으면 터져서 검은 씨가 드러남.

동정포인트 잎과 가시가 어긋나고 꽃은 산방꽃차례에
달리며 길이 2mm 정도의 꽃잎이 있다.
비교 초피나무(*Z. piperitum*)는 가시가 마주나
고 꽃은 원추꽃차례에 달리며 꽃잎이 없
다.

괭이밥/괭이밥과

Oxalis corniculata L. ☞ corniculata 뿔이 있는

2020. 05. 12. 경기 안산

꽃

잎

줄기를 뻗는 모습

큰괭이밥

애기괭이밥

들괭이밥

생육형태 전국. 길가, 공터, 밭. 여러해살이풀, 높이 10~30cm, 가지가 많이 갈라짐.

잎 어긋나기, 작은잎 3장으로 된 복엽. 작은 잎은 길이 8~15mm, 도심장형. 가장자리는 밋밋하고 털이 있음.

꽃 4~10월에 잎겨드랑이에서 난 산형꽃차례에 노란색 꽃이 1~5개씩 핌.

열매 삭과. 원통형이며 표면에 털이 많음. 씨는 표면에 가로 주름이 있음.

동정포인트 줄기가 땅 위나 땅 속을 뻗으며 마디에서 뿌리를 내리고, 턱잎이 직사각형~귀 모양이면서 뚜렷하다.

비교 큰괭이밥(*O. obtriangulata*)의 잎은 뿌리 에서 나오고 삭과에 4~5개의 씨가 있다. 애기괭이밥(*O. acetosella*)은 큰괭이밥보다 작고 잎은 뿌리에서 나오며 삭과에 1~2개의 씨가 있다. 들괭이밥(*O. dillenii*)은 줄기가 곧추서고, 잎은 거의 돌려나며, 씨 주름에 흰색 무늬가 있다.

쥐손이풀/쥐손이풀과

Geranium sibiricum L. ☞ sibiricum 시베리아의

2013. 08. 31. 경기 포천

꽃

줄기

씨

잎

꽃과 잎

생육형태	전국. 숲 가장자리, 풀밭, 길가. 여러해살이풀, 높이 30~80cm.
줄기	비스듬히 자라며, 아래로 난 털이 있음.
잎	마주나기, 오각상 심장형~원형으로 3~5갈래로 깊게 갈라지고, 잎자루는 줄기 위쪽으로 갈수록 짧아지며, 잔털이 있음.
꽃	6~8월, 흰색~연한 홍색, 1개씩(드물게 2개) 달리고, 꽃받침조각과 꽃잎은 5장이며, 길이는 4~6mm 정도로 비슷함. 꽃잎은 도란형, 끝은 조금 오목하며, 털이 드물게 달림.
열매	삭과. 원통형으로 털로 덮여 있으며, 9월경에 익음.

동정포인트 잎은 3~5갈래로 깊게 갈라지고, 중앙부 결각은 좁은 마름모형이다. 꽃은 지름 1.5cm 이하로 흰색~연한 홍색으로 꽃자루에 1개씩(드물게 2개) 핀다. 원뿌리가 있다.

쥐손이풀속(*Geranium*) 관련 종

꽃쥐손이

G. eriostemon Fisch. ex Dc.

전체에 퍼지는 털이 밀생하며, 잎은 어긋나고, 5~7갈래로 중간쯤 갈라진다. 꽃은 3~10개가 산형상으로 달린다.

둥근이질풀

G. koreanum Kom.

줄기는 네모지며 털이 없다. 잎은 마주나고 턱잎은 서로 붙어 있다. 꽃은 지름 2cm 정도로 크다.

선이질풀

G. krameri Franch. & Sav.

턱잎이 엽질로 작으며, 꽃잎은 연한 홍색이고 짙은 홍자색 맥이 있으며 기부에 흰색 털이 밀생한다.

세잎쥐손이

G. wilfordii Maxim.

잎은 줄기 하부를 제외하고 3개로 깊이 갈라지며, 꽃은 연한 홍색으로 지름 1~1.5cm, 꽃자루 끝에 2개씩 달린다.

이질풀

G. thunbergii Siebold ex Lindl. & Paxton

뿌리가 여러 개로 갈라지며, 꽃자루에 꽃이 2개씩 달린다. 꽃은 홍자색(간혹 흰색)으로 피며, 소화경과 꽃받침에 긴 샘털이 있다.

큰세잎쥐손이

G. knuthii Nakai

턱잎은 가늘고 꽃은 지름 2~2.5cm로 크고 연한 분홍색이다.

물봉선/봉선화과

Impatiens textori Miq. ☞ textori 채집가 Textor의

2012. 09. 12. 경기 의왕

꽃

잎

전초

노랑물봉선(빨간색), 물봉선(파란색)

노랑물봉선

가야물봉선

생육형태	전국. 낮은 산지의 습한 곳. 한해살이풀, 높이 25~75cm.
잎	어긋나기, 길이 6~15cm, 넓은 피침형으로 가장자리에 예리한 톱니가 있고, 꽃차례에 달린 잎은 엽병이 거의 없음.
꽃	8~9월에 홍자색 꽃이 가지 윗부분의 총상꽃차례에 달리며, 소화경과 꽃차례의 축은 밑으로 굽고 홍갈색의 샘털이 있음.
열매	삭과. 익으면 탄력적으로 터지면서 씨가 튀어나옴.
동정포인트	잎은 넓은 피침형으로 가장자리에 예리한 톱니가 있다. 꽃은 홍자색이다.
비교	노랑물봉선(*I. nolitangere*)은 잎의 가장자리는 둔한 톱니가 있고, 표면은 회청색이며 뒷면은 흰빛이 돈다. 꽃은 노란색이 가야물봉선(*I. atrosanguinea*)은 물봉선에 비해 꽃이 검은빛을 띤 자주색으로 핀다.

두릅나무/두릅나무과

Aralia elata (Miq.) Seem. ☞ elata 키가 큰

2011. 09. 04. 경북 포항

꽃

잎

열매

어린 개체

겨울눈, 엽흔

독활

생육형태 전국. 산지 개활지, 하천변. 낙엽 관목 또는 소교목, 높이 2~5m.

잎 어긋나기, 보통 가지 끝에 모여 달리고, 2~3회 갈라지는 우상복엽으로 엽축과 작은 잎에 가시가 생김. 작은잎은 길이 5~12cm, 각각 7~11쌍씩 달리며, 광난형 또는 타원상 난형으로 가장자리에 톱니가 있음.

꽃 7~8월에 줄기 끝에서 난 산형꽃차례가 복총상꽃차례에 달리고, 녹색이 도는 흰색. 꽃받침 조각, 꽃잎, 수술은 각각 5개. 암술대는 5개, 밑에서부터 완전히 갈라짐.

열매 핵과. 구형이며 9~10월에 검게 익음.

동정포인트 낙엽 관목으로 줄기와 잎에 가시가 있고 꽃차례의 주축은 짧다.

비교 독활(var. *continentalis*)은 두릅나무에 비해 여러해살이풀로 가시가 없으며, 꽃차례의 주축은 길게 자란다.

오갈피나무/두릅나무과

Eleutherococcus sessiliflorus (Rupr. & Maxim.) S.Y. Hu ☞ sessiliflorus 꽃대가 없는 꽃의

2014. 06. 26. 경기 가평(식재)

꽃

잎

열매

어린 줄기와 오래된 줄기

가시오갈피나무 잎과 줄기

생육형태 전국, 산지, 약용으로 재배. 낙엽 관목, 높이 3~4m.

잎 어긋나기, 작은잎 3~5개로 된 장상복엽. 작은잎은 길이 5~19cm, 도란형 또는 타원형으로 양 끝이 뾰족하고 가장자리에 잔겹톱니가 있음.

꽃 8~9월, 줄기 끝에서 나온 3~6개의 산형 꽃차례에 자주색으로 달리며, 작은 꽃자루는 매우 짧아 꽃이 촘촘하게 달려 두상을 이루고, 꽃잎과 수술은 각각 5개, 암술대는 2갈래로 갈라짐. 씨방은 2실.

열매 핵과. 도란상 구형, 9~10월에 검게 익음.

동정포인트 잎은 작은잎 3~5개로 된 장상복엽이다. 꽃은 꽃자루가 짧은 꽃이 두상꽃차례를 이루며, 다시 산형꽃차례로 된다. 식물구계학적 특정식물 | 등급이다.

비교 가시오갈피나무(*E. senticosus*)는 작은꽃자루가 길고, 줄기의 가시가 밀생하며, 씨방은 5실이다.

음나무/두릅나무과

Kalopanax septemlobus (Thunb.) Koidz. ☞ septemlobus 7갈래로 얕게 갈라지는

2007. 08. 21. 출처:국립생물자원관

잎

열매(출처:국립생물자원관)

수형

겨울눈

수피의 변화

생육형태	전국. 산지. 낙엽 교목, 높이 25m, 지름 1m.
수피	어린 나무일 때는 회백색이었다가 자라면서 짙은 흑회색으로 변하며 세로로 깊게 갈라짐.
잎	어긋나기, 길이 10~30cm의 원형이며 손바닥 모양으로 5~9갈래로 갈라짐. 끝은 길게 뾰족하고 밑부분은 얕은 심장형이며, 가장자리는 잔톱니가 있음.
꽃	7~8월에 가지 끝에서 황백색 꽃이 산형꽃차례로 피며, 다시 총상꽃차례를 이루고, 꽃잎, 수술은 각각 5개. 암술대는 2개로 갈라짐.
열매	핵과. 구형이며 9~11월에 검게 익음.

동정포인트 잎은 원형으로 5~9갈래로 갈라진다. 어린 나무일 때는 가시가 있으나 성장하면서 점차 없어지며 잔가지에만 남는다.

구릿대/미나리과

Angelica dahurica (Fisch. ex Hoffm.) Benth. & Hook. f. ex Franch. & Sav.

2014. 07. 30. 강원 양구

꽃

열매

잎

열매

잎 뒷면

전초

생육형태	전국. 계곡, 길가, 하천변, 숲 가장자리. 여러해살이풀, 높이 1~2.5m
잎	어긋나기, 2~3번 갈라지는 우상복엽, 길이 30~50cm, 밑이 부풀어서 줄기를 감싸며, 작은잎과 열편은 길이 5~10cm, 장타원형 또는 좁은 난상 장타원형으로 예리한 잔톱니가 있고, 뒷면은 흰빛이 돔.
꽃	6~8월, 흰색으로 지름 10~30cm의 복산형꽃차례에 달리며, 총포는 없거나 1~2개고, 소산경은 20~40개로 잔돌기가 밀생하며, 소총포는 다수로 넓은 피침형.
열매	분열과. 길이 5~7mm의 평평한 타원형이고, 등쪽 능각이 뚜렷함. 9~10월에 익음.
동정포인트	잎은 2~3회 갈라지는 우상복엽이고, 가장자리에 잔털이 있다.
해설	구릿대에 비해 잎 뒷면에 흰빛이 돌고 가장자리에 털이 없는 종을 개구릿대 (*E.senticosus*)라 한다.

당귀/미나리과

Angelica gigas Nakai ☞ gigas 거대한

2010. 08. 29. 강원 평창

꽃

잎

열매

생육지

전초

생육형태	전국. 깊은 숲 속 물가. 여러해살이풀, 높이 1~2m.
줄기	곧추서고 속이 비고, 전체에 자주빛이 돌며 향기가 강함.
잎	줄기 아래쪽 잎은 1~2회 3출복엽, 끝의 작은잎은 길이 6~12cm. 줄기 위쪽의 잎은 잎자루 아래쪽이 타원형으로 부풀고 줄기는 감싼다. 잎가장자리는 날카로운 겹톱니가 있음. 잎 뒷면은 흰빛이 남.
꽃	8~9월에 복산형꽃차례로 달리며, 자주색. 소산경 15~20개가 모여 꽃차례를 이루며, 작은꽃차례에는 20~40개의 꽃이 빽빽하게 달림.
열매	분열과. 넓은 피침형이며 가장자리에 날개 같은 능선이 있음.

동정포인트 꽃잎은 자주색 또는 암자색이다. 복산형 꽃차례는 꽃이 밀생하여 상부가 둥글며 거의 원형이다. 식물구계학적 특정식물 III등급이다.

독미나리/미나리과

Cicuta virosa L. ☞ virosa 독이 있는

2020. 08. 31. 강원 횡성

꽃

잎

잎 뒷면

열매

줄기

생육지 전경

생육형태	전국. 물가, 습지, 저수지. 여러해살이풀, 유독성 식물.
땅속줄기	지름 2~5cm, 녹색으로 굵고 마디가 있으며, 마디 사이는 속이 비어 있음.
잎	2~3회 우상복엽 길이는 30~50cm. 아래쪽 잎의 잎자루는 길고 위로 갈수록 잎이 짧아짐. 작은잎은 피침형. 끝이 뾰족하며 가장자리에 뾰족한 톱니가 있음.
꽃	6~9월, 흰색으로 지름 5~15cm의 복산형 꽃차례에 달리며, 총포는 흔히 없음. 소산경은 길이 3~7cm, 20개 정도. 소산경에는 15~50개의 꽃이 달림.
열매	분열과. 길이 2~4mm의 난상 구형이고, 등쪽에 굵은 능각이 있음.
동정포인트	잎은 2~3회 갈라지는 우상복엽, 총포는 없고, 꽃받침조각이 뚜렷하며 열매는 난상 구형이다.
해설	멸종위기 야생생물 II급, 식물구계학적 특정식물 V등급, 적색목록 준위협(NT)종이다.

어수리/미나리과

Heracleum moellendorffii Hance ☞ moellendorffii 채집가 Moellendorf의

2007. 06. 14. 출처:국립생물자원관

열매

잎

열매

어린잎

생육형태	전국. 산지, 고도가 낮은 지대, 길가. 여러해살이풀, 높이 70~250cm.
잎	줄기잎은 길이 20~70cm의 우상복엽이거나 작은잎 3장으로 된 복엽으로 넓은 삼각형. 잎자루는 밑이 넓어져서 줄기를 감싸며 위로 갈수록 짧아짐.
꽃	6~8월, 흰색으로 가지 끝과 줄기 끝에 겹산형꽃차례로 달리고, 소산경은 길이 7~10cm, 20~30개로 소산경에 꽃이 15~30개 달림. 꽃차례 가장자리에 피는 꽃의 꽃잎은 안쪽 것보다 2~3배 크며, 그 중 바깥쪽 2개는 더욱 크고 끝이 깊게 2갈래로 갈라짐.
열매	분열과. 넓은 피침형이며 가장자리에 날개 같은 능선이 있음.

동정포인트 줄기에 거친 털이 있어 까칠까칠하다. 꽃은 겹산형꽃차례에 흰색으로 피며, 가장자리의 꽃잎은 다른 꽃잎보다 크고 2갈래로 깊게 갈라진다.

사상자/미나리과

Torilis japonica (Houtt.) DC.

2013. 06. 22. 강원 영월

꽃

열매

큰사상자

잎

군락(마른 부분)

긴사상자

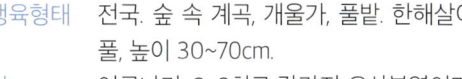

생육형태 전국. 숲 속 계곡, 개울가, 풀밭. 한해살이풀, 높이 30~70cm.

잎 어긋나기, 2~3회로 갈라진 우상복엽이며, 난상 피침형~삼각상 난형으로 양면에 털이 있음. 잎자루는 길이 2~7cm, 아랫부분은 막질로 되어 줄기를 감쌈.

꽃 5~6월, 줄기 끝이나 잎겨드랑이에서 나온 겹총상꽃차례에 여러 개가 달림. 소산경은 5~9개, 길이 1~3cm, 6~20개의 꽃이 빽빽하게 달리며 소화경은 2~4mm.

열매 분열과. 둥근 난형 또는 난형, 겉은 안쪽으로 굽은 갈고리 모양의 짧은 가시가 있음.

동정포인트 소산경에 6~20개의 꽃이 빽빽하게 달리고, 총포편은 3~8개, 열매자루가 짧다.

비교 큰사상자(*T. scabra*)는 소산경에 3~6개의 꽃이 달리고, 열매 자루가 사상자에 비해 길다. 총포편은 없거나 1개다. 긴사상자(*Osmorhiza aristata*)는 열매가 가늘고 길며, 강모가 산생하며, 숲 속에 생육한다.

용담/용담과

Gentiana scabra Bunge ☞ scabra 면이 까칠까칠한

2015. 09. 29. 강원 양구

꽃

꽃

꽃

과남풀

생육형태	전국. 산지, 숲 가장자리, 풀밭의 양지. 여러해살이풀, 높이 20~60cm.
줄기	근경은 짧고 굵은 수염뿌리가 있고, 줄기는 곧추서며 4개의 줄이 있고, 적자색.
잎	마주나며, 4~8cm의 난형, 주맥과 잎 가장자리에 잔돌기가 있어 까칠까칠함. 잎 앞면은 자주색을 띠고, 뒷면은 연한 녹색.
꽃	8~10월, 줄기 끝과 위쪽 잎겨드랑이에서 1개 또는 몇 개가 달리며, 보라색 또는 드물게 흰색. 꽃자루는 없으며 꽃받침은 종 모양, 5갈래로 갈라짐. 수술은 5개, 암술은 1개.
열매	삭과. 익으면 2갈래로 터짐.
동정포인트	잎은 난상으로 자주색을 띠고, 주맥과 가장자리에 잔 돌기가 있다. 꽃잎과 꽃받침은 옆으로 퍼진다.
비교	과남풀(*G. triflora*)은 전체가 분백색을 띠고, 잎은 피침형으로 잔돌기가 거의 없다. 꽃잎과 꽃받침은 젖혀지지 않고 곧게 선다.

참닻꽃/용담과

Halenia coreana S.M. Han, H. Won & C.E. Lim ☞ coreana 한국의, 한국산의

2025. 08. 23. 경기 가평 ©유미정

꽃

꽃

잎

줄기

전초

생육형태 경기, 강원 이북, 산지 양지바른 풀밭. 한 두해살이풀, 높이 10~60cm, 줄기는 곧추 서고 가지가 많이 갈라진다. 식물체 전체에 털이 없음.

잎 장타원형, 마주나며 길이 3~10cm, 잎 가장자리와 뒷면 잎맥 위에 잔 돌기가 있음.

꽃 황록색 통꽃은 닻 모양으로 4갈래로 완전하게 갈라지며, 줄기 위쪽 잎겨드랑이에서 1개 또는 몇 개가 취산꽃차례로 무리지어 핌.

열매 삭과.

해설 최근 유전자 분석을 통해 국내에 분포하는 종은 국내에만 생육하는 새로운 종으로 밝혀졌다. 국명은 '참닻꽃'으로 변경하고 학명은 '*Halenia coreana* S.M. Han,H.Won & C.E. Lim'로 부여하였다. 지금까지 닻꽃으로 알고 있던 '*H. corniculata*(L.) Cornaz'는 국내에 분포하지 않는 것으로 결론났다. 따라서 책에도 닻꽃이 아닌 참닻꽃으로 설명하였다.

박주가리/박주가리과

Metaplexis japonica (Thunb.) Makino

2014. 07. 30. 강원 양구

꽃

꽃 확대

열매

열매, 씨가 보인다.

생육 모습

생육형태 전국. 길가, 농경지, 풀밭 등. 덩굴성 여러해살이풀, 길이 2~4m.

잎 마주나며, 심장형, 길이 5~10cm, 가장자리는 밋밋함. 잎자루는 2~5cm.

꽃 7~8월, 지름 1.0~1.5cm, 흰색 또는 연보라색 꽃이 잎겨드랑이에서 난 꽃대에 총상꽃차례로 핌. 꽃자루는 4~6mm. 꽃받침은 5갈래로 깊게 갈라지고, 녹색. 화관은 넓은 종 모양, 중앙보다 아래쪽까지 5갈래로 갈라지며, 갈래 안쪽에 긴털이 많음. 수술은 5개, 암술머리는 긴 부리 모양.

열매 골돌과. 길이 6~10cm, 길고 납작한 도란형, 겉이 울퉁불퉁하고, 8월에 익으며 씨는 흰색 관모가 있음.

동정포인트 백미꽃속(*Cynanchum*)에 비해 덧화관(부화관)은 암술대보다 훨씬 짧고 열편은 수술과 호생하며, 암술머리는 긴 부리 모양.

※ 덧화관(부화관): 꽃잎과 수술 사이에 있는 꽃잎 같은 구조

까마중/가지과

Solanum nigrum L. ☞ nigrum 검은색의

멸॥
특산
구계
적색
귀화
교란
기후

2018. 08. 25. 경기 안양

꽃

잎

열매가 달리는 모양

열매

미국까마중

군락

생육형태 전국. 길가, 농경지, 하천가, 들판 등. 한해
살이풀, 높이 20~60cm.

잎 어긋나기, 난형, 잎끝은 둔하거나 뾰족하
고, 밑은 둥글거나 넓은 쐐기 모양. 잎자루
는 길고 가장자리가 밋밋하거나 물결 모
양의 톱니가 있음.

꽃 5~7월, 흰색의 꽃이 짧은 총상꽃차례에
모여 달리고, 꽃받침은 5개, 꽃잎은 5개로
깊게 갈라져 옆으로 퍼짐. 1개의 암술과 5
개의 수술이 있음.

열매 장과. 8~10mm의 구형으로 7월에 검게
익음.

동정포인트 꽃이 총상꽃차례에 3~20개씩 달리고, 꽃
받침조각의 끝이 둥글다. 열매는 광택이
없는 흑색이다.

비교 미국까마중(*S. americanum*)은 꽃이 산형
꽃차례에 2~6개씩 달리고, 꽃잎의 뒤에는
보라빛이 돌기도 하며, 열매는 광택이 나
는 흑색이다.

피
자
식
물

멸Ⅱ
───
특산
───
Ⅱ
───
적색
───
귀화
───
교란
───
기후

갯메꽃/메꽃과

Calystegia soldanella (L.) Roem. & Schult. ☞ soldanella 앵초과 soldanella속과 비슷한 [잎]

2024. 06. 19. 충남 태안

꽃

잎

열매

생육 모습

개화기(5월 23일 보령)

생육형태 전국. 바닷가의 모래땅, 길가. 덩굴성 여러해살이풀, 길이 30~80cm.

잎 어긋나기, 신장형, 길이 2~3cm, 끝이 오목하거나 둥글고, 잎몸은 두껍고 윤기가 나며 가장자리에 간혹 물결 모양 톱니가 있음. 잎자루는 2~5cm.

꽃 5~6월, 지름 4~5cm, 분홍빛의 꽃이 잎겨드랑이에서 난 꽃자루에 1개씩 핌. 포는 넓은 삼각형, 길이 1.0~1.3cm, 꽃받침을 둘러쌈. 화관은 희미하게 5각이 지는 깔때기 모양. 수술은 5개, 암술은 1개.

열매 삭과. 길이 1.5cm 정도의 난상 구형으로 꽃받침에 싸여 있고, 씨는 흑색.

동정포인트 잎은 끝이 오목하거나 둥근 신장형으로 가장자리는 간혹 물결모양의 톱니가 있다. 두껍고 윤채가 나며, 열매는 난상 구형이다. 식물구계학적 특정식물 Ⅱ등급이다.

새삼/메꽃과

Cuscuta japonica Choisy.

2013. 09. 10. 경기 성남

꽃

줄기

씨

열매

군락

미국실새삼

생육형태 전국. 농경지, 하천가, 숲 가장자리. 덩굴성 한해살이풀, 지름 2mm, 털이 없음. 지상에서 발아 후 기주식물을 감게 되면 뿌리가 없어짐.

잎 비늘 모양으로 퇴화되었고, 삼각형.

꽃 8~10월, 연한 황백색의 꽃이 모여 달리고, 작은 꽃자루는 짧거나 없음. 꽃받침은 5갈래로 갈라지고, 갈래조각은 장타원형. 술은 5개, 암술은 1개이며 암술머리는 2갈래로 갈라짐.

열매 삭과. 난형, 9~10월에 익으면 가로 방향으로 갈라짐.

동정포인트 줄기가 0.5~2mm로 두껍고 꽃이 수상꽃차례에 달린다. 암술대는 1개다.

비교 미국실새삼(*C. campestris*)은 줄기가 담노란색~담적색이고, 화관 안쪽 부속체의 길이가 화관통부와 비슷하고 끝이 빗살 모양으로 깊게 갈라진다.

노랑어리연/조름나물과

Nymphoides peltata (S.G. Gmel.) Kuntze ☞ peltata 방패 모양의

2017. 06. 01. 경북 안동

꽃　　　　　　　　잎

군락

생육형태 중부 이남, 연못, 저수지, 하천. 여러해살이풀, 길이 30~80cm.

줄기 땅속줄기는 뻘 속에서 길게 뻗음. 줄기는 길게 자라며 가지가 갈라짐.

잎 지름 5~10cm, 원형 또는 난형, 줄기의 마디에서 여러 개가 모여나서 물 위에 뜨며 두껍고, 가장자리는 밋밋하거나 물결 모양 톱니가 있음. 잎 앞면은 녹색이고, 뒷면은 연한 녹색 또는 갈색.

꽃 5~9월, 지름 3~4cm, 노란색의 꽃이 물 위로 나온 꽃자루에 끝에 1개씩 피고, 꽃받침은 녹색, 5갈래로 깊게 갈라짐. 화관은 5갈래로 깊게 갈라지며, 갈래의 가장자리는 실처럼 가늘게 갈라져 털이 난 것처럼 보임. 수술은 5개, 암술은 1개.

열매 삭과. 타원형이고 끝에 암술대가 남음.

동정포인트 화관은 노란색, 갈래의 가장자리가 넓은 막질상이고 실처럼 가늘게 갈라진다. 식물구계학적 특정식물 Ⅰ등급이다.

Trigonotis peduncularis (Trevir.) Steven ex Palib. ☞ peduncularis 꽃자루가 있는

2020. 03. 25. 경기 수원

꽃

잎

생육형태	전국. 농경지, 하천가, 길가, 풀밭. 한두해살이풀, 높이 10~30cm, 밑에서 가지가 많이 갈라짐.
잎	어긋나기, 길이 1~3cm, 장타원형 또는 난형, 밑이 둥글고, 가장자리가 밋밋하며, 잎자루와 잎가장자리에 털이 남.
꽃	3~5월, 연한 하늘색의 꽃이 가지 끝의 총상꽃차례에 모여 달리고, 꽃차례는 길이 5~20cm, 둥글게 말렸다가 펴지며, 꽃받침은 5갈래로 갈라짐. 화관은 통부가 짧고, 끝이 5갈래로 갈라짐.
열매	소견과. 삼각상 사면체로 4갈래로 갈라지며, 8월에 익음.
동정포인트	작은 꽃의 꽃차례는 한쪽으로 둥글게 말렸다 퍼진다. 꽃자루는 꽃받침보다 길다.
비교	참꽃마리(*T. radicans* var. *sericea*)는 다년초로서 식물체에 퍼진 털이 없다. 꽃은 크고, 꽃대축에 잎이 달리고 꽃은 잎겨드랑이에 달린다.

군락

참꽃마리

누리장나무/마편초과

Clerodendrum trichotomum Thunb. ☞ trichotomum 3개로 분지하는

2017. 08. 18. 인천 강화

꽃

잎

열매

겨울 열매　　수피

겨울눈　　　수형

생육형태 중부 이남, 숲 가장자리, 계곡, 길가. 낙엽 관목 또는 소교목, 높이 2~4m.

줄기 수피는 회갈색, 가지가 많이 갈라지고, 어린 가지에 털이 빽빽하게 남.

잎 마주나기, 길이 6~15cm, 삼각상 난형 또는 난형. 끝은 점차 뾰족해지고 밑은 수평 또는 얕은 심장형이며, 가장자리는 밋밋하거나 불규칙한 톱니가 있음. 뒷면 맥 위에 털이 있고, 희미한 선점이 있음.

꽃 7~8월, 지름 3cm 정도, 흰색의 꽃이 새 가지 끝의 취산꽃차례에 달리고, 꽃받침은 붉은색, 5갈래로 깊게 갈라짐. 화관은 5개이며, 꽃잎은 장타원형.

열매 핵과. 지름 6~8mm, 구형이고 적색의 꽃받침체 싸여 있다가 나옴.

동정포인트 화관은 깔대기처럼 길고, 핵과는 꽃받침으로 완전하게 둘러싸였다가 노출된다. 식물체에서 역한 냄새가 난다고 누리장나무로 이름지어졌다.

파리풀/파리풀과

Phryma leptostachya var. *oblongifolia* (Koidz.) Honda ☞ eptostachya 가는 이삭의, oblongifolia 장타원형 잎이 있는

2015. 07. 27. 전남 보성

꽃

꽃 확대

잎

열매

줄기

겨울 모습

생육형태 전국. 고도가 낮은 숲 속, 숲 가장자리. 여러해살이풀, 높이 30~80cm, 가지가 갈라지고 마디 윗 부분이 통통하게 부풂.

잎 마주나기, 길이 7~10cm, 난형 또는 삼각상 광난형으로 가장자리에 톱니가 있음.

꽃 7~9월, 연한 보라색 또는 흰색, 줄기 끝의 잎겨드랑이에서 이삭꽃차례로 피고, 꽃차례는 길이 10~20cm. 화관은 작은 입술 모양, 길이는 5mm 정도. 수술은 4개, 이 중 2개가 길고 암술머리는 2갈래.

열매 삭과. 꽃받침에 싸여 있고, 씨가 한 개 들어 있음. 9~10월에 익음.

동정포인트 잎은 난형 또는 삼각상 광난형으로 가장자리에 톱니가 있다. 꽃은 가지 끝의 이삭꽃차례에 옆을 향해 피고, 열매는 꽃차례에 아래를 향해 밀착되어 붙는다.

배초향/꿀풀과

Agastache rugosa (Fisch. & C.A. Mey.) Kuntze ☞ rugosa 주름이 있는

2011. 08. 14. 강원 삼척

꽃

잎

열매

생육 모습

향유

꽃향유

생육형태	전국. 숲 가장자리, 양지. 여러해살이풀, 높이 40~100cm.
줄기	윗부분에서 갈라지며 네모짐.
잎	마주나기, 길이 5~10cm, 난형. 잎끝은 뾰족하고 밑은 둥글며 가장자리에 둔한 톱니가 있음. 잎자루는 길이 1~4cm 정도.
꽃	7~9월, 입술 모양, 자주색이며 가지와 줄기 끝에 이삭 모양 윤산꽃차례로 달림. 꽃받침은 5개로 갈라짐. 화관은 길이 8~10mm, 상순은 작고 하순은 크며 5개로 갈라짐.
열매	분열과. 9월에 익고 도란상 타원형.

동정포인트	윤산꽃차례로 핀다. 수술이 꽃 밖으로 나오며, 위쪽의 1쌍은 비스듬히 향하여 비스듬히 위로 나오는 것과 서로 교차한다.
비교	향유(*Elsholtzia ciliata*)는 꽃이 한쪽 방향으로 피며, 꽃차례가 가늘고 화관 길이가 4.5mm로 작다. 꽃향유(*Elsholtzia splendens*)는 향유처럼 꽃이 한쪽으로 피지만 꽃차례가 크고 넓으며 꽃색이 자주색으로 더 진하다.

벌깨덩굴/꿀풀과

Meehania urticifolia (Miq.) Makino ☞ urticifolia 쐐기풀과 쐐기풀속(Urtica)과 잎이 비슷한

2020. 04. 30. 강원 홍천

꽃

잎

새순

열매 단면

씨(눈금:2mm)

흰벌깨덩굴

생육형태	전국. 숲 속 습한 곳, 숲 가장자리. 여러해 살이풀, 높이 15~30cm, 줄기는 사각형, 꽃이 진 후에 옆으로 길게 뻗음.
잎	마주나기, 길이 2~5cm, 삼각상 심장형 또는 난상 심장형으로 끝은 뾰족하고 밑은 심장 모양, 가장자리에 둔한 톱니가 있음.
꽃	4~6월, 보라색으로 꽃줄기 위쪽 잎겨드랑이에 한쪽을 향해 피고, 꽃받침은 끝이 5갈래로 갈라짐. 화관의 윗입술꽃잎은 2갈래로 깊게 갈라지며, 아랫입술꽃잎은 3갈래로 갈라짐. 수술은 4개이며, 이강웅예임.
열매	소견과. 7~8월에 익음.
동정포인트	꽃이 핀 뒤에 가지가 길게 뻗고 꽃받침조각은 3각형으로 끝이 둔하다.
비교	흰색 꽃이 피는 품종을 흰벌깨덩굴(f. *leucantha*)이라 한다.

피
자
식
물

멸 II
─────
특산
─────
구계
─────
적색
─────
귀화
─────
교란
─────
기후

꿀풀/꿀풀과

Prunella asiatica Nakai ☞ asiatica 아시아의

2011. 06. 27. 강원 삼척

꽃

잎

열매 시기

군락

새순

흰꿀풀

생육형태	전국. 풀밭에 흔하게 자람. 여러해살이풀, 높이 20~60cm.
줄기	붉은색이 돌고, 털이 많음.
잎	마주나기, 길이 3~5cm, 난형 또는 난상 타원형, 가장자리가 밋밋하거나 톱니가 조금 있고, 잎자루는 길이 1~2cm.
꽃	5~7월, 줄기 끝의 수상꽃차례에 빽빽이 달리며, 보라색, 분홍색, 순형화관, 길이 1.8~2.1cm. 꽃차례는 길이 3~8cm. 꽃받침은 입술 모양, 길이 7~10mm, 5갈래로 갈라지며, 화관은 아랫입술꽃잎이 3갈래로 갈라짐. 수술은 4개, 2개가 긺.
열매	소견과. 4개로 갈라지고, 노란빛이 도는 갈색으로 익음.
동정포인트	수상꽃차례에 빽빽하게 달린다. 꽃받침 위쪽 열편은 3개로 얕게 갈라지고, 아래쪽 열편은 깊게 갈라져 끝 뾰족해진다.
비교	흰꿀풀(f. *albiflora*)는 꽃이 흰색으로 피는 품종이다.

314

질경이/질경이과

Plantago asiatica L.

2019. 05. 28. 충남 공주

꽃

잎

열매

씨

질경이(좌), 털질경이(우)

질경이(좌), 털질경이(우)

생육형태 전국. 길가, 빈터, 하천변. 여러해살이풀, 잎과 꽃이 줄기에 모여남.

잎 길이 4~15cm, 타원형 또는 난형으로 3~7개의 평행맥이 있고 가장자리에 물결 모양의 톱니가 있음. 잎자루는 잎몸과 길이가 비슷함.

꽃 5~9월, 10~50cm의 꽃줄기 위쪽에 이삭꽃차례로 피며, 노란빛이 도는 흰색이고, 화관은 깔때기 모양, 끝이 4갈래로 갈라짐.

열매 삭과. 넓은 타원형~난형이며, 7~8월에 익고, 씨는 길이 1.2~2mm의 타원형.

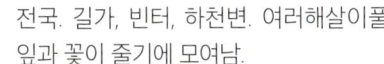

동정포인트 꽃에 짧은 꽃자루가 있으며, 씨는 삭과당 6~8개로 크고 흑갈색을 띤다.

비교 털질경이(*P. depressa*)는 곧은 뿌리가 발달하고(질경이는 수염뿌리), 잎은 좁은 타원형이며 표면에 털이 많다.

미선나무/물푸레나무과

Abeliophyllum distichum Nakai ☞ distichum 2열로 나는

2019. 04. 02. 충남 공주 금강수목원, 씨(원)

꽃(장주화)　　　　꽃(단주화)

잎　　　　　　　열매

겨울눈　　　　　수형

생육형태　충북, 전북, 경북, 숲 가장자리, 바위 지역. 낙엽 관목, 높이 1~2m.

줄기　가지는 끝이 처지며 자줏빛이 돌고 골 속은 계단 모양으로 어린가지의 단면이 사각형.

잎　마주나기, 길이 3~8cm, 난형 또는 타원상 난형, 잎끝은 뾰족하거나 점차 뾰족해지고, 잎밑은 둥근 모양.

꽃　3~4월, 자줏빛이 도는 흰색 또는 연한 분홍색의 꽃이 잎겨드랑이에 달림. 꽃받침은 4개로서 도란형 또는 난형, 수술은 2개이고 화통기부에 달림. 단주화와 장주화 두 가지 형태의 꽃이 핌.

열매　시과. 원형~타원상 원형. 길이와 폭은 약 2.5cm.

동정포인트　꽃은 흰색 또는 연한 분홍색이며, 단주화와 장주화 두 가지 형태로 핀다. 열매는 시과로 원형~타원상 원형으로 보통 2개의 씨가 들어 있다. 특산식물, 식물구계학적 특정식물 V등급, 적색목록 취약종(VU)이다.

이팝나무/물푸레나무과

Chionanthus retusus Lindl. & Paxton ☞ retusus 미세하게 오목한 모양의

2016. 05. 09. 경기 고양

꽃

잎

열매

수형

수피의 변화

겨울눈

생육형태 중부 이남, 산지. 낙엽 교목, 높이 20m, 지름 70cm.

수피 어린 가지는 회갈색, 종잇장처럼 벗겨지며 오래되면 짙은 회색으로 세로로 갈라짐.

잎 마주나기, 길이 4~12cm, 타원형 또는 난상 타원형으로 잎 끝은 뾰족하거나 둔하고, 밑은 넓게 뾰족하거나 둥글며 표면은 가운데 잎맥에 흔히 털이 있고 뒷면 가운데 잎맥 밑부분에 연한 갈색 털이 있으며 가장자리가 밋밋함.

꽃 암수딴그루, 5~6월, 새가지 끝에서 나온 원추꽃차례에 흰색 꽃이 모여 달림. 꽃받침은 4개로 깊게 갈라지며, 꽃잎은 흰색이고 4개이며 밑부분이 합쳐지고 꽃받침은 통부보다 짧음.

열매 핵과. 넓은 타원형~난형이며, 9~10월에 벽흑색으로 익음.

동정포인트 선형의 꽃잎은 통부보다 길어 흐드러지게 핀다. 열매는 넓은 타원형~난형, 벽흑색으로 익고 식물구계학적 특정식물 III등급이다.

물푸레나무/물푸레나무과

Fraxinus rhynchophylla Hance ☞ rhynchophylla 잎 모양이 새의 부리와 같은

2017. 05. 31. 경북 안동

암꽃　　　　수꽃

잎　　　　열매

겨울눈　　　수형

생육형태　전국. 산지. 낙엽 교목, 높이 15m, 지름 60cm.

줄기　어린 가지는 회갈색으로 털이 없고 흰 얼룩이 생기며 오래되면 회흑색으로 세로로 불규칙하게 갈라짐.

잎　마주나기, 작은잎 5~7개로 된 우상복엽이고 작은잎은 길이 5~15cm, 피침형, 광난상으로 끝은 뾰족하고 밑은 쐐기형. 가장자리는 물결모양의 얕은 톱니가 있음. 뒷면 맥을 따라(특히 주맥) 갈색 털이 밀생.

꽃　암수딴그루, 암꽃이 섞여 피기도 하고, 4~5월 새가지 끝에서 나온 원추꽃차례에 달림. 꽃받침은 4개로 갈라지거나 거의 밋밋하고 털이 없거나 잔털이 있음.

열매　시과. 길이 2~4cm, 날개는 피침형~긴피침형이고 8~9월에 익음.

동정포인트 꽃차례는 새가지 끝에 달린다. 작은잎의 수는 5~7개이고, 뒷면 주맥을 따라 갈색 털이 밀생하며 겨울눈은 인편이 있고 회갈색이다.

쇠물푸레나무

F. sieboldiana Blume

아교목, 꽃차례는 새가지 끝에 피고, 4장의 꽃받침이 꽃잎처럼 발달한다. 작은잎은 5~7개, 난형 또는 피침상 난형으로 뒷면 맥에 털이 있다. 겨울눈은 짙은 검은색으로 털이 약간 있거나 없다.

들메나무

F. mandshurica Rupr.

교목, 꽃차례는 전년도 가지에 피고, 꽃받침은 없다. 작은잎은 9~11개로 자루가 거의 없다(1~2mm). 엽축과 작은잎자루가 만나는 지점에 갈색 털이 밀생한다. 겨울눈은 어두운 갈색으로 2개의 아린이 있다.

물들메나무

F. chiisanensis Nakai

교목, 꽃차례는 전년도 가지에 피고, 꽃받침은 작은 톱니 모양으로 갈라진다. 작은잎은 7~9개로 자루가 거의 없다(1~2mm). 겨울눈은 짙은 갈색으로 인편이 없으며 별 모양 털로 덮여 있다.

해란초/현삼과

Linaria japonica Miq.

2022. 05. 14. 강원 양양

전초

꽃

열매

생육형태	전국(주로 동해안), 해안가 모래땅. 여러해살이풀, 높이 15~40cm.
줄기	전체가 회색이 도는 녹색이며, 털이 없고 곧추서거나 비스듬히 자라며 가지가 갈라짐.
잎	마주나거나 3~4장씩 돌려나지만 위쪽에서는 어긋나기도 하며, 길이 1.5~3.0cm, 피침형으로 가장자리가 밋밋함. 잎맥은 3개, 뚜렷하지 않고 잎자루는 없음.
꽃	7~8월, 노란색으로 줄기 끝에서 총상꽃차례에 달리며 꽃자루는 짧고 꽃받침은 길이 2.5~4.0mm, 5갈래로 갈라짐. 꽃뿔은 길이 5~10mm, 조금 구부러짐.
열매	삭과. 지름 6~8mm, 둥글고 꽃받침이 남음.

동정포인트 좁은잎해란초(*L. vulgaris*)에 비해 잎이 마주나거나 3~4장이 돌려나고, 난형 또는 타원형으로 끝이 둔하고, 꽃뿔은 길이 10mm 이하로 짧으므로 구분된다. 식물구계학적 특정식물 IV등급이다.

꽃며느리밥풀/현삼과

Melampyrum roseum Maxim. ☞ roseum 담홍색의

2019. 08. 23. 서울 북한산

꽃

잎

군락

알며느리밥풀

생육형태 전국. 산지. 한해살이풀, 높이 30~50cm.

수피 어린 가지는 회갈색, 종잇장처럼 벗겨지고, 오래되면 짙은 회색으로 세로로 갈라짐.

잎 어긋나기, 피침상 난형 또는 긴 타원상 피침형이며, 끝이 뾰족하고 밑부분의 잎은 둥글며 양면에 짧은 털이 흩어져 있고 가장자리가 밋밋함.

꽃 7~8월에 홍자색의 꽃이 이삭꽃차례에 달리고 포는 녹색. 꽃의 중앙부는 입과 같은 형태고, 작고 대가 있으며 끝이 뾰족함, 가장자리에 가시 같은 돌기 있고 화관 겉에 잔돌기가 있음. 안쪽에 다세포로 된 털이 있으며, 하층의 중앙 열편에 밥풀 같은 2개의 흰무늬가 있음.

열매 삭과. 씨는 난형, 8월에 검은색으로 익음.

비교 알며느리밥풀(var. *ovalifolium*)은 잎 아랫부분은 원저이며, 꽃은 꽃차례에 밀집해서 달리고, 포 전체에 가시같은 털이 있다.

송이풀/현삼과

Pedicularis resupinata L. ☞ resupinata 활처럼 휜

2020. 09. 21. 강원 평창 오대산

전초

잎

열매

생육형태	전국. 고도가 높은 산지. 여러해살이풀, 높이 40~60cm.
줄기	한 개 또는 여러 개가 곧게 자라고, 밑부분은 땅에 누우며 붉은 보라색을 띠고, 전체에 짧고 연한 털이 있음.
잎	어긋나거나 마주남. 길이 4~9cm, 넓은 피침형 또는 장타원상 난형. 밑부분은 급하게 좁아지고 끝은 뾰족하며 가장자리는 겹톱니가 있음.
꽃	8~9월에 붉은 보라색 또는 흰색으로 피는데 줄기 끝과 잎겨드랑이에서 짧은 총상꽃차례를 이루어 달림. 포는 피침형.
열매	삭과. 긴 난형으로 10월에 익음.
해설	그늘송이풀(var. *umbrosa*)은 송이풀에 비해 가지가 많이 갈라지고 군생하며 잎이 박질이고 전주가 연약하다고 해서 변종으로 기재되었으나 실체가 불분명하고 국내에는 분포하지 않는다는 의견(조, 2010)에 따라 이 책은 송이풀을 제시한다.

322

초종용/열당과

Orobanche coerulescens Stephan ☞ coerulescens 푸른빛이 도는

2003. 05. 31. 출처:국립생물자원관

생육 모습 ⓒ양형호

꽃   꽃 단면

생육형태	전국. 바닷가 모래땅. 한두해살이풀, 기생식물, 높이 10~30cm.
줄기	곧추서고 털이 많으며 노란빛 도는 갈색.
비늘잎	어긋나며, 길이 1.0~1.5cm, 흰색이며 피침형.
꽃	5~6월, 연한 자주색으로 줄기 위쪽에 이삭꽃차례로 달리고 꽃자루는 없거나 매우 짧음. 화관은 길이 1.5~2cm의 입술 모양이며 겉에 털이 많음. 수술은 4개이며 이강웅예임.
열매	삭과. 장타원형이며 6~7월에 익음.

동정포인트	전체에 털이 많고 수술대에는 털이 없다. 식물구계학적 특정식물 II 등급이다.
비교	압록더부살이(*O. pycnostachya* var. *amurensis*)는 초종용에 비해 암술대가 화관 밖으로 나오고, 황종용(*O. pycnostachya*)은 꽃이 노란색이고 열편 가장자리에 샘털이 있으므로 다르다.

쥐꼬리망초/쥐꼬리망초과

Justicia procumbens L. ☞ procumbens 기어가는

2019. 08. 18. 제주

잎

열매   줄기

생육형태	전국. 숲 가장자리, 길가, 풀밭. 한해살이풀, 높이 10~40cm.
줄기	네모지며, 전체에 짧은 털이 남. 가지가 많이 갈라지고, 마디가 굵음.
잎	마주나기, 길이 2~4cm, 난상 또는 긴 타원상 피침형으로 가장자리가 밋밋함. 잎자루는 2~15mm.
꽃	7~9월에 줄기와 가지 끝에서 연한 보라색 꽃이 이삭꽃차례에 빽빽하게 달리며, 포는 꽃받침과 거의 같은 모양, 좁은 피침형, 길이 5~7mm. 꽃받침은 5갈래로 깊게 갈라지고 화관은 길이 7~8mm, 아랫입술꽃잎이 3갈래로 얕게 갈라짐.
열매	삭과. 선상 장타원형, 8~10월에 익음.

동정포인트 포가 화관보다 짧고, 윗입술꽃잎이 아랫입술꽃잎보다 훨씬 짧다.

통발/통발과

Utricularia japonica Makino

북부지방. ⓒ이동혁

참통발

들통발

생육형태 전국의 연못, 웅덩이, 저수지 등. 여러해살이풀, 식충식물, 길이 30~100m.

잎 어긋나며, 우상으로 실처럼 갈라지며 길이 3~6cm. 갈래조각은 가시처럼 가늘며 일부는 벌레잡이통이 되어 작은 벌레를 잡음.

꽃 8~9월, 밝은 노란색으로 피고, 물 위로 올라온 꽃대 끝에 이삭 모양으로 나와 4~7개의 꽃이 달림. 꽃대는 길이 10~20mm. 꽃싸개잎은 비늘잎처럼 생기고 화관은 입술 모양인데, 아랫입술꽃잎이 훨씬 큼.

동정포인트 꽃줄기가 줄기보다 가늘고 잎은 타원형, 겨울눈이 둥글고 녹색. 식물구계학적 특정식물 V등급이다.

비교 참통발(*U. tenuicaulis*)은 아랫입술꽃잎의 가장자리가 부채 모양으로 넓게 퍼진다. 통발과 참통발을 동일종으로 보는 의견도 있다. 들통발(*U. pilosa*)은 꽃대에 인편이 없으며 열매 끝부분에 열매와 길이가 비슷한 비대한 암술대가 존재한다.

Adenophora remotiflora (Siebold & Zucc.) Miq. ☞ remotiflora 꽃이 드문드문 피다

2011. 08. 14. 강원 삼척. 2012. 07. 20. 강원 태백

전초

꽃

잎

생육형태	전국. 숲 속. 여러해살이풀, 높이 40~100cm.
줄기	곧추서며 가지가 거의 갈라지지 않음.
잎	어긋나기, 길이 5~20cm, 난형, 심장형 또는 넓은 피침형, 끝이 꼬리처럼 길게 뾰족하고, 밑이 둥글거나 심장형. 잎가장자리에 뾰족한 톱니가 있음. 잎자루는 1~7cm.
꽃	7~9월, 보라색 또는 흰색 꽃이 원추꽃차례에 달리며 꽃은 밑을 향하고, 종 모양임. 꽃싸개잎은 피침형, 가장자리에 잔톱니가 있고 꽃받침은 녹색으로 5갈래로 갈라지며, 갈래는 피침형이고 길이 0.5~1cm. 화관은 끝이 5갈래로 벌어짐.
열매	삭과. 도란형, 7~8월에 익음.

동정포인트 잎은 난형, 심장형으로 끝은 길게 뾰족하고 밑은 둥글거나 심장형. 꽃은 종 모양으로 밑을 향하고 원추꽃차례에 핀다. 모시대에 비해 꽃이 크고 총상꽃차례에 달리는 종을 도라지모시대(*A.grandiflora*), 꽃받침통에 털이 있는 종을 그늘모시대(var. *hirticalyx*)라고 하지만 통합하는 의견도 있다.

금강초롱꽃/초롱꽃과

Hanabusaya asiatica (Nakai) Nakai

2025. 09. 05. 강원 양양

꽃

잎

흰금강초롱꽃

흰금강초롱꽃

생육형태 중부 이북, 산지. 여러해살이풀, 높이 30~90cm.

줄기 직립. 자색을 띠며 털은 없고 분지하지 않음.

잎 줄기 중간에 4~6개의 잎이 어긋나지만 마디 사이가 짧아 모여나는 것처럼 보임. 길이 7.2~10.7cm, 난형 또는 난상 타원형. 잎끝은 급첨두. 잎밑은 둥근 모양 또는 심장 모양.

꽃 8~9월, 연한 자색. 종 모양으로 총상꽃차례 또는 줄기 끝에 1개씩 달림. 화관 끝은 5개갈래, 넓은 삼각형이고 꽃받침은 5개로 갈라지고 꽃받침조각은 선상 피침형.

열매 삭과. 타원형, 씨는 연한 갈색으로 타원형.

동정포인트 줄기잎은 4~6개의 잎이 근접하여 모여나는 것처럼 보인다. 꽃밥은 서로 붙어있고 (취약웅예), 꽃받침 열편이 좁다. 특산식물, 적색목록 관심대상(LC)종이며, 식물구계학적 특정식물 IV등급이다.

비교 흰색꽃이 피는 품종을 흰금강초롱꽃(f. *alba*)이라 한다.

피
자
식
물

멸॥
───
특산
───
구계
───
적색
───
귀화
───
교란
───
기후

꼭두선이/꼭두선이과

Rubia argyi (H. Lev. & Vaniot) H. Hara ex Lauener & D.K. Ferguson ☞ argyi 은색의

2019. 08. 30. 경기 고양

꽃

잎

열매

열매

새순

갈퀴꼭두서니

생육형태	전국. 숲 가장자리, 풀밭, 길가. 여러해살이풀, 길이 1m 정도.
줄기	네모지고 능선에 밑을 향한 짧은 가시가 있음.
잎	4개씩 돌려나며, 난형~심장형이며, 2개는 정상적인 잎이고 2개는 턱잎. 잎자루와 뒷면 맥 위 및 가장자리에 잔가시가 있음.
꽃	7~8월, 지름은 3.5~4mm, 연한 노란색으로 잎겨드랑이와 원줄기 끝에 원추꽃차례로 달리고 화관은 심장 모양, 4~5갈래이며, 갈라진 조각은 끝이 뾰족한 피침형, 끝이 앞으로 굽음. 수술은 5개이고 씨방에 털이 없음.
열매	장과. 2개씩 붙으며 털이 없고, 9월에 검은색으로 익음.

동정포인트 잎은 난형~심장형으로 4개씩 돌려난다.

비교 갈퀴꼭두서니(*R. cordifolia*)는 잎이 긴 타원상 심장형이고 흔히 8개씩 돌려난다.

털댕강나무/린네풀과

Zabelia biflora (Turcz.) Makino ☞ biflora 꽃이 2개인

2018. 05. 21. 강원 영월

꽃

잎 뒷면

열매

잎

어린 열매

겨울눈

생육형태	강원, 경기, 경북, 충북, 산지, 석회암 지대. 낙엽 관목, 높이 2~3m..
줄기	6줄의 홈이 있고, 가지는 털이 없으며 붉은 빛이 돔.
잎	마주나기, 피침형~피침상난형. 양 끝은 뾰족하고 가장자리가 밋밋하거나 1~6개의 큰 톱니가 있음. 표면에 털이 있고, 뒷면은 연한 녹색으로 맥 위와 가장자리에 털이 있음.
꽃	5~6월, 가지 끝에서 연한 홍색 또는 흰색의 꽃이 1~2개씩 달리고 꽃받침은 4갈래로 갈라지며, 꽃받침조각은 길이 5~9mm의 도피침형. 수술은 4개, 암술대는 화관통부와 길이가 비슷함.
열매	삭과. 둥근 모양이며 9월에 익음.
동정포인트	꽃은 꽃자루에 1~2개씩 달리며, 잎 양면과 꽃받침에 털이 있다. 꽃받침과 꽃잎은 모두 4개로 갈라진다. 식물구계학적 특정식물 III등급이다.

붉은병꽃나무/병꽃나무과

Weigela florida (Bunge) A. DC. ☞ florida 꽃이 눈에 잘 띄는

2015. 05. 13. 강원 홍천

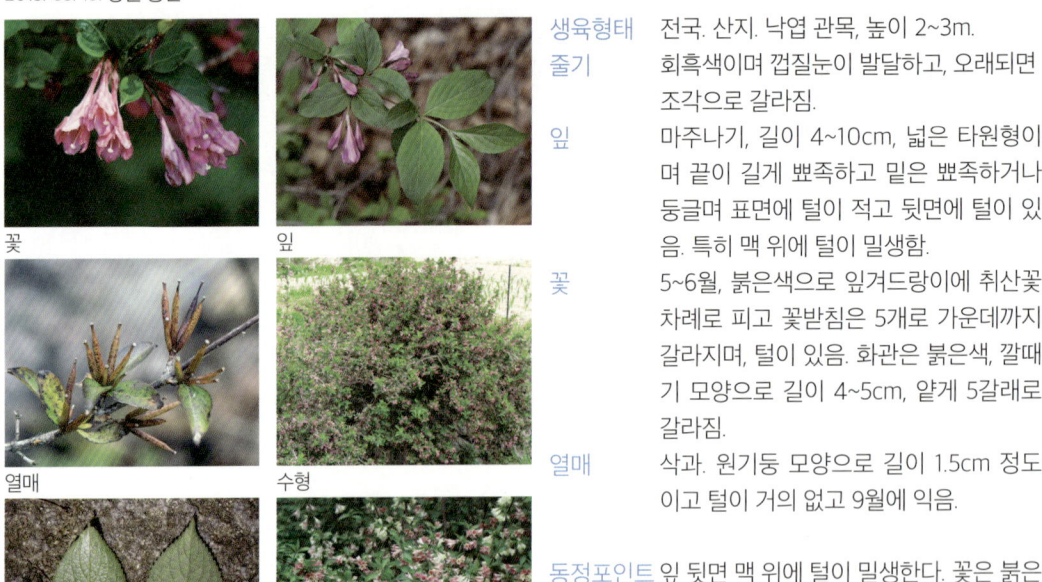

꽃

잎

열매

수형

붉은병꽃나무(좌), 병꽃나무(우)

병꽃나무

생육형태 전국. 산지. 낙엽 관목, 높이 2~3m.

줄기 회흑색이며 껍질눈이 발달하고, 오래되면 조각으로 갈라짐.

잎 마주나기, 길이 4~10cm, 넓은 타원형이며 끝이 길게 뾰족하고 밑은 뾰족하거나 둥글며 표면에 털이 적고 뒷면에 털이 있음. 특히 맥 위에 털이 밀생함.

꽃 5~6월, 붉은색으로 잎겨드랑이에 취산꽃차례로 피고 꽃받침은 5개로 가운데까지 갈라지며, 털이 있음. 화관은 붉은색, 깔때기 모양으로 길이 4~5cm, 얕게 5갈래로 갈라짐.

열매 삭과. 원기둥 모양으로 길이 1.5cm 정도이고 털이 거의 없고 9월에 익음.

동정포인트 잎 뒷면 맥 위에 털이 밀생한다. 꽃은 붉은색이며 꽃받침은 중간까지 갈라진다. 식물구계학적 특정식물 ∥등급이다.

비교 병꽃나무(*W. subsessilis*)는 전체에 털이 많고, 꽃은 황록색에서 적색으로 변하고, 꽃받침은 기부까지 깊게 갈라진다.

인동/인동과

Lonicera japonica Thunb.

2017. 06. 09. 강원 철원

꽃

잎

열매

군락

겨울눈

붉은인동

생육형태	전국. 숲 가장자리, 풀밭, 길가. 반상록 덩굴성 목본, 길이 5m.
줄기	오른쪽으로 감으며, 속이 비어 있음.
잎	마주나기, 길이 3~7cm, 장타원형~피침상 난형. 가장자리는 밋밋하지만 어린나무의 잎은 결각상으로 깊게 갈라짐.
꽃	5~6월, 가지 끝의 잎겨드랑이에서 1~2개씩 피고, 처음은 흰색이지만 노란색으로 변함. 화관은 길이 3~4cm의 깔대기 모양이며, 끝은 입술 모양으로 깊게 2갈래로 갈라짐. 수술은 5개, 암술은 1개로 화관통부 밖으로 길게 나옴.
열매	장과. 구형이며 10~11월에 검게 익음.
동정포인트	반상록성으로 겨울에도 일부 잎은 남아 있다. 꽃은 흰색에서 노란색으로 변한다.
비교	붉은인동(*L. × heckrottii*)은 꽃이 붉은색으로 피는 잡종으로 공원이나 주택 등에 관상용으로 식재한다.

피
자
식
물

멸II
────────
특산
────────
I
────────
적색
────────
귀화
────────
교란
────────
기후

괴불나무/인동과

Lonicera maackii (Rupr.) Maxim. ☞ maackii 러시아 분류학자 Maack의

2012. 05. 13. 강원 평창

꽃

잎

열매

열매

수피

겨울눈

가지 단면

생육형태 전국. 숲 가장자리, 계곡. 낙엽 관목, 높이 2~6m.

줄기 회흑색이며 오래되면 세로로 갈라짐. 가지 속은 비었고, 어린 가지에 잔털이 있음.

잎 마주나기, 길이 5~8cm, 넓은 타원형~도란상 장타원형이며, 끝은 길게 뾰족하고 밑은 뾰족하거나 둥글며 가장자리는 밋밋함. 양면, 특히 맥 위에 털이 있음.

꽃 5~6월, 흰색으로 잎겨드랑이에 2개씩 피고, 꽃받침은 길이 2~3mm, 피침형으로 끝이 5개로 갈라짐. 화관은 길이 2cm 정도로 끝이 입술 모양으로 2갈래로 깊게 갈라진 깔대기 모양. 수술은 5개, 암술대는 1개.

열매 장과. 서로 합착하지 않으며 9~10월에 익음.

동정포인트 가지의 골 속은 비어있고, 잎자루는 짧다. 열매는 떨어져 합착하지 않는다. 식물구계학적 특정식물 I등급이다.

괴불나무속(*Lonicera*) 관련 종

각시괴불나무

Lonicera chrysantha Turcz. ex Ledeb.

가지의 속은 비어있고, 잎은 길게 뾰족하고 양면에 털이 밀생한다. 꽃자루가 길고 열매는 서로 합착하지 않는다.

길마가지나무

Lonicera harai Makino

꽃은 잎이 나오면서 동시에 핀다. 어린 가지에 거센 털이 있다. 잎자루와 꽃자루는 길이가 비슷하다.

올괴불나무

Lonicera praeflorens Batal

꽃은 잎보다 먼저 피고, 방사대칭이다. 잎 양면에 잔털이 밀생한다. 열매는 아랫부분만 합쳐지고 붉게 익는다.(사진은 어린 열매)

왕괴불나무

Lonicera vidalii Franch. & Sav.

잎자루는 8~10mm, 샘이 있는 털이 발달한다. 꽃자루는 길다. 열매는 2개가 절반 이상으로 합착한다.(사진은 어린 열매)

청괴불나무

Lonicera subsessilis Rehder

잎 전체에 털이 없다. 꽃자루는 짧고, 흰색으로 피어 연한 노란색으로 바뀐다. 열매는 2개가 거의 합착한다.

홍괴불나무

Lonicera tatarinowii Maxim.

잎에 털이 많고, 잎가장자리에 연한 털이 발달한다. 꽃자루는 길고, 열매는 2개가 거의 완전히 합착한다.

피
자
식
물

멸II
⋯⋯⋯
특산
⋯⋯⋯
구계
⋯⋯⋯
적색
⋯⋯⋯
귀화
⋯⋯⋯
교란
⋯⋯⋯
기후

덜꿩나무/산분꽃나무과

Viburnum erosum Thunb. ☞ erosum 고르지 않은 이빨의

2019. 05. 03. 경남 거제

꽃　　　　잎　　　　　꽃

열매　　　　수형

수피와 겨울눈　　　가막살나무

생육형태 전국. 산지. 낙엽 관목, 높이 2~3m.
줄기 회갈색이며 피목이 산재함.
잎 마주나기, 길이 3~10cm, 난형~타원형이며 끝은 길게 뾰족하고 밑은 뾰족하거나 둥글며 가장자리는 이빨 모양의 톱니가 있으며, 양면에 별 모양 털이 있음.
꽃 4~5월, 흰색으로 새 가지 끝에 나온 산형상취산꽃차례에 모여 달림. 꽃받침은 잔 모양, 윗부분은 5갈래로 갈라짐. 화관은 흰색, 윗부분은 5갈래로 갈라지며, 갈래조각은 둥글고 통부보다 길고 수술은 5개, 화관보다 길게 나옴.
열매 핵과. 광난형으로 9~10월에 붉게 익음.

동정포인트 잎자루는 길이 2~6mm, 턱잎이 오랫동안 남는다. 어린 가지와 꽃자루에 짧은 털이 있어 약간 까칠까칠하다.
비교 가막살나무(*V. dilatatum*)는 잎은 넓은 도란형~원형으로 잎자루는 길이 5~20mm로 턱잎이 없다.

334

백당나무/산분꽃나무과

Viburnum opulus var. *sargentii* (Koehne) Takeda ☞ opulus 백당나무 라틴명 , sargentii 미국 식물학자

2018. 05. 27. 경기 광주

꽃

잎

열매

수형

수피와 겨울눈

수국

생육형태 전국. 산지. 낙엽 관목, 높이 3~6m.

줄기 껍질에 코르크가 발달하고, 골 속은 흰색.

잎 마주나기, 길이와 폭이 각각 4~12cm, 넓은 난형으로 위쪽은 보통 3갈래로 갈라지며, 가장자리에 톱니가 있음. 잎자루는 길이 1~5cm, 밑에 턱잎이 2장 있고, 끝에 큰 샘점이 2개 있음.

꽃 5~6월, 가지 끝의 길이 2~6cm의 꽃대 끝에 흰색 꽃이 산방꽃차례로 달림. 꽃차례 가장자리에는 지름 2~3cm의 무성화, 안쪽에는 지름 5~6mm 정도의 양성화가 달림. 수술은 5개, 화관보다 긺.

열매 핵과. 둥글고, 지름 8~10mm, 9~10월에 붉게 익음.

동정포인트 잎은 보통 3갈래로 크게 갈라지며, 잎자루에 턱잎 없이 샘이 있다. 꽃차례 가장자리로 무성화가 달린다. 식물구계학적 특정식물 Ⅰ등급이다.

비교 수국(f. *sterile*)은 양성화 없이 모두 무성화만 핀다.

4장 출제 예상 300종 식물 **335**

멸Ⅱ
특산
구계
적색
귀화
교란
기후

딱총나무/연복초과

Sambucus racemosa subsp. *kamtschatica* (E. Wolf) Hulten

2022. 05. 18. 강원 태백

꽃

잎

열매

수형

겨울눈(혼합눈)

겨울눈(잎눈)

생육형태	전국. 산지. 낙엽 관목 또는 소교목, 높이 2~6m.
줄기	회갈색~적갈색, 타원형 피목이 있으며, 오래된 줄기에는 코르크가 발달함.
잎	마주나기, 작은잎 5~7개로 된 우상복엽이고 작은잎은 길이 5~10cm, 장타원형~난형이며, 가장자리에 뾰족한 톱니가 있음.
꽃	4~5월, 황백색~황록색 꽃이 새가지 끝에서 원추꽃차례에 달림. 화관은 지름 5~7mm, 꽃잎은 5개이며 뒤로 젖혀짐.
열매	핵과. 난상 구형, 6~7월에 적색으로 익음.
동정포인트	꽃차례는 아래로 처지지 않으며, 길고 끝이 뾰족한 털이 발달함. 암술머리는 노란색.
해설	국내에는 *S. williamsii* Hance가 분포하지 않는다는 의견(임 등(2009), 나(2020))에 따라 학명은 *S. racemosa* subsp. *kamtschatica* (E. Wolf) Hulten로 변경하였으며, 국명은 그대로 '딱총나무'를 따른다.

마타리/마타리과

Patrinia scabiosifolia Fisch. ex Trevir. ☞ scabiosifolia 산토끼꽃과 솔체꽃(Scabiosa)과 잎이 비슷한

2011. 08. 14. 강원 삼척

꽃

잎

열매

돌마타리

전초

생육형태	전국. 양지바른 산지 풀밭. 여러해살이풀, 높이 60~150cm.
줄기	곧추자라며 윗부분에서 가지가 갈라지고 털이 없음.
잎	마주나기, 우상으로 깊이 갈라지며 양면에 누운털이 있음. 밑에 달리는 잎은 잎자루가 있고 위로 갈수록 없어짐. 뿌리잎은 난형 또는 장타원형.
꽃	7~8월, 노란색으로 가지와 원줄기 끝에 산방꽃차례로 달림. 화관은 지름 3~4mm, 노란색이고 5개로 갈라지며 통부가 짧음.
열매	수과. 타원형으로 약간 평평하고, 뒷면에 꿀샘이 있으며 8월에 익음.
동정포인트	전체에 털이 많고 꽃은 노란색이며 열매에 날개가 발달하지 않는다.
비교	돌마타리(*P. rupestris*)는 높이 20~60cm로 전체에 털이 없고, 열매에 날개가 발달한다. 석회암지대에 흔히 분포한다.

단풍취/국화과

Ainsliaea acerifolia Sch. Bip. ☞ acerifolia 단풍나무속(acer)의 잎과 비슷하다

2021. 08. 19. 충남 공주

꽃

잎

열매

뿌리

가을 단풍

생육형태 전국. 산지. 여러해살이풀, 높이 30~80cm.
줄기 가지가 없으며 긴 갈색 털이 있음.
잎 원줄기 중앙에 4~7개가 돌려나는 것처럼 나고, 잎몸은 원형으로 잎끝이 7~11개로 얕게 갈라진 다음 다시 3개로 얕게 갈라지며 양면과 엽병에 털이 있음.
꽃 7~9월, 원줄기 끝에 수상으로 달리며 총포는 통형이고, 붉은빛이며, 포는 많고 여러 줄로 배열됨. 그 속에 3개의 통상화가 들어 있고 화관은 흰색임.
열매 수과. 길이 9.5mm, 관모는 깃털 모양.

동정포인트 잎은 원형으로 잎끝이 7~11개로 얕게 갈라진 다음 다시 3개로 얕게 갈라진다. 잎의 모양이 단풍잎을 닮았다고 해서 단풍취로 종소명도 같은 뜻이다.

단풍잎돼지풀/국화과

Ambrosia trifida L. 🔎 trifida 3갈래로 갈라지는

2013. 09. 16. 경기 포천

수꽃

잎

열매

군락

아파트 단지에 생육하는 모습

돼지풀

생육형태	북아메리카 원산, 전국. 길가, 하천변, 빈터, 농경지. 한해살이풀, 높이 1~2.5m.
줄기	곧추자라며 가지가 갈라지고 털이 있음.
잎	마주나기, 길이와 폭이 각각 10~30cm이고 단풍잎처럼 3~5갈래로 깊게 갈라짐.
꽃	암수한그루, 7~9월에 가지 끝에서 머리모양꽃이 총상꽃차례를 이루어 달리고, 노란빛이 도는 녹색. 꽃차례 위쪽에는 수꽃으로 된 머리 모양 꽃이 많이 달리고, 아래쪽에는 암꽃으로 된 머리 모양 꽃이 몇 개 달림.
열매	수과. 난형, 길이 6~12mm, 끝에 돌기가 있고 9~11월에 익음.
동정포인트	키가 크고(1~2.5m), 잎은 마주나며 3~5갈래로 갈라진다. 귀화식물이며, 생태계교란 식물이다.
비교	돼지풀(*A. artemisiifolia*)은 높이 30~150cm로 작고, 잎은 마주나거나 어긋나며, 우상으로 갈라진다.

맑은대쑥/국화과

Artemisia keiskeana Miq. ☞ keiskeana 일본의 식물학자

2019. 09. 19. 경기 양주

꽃

꽃이 피는 줄기잎

꽃이 피지 않는 줄기잎

뿌리(화살표는 땅속줄기)

넓은잎외잎쑥

생육형태 전국. 산지. 여러해살이풀, 높이 20~70cm.

땅속줄기 굵고 옆으로 뻗음.

잎 꽃이 피지 않는 줄기의 잎은 줄기 끝에 서 모여나며, 꽃이 피는 줄기의 잎은 어긋나며, 길이 3~10cm, 도란형 또는 주걱형으로 위쪽에 결각상 톱니가 있음. 잎 앞면은 녹색으로 털이 거의 없고, 뒷면은 연녹색으로 털이 있음.

꽃 8~10월, 지름 3~3.5mm의 머리 모양꽃이 총상 원추꽃차례에 달림. 총포조각은 3~4줄로 배열함.

열매 수과. 좁은 난형, 길이 2mm.

동정포인트 잎은 도란형 또는 주걱형으로 홑잎이며 끝에 결각이 있다.

비교 넓은잎외잎쑥(*A. stolonifera*)은 잎은 난형~난상 장타원형으로 우상으로 얕게 또는 중렬하며 뒷면에 샘털이 있어 회백색이다.

미국쑥부쟁이/국화과

Symphyotrichum pilosum (Willd.) G.L.Nesom ☞ pilosum 연모가 있는

2018. 08. 17. 경기 고양

꽃

뿌리쪽 잎

봄의 잎

작은 가지와 잎

열매

군락

생육형태 북아메리카 원산, 전국. 길가, 하천변, 농경지. 여러해살이풀, 높이 40~120cm.

잎 어긋나기, 뿌리쪽 잎은 주걱모양, 줄기의 잎은 길이 10~100mm로 좁은 선형으로 끝이 뾰족하고 가장자리가 밋밋함. 작은 가지의 잎은 좁은 선형 또는 송곳형.

꽃 8~10월, 원줄기 끝과 가지 끝에 1개씩 달리며 혀꽃은 흰색 또는 연한 자주색. 중앙부의 통상화는 노란색이고, 머리 모양 꽃은 지름 1~2cm.

열매 수과. 길이 1.5mm 정도의 도란형이고 관모는 흰색.

동정포인트 꽃의 크기가 1~2cm로 작고 많이 모여나며, 줄기가 까칠까칠하다. 귀화식물이며, 생태계교란 식물이다.

참취/국화과

Aster scaber Thunb. ☞ scaber 거칠거칠한

2020. 09. 03. 전북 무주 덕유산

꽃

잎

전초
생육지 모습

생육형태 전국. 산지. 여러해살이풀, 높이 1~1.5m.

잎 뿌리잎은 꽃이 필 때 시들고 심장 모양이며, 가장자리에 굵은 톱니가 있음. 줄기잎은 어긋나며, 밑부분의 것은 장타원형으로 길이 9~24cm 폭 6~18cm, 가장자리에 치아상톱니 또는 겹톱니가 있고, 잎자루는 길고 날개가 있음. 잎 양면에 거친 털이 있으며 위로 갈수록 잎의 크기가 점차 작아짐.

꽃 8~10월, 원줄기와 가지 끝에 지름 2cm쯤의 흰꽃이 산방꽃차례로 달림. 꽃자루는 길이 9~30mm, 총포는 반구형이고 총포조각은 3줄로 배열함.

열매 수과. 타원상 피침형이고, 11월에 익으며, 검은색을 띠는 흰색에 관모는 깃털 모양.

동정포인트 잎은 심장 모양이고 엽병에 좁은 날개가 있으며, 수과는 평평하지 않고 원주형이다.

342

미국가막사리/국화과

Bidens frondosa L. ☞ frondosa 잎의 면이 넓은

2023. 10. 02. 경기 연천

꽃

잎

열매

군락

가막사리(좌), 미국가막사리(우)

가막사리

생육형태	북아메리카 원산, 전국. 들판, 강가, 습지. 한해살이풀, 높이 1~1.5m.
잎	마주나기, 작은잎 3~5장으로 된 우상복엽으로 작은잎은 길이 3~13cm, 피침형으로 끝이 길게 뾰족하고, 잎자루가 있음. 잎가장자리는 비교적 균일한 톱니가 있음.
꽃	9~10월, 가지와 줄기 끝에 노란색의 두상꽃차례가 원추상으로 달림. 총포조각은 5~10개로 길이 1.5~4.5cm, 도피침형이고 끝은 둔함.
열매	수과. 10~11월에 익으며, 주걱 모양으로 길이 6~7mm, 끝에 2개의 까락이 있음.
동정포인트	잎은 우상복엽이고 작은잎은 작지만 분명한 작은잎자루가 있으며, 두상꽃차례에는 혀꽃이 있다. 귀화식물이다.
비교	가막사리(*B. tripartita*)는 잎이 긴 타원상 피침형으로 3~5개로 갈라지기도 하며 가장자리에 불규칙한 톱니가 있다. 혀꽃은 없다.

엉겅퀴/국화과

Cirsium japonicum var. *ussuriense* (Regel) Kitam.

2023. 05. 12. 전북 부안

꽃

잎

전초

큰엉겅퀴

생육형태	전국. 산지 풀밭, 길가, 하천가. 여러해살이풀, 높이 50~100cm.
잎	뿌리잎은 모여나며, 길이 15~30cm, 도란상 장타원형으로 꽃이 필 때 남아 있음. 줄기잎은 어긋나며, 장타원형, 우상으로 깊게 갈라지며, 밑이 줄기를 감쌈.
꽃	6~8월에 줄기와 가지 끝에 피며, 붉은 보라색 또는 드물게 흰색. 머리 모양 꽃은 지름 2.5~3.5cm. 총포조각은 끝이 뾰족한 선형, 7~8줄로 배열하며, 점액질이 있음. 꽃은 모두 통상화이며, 통상화는 전체 길이가 1.9~2.4cm.
열매	수과. 장타원형으로 8월에 익음.
동정포인트	잎은 각 결각이 서로 겹쳐지지 않고, 가장자리의 가시는 1~4mm이다. 꽃은 약간 드리우거나 직립한다.
비교	큰엉겅퀴(*C. pendulum*)는 두해살이풀이며, 두상꽃차례가 줄기와 가지의 끝에서 아래를 향해 드리운다.

이고들빼기/국화과

Crepidiastrum denticulatum (Houtt.) Pak & Kawano ☞ denticulatum 가는 이빨이 있는

2020. 09. 22. 충북 단양

꽃

줄기잎

씨

뿌리잎

열매

까치고들빼기

생육형태	전국. 숲 속, 숲 가장자리. 한두해살이풀, 높이 30~70cm.
줄기 잎	가지가 많이 갈라지며, 흔히 적자색을 띰. 뿌리잎은 꽃이 필 때 시들고, 줄기잎은 어긋나며, 길이 6~11cm, 주걱형으로 밑이 줄기를 조금 감쌈. 가장자리에 불규칙한 치아상 톱니가 있고, 잎 뒷면은 분백색.
꽃	8~10월, 노란색으로 가지와 줄기 끝에 지름 1.5cm 정도의 두상꽃차례가 산방상으로 달림. 총포는 좁은 통 모양, 길이 7mm 정도이고 총포조각은 2~3개.
열매	수과. 길이 3.5mm, 장타원형으로 짧은 부리가 있고 9~10월에 익으며 검은빛의 갈색.

동정포인트 줄기 아래쪽 잎은 밑이 줄기를 감싸며, 머리 모양꽃은 꽃이 진 후에 아래를 향한다.

비교　까치고들빼기(*C. chelidoniifolium*)는 높이 10~50cm, 잎은 우상으로 갈라지고 잎자루에 날개가 없다. 머리모양꽃은 5~6개로 적다.

산국/국화과

Dendranthema boreale (Makino) Ling ☞ boreale 북방계의

2018. 10. 25. 강원 강릉

꽃 · 잎 · 봄의 잎 · 수형 · 감국(좌), 산국(우) · 감국

생육형태	전국. 산지 풀밭, 길가, 하천가. 여러해살이풀, 높이 1~1.5m.
줄기	곧추서며, 가지가 많이 갈라짐.
잎	어긋나기, 길이 4~8cm, 넓은 난형이며 5갈래로 깊게 갈라지고 갈래는 난형 또는 피침형, 끝이 둔하고, 가장자리에 톱니가 있음. 잎 양면은 짧은 털이 남.
꽃	9~11월, 줄기와 가지 끝에서 머리모양꽃이 모여서 산형꽃차례처럼 달리고 머리모양꽃은 노란색으로 지름 1.5cm 정도. 총포는 반구형, 길이 4mm 정도, 총포조각은 3~4줄로 붙음.
열매	수과. 길이 1mm 정도의 도란형.

동정포인트 두상꽃차례의 크기가 작고(1.5cm), 포는 3~4열로 배열하고 선형 또는 좁은 장타원형이다.

비교 감국(*D. indicum*)은 두상꽃차례의 크기가 크고(2.5cm), 포는 4열로 배열하고 난형 또는 장타원형으로 털이 있다.

산구절초/국화과

Dendranthema zawadskii (Herbich) Tzvelev ☞ zawadskii 헝가리의 채집가 Zawadsk의

2025. 09. 05. 강원 양양

꽃

잎

구절초 꽃

줄기

구절초 잎

생육형태 전국. 산지. 여러해살이풀, 높이는 10~60 cm 정도.

잎 어긋나기, 길이 1~3.5cm, 넓은 난형으로 우상으로 갈라짐. 갈래는 피침형 또는 선형, 끝이 뾰족함. 잎 양면에 샘점이 있음.

꽃 7~10월에 줄기와 가지 끝에서 머리 모양 꽃이 1개씩 달리며, 흰색 또는 연한 보라색. 머리모양꽃은 지름 3~6cm. 총포는 반구형, 길이 6~7mm, 지름 1.5mm, 총포조각은 3줄로 배열함.

열매 수과. 장타원형.

동정포인트 잎은 넓은 난형으로 우상으로 갈라지고 갈래조각은 피침형 또는 선형이며, 머리모양꽃은 지름 6mm 미만으로 작으므로 구분된다.

비교 구절초(var. *latilobum*)는 잎의 결각이 얕게 갈라지고, 두상꽃차례의 크기가 크다 (지름 6~8cm).

뚱딴지/국화과

Helianthus tuberosus L. zawadsk ☞ tuberosus 괴경(덩이줄기)이 있는

2019. 09. 21. 서울

꽃

꽃

잎

줄기

열매

겨울 모습

생육형태	전국. 관상용, 식용 식재, 일부는 야생화 됨. 여러해살이풀, 높이 1.5~3m.
줄기	전체에 짧고 거친 털이 나며 덩이줄기가 발달함.
잎	줄기 아래쪽에서는 마주나고, 위쪽에서는 어긋남. 위쪽 잎은 장타원형이고 끝이 뾰족하며, 가장자리에 톱니가 있음. 잎자루에 날개가 있음.
꽃	8~10월, 줄기 끝부분 갈라진 가지 끝에 머리모양꽃차례가 1개씩 달리며, 지름 8cm쯤. 총포는 반구형이며, 총포조각은 피침형. 두상꽃차례의 가장자리에 노란색 혀꽃이 10개 정도 있음.
열매	수과. 5~7mm.

동정포인트 높이 1.5~3m로 전체에 짧고 거친 털이 난다. 땅속에 덩이줄기가 발달한다. 귀화식물이다.

곰취/국화과

Ligularia fischeri (Ledeb.) Turcz. ☞ fischeri 러시아 분류학자 F. E. Von Fischer의

2018. 07. 21. 제주 한라산

꽃

잎

생육형태	전국. 고산지. 여러해살이풀, 높이 1~2m.
잎	뿌리잎은 신장상 심장형, 가장자리에 규칙적인 톱니가 있다. 잎자루가 길고, 줄기잎은 3개, 잎자루 밑이 넓어져 줄기를 감쌈. 잎 앞면은 짙은 녹색, 뒷면은 흰빛이 돔.
꽃	7~10월, 줄기 끝에서 노란색 꽃이 총상꽃차례로 달림. 꽃차례는 길이 30cm쯤. 머리모양꽃에는 혀꽃이 5~9개 달리며 총포는 종모양, 8~9개의 총포조각이 1줄로 붙음.
열매	수과. 원통형으로 종선이 있고, 관모는 갈색 또는 자갈색.
동정포인트	잎은 밑이 심장 모양이며, 잎 끝이 갑자기 뾰족해지지 않고, 혀꽃은 5~9개이다. 식물구계학적 특정식물 II등급이다.
비교	갯취(*L. taquetii*)는 전체에 털이 없고, 잎이 장타원형~난형이다. 포는 선형이다. 제주도와 거제도에 드물게 분포한다. 박(2022)에 의하면 *Ligularia fischeri*는 국내에 분포하지 않으며, 메인 사진은 반들잎곰취에 가깝다.

갯취(식재)

우산나물/국화과

Syneilesis palmata (Thunb.) Maxim. ☞ palmata 손바닥 모양의

2018. 09. 19. 강원 평창

꽃

열매

새순

잎

전초

생육형태 전국. 산지. 여러해살이풀, 높이는 60~100 cm 정도.

땅속줄기 굵고 짧으며 옆으로 뻗음.

잎 2~3장, 방패 모양 원형, 지름 35~40cm, 손바닥 모양으로 깊이 갈라지고 갈래잎은 7~9장이고 다시 1~2회 갈라지며, 최종으로 갈라진 잎의 폭은 2~4cm, 가장자리에 잔톱니가 있음.

꽃 6~8월에 지름 8~10mm의 머리모양꽃이 줄기 끝에서 원추꽃차례로 달림. 머리모양꽃은 모두 관 모양의 양성화으로 되며, 화관은 분홍빛을 띠는 흰색이고 5갈래로 깊이 갈라짐. 총포는 통 모양.

열매 수과. 원통형, 9~10월에 익으며 관모는 갈색.

동정포인트 잎은 방패 모양 원형으로 손바닥 모양으로 깊이 갈라지고 다시 1~2회 갈라진다. 갈래잎의 폭은 2~4cm이다. 꽃은 원추꽃차례에 달린다.

서양민들레/국화과

Taraxacum officinale F.H. Wigg. ☞ officinale 약용으로 효과가 있는

2020. 04. 19. 경기 수원

꽃

열매

붉은씨서양민들레(좌), 서양민들레(우)

잎

전초

붉은씨서양민들레

생육형태 전국. 길가, 농경지, 민가, 풀밭. 여러해살이풀, 뿌리가 땅속 깊이 들어감.

잎 길이 10~30cm, 모두 뿌리에서 나와 로제트 모양으로 퍼지며, 타원형 또는 피침형으로 가장자리가 우상으로 갈라짐.

꽃 3~9월에 노란색 꽃이 두상꽃차례에 달리고, 꽃은 지름 2~5cm이며 혀꽃으로만 이루어짐. 꽃줄기는 높이 5~10cm이며, 꽃이 진 후에 더 자람. 총포조각은 좁은 피침형으로 꽃이 필 때 뒤로 젖혀짐.

열매 수과. 방추형으로 회갈색이며 상반부에 가시 같은 돌기가 있음.

동정포인트 총포조각의 끝부분에 돌기가 없거나 미약하고 바깥 총포조각이 뒤로 젖혀진다. 열매는 회갈색이다. 귀화식물이다.

비교 붉은씨서양민들레(*T. laevigatum*)는 서양민들레에 비해 잎의 가장자리가 더욱 가늘고 불규칙하게 갈라지며 열매가 적갈색을 띤다.

택사/택사과

Alisma canaliculatum A. Braun & C. D. Bouché ☞ canaliculatum 홈이 있는

2024. 07. 18. 경기 양주

꽃차례

꽃

열매

질경이택사

생육형태	전국. 늪, 연못, 느리게 흐르는 하천. 여러 해살이풀, 정수성 수생식물.
땅속줄기	짧고 수염뿌리는 많음.
잎	모여나며 어린잎은 선형, 성숙한 잎은 긴주걱 모양. 잎자루는 길이 10~30cm 정도. 잎몸은 길이 5~25cm, 넓은 피침형 또는 좁은 도란형, 끝은 뾰족하고 아래는 잎몸으로 흐르며 가장자리는 밋밋함. 잎맥은 5~7개.
꽃	7~9월, 1개의 꽃대가 잎 사이에서 나와 곧추서며 높이 20~80cm의 원추꽃차례를 이룸. 꽃잎은 3장, 전체는 흰색이고 아래는 엷은 노란빛을 띰.
열매	수과. 옆으로 납작한 타원형으로 길이 2~3mm이고, 9~10월에 익음.
동정포인트	잎몸이 피침형, 밑부분이 쐐기 모양으로 잎몸과의 경계가 명확하지 않다. 열매의 등쪽 홈이 유사종에 비해 가장 깊게 패인다. 식물구계학적 특정식물 II등급이다.
비교	질경이택사(*A. orientale*)는 잎이 장타원형~타원형이고, 열매의 등 쪽 홈은 얕다.

물질경이/자라풀과

Ottelia alismoides (L.) Pers. ☞ alismoides 택사과 택사속(Alisma)과 유사한

2020. 10. 01. 경기 의왕

꽃

생육모습

열매

잎

생육형태 전국. 늪, 연못, 묵논. 한해살이풀.

잎 뿌리에서 모여나며, 길이 10~25cm, 넓은 난형, 난상 심장형, 가장자리에 주름과 톱니가 있고, 잎맥은 5~9개. 긴 잎자루가 있음.

꽃 7~9월, 흰색 또는 붉은색, 10~30cm의 꽃줄기 끝에 1개씩 피며, 지름 2~4cm. 불염포는 1개로 길이 3~4cm, 통처럼 되며 닭벼슬 같은 날개가 있음. 꽃받침은 3개로 피침형, 꽃잎은 3개로 넓은 도란형이며 길이 1.5~3.0cm. 수술은 6~15개, 암술대는 3개, 끝이 2갈래로 갈라짐.

열매 타원형으로 길이 3.5cm, 10월에 익으며 씨가 많이 들어 있음.

동정포인트 한해살이풀로 잎은 물 속에 잠기고, 꽃은 양성화다. 식물구계학적 특정식물 ॥등급이다.

가래/가래과

Potamogeton distinctus A. Benn. ☞ distinctus 차이가 두드러진

2018. 06. 16. 경기 의왕

꽃

수술(붉은색), 심피(파란색)

잎

열매

가는가래

가는가래 열매

생육형태 전국. 논, 연못, 저수지. 여러해살이풀, 수생식물.

줄기 땅속줄기는 지름 1~2mm, 흰색이고 옆으로 뻗음. 줄기는 길이 10~60cm.

잎 물 속에 잠기는 잎은 선형 또는 피침형으로 길이 2~5cm의 잎자루가 있고, 물 위에 뜨는 잎은 난형 또는 타원형으로 길이 6.5~11cm의 잎자루가 있음. 잎끝은 둥글고 가장자리는 밋밋함. 잎 앞면은 녹색으로 윤이 나며, 뒷면은 노란빛이 도는 녹색.

꽃 6~9월, 잎겨드랑이와 줄기 끝에서 나온 길이 6.5~7.5cm의 이삭꽃차례에 빽빽하게 달림. 수술은 4개, 심피는 2~4개.

열매 수과. 넓은 난형. 등쪽에 좁은 날개가 있음.

동정포인트 꽃은 암술이 먼저 나오고 수분이 된 후 수술이 발달한다. 물 속 잎이 피침형이고 심피는 2~4개다.

비교 가는가래(*P. cristatus*)는 잎이 3~6cm의 좁은 선형이고, 열매의 등쪽에 닭벼슬 같은 돌기가 있다.

천남성/천남성과

Arisaema amurense f. *serratum* (Nakai) Kitag. ☞ serratum 거치가 있는

2011. 06. 05. 경기 파주

꽃

둥근잎천남성

생육형태	전국. 산지의 습한 응달. 한해살이풀, 높이 15~30cm.
뿌리	알줄기(구경 球莖)은 평평한 구형이며 지름 2~4cm, 주위에 작은 구경 2~3개 달림.
잎	줄기에 1~2장이 달리며, 작은잎 3~5장으로 이루어짐. 작은잎은 도란상 피침형 또는 장타원형으로 길이 10~20cm.
꽃	4~6월에 육수꽃차례로 핀다. 불염포는 녹색 또는 어두운 자주색이며, 통부는 길이 5~8cm, 모자처럼 앞으로 꼬부라지고 난상 장타원형으로 끝이 뾰족함.
열매	장과. 옥수수처럼 달리며 9~10월에 붉게 익음.
동정포인트	줄기에 잎은 1-2장이 달리며, 작은잎 3~5장으로 이루어진다.
비교	원종은 둥근잎천남성(*A. amurense*)으로 잎가장자리에 톱니가 없다. 두 종이 같은 지역에 나란히 나기도 한다.

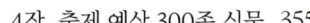

천남성(좌), 둥근잎천남성(우)

앉은부채/천남성과

Symplocarpus renifolius Schott ex Tzvelev ☞ renifolius 잎 모양이 신장 모양인

2004. 03. 28. 경기 의왕

꽃

꽃 확대

생육형태	전국. 산골짜기의 응달. 여러해살이풀.
줄기	땅속줄기는 긴 끈 모양의 수염뿌리가 남.
잎	뿌리에서 여러 장이 나며, 길이와 폭이 30~40cm, 넓은 심장형으로 끝이 둔하거나 둥글며, 밑은 심장형이고 가장자리는 밋밋함.
꽃	3~5월, 잎보다 먼저 피며, 육수꽃차례를 이루고, 꽃차례의 불염포는 난형으로 한쪽으로 열리며, 붉은 갈색 반점이 있거나 녹색임.
열매	장과. 둥글게 모여 달리며 여름에 붉게 익음.

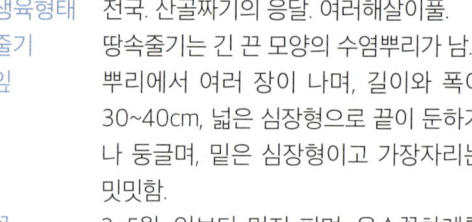

꽃

생육지 전경

잎

동정포인트 잎이 크고(길이 30~40cm), 꽃이 핀 다음에 나오며 열매는 여름에 성숙한다.

비교 애기앉은부채(*S. nipponicus*)는 잎이 소형이고(길이 10~20cm), 잎이 나온 다음에 여름에 꽃이 피고 열매는 그 다음해 6월에 익는다.

새순

애기앉은부채

개구리밥/개구리밥과

Spirodela polyrhiza (L.) Schleid. ☞ polyrhiza 뿌리가 많은

2020. 09. 03. 전북 무주 덕유산

뿌리

군락

개구리밥, 좀개구리밥 비교

좀개구리밥

생육형태 전국. 농경지, 연못, 하천. 한해살이풀, 부유식물로 휴면아를 만들어 겨울을 나며, 다음해에 물 위로 떠올라 번식함.

뿌리 식물체 아랫면 중앙부에서 길이 3~5cm 되는 뿌리가 5~10개 정도 나옴.

엽상체 식물 전체가 하나의 잎처럼 생겼음. 길이는 3~10mm, 너비 3~8mm이며 평평하고 넓은 도란형. 가장자리와 뒷면은 자색을 띠고, 손가락처럼 갈라진 5~10개의 잎맥이 있음. 흔히 식물체 3~5개가 가는 자루로 연결되어 있음.

꽃 7~8월에 하얀색으로, 식물체에 홈이 파여 그 안에서 피며, 거의 관찰되지 않음.

동정포인트 엽상체는 3~10mm 정도의 넓은 도란형이고, 뒷면은 자주빛이 돈다. 5~10개의 뿌리가 있다.

비교 좀개구리밥(*Lemna perpusilla*)은 엽상체의 크기가 1.5~4mm의 넓은 타원형으로 뒷면은 녹색이다. 뿌리는 1개가 나온다.

닭의장풀/닭의장풀과

Commelina communis L. ☞ communis 공통적, 보통의

2024. 06. 12. 전남 진도, 씨(원)

꽃

잎

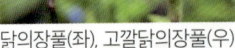

열매

닭의장풀(좌), 고깔닭의장풀(우)

고깔닭의장풀 꽃

고깔닭의장풀 폐쇄화

생육형태 전국. 길가, 농경지, 숲 가장자리 등. 한해살이풀, 높이 15~50cm, 밑부분이 비스듬히 자람.

잎 어긋나며, 길이 5~7cm의 피침형~난상 피침형으로 뒷면에 털이 있거나 없음.

꽃 7~8월에 피고, 포에 싸여 있으며, 하늘색. 외화피 3개는 무색이고 막질이며, 안쪽 3개 중 위쪽의 2개는 둥글고 하늘색이며 지름 6mm이지만 다른 1개는 작고 무색임. 2개의 수술과 꽃밥이 없는 4개의 헛수술이 있음.

열매 삭과. 길이 5~7mm의 타원형.

동정포인트 꽃은 포로 싸이며, 꽃잎은 외측의 2개가 크고 하늘색이며 하나는 무색이다.

비교 고깔닭의장풀(*C. benghalensis*)는 잎이 피침형~난형으로 가장자리가 흔히 물결친다. 폐쇄화가 달린다. 최근 제주도와 남해안을 중심으로 급격하게 번지고 있다.

골풀/골풀과

Juncus decipiens (Buchenau) Nakai ☞ decipiens 위장하여 속이는

2023. 06. 27. 충남 태안

개화기

결실기

길골풀 전초

길골풀 열매

생육형태	전국. 습지, 농경지, 묵논. 여러해살이풀, 높이 30~130cm.
줄기	땅속줄기는 옆으로 뻗으며 마디 사이가 짧고 줄기는 모여나며 곧추섬. 단면은 둥글고 능각이 미약함.
잎	비늘잎은 줄기 아래에 2~4개가 달리고, 길이 4~20cm. 잎은 없고 포는 줄기 끝에 원기둥 모양으로 달림.
꽃	5~6월에 초록빛을 띤 노란색으로 취산꽃차례를 이루어 핌. 화피편은 피침형으로 길이 2~3mm, 끝은 뾰족. 수술은 3개.
열매	삭과. 난형으로 화피편 길이와 길거나 비슷함.
동정포인트	줄기에 능각이 미약하고, 포가 원기둥 모양으로 줄기처럼 생겼다. 수술은 3개, 열매는 3실이다.
비교	길골풀(*J. tenuis*)은 골풀에 비해 꽃차례는 줄기 끝에 나고, 포는 잎 같다. 줄기잎은 없고 뿌리잎만 있다.

꿩의밥/골풀과

Luzula capitata Kom. ☞ capitata 두상꽃차례의

2020. 04. 11. 경기 의왕

꽃

잎

열매

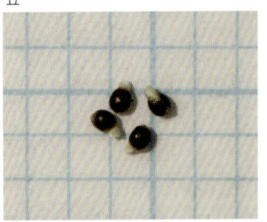
씨(눈금:2mm)

산꿩의밥

산꿩의밥 꽃

생육형태 전국. 산과 들. 여러해살이풀, 높이는 10~30cm.

잎 뿌리에서 모여나고, 길이 7~15cm의 선형으로 끝은 뾰족하고 가장자리는 긴 흰색 털이 있음. 줄기잎은 2~3개로 뿌리잎보다 작고 잎집 상단에 흰색 털이 밀생.

꽃 4~5월에 피고, 꽃줄기 끝에 머리 모양으로 모여 달림. 화피편은 길이 2.5~3.0mm로 6개, 붉은 갈색 또는 검은 갈색이며, 가장자리가 흰색이고 끝이 뾰족함. 수술은 6개, 꽃밥은 장타원형이며, 수술대는 짧음.

열매 삭과. 모난 난형으로 길이 2.5mm.

동정포인트 잎가장자리에 흰색 털이 밀생하고, 포는 꽃차례보다 길다. 두상꽃차례가 보통 1개씩 달리고 대형이다.

비교 산꿩의밥(*L. multiflora*)는 두상꽃차례가 꿩의밥에 비해 소형이고 여러 개가 산형상 또는 취산상으로 달리며, 잎 모양의 포가 꽃차례보다 짧다.

통보리사초/사초과

Carex kobomugi Ohwi ☞ kobomugi 통보리사초의 일본명에서 유래

피자식물

멸II
특산
II
적색
귀화
교란
기후

2015. 04. 30. 경기 화성

암꽃이삭

암꽃이삭 확대

수꽃이삭

군락

천일사초

천일사초 이삭

생육형태   전국. 해안가 모래땅. 여러해살이풀, 높이 10~20cm.

줄기   땅속줄기는 옆으로 길게 뻗음.

잎   뿌리에서 사방으로 퍼지고 길이 10~30cm, 윤채가 나는 가죽질. 가장자리에 잔톱니가 있고 엽초는 약한 갈색이며 섬유 같이 갈라짐.

꽃   4~5월에 줄기 끝에 이삭꽃차례로 달리며, 수꽃과 암꽃은 따로 피고, 드물게 암수한그루. 이삭은 줄기 끝에 하나씩 달리고, 원기둥형.

열매   수과. 평평한 삼릉형으로 5~6월에 익음.

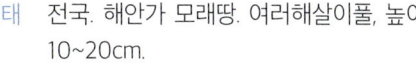

동정포인트   암수딴그루(간혹 암수한그루)이며 대형의 작은이삭이 줄기 끝부분에 1개씩 달린다. 식물구계학적 특정식물 II등급이다.

비교   천일사초(*C. scabrifolia*)는 해안가 습지에 자라며 잎의 너비가 1.5~3cm로 가늘고 암꽃이삭은 1~2개로 적게 달린다.

대사초/사초과

Carex siderosticta Hance ☞ siderosticta 검푸른 점이 있는

2020. 05. 28. 경남 거창

꽃차례

꽃차례

털대사초

털대사초 꽃차례

지리대사초

반들대사초

생육형태 전국. 산지. 여러해살이풀, 높이 10~40cm

잎 길이 10~30cm, 폭 1~3cm인 넓은 피침형으로 5~6장이 모여남.

꽃 4~5월에 피며, 작은이삭 4~8개가 성글게 붙어 이삭꽃차례를 이룸. 작은이삭은 길이 1~2.5cm의 원통 모양으로 윗부분에 수꽃, 아래에 암꽃이 피고, 암꽃의 비늘조각은 난상으로 끝이 뾰족하며 가장자리 위는 흰색 막질.

열매 삭과. 모난 난형으로 길이 2.5mm.

동정포인트 과낭은 타원형이고 세모나며, 윗부분은 짧은 부리 모양이다. 수과는 타원형이다.

비교 털대사초(*C. ciliatomarginata*)는 잎이 좁은 피침형으로 가장자리에 긴 털이 있으며 과포에 털이 있다. 지리대사초(*C. okamotoi*)는 잎이 넓은 선형이며 늘어진 것처럼 보이고 뒷면이 희다. 반들대사초(*C. splendentissima*)는 잎이 도피침형이나 도란형으로 털이 없고 광택이 난다.

솔방울고랭이/사초과

Scirpus Karuizawensis Makino ☞ karuizawensis 일본의 지명

2015. 07. 27. 경기 용인

전초

겨울 모습

꽃차례

방울고랭이

생육형태 전국. 물가, 산지 습지. 여러해살이풀, 높이 80~150cm.

줄기 한군데서 여러 대가 나오고 단면은 삼각형.

잎 평평하거나 안으로 약간 접혀지며 너비 2~5mm, 가장자리와 뒷면 주맥이 거칠며 엽초는 헐겁게 줄기를 감쌈.

작은이삭 길이 4~5mm의 장타원형~장타원상 난형이고 끝이 둥글고 비늘조각은 피침형~장타원상 난형이며 녹갈색~황갈색임. 화피편은 6개이고 열매보다 길며 심하게 구불거림.

열매 수과. 눌린 삼릉형으로 9~10월에 익음.

동정포인트 잎이 너비 2~5mm로 좁고 작은이삭의 비늘조각이 너비 1.5mm 이상으로 넓다.

비교 방울고랭이(*S. wichurae*)는 솔방울고랭이에 비해 잎이 보다 넓고(8~15mm), 작은이삭이 둥글고 꽃차례에 보다 성기게 달린다.

새/벼과

Arundinella hirta (Thunb.) Tanaka

2015. 09. 26. 경북 안동

작은이삭

털새 꽃차례

생육형태	전국. 산지의 비탈, 숲 가장자리. 여러해살이풀, 높이 50~120cm.
잎	너비 2~5mm의 납작한 선형. 잎집과 잎에 흔히 털이 있으나 간혹 없기도 함.
꽃	8~10월, 전체 꽃차례에는 원추형으로 많은 가지가 달리며, 가지는 다시 갈라짐. 작은이삭은 쌍으로 달리고 가지의 축에 밀착해 달림. 하나의 작은이삭에는 수꽃과 양성화가 각각 하나씩 들어 있음.
열매	9~10월에 익음.

동정포인트 높이 50~120cm로 잎은 너비 2~5mm의 선형이다. 작은이삭은 꽃차례의 가지축에 밀착해서 달린다.

비교 털새(var. *ciliata*)는 작은이삭이 가지의 축에서 벌어지는 것으로 구분하지만 동일종으로 보는 견해도 있다.

털새

오리새/벼과

Dactylis glomerata L. ☞ glomerata 공 모양으로 된, 모인

2017. 05. 26. 강원 고성

꽃차례

잎

꽃가루 산포 모습

군락

생육형태 유럽과 서아시아 원산, 전국. 길가, 강둑, 강기슭. 여러해살이풀, 높이 30~100cm.

잎 어긋나며, 길이 15~30cm, 선형으로 끝은 뾰족함. 잎집은 등 부분이 용골로 되며, 잎혀는 삼각형으로 막질이고 길이 5~10mm.

꽃 5~8월, 원추꽃차례를 이루며, 흰빛이 도는 녹색을 띔. 작은이삭은 2~4개의 낱꽃으로 이루어져 있으며, 가지 끝에 몰려 밀집함.

열매 영과, 7~9월에 익음.

동정포인트 꽃차례 끝에 작은이삭이 모여나며, 작은이삭은 눌린 듯 납작하며 낱꽃이 빽빽하게 달린다. 용골에 돌기가 있어 까락처럼 돌출한다. 귀화식물이다.

억새/벼과

Miscanthus sinensis Andersson ☞ sinensis 중국의

2017. 05. 26. 강원 고성 / 2017. 10. 31. 경기 수원

억새(좌), 물억새(우) 화살표는 억새의 까락

물억새

생육형태	전국. 산과 들. 여러해살이풀, 높이 1~2m.
땅속줄기	굵으며 옆으로 뻗음.
잎	밑부분이 원줄기를 완전히 둘러싸고 폭 1~2cm로서 선형, 가운데 흰색 잎맥이 뚜렷하고 털이 있는 것도 있음. 잎표면은 녹색, 가장자리에는 딱딱한 잔톱니가 있음.
꽃차례	가지가 5~20개이고 손바닥 모양으로 비스듬히 남. 작은이삭은 길이 4~6mm, 2개의 낱꽃으로 이루어져 있고 1포영과 2포영은 길이가 비슷함. 호영의 등쪽에 까락이 발달해서 작은이삭 바깥으로 나옴.
열매	9~10월에 익음.
동정포인트	땅속줄기가 짧고 줄기가 모여나며, 작은 이삭 기부의 털이 작은이삭보다 1~2배로 길고, 까락이 작은이삭 밖으로 길게 나온다.
비교	물억새(*M. sacchariflorus*)는 땅속줄기가 길며, 줄기는 한 대씩 나고, 잎은 조금 부드러우며, 소수에 까락이 없으므로 구분된다.

주름조개풀/벼과

Oplismenus undulatifolius (Ard.) Roem. & Schult. ☞ undulatifolius 잎이 물결치는

2011. 08. 20. 경기 안양

잎

열매

소수

꽃차례

조개풀

생육형태 전국. 산지 그늘. 여러해살이풀, 높이 10~30cm.

잎 어긋나며 2줄로 배열되고, 아랫부분은 줄기를 감싸듯 하며 평평함. 잎자루 및 꽃차례는 털이 있음. 잎혀는 매우 짧으며 가장자리에 털이 있음.

꽃 7~9월에 피는데 꽃차례는 가지가 갈라지며 작은이삭이 밀착함. 작은이삭은 길이 3mm 정도로서 대가 거의 없으며 짧은 털이 있음. 포영은 까락이 있고 둘째 것은 보다 길며 3맥이 있음.

열매 영과. 10월에 열매를 맺음.

동정포인트 산지 그늘에 자라며 어긋나는 잎의 가장자리에 주름이 잡힌다. 까락에 점액질이 있어 옷 등에 잘 붙는다.

비교 조개풀(*Arthraxon hispidus*)은 습한 풀밭, 논두렁에 자라며, 잎은 좁은 난상이다. 꽃차례가 손바닥 모양으로 갈라지고 녹색 또는 자갈색이다.

물참새피/벼과

Paspalum distichum L. ☞ distichum 2열로 나는

2024. 08. 03. 제주도

꽃차례

잎

어린 열매

줄기가 뻗는 모습

생육형태 전국. 저수지, 습지, 하천. 여러해살이풀, 높이 20~50cm.

줄기 곧게 자라며, 기는줄기는 옆으로 뻗으며 마디에서 수염뿌리가 내림.

잎 어긋나기, 잎집은 털이 없고 마디 사이보다 짧음. 잎혀는 길이 1~2mm. 잎몸은 피침형, 길이 5~10cm, 폭 5~8mm.

꽃차례 6~9월, 줄기 끝에 2개의 총상꽃차례가 달리며 작은이삭은 장타원형, 길이 3mm, 연녹색. 첫 번째 낱꽃은 불임, 두 번째 낱꽃은 양성. 암술머리는 짙은 자주색이며 꽃밥은 길이 1.5mm. 7~10월에 개화하며 결실함.

동정포인트 기는줄기는 옆으로 뻗으며 마디에서 수염뿌리가 내린다. 꽃차례는 줄기 끝에 2개의 총상꽃차례가 달리고, 암술머리와 꽃밥은 짙은 자주색이다. 귀화식물이며, 생태계교란 식물이다.

비교 물참새피(var. *indutum*)는 잎집과 마디에 긴 털이 밀생한다.

368

Pennisetum alopecuroides (L.) Spreng. ☞ alopecuroides 벼과 뚝새풀속(Alopeculus)과 비슷한

2015. 08. 21. 경북 안동

꽃차례

꽃차례

생육형태	전국. 산지 그늘. 여러해살이풀, 높이는 30~80cm.
잎	선형으로 평평하며, 길이 30~60cm, 폭 5~8mm 정도, 약간의 털이 있고, 중간쯤에서 아래로 늘어짐.
꽃	8~9월, 길이 15~25cm, 이삭꽃차례는 원주형이고 흑자색. 작은이삭은 길이 5mm 정도이고 작은이삭의 대는 길이가 1mm 정도로서 엽축과 함께 털이 밀생하며, 작은 가지에는 한 개의 양성화와 수꽃이 달림.
열매	영과. 10월에 열매를 맺음.

동정포인트 원통형의 꽃차례에 까락 같은 긴 털이 있다. 털의 색에 따라 여러 품종으로 나누기도 한다.

긴 털이 자색인 품종

겨울 모습

이대/벼과

Pseudosasa japonica (Siebold & Zucc. ex Steud.) Makino ex Nakai

2016. 05. 05. 전남 고흥

줄기

잎

왕대 줄기

왕대 잎

조릿대

조릿대 꽃차례

생육형태 중남부, 해안가 민가 근처, 낮은 산지. 목본성 여러해살이풀, 높이 1~5m.

줄기 땅속줄기는 마디가 촘촘하며 길게 뻗고, 줄기는 곧게서거나 옆으로 늘어지기도 함. 원줄기는 마디간격이 길고, 초상엽은 숙존성. 가지는 마디에서 한 개씩 달리고, 다시 갈라지기도 함.

잎 가지 끝에 2~10개씩 나고, 긴 피침형이며 길이 15~37cm, 폭 1~4cm.

꽃 원추꽃차례는 잔털이 있고 자주빛이 돌며 소수는 5~10개의 꽃으로 됨. 꽃은 여름부터 가을까지 피는데 일생에 단 한 번 핌.

동정포인트 높이 1~5m로 자라며, 초상엽은 숙존성, 견모는 조락성이다.

비교 왕대(*Phyllostachys bambusoides*)는 견모가 옆으로 강하게 퍼지고 마디의 고리 모양은 2개다. 조릿대(*Sasa borealis*)는 높이 1~2m로 잎은 가지 끝에 2~3개씩 나고 견모가 없다.

큰기름새/벼과

Spodiopogon sibiricus Trin. ☞ sibiricus 시베리아의

2019. 09. 25. 대구

꽃차례

꽃

잎

잎혀 및 잎가장자리

기름 성분

뿌리

생육형태	전국. 산지 풀숲, 길가, 들판. 여러해살이 풀.
줄기	인편으로 덮인 짧은 땅속줄기를 냄. 줄기는 곧추서고 높이 80~120cm.
잎	선형이고 평평하며 길이 20~40cm, 폭 5~15mm. 잎혀는 길이 1~2mm, 갈색의 막질.
꽃	원추꽃차례는 길이 15~25cm, 갈라진 가지에 2~4개의 마디가 있고 마디에 2개의 작은이삭이 달리는데 하나는 자루가 있고 다른 하나는 자루가 없음. 작은이삭은 좁은 난상, 길이 4.5~6mm, 밑에는 길이 2mm 정도의 털이 있음.

동정포인트 잎은 흰색의 주맥이 뚜렷하고, 가장자리에 날카로운 털이 있어 까끌거린다. 꽃차례는 처지지 않고 가지는 비스듬히 위로 선다. 꽃차례에 기름 성분이 생겨 미끈거린다.

줄/벼과

Zizania latifolia (Griseb.) Turcz. ex Stapf ☞ latifolia 잎이 넓은

2015. 08. 19. 충북 음성

꽃차례

암꽃

수꽃

잎

겨울 모습

생육형태
줄기 전국. 하천, 습지, 물웅덩이. 여러해살이풀 땅속줄기는 굵고 옆으로 뻗음. 곧게 자라며 높이 80~200cm.

잎 잎몸은 선형, 길이 80~100cm, 폭 2~3cm, 끝은 점차 뾰족해짐. 잎집은 마디 사이보다 길고 잎혀는 길이 10~15mm, 흰색 막질.

꽃 8~9월에 길이 30~60cm의 원추꽃차례에 달리며 꽃차례 윗부분에는 암꽃, 아래에는 수꽃이 달림. 수꽃 작은이삭은 피침형이고 길이 8~12mm, 수술은 6개, 꽃밥은 길이 6~10mm. 암꽃 작은이삭은 길이 18~25mm, 길이 2~3mm의 까락이 있음.

열매 영과. 장타원형, 길이 10mm 정도이고, 9~10월에 결실함.

동정포인트 식물체가 대형이고, 꽃차례의 윗부분에는 암꽃, 아래에는 수꽃이 달린다.

흑삼릉/흑삼릉과

Sparganium erectum L. ☞ erectum 직립하다

2014. 06. 07. 강원 영월

꽃차례

잎

암꽃

수꽃

열매

생육형태 전국. 농경지, 하천, 호수. 여러해살이풀, 높이 1m.

잎 길이 80~110cm, 폭은 0.8~1.5cm이고 잎의 기부는 줄기를 감쌈. 잎의 단면은 삼각형.

꽃 6~7월에 줄기의 위쪽 잎겨드랑이에서 나온 가지에 머리모양꽃 여러 개가 총상꽃차례를 이루어 피고 꽃색은 노란빛이 도는 녹색. 꽃차례의 아래쪽에는 암꽃이삭이, 위쪽에는 수꽃이삭이 달림. 화피는 3장, 수술은 3개, 암술은 1개.

열매 집합핵과. 도란상이고 능각이 있음.

동정포인트 꽃차례는 옆가지가 3~7개이며, 암꽃차례는 자루가 없고 암술머리가 길이 3~4mm로 길다. 식물구계학적 특정식물 Ⅲ등급이다.

애기부들/부들과

Typha angustifolia L. ☞ angustifolia 잎의 폭이 좁은

2018. 06. 30. 경기 의왕

암꽃

열매

땅속줄기

부들

큰잎부들

꼬마부들

생육형태 전국. 강, 하천, 연못. 여러해살이풀, 높이 1.2~2m. 땅속줄기가 옆으로 길게 뻗음.

잎 선형, 길이 80~130cm, 폭 0.8~1.5cm, 가장자리는 밋밋하고, 밑부분은 잎집으로 되어 줄기를 감쌈.

꽃 6~7월에 기둥 모양의 육수꽃차례에 피며, 노란색. 암꽃이삭과 수꽃이삭은 2~6cm 떨어져 자람. 암꽃이삭은 아래쪽에 달리며, 수꽃이삭은 위쪽에 붙음. 꽃은 화피가 없고, 아래쪽에 흰 털이 있음. 수꽃에는 꽃밥이 3개 있음.

열매 열매이삭은 긴 기둥 모양, 길이 8~30cm, 7월에 붉은 갈색으로 익음.

동정포인트 암꽃이삭과 수꽃이삭이 떨어져 있고, 암꽃에 작은 포가 있다.

비교 부들(*T. orientalis*)은 잎 폭이 6~10mm, 암꽃이삭과 수꽃이삭이 붙어 있다. 큰잎부들(*T. latifolia*)은 잎 폭이 2~3cm, 암꽃이삭과 수꽃이삭이 붙어 있다. 꼬마부들(*T. laxmannii*)은 전체가 소형이고 암꽃차례의 길이가 3~6cm로 짧다.

물옥잠/물옥잠과

Monochoria korsakowii Regel & Maack ☞ korsakowii 채집가 korsakow의

2017. 09. 01. 경기 화성

꽃

잎

열매

생육 모습

물달개비 꽃

물달개비 열매

생육형태 전국. 농경지, 하천, 호수. 여러해살이풀, 높이 20~50cm.

줄기 곧추서나 스펀지 같은 구멍이 많아 쉽게 부러지며, 가지가 갈라지지 않음.

잎 어긋나며, 심장형, 길이와 폭 4~15cm, 가장자리가 밋밋하고 끝이 뾰족함.

꽃 8~10월에 줄기 끝에서 총상꽃차례로 달리며, 푸른 보라색, 지름 2.5~3.0cm. 꽃차례는 길이 5~15cm, 화피편은 6장, 수평으로 퍼지며, 타원형.

열매 삭과. 난상 장타원형, 길이 1cm쯤, 끝에 암술대가 남아 있음.

동정포인트 잎은 심장형으로 밑은 뚜렷한 심장 모양, 꽃자루가 길다. 열매는 난상 장타원형이다. 식물구계학적 특정식물 II등급이다.

비교 물달개비(*M. vaginalis*)는 잎이 넓은 피침형~삼각상 난형이고, 꽃자루는 짧고 개화 후 꽃줄기가 구부러진다. 열매는 타원형이다.

산달래/백합과

Allium macrostemon Bunge ☞ macrostemon 수술이 길다

2019. 06. 13. 서울 북한산

꽃차례의 주아

잎

전초

달래 잎

달래 꽃

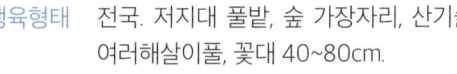

생육형태	전국. 저지대 풀밭, 숲 가장자리, 산기슭. 여러해살이풀, 꽃대 40~80cm.
비늘줄기	구형으로 지름 1.2~2.8cm, 때때로 조그만 비늘줄기가 달리기도 하며, 흰색 막질이 덮고 있음.
잎	뿌리에서 3~5장이 달리며, 길이 21~55cm, 잎집은 17~38cm, 잎을 자른 면은 반원형.
꽃	5~6월, 하얀색 또는 연한 분홍색이며 뿌리에서 곧추서서 나온 꽃줄기 끝에 둥근 산형 꽃차례로 피고, 꽃자루는 길이 1.5~2.0cm. 화피는 6장이며, 난상 장타원형, 길이는 4~5mm, 너비는 1.5~2.0mm.
열매	삭과. 세모진 심장형.
동정포인트	달래에 비해 대형이고 잎은 꽃대보다 짧고 단면은 반원형, 꽃차례에 꽃과 살눈이 많이 달린다.
비교	달래(*A. monanthum*)는 산달래에 비해 소형이고(높이 5~12cm), 잎의 단면은 초승달 모양. 꽃은 꽃대 끝에 1~2개가 달린다.

산부추/백합과

Allium thunbergii G. Don ☞ thunbergii 스웨덴의 식물학자 Thunberg의

2010. 10. 01. / 2011. 09. 24. 출처:국립생물자원관

꽃 출처:국립생물자원관

참산부추 2019. 10. 09. 서울 북한산

생육형태 해발고도 1,300m 정도의 높은 산지의 건조한 능선부나 경사진 바위 지대. 여러해살이풀.

잎 선형, 길이 20~50cm, 폭 0.3~0.7cm, 꽃줄기보다 짧고 잎을 자른 면은 삼각형, 속이 차 있음. 잎집은 7~22cm 정도.

꽃 8~10월에 꽃줄기 끝에서 둥근 산형꽃차례로 달리며, 자주색. 꽃줄기는 높이 45~100cm로 둥글고 꽃자루는 1.0~2.2cm.

열매 삭과. 9~10월에 익음.

동정포인트 산부추는 비교적 높은 산지의 능선부나 경사진 바위지대에 주로 분포하며, 꽃대와 엽초가 참산부추보다 짧게 생장한다. 참산부추는 건조한 숲의 가장자리나 낮은 구릉지에 주로 생육하며, 화경과 엽초가 지상 위로 길게 발달한다(최, 2009).

비짜루/백합과

Asparagus schoberioides Kunth ☞ schoberioides 명아주과 Schoberia와 비슷한

2018. 05. 21. 강원 영월

꽃봉오리

방울비짜루 꽃

천문동(좌), 방울비짜루(우)

열매

방울비짜루 열매

천문동 열매
출처:국립생물자원관

생육형태	전국. 산지의 풀밭. 여러해살이풀, 높이 50~100cm.
줄기	곧추서며 가지가 많이 갈라짐. 잎처럼 생긴 가지는 3~7개가 모여 직각으로 나며, 좁은 선형으로 길이 0.5~2.0cm, 초승달처럼 휘고, 끝은 가시 같음.
잎	퇴화되어 막질의 흔적상으로 남음.
꽃	암수딴그루, 5~6월, 줄기와 1차 가지의 마디에서 2~4개씩 다닥다닥 붙어 달리며, 노란빛이 도는 녹색으로, 길이 2~3mm. 꽃자루는 길이 1~2mm로서 매우 짧음.
열매	장과. 지름 5~6mm로 둥글며, 6~7월에 붉은색으로 익음.
동정포인트	잎 모양의 가지가 낫처럼 휘고 약간 각이 진다. 꽃은 작고 꽃자루가 짧다.
비교	방울비짜루(*A. oligoclonos*)는 꽃이 종형으로 크고 꽃자루는 길다(12mm). 열매는 7~9mm이다. 천문동(*A.cochinchnensis*)은 꽃자루 중앙에 관절이 있고 열매(길이 3~4mm)는 흰색으로 익는다.

은방울꽃/백합과

Convallaria keiskei Miq. ☞ keiskei 일본의 식물학자

2015. 05. 14. 강원 홍천

꽃

열매

잎

새순

생육형태	전국. 숲 속 또는 양지바른 초지. 여러해살이풀, 높이 20~35cm.
땅속줄기	옆으로 뻗고, 수염뿌리가 많음.
잎	2~3장이 아래쪽에서 나며, 길이 12~18cm, 장타원형 또는 넓은 타원형으로 끝이 뾰족함. 잎 앞면은 짙은 녹색이며, 뒷면은 흰빛이 도는 녹색.
꽃	4~5월에 지름 5mm 정도, 흰색으로 꽃줄기 위쪽에 총상꽃차례에 달림. 꽃은 조금 구부러진 꽃줄기에 10여 개가 땅을 향함. 꽃차례의 꽃싸개잎은 선형. 꽃자루는 길이 6~12mm.
열매	장과. 둥글고 지름 6mm, 5~6월에 붉게 익음.
동정포인트	잎은 2~3장이 아래쪽에서 나며, 꽃은 긴 총상꽃차례를 이룬다. 꽃은 넓은 종 모양이고 땅을 향해 핀다.

애기나리/백합과

Disporum smilacinum A. Gray ☞ smilacinum 땅속줄기로 번식하는

2019. 04. 29. 서울 북한산

꽃

큰애기나리

잎. 앞(위), 뒤(아래)

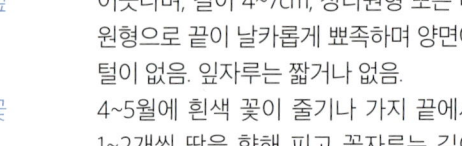

열매

땅속줄기가 뻗는 모습

생육형태 전국. 숲 속. 여러해살이풀, 높이는 15~35 cm 정도.

줄기 비스듬히 서며 드물게 가지가 갈라짐.

잎 어긋나며, 길이 4~7cm, 장타원형 또는 타원형으로 끝이 날카롭게 뾰족하며 양면에 털이 없음. 잎자루는 짧거나 없음.

꽃 4~5월에 흰색 꽃이 줄기나 가지 끝에서 1~2개씩 땅을 향해 피고 꽃자루는 길이 1.0~1.5cm. 화피편은 길이 11~13mm, 폭 2~4mm의 넓은 피침형 또는 피침형으로 넓게 벌어짐.

열매 장과. 5월에 검게 익음.

동정포인트 화피편은 흰색이고 작으며, 수술보다 조금 길다. 수술대는 꽃밥 길이의 2배, 씨방은 난상으로서 암술대의 절반 길이이다.

비교 큰애기나리(*D. viridescens*)는 애기나리에 비해 대형이고, 흔히 가지가 갈라진다. 꽃은 연한 녹색이며, 꽃밥과 씨방은 수술대, 암술대와 거의 같은 길이이다. 씨방은 거의 구형이다.

윤판나물/백합과

Disporum uniflorum Baker ☞ uniflorum 꽃이 하나인

2011. 04. 17. 경기 안산(식재)

꽃

잎

전초

윤판나물아재비
출처:국립생물자원관

생육형태	전국. 숲 속, 들판. 여러해살이풀, 높이는 30~50cm.
줄기	땅속줄기는 짧음. 줄기는 곧추서며, 위쪽에서 가지가 갈라짐.
잎	어긋나며, 길이 5~18cm, 긴 난형 또는 장타원형, 끝이 뾰족하고 가장자리에 톱니가 없고 잎자루는 거의 없음.
꽃	4~5월에 가지 끝에서 2~3개씩 땅을 향해 달리며, 노란색으로 길이 2.0~2.5cm. 화피는 6장이며, 주걱 모양이고 모여서 통 모양을 이룸.
열매	장과. 긴 구형이고 지름 1cm 정도, 5월에 검게 익음.
동정포인트	꽃은 진한 노란색으로 화피는 끝이 둥글고 주걱 모양이며, 열매는 긴 구형이다.
비교	윤판나물아재비(*D. sessile*)는 꽃이 흰색으로 끝 부분이 녹색을 띠고 끝이 뾰족하다. 울릉도, 제주도, 가거도에 분포한다.

얼레지/백합과

Erythronium japonicum Decne.

2019. 05. 11. 강원 태백

꽃

어린 잎

군락

열매

생육형태	전국(제주 제외), 숲 속 약간 축축한 양지. 여러해살이풀, 높이 20~25cm.
땅속줄기	20cm 정도로 길며, 그 밑에 비늘줄기가 달리며, 비늘줄기는 긴 난형, 길이 5~6cm에 지름 1cm, 흰색.
잎	꽃줄기 밑에 보통 2개가 달리며, 길이 6~12cm, 장타원형 또는 좁은 난형으로 가장자리가 밋밋함. 잎 앞면은 자주색 반점이 보통 있지만 없는 경우도 있음.
꽃	4~5월에 높이 15cm쯤 되는 꽃줄기 끝에 1개씩 피며, 밑을 향하고, 붉은 보라색. 화피는 6장이며, 길이 5~6cm, 폭 0.5~1.0cm, 끝이 뒤로 말리고, 안쪽 밑부분에 자주색 무늬가 W자 모양으로 있음.
열매	삭과. 6~7월에 익고 3개의 능선이 있음.
동정포인트	잎은 2장씩 마주보는 것처럼 달리고, 화피가 크고 화려하며, 뒤로 젖혀진다. 꽃잎이 흰색인 품종을 흰얼레지(f. *albiflorum*)라고 한다.

처녀치마/백합과

Heloniopsis koreana S. Fuse, N.S. Lee & M.N. Tamura

피자식물

멸 Ⅱ
특산
Ⅱ
적색
귀화
교란
기후

2019. 04. 11. 서울 북한산

꽃

잎

열매

열매 시기

숙은처녀치마ⓒ김현진

생육형태	전국(제주 제외), 산지 응달. 여러해살이 풀.
잎	아래쪽에서 자라는 잎은 길이 8~20cm, 끝부분은 뾰족하고, 가장자리는 물결 모양이며 양면에 털이 없음.
꽃	4월에 분홍색 또는 보라색의 꽃이 3~10 개씩 모여 총상꽃차례에 달림. 꽃잎은 6 장이고 선형. 수술은 6개, 수술대는 화피 보다 길게 나옴.
열매	삭과. 열매 시기에는 꽃대가 1m 가까이 길 어짐. 열매는 마른 화피로 싸여 있고 3개의 능선이 있음. 씨는 선형이고 8월에 익음.
동정포인트	잎은 주걱형으로 가장자리가 약간 물결 모양이다. 화피 아래쪽에 주머니가 없다. 특산식물, 식물구계학적 특정식물 Ⅱ등급 이다.
비교	숙은처녀치마(*H. tubiflora*)는 잎이 긴 도 피침형으로 가장자리가 밋밋하고, 화피 아래쪽에 주머니가 있다.

백운산원추리/백합과

Hemerocallis hakuunensis Nakai ☞ hakuunensis 백운산에 생육하는

2022. 07. 05. 경기 수원

꽃

잎과 뿌리

열매

씨

원추리 꽃과 야생화된 모습

생육형태 전국(제주 제외), 숲 속 약간 축축한 양지. 여러해살이풀.

뿌리 땅속줄기는 없으며 뿌리 끝부분이 많이 부풀어 있음.

잎 선형이고 길이는 51~106cm, 폭 1~3cm이며, 잎끝은 뾰족함.

꽃 6~7월, 진한 노란색으로 피며 3~14개가 총상꽃차례에 달리고, 작은꽃자루는 5.0cm 이상으로 길며, 3회 이상 가지가 깊게 갈라짐. 꽃에 향기가 없으며 주간 개화형.

열매 삭과. 3릉형 타원체. 씨는 능형이며 광택이 있고 검은색을 띰.

동정포인트 뿌리는 부분적으로 약간 굵어지며, 잎은 선형으로 너비 1~3cm. 꽃은 꽃대 윗부분에 2~3회 갈려 띄엄띄엄 붙고 진한 노란색이며, 화관은 길이 10cm 이하. 우리나라 특산종이며 가장 흔하게 분포하는 종이다.

비교 원추리(*H. fulva*)는 중국원산 원예종으로 야생화되어 있다.

털중나리/백합과

Lilium amabile Palib. amabile 사랑스러운, 귀여운

2021. 06. 19. 충남 공주

꽃

잎

씨

열매

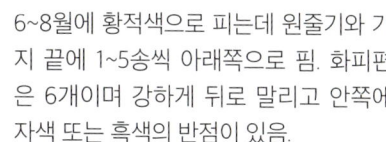

노랑털중나리

생육형태	전국. 산지. 여러해살이풀, 높이 1m, 전체에 잔털이 있음.
비늘줄기	길이 2.5cm, 지름 2~3cm가량의 긴 난형.
잎	어긋나고 피침형이며 끝이 뭉툭하거나 날카롭고 양면에 잔털이 있으며, 잎자루가 없고 위로 갈수록 작아짐.
꽃	6~8월에 황적색으로 피는데 원줄기와 가지 끝에 1~5송이씩 아래쪽으로 핌. 화피편은 6개이며 강하게 뒤로 말리고 안쪽에 자색 또는 흑색의 반점이 있음.
열매	삭과. 도란상 타원형으로 상부가 약간 파여 있음.
동정포인트	잎이 선형 또는 피침형이고 전체에 회색을 띠는 잔털이 밀생한다.
비교	화피편이 노란색으로 피는 변종을 노랑털중나리(var. *flavum*)라 한다.

솔나리/백합과

Lilium cernuum Kom. ☞ cernuum 앞으로 굽은

2013. 07. 13. 강원 삼척 ©이호

2022. 07. 27. 경북 영주

꽃

잎

열매

생육형태	경남 이북, 고산지대 숲, 풀밭. 여러해살이풀, 높이 30~80cm.
비늘줄기	땅속줄기는 희고 긴 난형으로 조각이 촘촘하게 붙음.
잎	어긋나기, 가는 선형으로 길이 4~18cm, 줄기 가운데 부분에 촘촘히 붙음. 털과 잎자루는 없음.
꽃	7~8월에 줄기 끝에서 1~6개씩 옆이나 밑을 향해 달리며, 분홍색 또는 붉은 보라색, 드물게 흰색. 꽃자루는 5~15cm. 화피는 6장, 피침형이며 뒤로 젖혀짐. 화피 안쪽에 자주색 반점이 있음.
열매	삭과. 넓은 난상으로 3개로 갈라지며 갈색 씨가 나옴.
동정포인트	잎은 가는 선형으로 소나무 잎과 비슷하고, 꽃은 흔히 분홍색이다. 식물구계학적 특정식물 IV등급이며, 적색목록 관심대상(LC)종이다.

참나리/백합과

Lilium lancifolium Thunb. ☞ lancifolium 잎 모양이 피침형인

2018. 07. 04. 충남 예산

꽃

잎

열매

주아

잎

생육형태 전국. 풀밭, 해안가, 하천가, 숲 가장자리. 여러해살이풀, 높이 1~2m, 암자색의 반점이 있고 어릴 때는 흰색의 솜털이 있음.

비늘줄기 흰색, 둥근 모양, 지름 5~8cm.

잎 어긋나며, 길이 5~20cm의 피침형으로 짙은 녹색이며 촘촘히 붙음. 잎겨드랑이에 짙은 갈색의 둥근 살눈이 달리며 잎자루는 없음.

꽃 7~8월에 줄기 끝에서 4~20개씩 달리며, 조금 밑을 향하고, 노란빛이 조금 도는 붉은색, 향기가 없음. 화피는 피침형으로 뒤로 젖혀지고, 안쪽에 검붉은 반점이 많음.

열매 삭과. 길이 3~4cm의 긴 난형으로 8월에 익음.

동정포인트 백합속(*Lilium*) 식물 중에서 가장 흔한 종류로 잎겨드랑이에 살눈이 생긴다.

맥문동/백합과

Liriope platyphylla F.T. Wang & T. Tang ☞ platyphylla 넓은 잎의

2006. 08. 27. 서울(식재)

꽃

열매

잎

개맥문동

생육형태	전국. 숲 속 그늘진 곳. 상록성 여러해살이 풀, 높이 30~50cm.
땅속줄기	짧고 굵으며, 굵은 수염뿌리가 많음. 기는 줄기는 없음.
잎	뿌리에서 모여나며, 길이 30~50cm, 진한 녹색으로 납작한 선형이며, 끝이 뾰족하고 끝부분이 아래로 처짐. 잎 앞면은 윤기가 나며, 잎맥이 11~15개 있음.
꽃	5~8월에 잎 사이에서 난 길이 30~50cm의 꽃줄기 위쪽에 총상꽃차례로 달리며, 연한 자주색. 꽃차례는 길이 8~12cm, 꽃이 촘촘히 달림. 꽃자루는 2~5mm, 위쪽에 마디가 있음.
열매	장과. 둥글고 7~8월에 검게 익음.
동정포인트	기는 줄기가 없고 꽃대에 능선이 없으며, 잎이 넓고 꽃이 밀생한다.
비교	개맥문동(*L. spicata*)은 가늘고 긴 기는줄기가 있고, 잎 폭은 4~8mm로 좁고 꽃대에 둔한 능선이 있고, 꽃은 드문드문 달린다.

풀솜대/백합과

Maianthemum japonicum (A. Gray) La Frankie

2019. 06. 08. 강원 태백

꽃

잎

열매

뿌리

전초

자주솜대

생육형태	전국. 숲 속. 여러해살이풀.
땅속줄기	통통하며, 지름 7~10mm, 길고 옆으로 뻗음.
줄기	줄기는 곧추 서거나 위쪽에서 비스듬하게 기울어지며, 높이 20~60cm, 위로 갈수록 털이 많음.
잎	5~7장이 2줄로 어긋나며, 길이 6~15cm, 난상 타원형 또는 장타원형으로 짧은 잎자루가 있으며, 끝이 뾰족하고 양면에 털이 있음.
꽃	4~6월에 줄기 끝의 겹총상꽃차례에 많이 달리며, 작고 흰색. 꽃차례는 털이 많음. 꽃자루는 길이 2~5mm.
열매	장과. 둥글고 지름 5~6mm, 8~9월에 붉게 익음.

동정포인트	전체에 털이 많고, 꽃은 흰색으로 4~6월에 핀다. 겹총상꽃차례로 달린다.
비교	자주솜대(*M. bicolor*)는 전체에 털이 거의 없다. 꽃은 연녹색으로 피어 자주색으로 변하며, 6~7월에 피며, 총상꽃차례에 핀다.

둥굴레/백합과

Polygonatum odoratum var. *pluriflorum* (Miq.) Ohwi ☞ odoratum 향기 좋은, pluriflorum 많은 꽃이 피는

2012. 05. 13. 강원 평창 ©이호

꽃

잎

열매

줄기

용둥굴레

층층둥굴레

생육형태	전국. 산지. 여러해살이풀, 높이 30~80cm.
땅속줄기	원통형이며, 길게 옆으로 뻗고, 지름 3~12mm.
줄기	위가 활같이 굽어지며 능선이 있음.
잎	5~15장이 2줄로 어긋나며, 길이 5~18cm의 장타원형. 양끝이 좁아지며 양면에 털이 없고 뒷면이 분백색이며 엽병이 거의 없음.
꽃	5~6월에 잎겨드랑이에서 난 길이 1~3cm의 꽃대에 보통 2개씩 달림. 밑을 향하고, 흰색이며 종 모양으로 길이 1.2-3.0cm.
열매	장과. 둥글고 검게 익음.

동정포인트 줄기가 굽고 능선이 있으며, 잎은 5~15장이 2줄로 어긋나며 뒷면이 분백색이다.

비교 용둥굴레(*P. involucratum*)은 꽃대 끝에 커다란 2개의 포가 생긴다. 층층둥굴레(*P. stenophyllum*)는 줄기는 곧추서고 잎은 좁은 피침형~선형으로 돌려난다.

연영초/백합과

Trillium camschatcense Ker Gawl.

2016. 05. 18. 충북 단양 소백산

전초

생육형태	강원, 경기 이북, 울릉도, 깊은 산 숲 속. 여러해살이풀, 땅속줄기는 짧고 굵으며 잔뿌리가 많이 달림.
줄기	곧게서고 기부에 갈색 비늘 모양 잎이 있으며 높이 20~30cm.
잎	줄기 끝에 3장이 돌려나며 길이와 폭이 각각 7~17cm의 넓은 난형, 잎끝이 뾰족하고, 가장자리는 밋밋하며 3~5개의 그물맥이 있고 엽병이 없음.
꽃	5~6월에 흰색으로 피고, 잎 중앙으로부터 길이 4~6cm의 꽃대 1개가 나와 그 끝에 1개가 달리며, 조금 위쪽을 향함.
열매	장과. 난상 구형이며 지름 1.5cm 정도, 녹색.
동정포인트	큰연영초에 비해 꽃대가 길고 화피편은 끝이 둔하고 길며 꽃밥이 수술대보다 길다. 식물구계학적 특정식물 IV등급이며, 적색목록 관심대상(LC)종이다.
비교	큰연영초(*T. tschonoskii*)는 연영초에 비해 꽃대가 짧고 화피편 끝이 뾰족하고 좁으며, 꽃밥과 수술대의 길이가 같다.

박새/백합과

Veratrum oxysepalum Turcz. ☞ oxysepalum 뾰족한 꽃받침이 있는

2012. 06. 19. 제주. 씨(원)

꽃

잎

꽃차례

새순

열매

생육형태	전국. 높은 산 숲 속. 여러해살이풀, 높이 1~1.5m
땅속줄기	크고 거칠며, 굵은 수염뿌리가 많이 남.
잎	어긋나기, 촘촘히 달리며 밑이 줄기를 감싸고, 길이 20~30cm의 넓은 타원형으로 세로로 난 주름이 많고, 가장자리가 밋밋함. 잎은 위로 갈수록 작음.
꽃	6~8월, 줄기 끝의 원추형 겹산방꽃차례에 달리며, 노란빛이 도는 흰색, 지름 1.5~2.5cm. 꽃차례는 길이 30~60cm. 화관은 6개이며 수술은 6개, 화피 길이의 절반쯤. 암술은 노란빛이 도는 녹색, 겉에 털이 남.
열매	삭과. 난상 타원형, 길이 2~3cm.

동정포인트 잎은 줄기 중간 이상에 달리고 타원형으로 크기가 보다 크며, 꽃은 흰색이므로 구분된다. 식물구계학적 특정식물 Ⅰ등급이다.

상사화/수선화과

Lycoris squamigera Maxim. ☞ squamigera 비늘조각이 있는

2019. 08. 05. 서울 북한산(식재)

전초, 잎(원)

생육형태	중국 원산으로 야생화함. 민가 부근. 여러해살이풀.
비늘줄기	넓은 난형, 지름 4~5cm.
잎	4~5월에 비늘줄기 끝에서 여러 장이 나오며, 길이 20~30cm, 선형으로 연한 녹색이며, 6~7월에 말라 없어짐.
꽃	8~9월, 높이 50~70cm의 꽃줄기 끝에 5~6개가 산형꽃차례로 달리며, 옆을 향하고, 연한 보라색, 길이 9~11cm.
열매	잘 맺히지 않음.

동정포인트 잎은 연한 녹색으로 넓고, 꽃은 연한 홍자색이며 수술이 화피편보다 넓다.

제비붓꽃/붓꽃과

Iris laevigata Fisch. ex Fisch. & C.A. Mey. ☞ laevigata 평평하고 미끄러운, 털이 없는

2022. 05. 24. 경기 양주

군락 한국자생식물원(식재)

노랑꽃창포

꽃창포

생육형태	강원 이북의 습지에 드물게 분포. 여러해살이풀, 높이 60~80cm.
땅속줄기	굵고 옆으로 뻗음.
잎	아래쪽에서는 2줄로 나며, 회색이 도는 녹색이고, 잎맥은 불분명함.
꽃	5~6월에 꽃자루 끝에서 2~3개씩 피며, 진한 자주색이고, 지름 10~15cm. 외화피는 하부에 흰빛이 도는 무늬가 있음.
열매	삭과. 세모난 타원형으로 길이 5cm 정도이며, 익으면 3갈래로 갈라짐.

동정포인트 꽃창포에 비해 잎의 중앙맥이 없으며 화피편은 짙은 자색이고 꽃밥은 노란색으로 가장자리가 자색을 띤다. 멸종위기 야생생물 II급, 식물구계학적 특정식물 V등급, 적색목록 위기(EN)종이다.

비교 꽃창포(*I. ensata*)는 잎에 중앙맥이 뚜렷하며, 외화피편의 밑부분에 짙은 황색 무늬가 있다. 꽃창포에 비해 꽃이 노란색으로 피는 종을 노랑꽃창포(*I. pseudacorus*)라 한다.

각시붓꽃/붓꽃과

Iris rossii Baker ☞ rossii 채집자 Ross의

2019. 08. 05. 서울 북한산(식재)

전초

넓은잎각시붓꽃

꽃

흰각시붓꽃

생육형태	전국. 숲 속, 숲 가장자리. 여러해살이풀, 높이 10~30cm.
잎	칼 모양, 끝이 매우 뾰족하며, 다 자라면 길이 30cm, 폭 2~10mm 정도임.
꽃	4~5월에 5~15cm의 꽃줄기 끝에 1개씩 피며, 보라색으로 지름 3.5~4.0cm. 꽃싸개 잎은 2~3장이며, 선형, 길이 4~6cm으로 다소 크며, 꽃 바로 밑에 붙지 않음.
열매	삭과. 둥그스름함.
동정포인트	꽃싸개잎은 대형이고 꽃 바로 밑에 붙지 않으며 녹색이다.
비교	꽃이 흰색으로 피는 품종을 흰각시붓꽃 (f. *alba*), 잎이 넓고 밑이 갑자기 좁아져 초 상(鞘狀)을 이루는 것을 넓은잎각시붓꽃 (var. *latifolia*)이라 한다. 넓은잎각시붓꽃 은 각시붓꽃과 동일종으로 보는 의견도 있다.

붓꽃/붓꽃과

Iris sanguinea Donn ex Hornem. ☞ sanguinea 피 같이 빨간

2025. 06. 28. 전남 구례

꽃

전초

열매

솔붓꽃

생육형태	전국(제주제외), 풀밭. 여러해살이풀, 높이 40~70cm.
땅속줄기	길고 수염뿌리가 발달함.
잎	줄기에 2줄로 붙으며, 길이 30~50cm, 창 모양이며 가운데 잎맥이 뚜렷하지 않음.
꽃	5~6월에 꽃줄기 끝에서 2~3개씩 달리며, 보통 자주색이지만 드물게 흰색, 지름 8cm쯤. 꽃줄기는 속이 비어 있음. 외화피는 넓은 도란형이며, 안쪽에 노란색 바탕에 자주색 줄무늬가 있음. 내화피는 곧추서며, 길이 4cm쯤.
열매	삭과. 삼각형이고, 8~9월에 익음.
동정포인트	잎의 폭이 좁고(5~10mm), 내화피는 뚜렷하게 발달하고 곧추선다.
비교	솔붓꽃(*I. ruthenica*)은 포의 가장자리가 자색을 띠고, 외화피에 흰색의 그물무늬가 있으며 암술대의 열편은 3각상이고 수술은 흰색이다.

청미래덩굴/청미래덩굴과

Smilax china L.

2018. 05. 29. 강원 속초

수꽃

열매

청가시덩굴 잎

잎

청가시덩굴(좌), 청미래덩굴(우)

청가시덩굴 열매

생육형태 전국. 계곡이나 개울가의 그늘진 곳. 낙엽 덩굴성 목본, 길이 3m.

잎 어긋나며, 윤기가 있고, 길이 3~12cm, 원형 또는 넓은 타원형으로 가장자리가 밋밋함. 잎자루는 길이 1~2cm다. 턱잎이 변한 2개의 덩굴손이 있음.

꽃 암수딴그루, 5~6월에 잎겨드랑이에서 난산형꽃차례에 피며, 노란빛이 도는 녹색. 꽃대는 길이 1.5~3.0cm, 꽃자루는 길이 1cm쯤.

열매 장과. 둥글고 지름 7~8mm, 9~10월에 붉게 익음.

동정포인트 잎이 두텁고 연한 녹색을 띠며 둥근 모양이다. 가시가 갈고리처럼 굽어 있고, 열매가 붉게 익는다.

비교 청가시덩굴(*S. sieboldii*)은 잎이 계란 모양으로 가장자리가 흔히 물결 모양이다. 줄기의 가시는 바늘 모양이고 열매는 남흑색으로 익는다.

선밀나물/청미래덩굴과

Smilax nipponica Miq.

2020. 05. 28. 전북 무주 덕유산

꽃

전초와 열매

잎

밀나물

밀나물 열매

생육형태 전국. 산과 들. 여러해살이풀, 높이 100cm.

잎 어긋나며, 길이 5~15cm, 타원형으로 끝이 뾰족하고 밑은 둥글거나 일자 모양 또는 심장 모양, 가장자리가 밋밋함. 잎 뒷면은 연한 녹색이며, 그물 모양의 무늬가 있음.

꽃 5~6월, 암수딴그루, 줄기 아래쪽의 잎겨드랑이에 난 꽃대 끝에 산형꽃차례로 달리고, 녹색. 수꽃의 화피는 수평으로 퍼지며, 길이 4mm쯤, 수술은 화피보다 짧음. 암꽃의 화피는 배 모양.

열매 장과. 둥근 모양, 6월에 검게 익고, 흰 가루로 덮임.

동정포인트 줄기는 곧추 서고 다른 물체에 감기지 않으며 털이 없고, 덩굴손은 없다.

비교 밀나물(*S. riparia*)은 덩굴성으로 턱잎이 변한 덩굴손이 있으며 잎은 녹색으로 윤채가 난다. 잎은 보통 심장 모양이고 엽병이 짧다.

부채마/마과

Dioscorea nipponica Makino

2016. 07. 14. 충북 단양 소백산

암꽃

잎 뒷면

수꽃

열매

생육형태 　전국. 풀밭, 숲 가장자리. 덩굴성 여러해살이풀.

잎 　어긋나며, 길이 7~15cm, 넓은 난형 또는 심장형으로 끝은 길게 뾰족하며, 밑은 심장 모양. 잎은 보통 손바닥 모양으로 갈라지나 드물게 갈라지지 않는 것도 있음.

꽃 　암수딴그루, 7~8월, 종 모양으로 완전히 펴지지 않음. 수꽃차례는 곧추서며, 때로는 가지를 치고 암꽃차례는 밑으로 처짐. 화피편은 6장, 도란형.

열매 　삭과. 넓은 타원형, 8~9월에 익으며 3개의 날개가 있음.

동정포인트 　잎은 손바닥 모양으로 갈라지고, 결각 끝은 뾰족하다. 열매는 장타원형으로 씨의 막질 날개는 한쪽으로 발달하였다.

마속(*Dioscorea*) 관련 종

마

D. polystachya Turcz.

참마에 비해 잎의 밑부분이 귀 모양으로 뚜렷하게 넓어지며, 열매가 너비 1.6~1.8cm로 약간 좁다.

참마

D. japonica Thunb.

마에 비해 잎의 밑부분이 넓어지지 않는 좁은 삼각형이며, 열매가 너비 2~3cm로 넓다.

각시마

D. tenuipes Franch. & Sav.

잎은 삼각상 심장형으로 잎자루의 기부에 다육성 돌기가 발달한다.

단풍마

D. quinqueloba Thunb.

잎의 결각 끝은 둔하고, 잎자루 기부에 다육성 돌기가 발달한다. 씨는 막질 날개의 중앙에 위치한다.

푸른마

D. coreana (Prain & Burkill) R. Knuth

잎은 홑잎이고 심장형이며 잎자루 기분에 돌기가 없고, 씨는 막질 날개의 중앙에 위치한다.

둥근마

D. bulbifera L.

덩이줄기는 둥글고 잎은 어긋나고 심장형이다. 잎겨드랑이에 큰 살눈(2cm 정도)이 생긴다.

은대난초/난초과

Cephalanthera longibracteata Blume ☞ longibracteata 긴 꽃싸개잎이 있는

2018. 05. 21. 강원 영월

2020. 05. 28. 전북 무주 덕유산

열매

은난초

생육형태	전국. 고도가 낮은 산지 숲 속. 여러해살이 풀, 지생란, 높이 30~50cm.
잎	3~8장이 어긋나며, 넓은 피침형으로 길이 7~15cm, 폭 1.5~3.5cm, 밑이 줄기를 감싸고, 잎가장자리와 뒷면 맥 위에 털이 나며 잎자루는 없음.
꽃	5~6월에 피는데 줄기 끝의 총상꽃차례에 5~10개가 달리며, 흰색이고 벌어지지 않음. 꽃싸개잎은 선형 또는 넓은 선형, 아래쪽의 1~2장은 꽃차례보다 길게 자람.
열매	삭과. 곧추서고 길이 2.0~2.5cm, 6월에 익음.

동정포인트 잎은 피침형 또는 장타원상 피침형이며 줄기 전체에 붙어 있다. 꽃싸개잎은 선형으로 하부의 1~2개는 꽃차례보다 길다.

비교 은난초(C. erecta)는 잎은 난상 피침형이며 줄기 중간 이상에 붙어 있다. 꽃싸개잎은 좁은 삼각형이고 하부의 것이 길어지지만 꽃차례보다 짧다.

대흥란/난초과

Cymbidium macrorhizon Lindl.

2015. 07. 22. 제주 ⓒ양형호

2015. 08. 15. 전남 진도

꽃

열매

보춘화 꽃

보춘화 열매

생육형태 제주도, 남해안 일대, 삼척. 여러해살이풀, 부생란, 높이 10~30cm.

줄기 표면에 짧은 털이 조금 나고, 열매가 달릴 때가 되면 줄기와 열매가 진한 녹색을 띰.

잎 막질의 비늘잎이 마디에 드문드문 달림.

꽃 꽃자루는 높이가 15~20cm 정도. 꽃은 줄기 위쪽에서 2~6개씩 달리며, 흰색 바탕에 자홍색이 돌고 꽃받침조각은 길이 2cm, 너비 0.3~0.4cm의 도란형으로 끝이 까락처럼 뾰족하며, 꽃잎은 장타원형으로 꽃받침보다 짧음.

열매 삭과. 위를 향해 달림.

동정포인트 보춘화속(*Cymbidium*) 다른 종에 비해 녹색 잎이 없는 부생란이다. 멸종위기 야생생물 II급, 식물구계학적 특정식물 V등급, 적색목록 취약(VU)종이다.

비교 보춘화(*C. goeringii*) 꽃은 3~4월에 피고, 꽃대에 보통 1개(드물게 2개)씩 달리며 꽃받침은 도란상 타원형이다. 잎가장자리에 날카로운 톱니가 있다.

광릉요강꽃/난초과

Cypripedium japonicum Thunb.

2025. 05. 04. 국립공원공단 식물보전센터

생육지 전경(덕유산)

전초

줄기

생육형태	해발 300~1,100m 산지의 양지바르고 배수가 양호한 숲 속. 여러해살이풀, 높이 40cm, 옆으로 뻗는 땅속줄기의 마디에서 뿌리가 내림.
줄기	높이 20~40cm로 털이 있음.
잎	줄기 윗부분에 2개의 큰 잎이 마주난 것처럼 원줄기를 완전히 감싸 사방으로 퍼지고 지름이 10~22cm.
꽃	4~5월경에 흰 바탕에 홍색 꽃이 줄기 끝에 1개씩 아래를 향해 피고, 꽃 지름은 8cm 정도. 꽃자루는 길이 15cm 정도로 털이 많고 윗부분에 잎 같은 포가 1개 달림.
열매	삭과.

동정포인트 줄기 윗부분에 부채 모양의 잎 2개가 마주난 것처럼 난다. 경기도, 강원도 충청북도, 전라북도, 전라남도 일부 지역에 소수 집단만이 남아 있다. 멸종위기 야생생물 I 급, 식물구계학적 특정식물 V등급, 적색목록 위기(EN)종이다.

복주머니란/난초과

Cypripedium macranthos Sw. ☞ macranthos 꽃이 큰

2012. 05. 24. 강원 정선(식재)

열매

털복주머니란

생육형태	전국(제주 제외) 산지의 풀밭이나 숲 속. 여러해살이풀, 지생란.
줄기	곧추서고 높이 20~40cm 정도로 자라며, 다세포의 털이 남.
잎	어긋나며, 3~5장이 달리고, 길이 8~20cm, 폭 5~8cm의 넓은 타원형, 피침상 타원형 또는 난상 타원형. 기부는 짧은 잎집으로 줄기를 감싸며 하부의 2~3개 잎은 잎집 모양.
꽃	5~7월에 연한 홍자색, 흰색, 분홍색 등으로 피는데 원줄기 끝에 1개씩 달리며 꽃싸개잎은 잎과 같음. 입술꽃잎은 주머니처럼 부풀며 주머니 안쪽에 털이 있음.
열매	삭과. 타원형.
동정포인트	잎은 넓은 타원형으로 어긋나고 꽃이 연한 홍자색, 흰색, 분홍색이다. 멸종위기 야생생물 II급, 식물구계학적 특정식물 V등급, 적색목록 취약(VU)종이다.
비교	털복주머니란(*C. guttatum*)는 입술꽃잎 지름이 1~1.5cm, 꽃은 황백색 바탕에 자주색 반점이 있다. 멸종위기 야생생물 I급이다.

감자난초/난초과

Oreorchis patens (Lindl.) Lindl. ☞ patens 분기된, 가지가 갈라진

2021. 06. 05. 강원 인제

꽃 확대

잎

알줄기

열매

생육형태 전국. 깊은 산 숲 속. 여러해살이풀, 지생란, 알줄기는 계란 모양, 높이 30~40cm.

잎 보통 1~2장 달리고, 피침형이며, 길이 30cm가량, 폭 7~30mm이며, 밑동에서 나옴.

꽃 5~6월에 피는데 황갈색이고 총상꽃차례에 달림. 꽃받침과 꽃잎은 피침형이고 입술꽃잎은 꽃받침과 길이가 같고, 흰색, 반점이 있으며, 밑동은 3갈래, 측열편은 피침형이고, 가운데 열편은 난형이며 가는 톱니가 있음.

열매 삭과. 장타원형, 7~8월에 익음.

동정포인트 곧추서는 꽃줄기에 노란색에서 흰색을 띤 노란색의 꽃이 성기게 달린다.

제비난초/난초과

Platanthera chlorantha (Cham.) Rchb. f. ☞ chlorantha 녹색 꽃의

2008. 07. 05. 강원 인제 ⓒ양형호

2010. 07. 10. 강원 태백

갈매기란

흰제비란

생육형태 전국(제주 제외). 여러해살이풀, 지생란, 높이 20~50cm.

잎 줄기 아래쪽에 큰 것이 2장 거의 마주난 것처럼 달리고, 위쪽에 작은잎이 있음. 큰 잎은 타원형, 길이 8~15cm, 폭 3~5cm. 작은잎은 피침상 선형, 드문드문 달림.

꽃 6~7월에 피고 길이 8~16cm의 이삭꽃차례에 빽빽하게 달리며, 흰색으로 향기가 있음. 꽃싸개잎은 피침형, 꽃보다 짧고 끝이 뾰족함.

열매 삭과.

동정포인트 밑부분 잎 1~2개만 크고, 위로 가면서 잎이 갑자기 작아지는데 반해 갈매기란과 흰제비란 잎은 위로 가면서 서서히 작아지므로 구별된다.

비교 갈매기란(*P. japonica*)은 잎이 넓고 중앙부 꽃받침조각 뒷면이 배 모양으로 부풀며 꽃뿔이 길다. 흰제비란(*P. hologlottis*)은 잎이 좁고 중앙부 꽃받침조각이 평평하며 꽃뿔이 짧다.

부록

1. 멸종위기 야생생물

야생생물 보호 및 관리에 관한 법률 시행규칙 [별표 1] 멸종위기 야생생물, 환경부령 제 1149호, 2025. 1. 24., 일부 개정

번호	과 명	국 명	학 명
멸종위기 야생생물 I급			
1	고사리삼과	제주고사리삼	*Mankyua chejuense* B.Y. Sun, M.H. Kim & C H. Kim
2	암매과	암매	*Diapensia lapponica* var. *obovata* F. *Schmidt*
3	콩과	만년콩	*Euchresta japonica* Hook. f. ex Regel
4	국화과	한라솜다리	*Leontopodium coreanum* var. *hallaisanense* (Hand.-Mazz.) D.H. Lee & B.H. Choi
5	난초과	한란	*Cymbidium kanran* Makino
6	난초과	죽백란	*Cymbidium lancifolium* Hook.
7	난초과	털복주머니란	*Cypripedium guttatum* Sw.
8	난초과	광릉요강꽃	*Cypripedium japonicum* Thunb.
9	난초과	금자란	*Gastrochilus fuscopunctatus* (Hayata) Hayata
10	난초과	탐라란	*Gastrochilus japonicus* (Makino) Schltr.
11	난초과	풍란	*Neofinetia falcata* (Thunb.) Hu
12	난초과	나도풍란	*Sedirea japonica* (Rchb. f.) Garay & H.R. Sweet
13	난초과	비자란	*Thrixspermum japonicu*m (Miq.) Rchb. f.
멸종위기 야생생물 II급			
1	석송과	물석송	*Lycopodiella cernua* (L.) Pic. Serm.
2	물부추과	참물부추	*Isoetes coreana* Y.H. Chung & H.K. Choi
3	솔잎난과	솔잎난	*Psilotum nudum* (L.) P. Beauv.
4	봉의꼬리과	물고사리	*Ceratopteris thalictroides* (L.) Brongn.
5	꼬리고사리과	파초일엽	*Asplenium antiquum* Makino
6	꼬리고사리과	눈썹고사리	***Asplenium wrightii*** D.C. Eaton ex Hook.
7	처녀고사리과	검은별고사리	*Cyclosorus interruptus* (Willd.) H. Itô
8	새깃아재비ㄴ과	새깃아재비	*Woodwardia japonica* (L. f.) Sm.
9	목련과	초령목	*Michelia compressa* (Maxim.) Sarg.
10	홀아비꽃대과	죽절초	*Sarcandra glabra* (Thunb.) Nakai
11	삼백초과	삼백초	*Saururus chinensis* (Lour.) Baill.
12	수련과	가시연	*Euryale ferox* Salisb. ex K.D. Koenig & Sims
13	수련과	각시수련	*Nymphaea tetragona* var. *minima* (Nakai) W.T. Lee
14	어항마름과	순채	*Brasenia schreberi* J.F. Gmel.
15	미나리아재비과	세뿔투구꽃	*Aconitum austrokoreense* Koidz.
16	미나리아재비과	백부자	*Aconitum coreanum* (H. Lév.) Rapaics
17	미나리아재비과	매화마름	*Ranunculus trichophyllus* var. *kadzusensis* (Makino) Wiegleb
18	미나리아재비과	연잎꿩의다리	*Thalictrum coreanum* H. Lév.
19	참나무과	개가시나무	*Quercus gilva* Blume
20	석죽과	가는동자꽃	*Lychnis kiusiana* Makino
21	석죽과	제비동자꽃	*Lychnis wilfordii* (Regel) Maxim.
22	석죽과	분홍장구채	*Silene capitata* Kom.
23	석죽과	한라장구채	*Silene fasciculata* Nakai
24	작약과	산작약	*Paeonia obovata* Maxim.

25	끈끈이귀개과	끈끈이귀개	*Drosera peltata* var. *nipponica* (Masam.) Ohwi ex E. Walker
26	제비꽃과	장백제비꽃	*Viola biflora* L.
27	제비꽃과	넓은잎제비꽃	*Viola mirabilis* L.
28	제비꽃과	선제비꽃	*Viola raddeana* Regel
29	제비꽃과	왕제비꽃	*Viola websteri* Hemsl.
30	진달래과	홍월귤	*Arctous rubra* (Rehder & E.H. Wilson) Nakai
31	진달래과	노랑만병초	*Rhododendron aureum* Georgi
32	앵초과	갯봄맞이꽃	*Glaux maritima* var. *obtusifolia* Fernald
33	앵초과	기생꽃	*Trientalis europaea* subsp. *arctica* (Fisch. ex Hook.) Hultén
34	수국과	나도승마	*Kirengeshoma koreana* Nakai
35	범의귀과	나도범의귀	*Mitella nuda* L.
36	범의귀과	섬개야광나무	*Cotoneaster wilsonii* Nakai
37	팥꽃나무과	피뿌리풀	*Stellera chamaejasme* L.
38	바늘꽃과	큰바늘꽃	*Epilobium hirsutum* L.
39	두릅나무과	가시오갈피나무	*Eleutherococcus senticosus* (Rupr. & Maxim.) Maxim.
40	두릅나무과	섬시호	*Bupleurum latissimum* Nakai
41	두릅나무과	독미나리	*Cicuta virosa* L.
42	두릅나무과	서울개발나물	*Pterygopleurum neurophyllum* (Maxim.) Kitag.
43	용담과	대성쓴풀	*Anagallidium dichotomum* (L.) Griseb.
44	용담과	참닻꽃	*Halenia coreana* S. M. Han, H. Won & C. E. Lim
45	협죽도과	정향풀	*Amsonia elliptica* (Thunb.) Roem. & Schult.
46	조름나물과	조름나물	*Menyanthes trifoliata* L.
47	꿀풀과	전주물꼬리풀	*Dysophylla yatabeana* Makino
48	현삼과	한라송이풀	*Pedicularis hallaisanensis* Hurus.
49	현삼과	애기송이풀	*Pedicularis ishidoyana* Koidz. & Ohwi
50	현삼과	섬현삼	*Scrophularia takesimensis* Nakai
51	열당과	백양더부살이	*Orobanche filicicola* Nakai ex J.O. Hyun, H.C. Shin & Y.S. Im
52	통발과	자주땅귀개	*Utricularia yakusimensis* Masam.
53	초롱꽃과	선모시대	*Adenophora erecta* S.T. Lee, J. Lee & S. Kim
54	꼭두선이과	무주나무	*Lasianthus japonicus* Miq.
55	산분꽃나무과	산분꽃나무	*Viburnum burejaeticum* Regel & Herd.
56	국화과	단양쑥부쟁이	*Aster altaicus* var. *uchiyamae* Kitam.
57	백합과	날개하늘나리	*Lilium dauricum* Ker Gawl.
58	백합과	칠보치마	*Metanarthecium luteo-viride* Maxim.
59	백합과	나도여로	*Zigadenus sibiricus* (L.) A. Gray
60	수선화과	진노랑상사화	*Lycoris chinensis* var. *sinuolata* K.H. Tae & S.C. Ko
61	붓꽃과	대청부채	***Iris dichotoma*** Pall.
62	붓꽃과	노랑붓꽃	*Iris koreana* Nakai
63	붓꽃과	제비붓꽃	*Iris laevigata* Fisch. ex Fisch. & C.A. Mey.
64	난초과	콩짜개란	*Bulbophyllum drymoglossum* Maxim. ex M. Ôkubo
65	난초과	혹난초	*Bulbophyllum inconspicuum* Maxim.
66	난초과	신안새우난초	*Calanthe aristulifera* Rchb. f.
67	난초과	지네발란	*Cleisostoma scolopendrifolium* (Makino) Garay
68	난초과	두잎약난초	*Cremastra unguiculata* (Finet) Finet
69	난초과	대흥란	*Cymbidium macrorhizon* Lindl.
70	난초과	복주머니란	*Cypripedium macranthos* Sw.
71	난초과	으름난초	*Cyrtosia septentrionalis* (Rchb. f.) Garay
72	난초과	석곡	*Dendrobium moniliforme* (L.) Sw.

73	난초과	손바닥난초	*Gymnadenia conopsea* (L.) R. Br.
74	난초과	방울난초	*Habenaria flagellifera* Makino
75	난초과	해오라비난초	*Habenaria radiata* (Thunb.) Spreng.
76	난초과	백운란	*Kuhlhasseltia nakaiana* (F. Maek.) Ormerod
77	난초과	한라옥잠난초	*Liparis auriculata* Blume ex Miq.
78	난초과	구름병아리난초	*Neottianthe cucullata* (L.) Schltr.
79	난초과	차걸이란	*Oberonia japonica* (Maxim.) Makino

2. 특산식물

야생생물 보호 및 관리에 관한 법률 시행규칙 [별표 1] 멸종위기 야생생물, 환경부령 제 1149호, 2025. 1. 24., 일부개정

번호	과 명	국 명	학 명
1	석송과	긴다람쥐꼬리	*Huperzia jejuensis* B.Y Sun & J. Lim
2	물부추과	참물부추	*Isoetes coreana* Y.H. Chung & H.K. Choi
3	물부추과	한라물부추	*Isoetes hallasanensis* H.K. Choi, Ch. Kim & J. Jung
4	물부추과	제주물부추	*Isoetes jejuensis* H.K. Choi, Ch. Kim & J. Jung
5	고사리삼과	제주고사리삼	*Mankyua chejuense* B.Y. Sun, M.H. Kim & C H. Kim
6	공작고사리과	고려공작고사리	*Adiantum coreanum* Tagawa
7	꼬리고사리과	산꼬리고사리	*Asplenium × montanus* C. S. Lee & K. Lee
8	꼬리고사리과	거미사철고사리	*Asplenium × uiryeongse* C.S. Lee & K. Lee
9	개고사리과	섬고사리	*Athyrium acutipinnulum* Kadama ex Nakai
10	개고사리과	광릉개고사리	*Athyrium concinnum* Nakai
11	금털고사리과	가는잎금털고사리	*Hypodematium angustifolium* C.S. Lee & K. Lee
12	소나무과	구상나무	*Abies koreana* E.H. Wilson
13	소나무과	풍산가문비나무	*Picea pungsanensis* Uyeki ex Nakai
14	소나무과	울릉솔송나무	*Tsuga ulleungensis* G.P.Holman, Del Tredici, Havill, N.S.Lee & C.S.Campb.
15	쥐방울덩굴과	자주족도리풀	*Asarum koreanum* J.G.Kim & C.S.Yook ex B.U.Oh
16	쥐방울덩굴과	개족도리풀	*Asarum maculatum* Nakai
17	쥐방울덩굴과	금오족도리풀	*Asarum patens* (Yamaki) M. Kim & S. So
18	쥐방울덩굴과	무늬족도리풀	*Asarum versicolor* (Yamaki) M. Kim & S. So
19	수련과	각시수련	*Nymphaea tetragona* var. *minima* (Nakai) W.T. Lee
20	미나리아재비과	세뿔투구꽃	*Aconitum austrokoreense* Koidz.
21	미나리아재비과	지리바꽃	*Aconitum chiisanense* Nakai
22	미나리아재비과	진범	*Aconitum pseudolaeve* Nakai
23	미나리아재비과	날개진범	*Aconitum pteropus* Nakai
24	미나리아재비과	한라투구꽃	*Aconitum quelpaertense* Nakai
25	미나리아재비과	홀아비바람꽃	*Anemone koraiensis* Nakai
26	미나리아재비과	태백바람꽃	*Anemone pendulisepala* Y.N. Lee ex M. Kim
27	미나리아재비과	매화바람꽃	*Callianthemum insigne* Nakai
28	미나리아재비과	나제승마	*Cimicifuga austrokoreana* H.W. Lee & C.W. Park
29	미나리아재비과	세잎승마	*Cimicifuga heracleifolia* var. *bifida* Nakai
30	미나리아재비과	외대으아리	*Clematis brachyura* Maxim.
31	미나리아재비과	바위종덩굴	*Clematis calcicola* J.S. Kim
32	미나리아재비과	요강나물	*Clematis fusca* var. *coreana* J.S. Kim
33	미나리아재비과	병조희풀	*Clematis heracleifolia* var. *urticifolia* (Nakai ex Kitag.) U.C. La
34	미나리아재비과	덩굴조희풀	*Clematis pseudotubulosa* B.K.Park
35	미나리아재비과	대구으아리	*Clematis taeguensis* Y.N. Lee

36	미나리아재비과	할미밀망	*Clematis trichotoma* Nakai
37	미나리아재비과	변산바람꽃	*Eranthis byunsanensis* B.Y. Sun
38	미나리아재비과	풍도바람꽃	*Eranthis pungdoensis* B.U. Oh
39	미나리아재비과	새끼노루귀	*Hepatica insularis* Nakai
40	미나리아재비과	섬노루귀	*Hepatica maxima* Nakai
41	미나리아재비과	모데미풀	*Megaleranthis saniculifolia* Ohwi
42	미나리아재비과	산할미꽃	*Pulsatilla nivalis* Nakai
43	미나리아재비과	동강할미꽃	*Pulsatilla tongkangensis* Y.N. Lee & T.C. Lee
44	미나리아재비과	바위미나리아재비	*Ranunculus crucilobus* H. Lév.
45	미나리아재비과	큰개구리발톱	*Semiaquilegia quelpaertensis* D.C. Son & K. Lee
46	미나리아재비과	은꿩의다리	*Thalictrum actaefolium* var. *brevistylum* Nakai
47	미나리아재비과	연잎꿩의다리	*Thalictrum coreanum* H. Lév.
48	매자나무과	섬매발톱나무	*Berberis amurensis* var. *quelpaertensis* Nakai
49	매자나무과	매자나무	*Berberis koreana* Palib.
50	양귀비과	매미꽃	*Coreanomecon hylomeconoides* Nakai
51	현호색과	날개현호색	*Corydalis alata* B.U. Oh & W.R. Lee
52	현호색과	흰현호색	*Corydalis albipetala* B.U. Oh
53	현호색과	쇠뿔현호색	*Corydalis cornupetala* Y.H. Kim & J.H. Jeong
54	현호색과	섬현호색	*Corydalis filistipes* Nakai
55	현호색과	갈퀴현호색	*Corydalis grandicalyx* B.U. Oh & Y.S. Kim
56	현호색과	탐라현호색	*Corydalis hallaisanensis* H. Lév.
57	현호색과	털현호색	*Corydalis hirtipes* B.U. Oh & J.G. Kim
58	현호색과	점현호색	*Corydalis maculata* B.U. Oh & Y.S. Kim
59	현호색과	각시현호색	*Corydalis misandra* B.U. Oh
60	현호색과	남도현호색	*Corydalis namdoensis* B.U. Oh & J.G. Kim
61	현호색과	선현호색	*Corydalis ohii* Liden
62	조록나무과	히어리	*Corylopsis glabrescens* var. *gotoana* (Makino) T. Yamanaka
63	느릅나무과	중느릅나무	*Ulmus* × *mesocarpa* M.Y. Kim & S.T. Lee
64	팽나무과	노랑팽나무	*Celtis edulis* Nakai
65	쐐기풀과	섬거북꼬리	*Boehmeria taquetii* Nakai
66	쐐기풀과	강계큰물통이	*Pilea oligantha* Nakai
67	쐐기풀과	제주큰물통이	*Pilea taquetii* Nakai
68	쐐기풀과	섬쐐기풀	*Urtica laetevirens* var. *robusta* F. Maek.
69	참나무과	너도밤나무	*Fagus multinervis* Nakai
70	자작나무과	수우물오리나무	*Alnus incana* (L.) Moench subsp. *tchangbokii* Chin S.Chang & H.Kim
71	자작나무과	긴서어나무	*Carpinus laxiflora* var. *longispica* Uyeki
72	자리공과	섬자리공	*Phytolacca insularis* Nakai
73	명아주과	털나도댑싸리	*Axyris koreana* Nakai
74	석죽과	갯바위패랭이꽃	*Dianthus koreanus* D.S. Son & K. Lee
75	석죽과	태백개별꽃	*Pseudostellaria longipedicellata* S. Lee, K. Heo & S.C. Kim
76	석죽과	지리산개별꽃	*Pseudostellaria okamotoi* Ohwi
77	석죽과	가거개별꽃	*Pseudostellaria palibiniana* var. *gageodoensis* M. Kim & H. Jo
78	석죽과	숲개별꽃	*Pseudostellaria setulosa* Ohwi
79	석죽과	비슬개별꽃	*Pseudostellaria* × *biseulsanensis* M. Kim & H. Jo
80	석죽과	보현개별꽃	*Pseudostellaria* × *bohyeonsanensis* M. Kim & H. Jo
81	석죽과	정영개별꽃	*Pseudostellaria* × *segeolsanensis* M. Kim & H. Jo
82	석죽과	설악개별꽃	*Pseudostellaria* × *seoraksanensis* M. Kim & H. Jo
83	석죽과	한라장구채	*Silene fasciculata* Nakai
84	석죽과	명천장구채	*Silene myongcheonensis* S.P. Hong & H.K. Moon

85	석죽과	울릉장구채	*Silene takeshimensis* Uyeki & Sakata
86	마디풀과	털싱아	*Aconogonon brachytrichum* (Ohwi) Soják
87	마디풀과	참개싱아	*Aconogonon microcarpum* (Kitag.) H. Hara
88	마디풀과	얇은개싱아	*Aconogonon mollifolium* (Kitag.) H. Hara
89	마디풀과	둥근범꼬리	*Bistorta globispica* Nakai
90	마디풀과	삼도하수오	*Fallopia koreana* B.U. Oh & J.G. Kim
91	마디풀과	장군풀	Rheum coreanum Nakai
92	차나무과	노각나무	*Stewartia koreana* Nakai ex Rehder
93	물레나물과	제주고추나물	*Hypericum chejuense* S.J. Park & K.J. Kim
94	물레나물과	정족산고추나물	*Hypericum jeongjocksanense* S.J. Park & K.J. Kim
95	피나무과	암까치깨	*Corchoropsis intermedia* Nakai
96	피나무과	섬피나무	*Tilia insularis* Nakai
97	피나무과	연밥피나무	*Tilia koreana* Nakai
98	피나무과	개염주나무	*Tilia semicostata* Nakai
99	제비꽃과	갑산제비꽃	*Viola kapsanensis* Nakai
100	제비꽃과	가지제비꽃	*Viola ramiflora* K.O. Yoo
101	제비꽃과	서울제비꽃	*Viola seoulensis* Nakai
102	제비꽃과	울릉제비꽃	*Viola ulleungdoensis* M.Y. Kim & J.S. Lee
103	제비꽃과	우산제비꽃	*Viola* × *woosanensis* Y.N. Lee & J. Kim
104	버드나무과	은사시나무	*Populus* × *tomentiglandulosa* T.B. Lee
105	버드나무과	제주산버들	*Salix blinii* H. Lév.
106	버드나무과	설령버들	*Salix cacuminis* A.K.Skvortsov
107	십자화과	선갯장대	*Arabis erecta* Y.Y. Kim & C.G. Jang
108	십자화과	섬장대	*Arabis takesimana* Nakai
109	십자화과	꽃황새냉이	*Cardamine amaraeformis* Nakai
110	십자화과	섬강개갓냉이	*Rorippa apetala* Y.Y. Kim & B.U. Oh
111	앵초과	금강봄맞이	*Androsace cortusifolia* Nakai
112	앵초과	참좁쌀풀	*Lysimachia coreana* Nakai
113	앵초과	탐라까치수염	*Lysimachia quelpaertensis* K.H. Tae & J.S. Lee
114	앵초과	한라설앵초	*Primula farinosa* subsp. *modesta* var. *hannasanensis* (T. Yamaz.) T. Yamaz.
115	앵초과	설앵초	*Primula farinosa* subsp. *modesta* var. *koreana* T. Yamaz.
116	수국과	꼬리말발도리	*Deutzia paniculata* Nakai
117	수국과	나도승마	*Kirengeshoma koreana* Nakai
118	돌나물과	섬꿩의비름	*Hylotelephium viridescens* (Nakai) H. Ohba
119	돌나물과	정선바위솔	*Orostachys chongsunensis* Y.N. Lee
120	돌나물과	포천바위솔	*Orostachys latielliptica* Y.N. Lee
121	돌나물과	진주바위솔	*Orostachys margaritifolia* Y.N. Lee
122	돌나물과	모란바위솔	*Orostachys saxatilis* (Nakai) Nakai
123	돌나물과	대암기린초	*Phedimus daeamensis* T.Y.Choi & D.C.Son
124	돌나물과	태백기린초	*Sedum latiovalifolium* Y.N. Lee
125	돌나물과	섬기린초	*Sedum takesimense* Nakai
126	돌나물과	한라꿩의비름	*Sedum taquetii* Praeger
127	범의귀과	한라노루오줌	*Astilbe taquetii* (H. Lev.) Koidz.
128	범의귀과	울진노루오줌	*Astilbe uljinensis* B.U.Oh & H.J.Choi
129	범의귀과	연노랑괭이눈	*Chrysosplenium aureobracteatum* Y.I. Kim & Y.D. Kim
130	범의귀과	흰털괭이눈	*Chrysosplenium barbatum* Nakai
131	범의귀과	기는괭이눈	*Chrysosplenium epigealum* J.W. Han & S.H. Kang
132	범의귀과	누른괭이눈	*Chrysosplenium flaviflorum* Ohwi

133	범의귀과	가지털괭이눈	*Chrysosplenium ramosissimum* Y.I. Kim & Y.D. Kim
134	범의귀과	구실바위취	*Micranthes octopetala* (Nakai) Y.I. Kim & Y.D. Kim
135	범의귀과	범의귀	*Saxifraga furumii* Nakai
136	장미과	한라개승마	*Aruncus aethusifolius* (H. Lév.) Nakai
137	장미과	섬개야광나무	*Cotoneaster wilsonii* Nakai
138	장미과	지리터리풀	*Filipendula formosa* Nakai
139	장미과	흰땃딸기	*Fragaria nipponica* Makino
140	장미과	금강인가목	*Pentactina rupicola* Nakai
141	장미과	가거양지꽃	*Potentilla gageodoensis* M. Kim
142	장미과	털양지꽃	*Potentilla squamosa* Sojak
143	장미과	복사앵도	*Prunus choreiana* Nakai ex H.T. Im
144	장미과	산이스라지	*Prunus ishidoyana* Nakai
145	장미과	섬벚나무	*Prunus takesimensis* Nakai
146	장미과	제주왕벚나무	*Prunus* × *nudiflora* (Koehne) Koidz.
147	장미과	백운배나무	*Pyrus ussuriensis* var. *hakunensis* (Nakai) M. Kim
148	장미과	청복분자딸기	*Rubus coreanus* var. *concolor* (Nakai) J.Y. Yang
149	장미과	가시딸기	*Rubus hongnoensis* Nakai
150	장미과	가시복분자딸기	*Rubus schizostylus* H. Lév.
151	장미과	섬나무딸기	Rubus takesimensis Nakai
152	장미과	거제딸기	*Rubus tozawai* Nakai ex T.H. Chung
153	장미과	구름오이풀	*Sanguisorba argutidens* Nakai
154	장미과	점쉬땅나무	*Sorbaria sorbifolia* (L.) A.Braun var. *glandulifolia* J.H.Song & S.P.Hong
155	장미과	우산마가목	*Sorbus ulleungensis* Chin.S. Chang
156	장미과	섬국수나무	*Spiraea insularis* (Nakai) H. Shin, Y.D. Kim & S. H.
157	장미과	좀조팝나무	*Spiraea microgyna* Nakai
158	콩과	제주황기	*Astragalus mongholicus* var. *nakaianus* (Y.N. Lee) I.S. Choi & B.H. Choi
159	콩과	설령황기	*Astragalus setsureianus* Nakai
160	콩과	큰꽃땅비싸리	**Indigofera grandiflora** B.H. Choi & S. Cho
161	콩과	좀땅비싸리	*Indigofera koreana* Ohwi
162	콩과	해변싸리	*Lespedeza maritima* Nakai
163	콩과	삼색싸리	*Lespedeza maximowiczii* var. *tricolor* (Nakai) Nakai
164	콩과	솔비나무	*Maackia fauriei* (H. Lév.) Takeda
165	콩과	개느삼	*Sophora koreensis* Nakai
166	콩과	등갈퀴나물	*Vicia cracca* L.
167	콩과	나래완두	*Vicia hirticalycina* Nakai
168	콩과	애기나비나물	*Vicia unijuga* var. *kausanensis* H. Lév.
169	팥꽃나무과	제주백서향	*Daphne jejudoensis* M. Kim
170	바늘꽃과	울릉바늘꽃	*Epilobium ulleungensis* J.M. Chung
171	감탕나무과	완도호랑가시나무	*Ilex* × *wandoensis* C.F. Mill. & M. Kim
172	대극과	두메대극	*Euphorbia fauriei* H. Lév. & Vaniot
173	대극과	조도만두나무	*Securinega chodoense* C.S. Lee & H.T. Im
174	갈매나무과	좀갈매나무	*Rhamnus taquetii* (H. Lév.) H. Lév.
175	단풍나무과	섬단풍나무	*Acer takesimense* Nakai
176	쥐손이풀과	큰세잎쥐손이	*Geranium knuthii* Nakai
177	쥐손이풀과	갈미쥐손이	*Geranium lasicaulon* Nakai
178	쥐손이풀과	섬쥐손이	*Geranium shikokianum* Matsum.
179	쥐손이풀과	태백이질풀	*Geranium taebaek* S.J. Park & Y.S. Kim
180	봉선화과	가야물봉선	*Impatiens atrosanguinea* (Nakai) B.U. Oh & Y.P. Hong
181	봉선화과	처진물봉선	*Impatiens furcillata* Hemsl.

182	두릅나무과	지리산오갈피나무	*Eleutherococcus divaricatus* var. *chiisanensis* (Nakai) C.H. Kim & B.Y. Sun
183	미나리과	강활	*Angelica reflexa* B.Y. Lee
184	미나리과	섬시호	*Bupleurum latissimum* Nakai
185	미나리과	섬바디	*Dystaenia takesimana* (Nakai) Kitag.
186	미나리과	갈기기름나물	*Peucedanum chujaense* K.Kim, S.H.Oh, Chan S.Kim & C.W.Park
187	미나리과	두메기름나물	*Peucedanum coreanum* Nakai
188	미나리과	백운기름나물	*Peucedanum hakuunense* Nakai
189	미나리과	미로기름나물	*Peucedanum miroense* K.Kim, H.J.Suh & J.H.Song
190	미나리과	동강기름나물	*Peucedanum tongkangense* K.Kim, H.J.Suh & J.H.Song
191	미나리과	그늘참나물	*Pimpinella brachycarpa* var. *uchiyamana* (Y. Yabe ex Nakai) W.T. Lee & G.J. Jang
192	미나리과	한라참나물	*Pimpinella hallaisanensis* (W.T. Lee & G.J. Jang) G.J. Jang, W.K. Paik & W.T. Lee
193	미나리과	덕우기름나물	*Sillaphyton podagraria* (H. Boissieu) Pimenov
194	미나리과	세잎개발나물	*Sium ternifolium* B.Y. Lee & S.C. Ko
195	용담과	흰그늘용담	*Gentiana chosenica* (Nakai) Okuyama
196	용담과	좀구슬붕이	*Gentiana squarrosa* var. *microphylla* Nakai
197	용담과	백두산구슬붕이	*Gentiana takahashii* Mori
198	용담과	고산구슬붕이	*Gentiana wootchuliana* W.K. Paik
199	용담과	참닻꽃	*Halenia coreana* S.M. Han, H. Won & C.E. Lim
200	가지과	미치광이풀	*Scopolia japonica* Maxim.
201	꿀풀과	자란초	*Ajuga spectabilis* Nakai
202	꿀풀과	변산향유	*Elsholtzia byeonsanensis* M.Y. Kim
203	꿀풀과	좀향유	*Elsholtzia minima* Nakai
204	꿀풀과	다발꽃향유	*Elsholtzia splendens* var. *fasciflora* N.S. Lee, M.S. Chung & C.S. Lee
205	꿀풀과	털산박하	*Isodon inflexus* var. *canescens* (Nakai) Kudo
206	꿀풀과	영도산박하	*Isodon inflexus* (Thunb.) Kudô var. *microphyllus* (Nakai) Kudô
207	꿀풀과	섬광대수염	*Lamium takesimense* Nakai
208	꿀풀과	다도해산들깨	*Mosla dadoensis* K.K.Jeong, M.J.Nam & H.J.Choi
209	꿀풀과	속단아재비	*Paraphlomis koreana* S.C. Ko & G.Y. Chung
210	꿀풀과	참배암차즈기	*Salvia chanryoenica* Nakai
211	꿀풀과	다발골무꽃	*Scutellaria asperiflora* Nakai
212	꿀풀과	연지골무꽃	*Scutellaria indica* var. *coccinea* S.T. Kim & S.T. Lee
213	꿀풀과	광릉골무꽃	*Scutellaria insignis* Nakai
214	꿀풀과	왕골무꽃	*Scutellaria pekinensis* var. *maxima* S. Kim & S. Lee
215	꿀풀과	섬백리향	*Thymus quinquecostatus* var. *magnus* (Nakai) Kitam.
216	물푸레나무과	미선나무	*Abeliophyllum distichum* Nakai
217	물푸레나무과	개나리	*Forsythia koreana* (Rehder) Nakai
218	물푸레나무과	만리화	*Forsythia ovata* Nakai
219	물푸레나무과	장수만리화	*Forsythia velutina* Nakai
220	물푸레나무과	물들메나무	*Fraxinus chiisanensis* Nakai
221	물푸레나무과	섬쥐똥나무	*Ligustrum foliosum* Nakai
222	물푸레나무과	버들개회나무	*Syringa fauriei* H. Lév.
223	현삼과	깔끔좁쌀풀	*Euphrasia coreana* W. Becker
224	현삼과	애기좁쌀풀	*Euphrasia coreanalpina* Nakai ex Y. Kimura
225	현삼과	산좁쌀풀	*Euphrasia mucronulata* Nakai ex Kimura
226	현삼과	털좁쌀풀	*Euphrasia retrotricha* Nakai ex T. Yamaz.
227	현삼과	긴꽃며느리밥풀	*Melampyrum koreanum* K.J. Kim & S.M. Yun
228	현삼과	새며느리밥풀	*Melampyrum setaceum* var. *nakaianum* (Tuyama) T. Yamaz.
229	현삼과	오동나무	*Paulownia coreana* Uyeki
230	현삼과	한라송이풀	*Pedicularis hallaisanensis* Hurus.

231	현삼과	애기송이풀	*Pedicularis ishidoyana* Koidz. & Ohwi
232	현삼과	칼송이풀	*Pedicularis lunaris* Nakai
233	현삼과	바위송이풀	*Pedicularis nigrescens* Nakai
234	현삼과	그늘송이풀	*Pedicularis resupinata* var. *umbrosa* Kom. ex Nakai
235	현삼과	섬꼬리풀	*Pseudolysimachion insulare* (Nakai) T. Yamaz.
236	현삼과	봉래꼬리풀	*Pseudolysimachion kiusianum* var. *diamantiacum* (Nakai) T. Yamaz.
237	현삼과	부산꼬리풀	*Pseudolysimachion pusanensis* (Y.N. Lee) Y.N. Lee
238	현삼과	큰구와꼬리풀	*Pseudolysimachion pyrethrinum* (Nakai) T. Yamaz.
239	현삼과	몽울토현삼	*Scrophularia cephalantha* Nakai
240	현삼과	토현삼	*Scrophularia koraiensis* Nakai
241	현삼과	섬현삼	*Scrophularia takesimensis* Nakai
242	열당과	백양더부살이	*Orobanche filicicola* Nakai ex J.O. Hyun, H.C. Shin & Y.S. Im
243	초롱꽃과	선모시대	*Adenophora erecta* S.T. Lee, J. Lee & S. Kim
244	초롱꽃과	가야산잔대	*Adenophora kayasanensis* Kitam.
245	초롱꽃과	꽃잔대	*Adenophora koreana* Kitam.
246	초롱꽃과	외대잔대	*Adenophora racemosa* J. Lee & S.T. Lee
247	초롱꽃과	인천잔대	*Adenophora remotidens* Hemsl.
248	초롱꽃과	좀층층잔대	*Adenophora verticillata* var. *abbreviata* H. Lév.
249	초롱꽃과	섬초롱꽃	*Campanula takesimana* Nakai
250	초롱꽃과	애기더덕	*Codonopsis minima* Nakai
251	초롱꽃과	금강초롱꽃	*Hanabusaya asiatica* (Nakai) Nakai
252	초롱꽃과	검산초롱꽃	*Hanabusaya latisepala* Nakai
253	꼭두선이과	갈퀴아재비	*Asperula lasiantha* Nakai
254	꼭두선이과	참갈퀴덩굴	*Galium koreanum* (Nakai) Nakai
255	꼭두선이과	애기솔나물	*Galium verum* var. *hallasanense* M. Kim
256	꼭두선이과	우단꼭두선이	*Rubia pubescens* (Nakai) Nakai
257	린네풀과	긴털댕강나무	*Zabelia densipila* M.P. Hong, Y.C. Kim & B.Y. Lee
258	린네풀과	댕강나무	*Zabelia tyaihyonii* Hisauti & H. Hara
259	병꽃나무과	병꽃나무	*Weigela subsessilis* (Nakai) L. H. Bailey
260	인동과	섬괴불나무	*Lonicera insularis* Nakai
261	인동과	흰등괴불나무	*Lonicera maximowiczii* var. *latifolia* (Ohwi) H. Hara
262	인동과	청괴불나무	*Lonicera subsessilis* Rehder
263	연복초과	말오줌나무	*Sambucus racemosa* subsp. *pendula* (Nakai) H.I. Lim & Chin S. Chang
264	마타리과	금마타리	*Patrinia saniculifolia* Hemsl.
265	마타리과	넓은잎쥐오줌풀	*Valeriana dageletiana* Nakai ex F. Maek.
266	국화과	붉은톱풀	*Achillea alpina* subsp. *rhodoptarmica* (Nakai) Kitam.
267	국화과	섬쑥	*Artemisia hallaisanensis* Nakai
268	국화과	단양쑥부쟁이	*Aster altaicus* var. *uchiyamae* Kitam.
269	국화과	눈갯쑥부쟁이	*Aster hayatae* H. Lév. & Vaniot
270	국화과	벌개미취	*Aster koraiensis* Nakai
271	국화과	섬쑥부쟁이	*Aster pseudoglehnii* Y. Lim, J.O Hyun & H. Shin
272	국화과	추산쑥부쟁이	*Aster x chusanensis* Y. Lim, J.O Hyun, Y.D. Kim & H. Shin
273	국화과	바늘엉겅퀴	*Cirsium rhinoceros* (H. Lév. & Vaniot) Nakai
274	국화과	고려엉겅퀴	*Cirsium setidens* (Dunn) Nakai
275	국화과	흰잎고려엉겅퀴	*Cirsium setidens* var. *niveoaraneum* Kitam.
276	국화과	한라고들빼기	*Crepidiastrum hallaisanense* (H. Lév.) Pak
277	국화과	지리고들빼기	*Crepidiastrum koidzumianum* (Kitam.) Pak & Kawano
278	국화과	한라구절초	*Dendranthema coreanum* (H. Lév. & Vaniot) Vorosch.
279	국화과	정선국화	*Dendranthema jeongseonense* M.Kim & H.Jo

280	국화과	신창구절초	*Dendranthema sinchangense* (Uyeki) Kitam.
281	국화과	울릉국화	*Dendranthema zawadskii* var. *lucidum* (Nakai) Pak
282	국화과	좀께묵	*Hololeion maximowiczii* var. *fauriei* (H. Lév. & Vaniot) Pak
283	국화과	함흥씀바귀	*Ixeris chinodebilis* Kitam.
284	국화과	솜다리	*Leontopodium coreanum* Nakai
285	국화과	한라솜다리	*Leontopodium coreanum* var. *hallaisanense* (Hand.-Mazz.) D.H. Lee & B.H. Choi
286	국화과	산솜다리	*Leontopodium leiolepis* Nakai
287	국화과	어리병풍	*Parasenecio pseudotamingasa* (Nakai) B.U. Oh
288	국화과	함백취	*Saussurea albifolia* M.J.Nam & H.T.Im
289	국화과	사창분취	*Saussurea calcicola* Nakai
290	국화과	자병취	*Saussurea chabyoungsanica* H.T. Im
291	국화과	담배취	*Saussurea conandrifolia* Nakai
292	국화과	금강분취	*Saussurea diamantica* Nakai
293	국화과	솜분취	*Saussurea eriophylla* Nakai
294	국화과	태백취	*Saussurea grandicapitula* W.T. Lee & H.T. Im
295	국화과	경성서덜취	*Saussurea koidzumiana* Kitam.
296	국화과	비단분취	*Saussurea komaroviana* Lipsch.
297	국화과	각시서덜취	*Saussurea macrolepis* (Nakai) Kitam.
298	국화과	묘향분취	*Saussurea myokoensis* Kitam.
299	국화과	남해분취	*Saussurea namhaedoana* J.M.Chung & H.T.Im
300	국화과	홍도서덜취	Saussurea polylepis Nakai
301	국화과	백설취	*Saussurea rectinervis* Nakai
302	국화과	털분취	*Saussurea rorinsanensis* Nakai
303	국화과	분취	*Saussurea seoulensis* Nakai
304	국화과	그늘취	*Saussurea uchiyamana* Nakai
305	국화과	긴산취	*Saussurea umbrosa* var. *herbicola* Nakai
306	국화과	좀민들레	*Taraxacum hallaisanense* Nakai
307	거머리말과	좀마디거머리말	*Zostera geojeensis* H.C. Shin, H.K. Choi & Y.S. Oh
308	천남성과	섬남성	*Arisaema takesimense* Nakai
309	천남성과	거문천남성	*Arisaema thunbergii* ssp. *geomundoense* S.C. Ko
310	사초과	좀목포사초	*Carex brevispicula* G.H.Nam & G.Y.Chung
311	사초과	부산사초	*Carex fusanensis* Ohwi
312	사초과	큰뚝사초	*Carex humbertiana* Ohwi
313	사초과	화산사초	*Carex nakasimae* Ohwi
314	사초과	애기이삭사초	*Carex ochrochlamys* Ohwi
315	사초과	지리대사초	*Carex okamotoi* Ohwi
316	사초과	조이삭사초	*Carex phaeothrix* Ohwi
317	사초과	햇사초	*Carex pseudochinensis* H. Lév. & Vaniot
318	사초과	반들대사초	*Carex splendentissima* U. Kang & J.M. Chung
319	사초과	지리실청사초	*Carex subebracteata* var. *leiosperma* (Ohwi) Y.H. Cho & J. Kim
320	사초과	구름사초	*Carex subumbellata* var. *koreana* Ohwi
321	사초과	진도하늘지기	*Fimbristylis jindoensis* J. Kim & M. Kim
322	사초과	무등풀	*Scleria mutoensis* Nakai
323	사초과	동강고랭이	*Trichophorum dioicum* (Y.N. Lee & Y.C. Oh) M. Kim
324	벼과	문수조릿대	*Arundinaria munsuensis* Y.N. Lee
325	벼과	낭림새풀	*Calamagrostis subacrochaeta* Nakai
326	벼과	두메김의털	*Festuca ovina* var. *alpina* (Suter) Wimm. & Grab.
327	벼과	지리산김의털	*Festuca ovina* var. *chiisanensis* Ohwi
328	벼과	수염김의털	*Festuca ovina* var. *chosenica* Ohwi

329	벼과	장억새	*Miscanthus changii* Y.N. Lee
330	벼과	물억새아재비	*Miscanthus wangpicheonensis* T.I.Heo & J.S.Kim
331	벼과	좀새포아풀	*Poa deschampsioides* Ohwi
332	벼과	금강포아풀	*Poa kumgangsani* Ohwi
333	벼과	섬포아풀	*Poa takeshimana* Honda
334	벼과	울릉포아풀	*Poa ullungdoensis* I.C. Chung
335	벼과	고려조릿대	*Sasa coreana* Nakai 신이대
336	벼과	제주조릿대	*Sasa quelpaertensis* Nakai
337	백합과	돌부추	*Allium koreanum* H.J. Choi & B.U. Oh
338	백합과	선부추	*Allium linearifolium* H.J. Choi & B.U. Oh
339	백합과	좀부추	*Allium minus* (S.O. Yu, S. Lee & W.T. Lee) H.J. Choi & B.U. Oh
340	백합과	울릉산마늘	*Allium ochotense* Prokh.
341	백합과	두메부추	*Allium senescens* L.
342	백합과	한라부추	*Allium taquetii* H. Lév.
343	백합과	둥근산부추	*Allium thunbergii* var. *teretifolium* H.J. Choi & B.U. Oh
344	백합과	제주실꽃풀	*Chamaelirium japonicum* (Willd.) N.Tanaka subsp. *yakusimense* (Masam.) N.Tanaka var. *koreanum* (F.T.Wang & T.Tang) N.Tanaka
345	백합과	처녀치마	*Heloniopsis koreana* S. Fuse, N.S. Lee & M.N. Tamura
346	백합과	숙은처녀치마	*Heloniopsis tubiflora* S. Fuse, N.S. Lee & M.N. Tamura
347	백합과	백운산원추리	*Hemerocallis hakuunensis* Nakai
348	백합과	홍도원추리	*Hemerocallis hongdoensis* M.G. Chung & S.S. Kang
349	백합과	태안원추리	*Hemerocallis taeanensis* S.S. Kang & M.G. Chung
350	백합과	금강비비추	*Hosta clausa* var. *geumgangensis* M. Kim & H. Jo
351	백합과	다도해비비추	*Hosta jonesii* M.G. Chung
352	백합과	좀비비추	*Hosta minor* (Baker) Nakai
353	백합과	한라비비추	*Hosta venusta* F. Maek.
354	백합과	흑산도비비추	*Hosta yingeri* S.B. Jones
355	백합과	섬말나리	*Lilium hansonii* Leichtlin ex D.D.T. Moore
356	백합과	자주솜대	*Maianthemum bicolor* (Nakai) Cubey
357	백합과	선둥굴레	*Polygonatum grandicaule* Y.S. Kim, B.U. Oh & C.G. Jang
358	백합과	늦둥굴레	*Polygonatum infundiflorum* Y.S. Kim, B.U. Oh & C.G. Jang
359	백합과	꽃장포	*Tofieldia coccinea* var. *koreana* (Ohwi) M.N. Tamura, S. Fuse & N.S. Lee
360	백합과	울릉꽃장포	*Tofieldia ulleungensis* H.Jo
361	수선화과	제주상사화	*Lycoris chejuensis* K.H. Tae & S.C. Ko
362	수선화과	진노랑상사화	*Lycoris chinensis* var. *sinuolata* K.H. Tae & S.C. Ko
363	수선화과	붉노랑상사화	*Lycoris flavescens* M.Y. Kim & S.T. Lee
364	수선화과	위도상사화	*Lycoris uydoensis* M.Y. Kim
365	붓꽃과	노랑붓꽃	*Iris koreana* Nakai
366	붓꽃과	넓은잎각시붓꽃	*Iris rossii* var. *latifolia* J.K. Sim & Y.S. Kim
367	마과	푸른마	*Dioscorea coreana* (Prain & Burkill) R. Knuth
368	난초과	탐라사철란	*Goodyera × tamnaensis* N.S. Lee, K.S. Lee, S.H. Yeau & C.S. Lee
369	난초과	개잠자리난초	*Habenaria cruciformis* Ohwi
370	난초과	참나리난초	*Liparis koreana* (Nakai) Nakai
371	난초과	날개옥잠난초	*Liparis pterospeala* N.S. Lee, C.S. Lee & K.S. Lee
372	난초과	계우옥잠난초	*Liparis yongnoana* N.S. Lee, C.S. Lee & K.S. Lee

3. 식물구계학적 특정식물

김철환 등 (2018) 한국산 최신 식물구계학적 특정종. 국립생태원

번호	과 명	국 명	학 명
V등급			
1	석송과	왕다람쥐꼬리	*Huperzia cryptomeriana* (Maxim.) R. D. Dixit
2	석송과	줄석송	*Huperzia sieboldii* (Miq.) Holub
3	석송과	물석송	*Lycopodiella cernua* (L.) Pic. Serm.
4	석송과	비늘석송	*Lycopodium complanatum* L.
5	부처손과	실사리	*Selaginella sibirica* (Milde) Hieron.
6	물부추과	참물부추	*Isoetes coreana* Y.H. Chung & H.K. Choi
7	물부추과	한라물부추	*Isoetes hallasanensis* H.K. Choi, Ch. Kim & J. Jung
8	물부추과	제주물부추	*Isoetes jejuensis* H.K. Choi, Ch. Kim & J. Jung
9	물부추과	중국물부추	*Isoetes sinensis* Palmer
10	고사리삼과	제주고사리삼	*Mankyua chejuense* B.Y. Sun, M.H. Kim & C H. Kim
11	솔잎난과	솔잎난	*Psilotum nudum* (L.) P. Beauv.
12	꿩고사리과	꿩고사리	*Plagiogyria euphlebia* (Kunze) Mett.
13	꿩고사리과	섬꿩고사리	*Plagiogyria japonica* Nakai
14	비고사리과	비고사리	*Osmolindsaea japonica* (Baker) Lehtonen & Christenh.
15	잔고사리과	사철잔고사리	*Dennstaedtia scabra* (Wall. ex Hook.) T. Moore
16	봉의꼬리과	개부싯깃고사리	*Cheilanthes chusana* Hook.
17	봉의꼬리과	오름깃고사리	*Pteris fauriei* Hieron.
18	봉의꼬리과	깃반쪽고사리	*Pteris terminalis* Wall. ex J. Agardh
19	물고사리과	물고사리	*Ceratopteris thalictroides* (L.) Brongn.
20	꼬리고사리과	파초일엽	*Asplenium antiquum* Makino
21	꼬리고사리과	반들깃고사리	*Asplenium boreale* (Ohwi ex Sa. Kurata) Nakaike
22	꼬리고사리과	깃고사리	*Asplenium normale* D. Don
23	꼬리고사리과	개차고사리	*Asplenium oligophlebium* Baker
24	꼬리고사리과	숫돌담고사리	*Asplenium prolongatum* Hook.
25	꼬리고사리과	눈썹고사리	*Asplenium wrightii* D.C. Eaton ex Hook.
26	꼬리고사리과	가거꼬리고사리	*Asplenium yoshinagae* Makino
27	꼬리고사리과	지느러미고사리	*Hymenasplenium hondoense* (N. Murak. & Hatan.) Nakaike
28	처녀고사리과	검은별고사리	*Cyclosorus interruptus* (Willd.) H. Itô
29	처녀고사리과	큰별고사리	*Cyclosorus penangianus* (Hook.) Copel.
30	개고사리과	산중개고사리	*Athyrium epirachis* (H. Christ) Ching
31	개고사리과	골개고사리	*Athyrium otophorum* (Miq.) Koidz.
32	개고사리과	검정비늘고사리	*Diplazium virescens* Kunze
33	새깃아재비과	새깃아재비	*Woodwardia japonica* (L. f.) Sm.
34	관중과	털비늘고사리	*Arachniodes mutica* (Franch. & Sav.) Ohwi
35	관중과	애기지네고사리	*Dryopteris decipiens* var. *diplazioides* (H. Christ) Ching
36	관중과	각시톱지네고사리	*Dryopteris hangchowensis* Ching
37	관중과	흰비늘고사리	*Dryopteris maximowicziana* (Miq.) C. Chr.
38	관중과	계곡고사리	*Dryopteris subexaltata* (H. Christ) C. Chr.
39	관중과	지리개관중	*Polystichum ovato-paleaceum* (Kodama) Sa. Kurata
40	관중과	검정개관중	*Polystichum tsus-simense* (Hook.) J. Sm.
41	줄고사리과	줄고사리	*Nephrolepis cordifolia* (L.) C. Presl
42	고란초과	창고사리	*Colysis simplicifrons* (H. Christ) Tagawa

43	고란초과	창일엽	*Microsorum buergerianum* (Miq.) Ching
44	고란초과	나사미역고사리	*Polypodium fauriei* H. Christ
45	고란초과	우단석위	*Pyrrosia davidii* (Baker) Ching
46	고란초과	층층고란초	*Selliguea veitchii* (Baker) H. Ohashi & K. Ohashi
47	주걱일엽과	숟갈일엽	*Loxogramme duclouxii* H. Christ
48	소나무과	눈잣나무	*Pinus pumila* (Pall.) Regel
49	측백나무과	눈향나무	*Juniperus chinensis* var. *sargentii* A. Henry
50	측백나무과	섬향나무	*Juniperus procumbens* (Siebold ex Endl.) Miq.
51	측백나무과	해변노간주	*Juniperus rigida* var. *conferta* (Parl.) Patschke
52	측백나무과	눈측백	*Thuja koraiensis* Nakai
53	나한송과	나한송	*Podocarpus macrophyllus* (Thunb.) Sweet
54	주목과	설악눈주목	*Taxus cuspidata* var. *caespitosa* (Nakai) Q.L. Wang
55	목련과	목련	*Magnolia kobus* DC.
56	목련과	초령목	*Michelia compressa* (Maxim.) Sarg.
57	홀아비꽃대과	꽃대	*Chloranthus serratus* (Thunb.) Roem. & Schult.
58	홀아비꽃대과	죽절초	*Sarcandra glabra* (Thunb.) Nakai
59	삼백초과	삼백초	*Saururus chinensis* (Lour.) Baill.
60	오미자과	흑오미자	*Schisandra repanda* (Siebold & Zucc.) Radlk.
61	수련과	가시연	*Euryale ferox* Salisb. ex K.D. Koenig & Sims
62	수련과	각시수련	*Nymphaea tetragona* var. *minima* (Nakai) W.T. Lee
63	어항마름과	순채	*Brasenia schreberi* J.F. Gmel.
64	미나리아재비과	세뿔투구꽃	*Aconitum austrokoreense* Koidz.
65	미나리아재비과	백부자	*Aconitum coreanum* (H. Lév.) Rapaics
66	미나리아재비과	한라돌쩌귀	*Aconitum japonicum* subsp. *napiforme* (H. Lév. & Vaniot) Kadota
67	미나리아재비과	남방바람꽃	*Anemone flaccida* Fr. Schmidt
68	미나리아재비과	바람꽃	*Anemone narcissiflora* L.
69	미나리아재비과	세바람꽃	*Anemone stolonifera* Maxim.
70	미나리아재비과	숲바람꽃	*Anemone umbrosa* C.A. Mey.
71	미나리아재비과	승마	*Cimicifuga heracleifolia* Kom.
72	미나리아재비과	바위종덩굴	*Clematis calcicola* J.S. Kim
73	미나리아재비과	동강할미꽃	*Pulsatilla tongkangensis* Y.N. Lee & T.C. Lee
74	미나리아재비과	매화마름	*Ranunculus trichophyllus* var. *kadzusensis* (Makino) Wiegleb
75	미나리아재비과	연잎꿩의다리	*Thalictrum coreanum* H. Lév.
76	현호색과	섬현호색	*Corydalis filistipes* Nakai
77	팽나무과	노랑팽나무	*Celtis edulis* Nakai
78	쐐기풀과	비양나무	*Oreocnide frutescens* (Thunb.) Miq.
79	참나무과	개가시나무	*Quercus gilva* Blume
80	석죽과	가는동자꽃	*Lychnis kiusiana* Makino
81	석죽과	제비동자꽃	*Lychnis wilfordii* (Regel) Maxim.
82	석죽과	분홍장구채	*Silene capitata* Kom.
83	석죽과	한라장구채	*Silene fasciculata* Nakai
84	마디풀과	이른범꼬리	*Bistorta tenuicaulis* (Bisset & S. Moore) Nakai
85	작약과	산작약	*Paeonia obovata* Maxim.
86	아욱과	황근	*Hibiscus hamabo* Siebold & Zucc.
87	끈끈이귀개과	끈끈이귀개	*Drosera peltata* var. *nipponica* (Masam.) Ohwi ex E. Walker
88	제비꽃과	장백제비꽃	*Viola biflora* L.
89	제비꽃과	넓은잎제비꽃	*Viola mirabilis* L.
90	제비꽃과	선제비꽃	*Viola raddeana* Regel

91	제비꽃과	왕제비꽃	*Viola websteri* Hemsl.
92	십자화과	참고추냉이	*Cardamine koreana* (Nakai) Nakai
93	진달래과	홍월귤	*Arctous rubra* (Rehder & E.H. Wilson) Nakai
94	진달래과	노랑만병초	*Rhododendron aureum* Georgi
95	진달래과	들쭉나무	*Vaccinium uliginosum* L.
96	진달래과	월귤	*Vaccinium vitis-idaea* L.
97	수정난풀과	구상난풀	*Monotropa hypopithys* L.
98	암매과	암매	*Diapensia lapponica* var. *obovata* F. Schmidt
99	때죽나무과	좀쪽동백나무	*Styrax shiraianus* Makino
100	앵초과	금강봄맞이	*Androsace cortusifolia* Nakai
101	앵초과	갯봄맞이꽃	*Glaux maritima* var. *obtusifolia* Fernald
102	앵초과	설앵초	*Primula farinosa* subsp. *modesta* var. *koreana* T. Yamaz.
103	앵초과	참기생꽃	*Trientalis europaea* L.
104	앵초과	기생꽃	*Trientalis europaea* subsp. *arctica* (Fisch. ex Hook.) Hultén
105	빌레나무과	빌레나무	*Maesa japonica* (Thunb.) Moritzi & Zoll.
106	수국과	성널수국	*Hydrangea luteovenosa* Koidz.
107	수국과	나도승마	*Kirengeshoma koreana* Nakai
108	까치밥나무과	바늘까치밥나무	*Ribes burejense* F. Schmidt
109	돌나물과	둥근잎꿩의비름	*Hylotelephium ussuriense* (Kom.) H. Ohba
110	돌나물과	대구돌나물	*Tillaea aquatica* L.
111	범의귀과	개병풍	*Astilboides tabularis* (Hemsl.) Engl.
112	범의귀과	나도범의귀	*Mitella nuda* L.
113	범의귀과	헐떡이풀	*Tiarella polyphylla* D. Don
114	장미과	채진목	*Amelanchier asiatica* (Siebold & Zucc.) Endl. ex Walp.
115	장미과	개야광나무	*Cotoneaster integrrimus* Medik.
116	장미과	섬개야광나무	*Cotoneaster wilsonii* Nakai
117	장미과	이노리나무	*Malus komarovii* (Sarg.) Rehder
118	장미과	너도양지꽃	*Sibbaldia procumbens* L.
119	콩과	왕자귀나무	*Albizia kalkora* Prain
120	콩과	제주황기	*Astragalus mongholicus* var. *nakaianus* (Y.N. Lee) I.S. Choi & B.H. Choi
121	콩과	만년콩	*Euchresta japonica* Hook. f. ex Regel
122	콩과	노랑개자리	*Medicago ruthenica* (L.) Trautv.
123	콩과	개느삼	*Sophora koreensis* Nakai
124	콩과	갯활량나물	*Thermopsis lupinoides* (L.) Link
125	보리수나무과	통영볼레나무	*Elaeagnus pungens* Thunb.
126	팥꽃나무과	아마풀	*Diarthron linifolium* Turcz.
127	팥꽃나무과	피뿌리풀	*Stellera chamaejasme* L.
128	바늘꽃과	큰바늘꽃	*Epilobium hirsutum* L.
129	꼬리겨우살이과	꼬리겨우살이	*Loranthus tanakae* Franch. & Sav.
130	꼬리겨우살이과	참나무겨우살이	*Taxillus yadoriki* (Siebold ex Maxim.) Danser
131	노박덩굴과	섬회나무	*Euonymus chibai* Makino
132	대극과	두메대극	*Euphorbia fauriei* H. Lév. & Vaniot
133	대극과	조도만두나무	*Securinega chodoense* C.S. Lee & H.T. Im
134	갈매나무과	먹넌출	*Berchemia floribunda* (Wall.) Brongn.
135	옻나무과	덩굴옻나무	*Toxicodendron orientale* Greene
136	운향과	홍귤	*Citrus tachibana* Tanaka
137	남가새과	남가새	*Tribulus terrestris* L.
138	두릅나무과	개가시오갈피나무	*Eleutherococcus divaricatus* (Siebold & Zucc.) S.Y. Hu

139	두릅나무과	가시오갈피나무	*Eleutherococcus senticosus* (Rupr. & Maxim.) Maxim.
140	두릅나무과	땃두릅나무	*Oplopanax elatus* (Nakai) Nakai
141	두릅나무과	인삼	*Panax ginseng* C.A. Mey
142	미나리과	섬시호	*Bupleurum latissimum* Nakai
143	미나리과	독미나리	*Cicuta virosa* L.
144	미나리과	대마참나물	*Ligusticum tsusimense* Y. Yabe
145	미나리과	서울개발나물	*Pterygopleurum neurophyllum* (Maxim.) Kitag.
146	용담과	대성쓴풀	*Anagallidium dichotomum* (L.) Griseb.
147	용담과	비로용담	*Gentiana jamesii* Hemsl.
148	용담과	꼬인용담	*Gentianopsis contorta* (Royle) Ma
149	용담과	닻꽃	*Halenia corniculata* (L.) Cornaz
150	용담과	좁은잎덩굴용담	*Pterygocalyx volubilis* Maxim.
151	용담과	큰잎쓴풀	*Swertia wilfordii* A. Kern.
152	협죽도과	정향풀	*Amsonia elliptica* (Thunb.) Roem. & Schult.
153	협죽도과	개정향풀	*Apocynum lancifolium* Russanov
154	조름나물과	조름나물	*Menyanthes trifoliata* L.
155	조름나물과	애기어리연	*Nymphoides coreana* (H. Lév.) H. Hara
156	지치과	송양나무	*Ehretia acuminata* R. Br.
157	지치과	대청지치	*Thyrocarpus glochidiatus* Maxim.
158	꿀풀과	벌깨풀	*Dracocephalum rupestre* Hance
159	꿀풀과	물꼬리풀	*Dysophylla stellata* (Lour.) Benth.
160	꿀풀과	전주물꼬리풀	*Dysophylla yatabeana* Makino
161	꿀풀과	제주골무꽃	*Scutellaria tuberifera* C.Y. Wu & C. Chen.
162	물푸레나무과	미선나무	*Abeliophyllum distichum* Nakai
163	물푸레나무과	만리화	*Forsythia ovata* Nakai
164	물푸레나무과	박달목서	*Osmanthus insularis* Koidz.
165	현삼과	성주풀	*Centranthera cochinchinensis* (Lour.) Merr.
166	현삼과	깔끔좁쌀풀	*Euphrasia coreana* W. Becker
167	현삼과	치자풀	*Monochasma sheareri* (S. Moore) Maxim. ex Franch. & Sav.
168	현삼과	한라송이풀	*Pedicularis hallaisanensis* Hurus.
169	현삼과	애기송이풀	*Pedicularis ishidoyana* Koidz. & Ohwi
170	현삼과	만주송이풀	*Pedicularis mandshurica* Maxim.
171	현삼과	구름송이풀	*Pedicularis verticillata* L.
172	현삼과	섬현삼	*Scrophularia takesimensis* Nakai
173	열당과	백양더부살이	*Orobanche filicicola* Nakai ex J.O. Hyun, H.C. Shin & Y.S. Im
174	통발과	개통발	*Utricularia intermedia* Hayne
175	통발과	통발	*Utricularia japonica* Makino
176	통발과	들통발	*Utricularia pilosa* (Makino) Makino
177	통발과	자주땅귀개	*Utricularia yakusimensis* Masam.
178	초롱꽃과	둥근잔대	*Adenophora coronopifolia* (Fisch. ex Roem. & Schult.) Fisch.
179	초롱꽃과	진퍼리잔대	*Adenophora palustris* Kom.
180	초롱꽃과	섬잔대	*Adenophora taquetii* H. Lév.
181	초롱꽃과	애기더덕	*Codonopsis minima* Nakai
182	꼭두선이과	갈퀴아재비	*Asperula lasiantha* Nakai
183	꼭두선이과	무주나무	*Lasianthus japonicus* Miq.
184	린네풀과	주걱댕강나무	*Abelia spathulata* Siebold & Zucc.
185	린네풀과	줄댕강나무	*Zabelia tyaihyonii* Hisauti & H. Hara
186	산분꽃나무과	산분꽃나무	*Viburnum burejaeticum* Regel & Herd.

187	국화과	구름떡쑥	*Anaphalis sinica* var. *morii* (Nakai) Ohwi
188	국화과	단양쑥부쟁이	*Aster altaicus* var. *uchiyamae* Kitam.
189	국화과	마키노국화	*Dendranthema makinoi* (Matsum.) Y.N. Lee
190	국화과	울릉국화	*Dendranthema zawadskii* var. *lucidum* (Nakai) Pak
191	국화과	솜다리	*Leontopodium coreanum* Nakai
192	국화과	한라솜다리	*Leontopodium coreanum* var. *hallaisanense* (Hand.-Mazz.) D.H. Lee & B.H. Choi
193	국화과	산솜다리	*Leontopodium leiolepis* Nakai
194	국화과	산솜방망이	*Tephroseris flammea* (Turcz. ex DC.) Holub
195	국화과	민솜방망이	*Tephroseris flammea* var. *glabrifolius* (Cufod.) K.J. Kim
196	국화과	바위솜나물	*Tephroseris phaeantha* (Nakai) C. Jeffrey & Y.L. Chen
197	천남성과	섬천남성	*Arisaema negishii* Makino
198	사초과	대암사초	*Carex chordorrhiza* L. f.
199	사초과	긴목포사초	*Carex formosensis* H. Lév. & Vaniot
200	사초과	작은황새풀	*Eriophorum gracile* W.D.J. Koch ex Roth
201	사초과	검정방동사니	*Fuirena ciliaris* (L.) Roxb.
202	사초과	무등풀	*Scleria mutoensis* Nakai
203	벼과	문수조릿대	*Arundinaria munsuensis* Y.N. Lee
204	벼과	큰달뿌리풀	*Phragmites karka* (Retz.) Trin. ex Steud.
205	흑삼릉과	남흑삼릉	*Sparganium fallax* Graebn.
206	영주풀과	영주풀	*Sciaphila nana* Blume
207	백합과	여우꼬리풀	*Aletris glabra* Bureau & Franch.
208	백합과	날개하늘나리	*Lilium dauricum* Ker Gawl.
209	백합과	칠보치마	*Metanarthecium luteo-viride* Maxim.
210	백합과	한라꽃장포	*Tofieldia coccinea* var. *kondoi* (Miyabe & Kudo) H. Hara
211	백합과	나도여로	*Zigadenus sibiricus* (L.) A. Gray
212	수선화과	진노랑상사화	*Lycoris chinensis* var. *sinuolata* K.H. Tae & S.C. Ko
213	노란별수선과	노란별수선	*Hypoxis aurea* Lour.
214	붓꽃과	대청부채	*Iris dichotoma* Pall.
215	붓꽃과	노랑붓꽃	*Iris koreana* Nakai
216	붓꽃과	제비붓꽃	*Iris laevigata* Fisch. ex Fisch. & C.A. Mey.
217	붓꽃과	솔붓꽃	*Iris ruthenica* Ker Gawl.
218	붓꽃과	난장이붓꽃	*Iris uniflora* Pall. ex Link
219	난초과	콩짜개란	*Bulbophyllum drymoglossum* Maxim. ex M. Ôkubo
220	난초과	혹난초	*Bulbophyllum inconspicuum* Maxim.
221	난초과	신안새우난초	*Calanthe aristulifera* Rchb. f.
222	난초과	여름새우난초	*Calanthe reflexa* Maxim.
223	난초과	애기천마	*Chamaegastrodia shikokiana* Makino & F. Maek.
224	난초과	지네발란	*Cleisostoma scolopendrifolium* (Makino) Garay
225	난초과	두잎약난초	*Cremastra unguiculata* (Finet) Finet
226	난초과	소란	*Cymbidium ensifolium* (L.) Sw.
227	난초과	한란	*Cymbidium kanran* Makino
228	난초과	죽백란	*Cymbidium lancifolium* Hook.
229	난초과	대흥란	*Cymbidium macrorhizon* Lindl.
230	난초과	털복주머니란	*Cypripedium guttatum* Sw.
231	난초과	광릉요강꽃	*Cypripedium japonicum* Thunb.
232	난초과	복주머니란	*Cypripedium macranthos* Sw.
233	난초과	으름난초	*Cyrtosia septentrionalis* (Rchb. f.) Garay

234	난초과	석곡	*Dendrobium moniliforme* (L.) Sw.
235	난초과	금자란	*Gastrochilus fuscopunctatus* (Hayata) Hayata
236	난초과	탐라란	*Gastrochilus japonicus* (Makino) Schltr.
237	난초과	한라천마	*Gastrodia pubilabiata* Sawa
238	난초과	애기사철란	*Goodyera repens* (L.) R. Br.
239	난초과	손바닥난초	*Gymnadenia conopsea* (L.) R. Br.
240	난초과	제주방울란	*Habenaria chejuensis* Y.N. Lee & K. Lee
241	난초과	방울난초	*Habenaria flagellifera* Makino
242	난초과	애기방울난초	*Habenaria iyoensis* Ohwi
243	난초과	해오라비난초	*Habenaria radiata* (Thunb.) Spreng.
244	난초과	백운란	*Kuhlhasseltia nakaiana* (F. Maek.) Ormerod
245	난초과	한라옥잠난초	*Liparis auriculata* Blume ex Miq.
246	난초과	풍란	*Neofinetia falcata* (Thunb.) Hu
247	난초과	한라새둥지란	*Neottia kiusiana* T. Hashim. & Hatus
248	난초과	새둥지란	*Neottia papilligera* Schltr.
249	난초과	구름병아리난초	*Neottianthe cucullata* (L.) Schltr.
250	난초과	영아리난초	*Nervilia nipponica* Makino
251	난초과	차걸이란	*Oberonia japonica* (Maxim.) Makino
252	난초과	두잎감자난초	*Oreorchis coreana* Finet
253	난초과	흰제비란	*Platanthera hologlottis* Maxim.
254	난초과	나비난초	*Ponerorchis graminifolia* Rchb. f.
255	난초과	나도풍란	*Sedirea japonica* (Rchb. f.) Garay & H.R. Sweet
256	난초과	거미란	*Taeniophyllum aphyllum* (Makino) Makino
257	난초과	비자란	*Thrixspermum japonicum* (Miq.) Rchb. f.
258	난초과	비비추난초	*Tipularia japonica* Matsum.
IV등급			
1	석송과	긴다람쥐꼬리	*Huperzia jejuensis* B.Y Sun & J. Lim
2	석송과	좀다람쥐꼬리	*Huperzia selago* (L.) Bernh. ex Schrank & Mart.
3	석송과	개석송	*Lycopodium annotinum* L.
4	고사리삼과	산고사리삼	*Botrychium robustum* (Rupr.) Underw.
5	처녀이끼과	괴불이끼	*Crepidomanes latealatum* (Bosch) Copel.
6	처녀이끼과	금강처녀이끼	*Hymenophyllum oligosorum* Makino
7	처녀이끼과	애기수염이끼	*Hymenophyllum polyanthos* (Sw.) Sw.
8	처녀이끼과	누운괴불이끼	*Vandenboschia kalamocarpa* (Hayata) Ebihara
9	잔고사리과	깃돌잔고사리	*Microlepia marginata* var. *bipinnata* Makino
10	잔고사리과	돌토끼고사리	*Microlepia strigosa* (Thunb.) C. Presl
11	봉의꼬리과	알록큰봉의꼬리	*Pteris nipponica* W.C. Shieh
12	공작고사리과	섬공작고사리	*Adiantum monochlamys* D.C. Eaton
13	일엽아재비과	일엽아재비	*Haplopteris flexuosa* (Fée) E.H. Crane
14	꼬리고사리과	사철고사리	*Asplenium pekinense* Hance
15	꼬리고사리과	쪽잔고사리	*Asplenium ritoense* Hayata
16	꼬리고사리과	돌좀고사리	*Asplenium ruta-muraria* L.
17	꼬리고사리과	차꼬리고사리	*Asplenium trichomanes* L.
18	꼬리고사리과	개차꼬리고사리	*Asplenium tripteropus* Nakai
19	꼬리고사리과	수수고사리	*Asplenium wilfordii* Mett. ex Kuhn
20	처녀고사리과	탐라별고사리	*Cyclosorus dentatus* (Forssk.) Ching
21	처녀고사리과	제비꼬리고사리	*Pseudocyclosorus subochthodes* (Ching) Ching
22	처녀고사리과	탐라사다리고사리	*Thelypteris angustifrons* (Miq.) Ching

23	처녀고사리과	큰처녀고사리	*Thelypteris quelpaertensis* (H. Christ) Ching
24	우드풀과	두메우드풀	*Woodsia ilvensis* (L.) R. Br.
25	우드풀과	참우드풀	*Woodsia macrochlaena* Mett. ex Kuhn
26	개고사리과	가는잎개고사리	*Athyrium iseanum* Rosenst.
27	개고사리과	개톱날고사리	*Athyrium sheareri* (Baker) Ching
28	개고사리과	넓은잎개고사리	*Athyrium wardii* (Hook.) Makino
29	개고사리과	뿔고사리	*Cornopteris decurrenti-alata* (Hook.) Nakai
30	개고사리과	한들고사리	*Cystopteris fragilis* (L.) Bernh.
31	개고사리과	진퍼리개고사리	*Deparia okuboana* (Makino) M. Kato
32	개고사리과	푸른개고사리	*Deparia viridifrons* (Makino) M. Kato
33	개고사리과	암고사리	*Diplazium chinense* (Baker) C. Chr.
34	개고사리과	섬잔고사리	*Diplazium hachijoense* Nakai
35	개고사리과	큰개고사리	*Diplazium mesosorum* (Makino) Koidz.
36	개고사리과	큰섬잔고사리	*Diplazium nipponicum* Tagawa
37	관중과	쇠고사리	*Arachniodes amabilis* (Blume) Tindale
38	관중과	좀쇠고사리	*Arachniodes sporadosora* (Kunze) Nakaike
39	관중과	아물고사리	*Dryopteris amurensis* H. Christ
40	관중과	큰톱지네고사리	*Dryopteris dickinsii* (Franch. & Sav.) C. Chr.
41	관중과	꼬리족제비고사리	*Dryopteris formosana* (H. Christ) C. Chr.
42	관중과	바위틈고사리	*Dryopteris goeringiana* (Kunze) Koidz.
43	관중과	느리미고사리	*Dryopteris tokyoensis* (Matsum. ex Makino) C. Chr.
44	관중과	나도개관중	*Polystichum pseudomakinoi* Tagawa
45	관중과	큰개관중	*Polystichum tsus-simense* var. *mayebarae* (Tagawa) Sa. Kurata
46	관중과	애기십자고사리	*Polystichum yaeyamense* (Makino) Makino
47	고란초과	밤일엽	*Neocheiropteris ensata* (Thunb.) Ching
48	고란초과	좀미역고사리	*Polypodium virginianum* L.
49	고란초과	미역고사리	*Polypodium vulgare* L.
50	고란초과	큰고란초	*Selliguea engleri* (Luerss.) FrasešJenk.
51	주걱일엽과	버들일엽	*Loxogramme salicifolia* (Makino) Makino
52	소나무과	잎갈나무	*Larix gmelinii* var. *olgensis* (A. Henry) Ostenf. & Syrach
53	소나무과	섬잣나무	*Pinus parviflora* Siebold & Zucc.
54	소나무과	솔송나무	*Tsuga sieboldii* Carriére
55	측백나무과	측백나무	*Platycladus orientalis* (L.) Franco
56	녹나무과	녹나무	*Cinnamomum camphora* (L.) J. Presl
57	녹나무과	털조장나무	*Lindera sericea* (Siebold & Zucc.) Blume
58	후추과	후추등	*Piper kadsura* (Choisy) Ohwi
59	수련과	개연꽃	*Nuphar japonicum* DC.
60	미나리아재비과	세복수초	*Adonis multiflora* Nishikawa & Koji Ito
61	미나리아재비과	들바람꽃	*Anemone amurensis* (Korsh.) Kom.
62	미나리아재비과	홀아비바람꽃	*Anemone koraiensis* Nakai
63	미나리아재비과	국화바람꽃	*Anemone pseudoaltaica* H. Hara
64	미나리아재비과	회리바람꽃	*Anemone reflexa* Stephan
65	미나리아재비과	가는회리바람꽃	*Anemone reflexa* var. *lineiloba* Y.N. Lee
66	미나리아재비과	쌍동이바람꽃	*Anemone rossii* S. Moore
67	미나리아재비과	나제승마	*Cimicifuga austrokoreana* H.W. Lee & C.W. Park
68	미나리아재비과	세잎승마	*Cimicifuga heracleifolia* var. *bifida* Nakai
69	미나리아재비과	좁은잎사위질빵	*Clematis hexapetala* Pall.
70	미나리아재비과	자주종덩굴	*Clematis ochotensis* (Pall.) Poir.

71	미나리아재비과	개버무리	*Clematis serratifolia* Rehder
72	미나리아재비과	큰제비고깔	*Delphinium maackianum* Regel
73	미나리아재비과	섬노루귀	*Hepatica maxima* Nakai
74	미나리아재비과	바위미나리아재비	*Ranunculus crucilobus* H. Lév.
75	미나리아재비과	개구리갓	*Ranunculus extorris* Hance
76	미나리아재비과	왜미나리아재비	*Ranunculus franchetii* H. Boissieu
77	미나리아재비과	꼭지연잎꿩의다리	*Thalictrum ichangense* Lecoy. ex Oliv.
78	미나리아재비과	꽃꿩의다리	*Thalictrum petaloideum* L.
79	미나리아재비과	뭣꿩의다리	*Thalictrum sachalinense* Lecoy.
80	매자나무과	매자나무	*Berberis koreana* Palib.
81	매자나무과	가는잎매자나무	*Berberis koreana* var. *angustifolia* Nakai
82	매자나무과	연밥매자나무	*Berberis koreana* var. *ellipsoides* Nakai
83	매자나무과	삼지구엽초	*Epimedium koreanum* Nakai
84	매자나무과	한계령풀	*Gymnospermium microrrhynchum* (S. Moore) Takht.
85	매자나무과	깽깽이풀	*Jeffersonia dubia* (Maxim.) Benth. & Hook. f. ex Baker & S. Moore
86	양귀비과	매미꽃	*Coreanomecon hylomeconoides* Nakai
87	현호색과	날개현호색	*Corydalis alata* B.U. Oh & W.R. Lee
88	현호색과	쇠뿔현호색	*Corydalis cornupetala* Y.H. Kim & J.H. Jeong
89	조록나무과	히어리	*Corylopsis glabrescens* var. *gotoana* (Makino) T. Yamanaka
90	굴거리나무과	좀굴거리	*Daphniphyllum teijsmannii* Zoll. ex Teijsm. & Binn.
91	느릅나무과	왕느릅나무	*Ulmus macrocarpa* Hance
92	느릅나무과	비술나무	*Ulmus pumila* L.
93	뽕나무과	몽고뽕나무	*Morus mongolica* (Bureau) C.K. Schneid
94	쐐기풀과	복천물통이	*Elatostema densiflorum* Franch. & Sav.
95	쐐기풀과	푸른몽울풀	*Elatostema laetevirens* Makino
96	쐐기풀과	우산물통이	*Elatostema umbellatum* Blume
97	쐐기풀과	큰쐐기풀	*Girardinia diversifolia* subsp. *Suborbiculata* (C.J. Chen) C.J. Chen & Friis
98	쐐기풀과	펠리온나무	*Pellionia scabra* Benth.
99	쐐기풀과	제주큰물통이	*Pilea taquetii* Nakai
100	소귀나무과	소귀나무	*Myrica rubra* (Lour.) Siebold & Zucc.
101	참나무과	너도밤나무	*Fagus multinervis* Nakai
102	참나무과	가시나무	*Quercus myrsinifolia* Blume
103	자작나무과	덤불오리나무	*Alnus mandshurica* (Callier ex C.K. Schneid.) Hand.-Mazz.
104	자작나무과	두메오리나무	*Alnus maximowiczii* Callier ex C.K. Schneid.
105	자작나무과	긴서어나무	*Carpinus laxiflora* var. *longispica* Uyeki
106	자작나무과	새우나무	*Ostrya japonica* Sarg.
107	자리공과	자리공	*Phytolacca acinosa* Roxb.
108	자리공과	섬자리공	*Phytolacca insularis* Nakai
109	명아주과	바늘명아주	*Chenopodium aristatum* L.
110	석죽과	털동자꽃	*Lychnis fulgens* Fisch. ex Spreng.
111	석죽과	개벼룩	*Moehringia lateriflora* (L.) Fenzl
112	석죽과	숲개별꽃	*Pseudostellaria setulosa* Ohwi
113	석죽과	가는잎개별꽃	*Pseudostellaria sylvatica* (Maxim.) Pax
114	석죽과	거문도개미자리	*Sagina saginoides* (L.) H. Karst.
115	석죽과	가는다리장구채	*Silene jenisseensis* Willd.
116	석죽과	울릉장구채	*Silene takeshimensis* Uyeki & Sakata
117	석죽과	실별꽃	*Stellaria filicaulis* Makino

118	마디풀과	참개싱아	*Aconogonon microcarpum* (Kitag.) H. Hara
119	마디풀과	가는범꼬리	*Bistorta alopecuroides* (Turcz. ex Besser) Kom.
120	마디풀과	눈범꼬리	*Bistorta suffulta* (Maxim.) Greene ex H. Gross
121	마디풀과	왕호장근	*Fallopia sachalinensis* (F. Schmidt) Ronse
122	마디풀과	시베리아여뀌	*Knorringia sibirica* (Laxm.) Tzvelev
123	마디풀과	물여뀌	*Persicaria amphibia* (L.) Delarbre
124	마디풀과	덩굴모밀	*Persicaria chinensis* (L.) H. Gross
125	마디풀과	겨이삭여뀌	*Persicaria taquetii* (H. Le'v.) Koidzumi
126	마디풀과	갯마디풀	*Polygonum polyneuron* Franch. & Sav.
127	작약과	참작약	*Paeonia lactiflora* var. *trichocarpa* (Bunge) Stern
128	차나무과	비쭈기나무	*Cleyera japonica* Thunb.
129	차나무과	후피향나무	*Ternstroemia gymnanthera* (Wight & Arn.) Sprague
130	다래나무과	섬다래	*Actinidia rufa* (Siebold & Zucc.) Planch. ex Miq.
131	물레나물과	흰꽃물고추나물	*Triadenum breviflorum* (Wallich ex Dyer) Y. Kimura
132	담팔수과	담팔수	*Elaeocarpus sylvestris* var. *ellipticus* (Thunb.) H. Hara
133	피나무과	섬피나무	*Tilia insularis* Nakai
134	제비꽃과	각시제비꽃	*Viola boissieuana* Makino
135	제비꽃과	큰졸방제비꽃	*Viola kusanoana* Makino
136	제비꽃과	우산제비꽃	*Viola × woosanensis* Y.N. Lee & J. Kim
137	박과	산외	*Schizopepon bryoniifolius* Maxim.
138	버드나무과	물황철나무	*Populus koreana* Rehder
139	버드나무과	황철나무	*Populus maximowiczii* A. Henry
140	버드나무과	제주산버들	*Salix blinii* H. Lév.
141	버드나무과	쪽버들	*Salix maximowiczii* Kom.
142	십자화과	애기장대	*Arabidopsis thaliana* (L.) Heynh.
143	십자화과	섬바위장대	*Arabis serrata* var. *hallasianensis* (Nakai) Owhi
144	십자화과	섬장대	*Arabis takesimana* Nakai
145	십자화과	벌깨냉이	*Cardamine glechomifolia* H. Lév.
146	십자화과	꼬마냉이	*Cardamine tanakae* Franch. & Sav.
147	십자화과	왜갓냉이	*Cardamine yezoensis* Maxim.
148	십자화과	고추냉이	*Eutrema japonicum* (Miq.) Koidz.
149	시로미과	시로미	*Empetrum nigrum* var. *japonicum* K. Koch
150	진달래과	꼬리진달래	*Rhododendron micranthum* Turcz.
151	진달래과	흰참꽃	*Rhododendron tschonoskii* Maxim.
152	진달래과	참꽃나무	*Rhododendron weyrichii* Maxim.
153	진달래과	산매자나무	*Vaccinium japonicum* Miq.
154	노루발과	콩팥노루발	*Pyrola renifolia* Maxim.
155	노린재나무과	섬노린재	*Symplocos coreana* (H. Lév.) Ohwi
156	노린재나무과	검은재나무	*Symplocos prunifolia* Siebold & Zucc.
157	자금우과	산호수	*Ardisia pusilla* A. DC.
158	앵초과	뚜껑별꽃	*Anagallis arvensis* L.
159	앵초과	섬까치수염	*Lysimachia acroadenia* Maxim.
160	앵초과	참좁쌀풀	*Lysimachia coreana* Nakai
161	앵초과	홍도까치수염	*Lysimachia pentapetala* Bunge
162	수국과	바위말발도리	*Deutzia grandiflora* Bunge
163	수국과	꼬리말발도리	*Deutzia paniculata* Nakai
164	수국과	바위수국	*Schizophragma hydrangeoides* Siebold & Zucc.
165	돌나물과	연화바위솔	*Orostachys iwarenge* (Makino) H. Hara

166	돌나물과	돌채송화	*Sedum japonicum* Siebold ex Miq.
167	돌나물과	태백기린초	*Sedum latiovalifolium* Y.N. Lee
168	돌나물과	애기기린초	*Sedum middendorffianum* Maxim.
169	돌나물과	섬기린초	*Sedum takesimense* Nakai
170	돌나물과	주걱비름	*Sedum tosaense* Makino
171	범의귀과	가지괭이눈	*Chrysosplenium ramosum* Maxim.
172	범의귀과	구실바위취	*Micranthes octopetala* (Nakai) Y.I. Kim & Y.D. Kim
173	범의귀과	도깨비부채	*Rodgersia podophylla* A. Gray
174	범의귀과	톱바위취	*Saxifraga nelsoniana* D. Don
175	범의귀과	참바위취	*Saxifraga oblongifolia* Nakai
176	장미과	한라개승마	*Aruncus aethusifolius* (H. Lév.) Nakai
177	장미과	털가침박달	*Exochorda serratifolia* var. *oligantha* Nakai
178	장미과	지리터리풀	*Filipendula formosa* Nakai
179	장미과	단풍터리풀	*Filipendula palmata* (Pall.) Maxim.
180	장미과	흰땃딸기	*Fragaria nipponica* Makino
181	장미과	눈양지꽃	*Potentilla anserina* L.
182	장미과	섬양지꽃	*Potentilla dickinsii* var. *glabrata* Nakai
183	장미과	제주양지꽃	*Potentilla stolonifera* var. *quelpaertensis* Nakai
184	장미과	섬개벚나무	*Prunus buergeriana* Miq.
185	장미과	복사앵도	*Prunus choreiana* Nakai ex H.T. Im
186	장미과	산복사	*Prunus davidiana* (Carriére) Franch.
187	장미과	시베리아살구나무	*Prunus sibirica* L.
188	장미과	섬벚나무	*Prunus takesimensis* Nakai
189	장미과	왕벚나무	*Prunus* × *yedoensis* Matsum.
190	장미과	생열귀나무	*Rosa davurica* Pall.
191	장미과	흰인가목	*Rosa koreana* Kom.
192	장미과	둥근인가목	*Rosa spinosissima* L.
193	장미과	검은딸기	*Rubus croceacanthus* (**H. Lév.**) H. **Lév.**
194	장미과	가시딸기	*Rubus hongnoensis* Nakai
195	장미과	제주산딸기	*Rubus nishimuranus* Koidz.
196	장미과	단풍딸기	*Rubus palmatus* var. *coptophyllus* (A. Gray) Kuntze
197	장미과	섬딸기	*Rubus ribisoideus* Matsum.
198	장미과	거지딸기	*Rubus sorbifolius* Maxim.
199	장미과	섬나무딸기	*Rubus takesimensis* Nakai
200	장미과	거제딸기	*Rubus tozawai* Nakai ex T.H. Chung
201	장미과	맥도딸기	*Rubus tozawai* var. *longisepalus* J.Y. Yang
202	장미과	긴오이풀	*Sanguisorba longifolia* Bertol.
203	장미과	당마가목	*Sorbus pohuashanensis* (Hance) Hedl.
204	장미과	떡조팝나무	*Spiraea chartacea* Nakai
205	장미과	섬국수나무	*Spiraea insularis* (Nakai) H. Shin, Y.D. Kim & S. H.
206	장미과	갈기조팝나무	*Spiraea trichocarpa* Nakai
207	장미과	나도양지꽃	*Waldsteinia ternata* (Stephan) Fritsch
208	콩과	자주개황기	*Astragalus laxmannii* Jacq.
209	콩과	꽃싸리	*Campylotropis macrocarpa* (Bunge) Rehder
210	콩과	해녀콩	*Canavalia lineata* (Thunb.) DC.
211	콩과	참골담초	*Caragana fruticosa* (Pall.) Besser
212	콩과	잔디갈고리	*Desmodium heterocarpon* (L.) DC.
213	콩과	비진도콩	*Dumasia truncata* Siebold & Zucc.

214	콩과	애기자운	*Gueldenstaedtia verna* (Georgi) Boriss.
215	콩과	영주갈고리	*Hylodesmum laxum* (Candolle) H. Ohashi & R. R. Mill Edinburgh
216	콩과	선연리초	*Lathyrus komarovii* Ohwi
217	콩과	털연리초	*Lathyrus palustris* subsp. *pilosus* (Cham.) Hultén
218	콩과	솔비나무	*Maackia fauriei* (H. Lév.) Takeda
219	콩과	된장풀	*Ohwia caudata* (Thunb.) H. Ohashi
220	콩과	제주달구지풀	*Trifolium lupinaster* var. *alpinum* Nakai
221	콩과	들완두	*Vicia bungei* Ohwi
222	콩과	계방나비나물	*Vicia linearifolia* Y.N. Lee
223	콩과	등	*Wisteria floribunda* (Willd.) DC.
224	콩과	애기등	*Wisteria japonica* Siebold & Zucc.
225	팥꽃나무과	백서향나무	*Daphne kiusiana* Miq.
226	팥꽃나무과	두메닥나무	*Daphne pseudomezereum* var. *koreana* (Nakai) Hamaya
227	팥꽃나무과	거문도닥나무	*Wikstroemia ganpi* (Siebold & Zucc.) Maxim.
228	팥꽃나무과	산닥나무	*Wikstroemia trichotoma* (Thunb.) Makino
229	바늘꽃과	분홍바늘꽃	*Chamerion angustifolium* (L.) Holub
230	바늘꽃과	버들바늘꽃	*Epilobium palustre* L.
231	단향과	긴제비꿀	*Thesium refractum* C. A. Mey
232	감탕나무과	먼나무	*Ilex rotunda* Thunb.
233	갈매나무과	망개나무	*Berchemia berchemiifolia* (Makino) Koidz.
234	갈매나무과	갯대추	*Paliurus ramosissimus* (Lour.) Poir.
235	갈매나무과	산황나무	*Rhamnus crenata* Siebold & Zucc.
236	갈매나무과	갈매나무	*Rhamnus davurica* Pall.
237	갈매나무과	돌갈매나무	*Rhamnus parvifolia* Bunge
238	갈매나무과	좀갈매나무	*Rhamnus taquetii* (H. Lév.) H. Lév.
239	갈매나무과	묏대추나무	*Ziziphus jujuba* var. *spinosa* (Bunge) H.H. Hu ex H.F. Chow.
240	아마과	개아마	*Linum stelleroides* Planch.
241	원지과	두메애기풀	*Polygala sibirica* L.
242	원지과	병아리풀	*Polygala tatarinowii* Regel
243	원지과	원지	*Polygala tenuifolia* Willd.
244	원지과	병아리다리	*Salomonia oblongifolia* DC.
245	단풍나무과	섬단풍나무	*Acer takesimense* Nakai
246	단풍나무과	산겨릅나무	*Acer tegmentosum* Maxim.
247	옻나무과	검양옻나무	*Toxicodendron succedaneum* (L.) Kuntze
248	운향과	왕초피	*Zanthoxylum simulans* Hance
249	쥐손이풀과	섬쥐손이	*Geranium shikokianum* Matsum.
250	쥐손이풀과	삼쥐손이풀	*Geranium soboliferum* Kom.
251	쥐손이풀과	태백이질풀	*Geranium taebaek* S.J. Park & Y.S. Kim
252	쥐손이풀과	좀쥐손이	*Geranium tripartitum* R. Knuth
253	봉선화과	처진물봉선	*Impatiens furcillata* Hemsl.
254	두릅나무과	섬오갈피나무	*Eleutherococcus gracilistylus* (W. W. Sm.) S.Y. Hu
255	미나리과	왜방풍	*Aegopodium alpestre* Ledeb.
256	미나리과	갯강활	*Angelica japonica* A. Gray
257	미나리과	등대시호	*Bupleurum euphorbioides* Nakai
258	미나리과	섬바디	*Dystaenia takesimana* (Nakai) Kitag.
259	미나리과	피막이	*Hydrocotyle sibthorpioides* Lam.
260	미나리과	제주피막이	*Hydrocotyle yabei* Makino
261	미나리과	털기름나물	*Libanotis coreana* (H. Wolff) Kitag.

262	미나리과	가는바디	*Ostericum maximowiczii* (F. Schmidt) Kitag.
263	미나리과	반디미나리	*Pternopetalum tanakae* (Franch. & Sav.) Hand.-Mazz.
264	미나리과	덕우기름나물	*Sillaphyton podagraria* (H. Boissieu) Pimenov
265	미나리과	세잎개발나물	*Sium ternifolium* B.Y. Lee & S.C. Ko
266	용담과	흰그늘용담	*Gentiana chosenica* (Nakai) Okuyama
267	용담과	고산구슬붕이	*Gentiana wootchuliana* W.K. Paik
268	용담과	덩굴용담	*Tripterospermum japonicum* (Siebold & Zucc.) Maxim.
269	박주가리과	덩굴민백미꽃	*Cynanchum japonicum* C. Morren & Decne.
270	박주가리과	나도은조롱	*Marsdenia tomentosa* C. Morren & Decne.
271	가지과	노랑미치광이풀	*Scopolia japonica* f. *lutescens* (Y.N. Lee) M. Kim
272	지치과	참꽃받이	*Bothriospermum secundum* Maxim.
273	꿀풀과	변산향유	*Elsholtzia byeonsanensis* M.Y. Kim
274	꿀풀과	좀향유	*Elsholtzia minima* Nakai
275	꿀풀과	가는잎향유	*Elsholtzia saxatilis* (Kom.) Nakai ex Kitag.
276	꿀풀과	흰꽃광대나물	*Lagopsis supina* (Stephan ex Willd.) Ikonn.-Gal. ex Knorrg
277	꿀풀과	섬광대수염	*Lamium takesimense* Nakai
278	꿀풀과	섬쥐깨풀	*Mosla japonica* var. *thymolifera* (Makino) Kitam.
279	꿀풀과	참배암차즈기	*Salvia chanryoenica* Nakai
280	물푸레나무과	산개나리	*Forsythia saxatilis* (Nakai) Nakai
281	물푸레나무과	섬쥐똥나무	*Ligustrum foliosum* Nakai
282	물푸레나무과	좀털쥐똥나무	*Ligustrum ibota* Siebold
283	물푸레나무과	당광나무	*Ligustrum lucidum* W.T. Aiton
284	물푸레나무과	구골나무	*Osmanthus heterophyllus* (G. Don) P.S. Green
285	물푸레나무과	버들개회나무	*Syringa fauriei* H. Lév.
286	물푸레나무과	꽃개회나무	*Syringa wolfii* C.K. Schneid.
287	현삼과	소엽풀	*Limnophila aromatica* (Lam.) Merr.
288	현삼과	민구와말	*Limnophila indica* (L.) Druce
289	현삼과	등포풀	*Limosella aquatica* L.
290	현삼과	해란초	*Linaria japonica* Miq.
291	현삼과	선주름잎	*Mazus stachydifolius* (Turcz.) Maxim.
292	현삼과	애기물꽈리아재비	*Mimulus tenellus* Bunge
293	현삼과	섬꼬리풀	*Pseudolysimachion insulare* (Nakai) T. Yamaz.
294	현삼과	봉래꼬리풀	*Pseudolysimachion kiusianum* var. *diamantiacum* (Nakai) T. Yamaz.
295	현삼과	개현삼	*Scrophularia alata* Gilib.
296	현삼과	토현삼	*Scrophularia koraiensis* Nakai
297	열당과	야고	*Aeginetia indica* L.
298	열당과	개종용	*Lathraea japonica* Miq.
299	쥐꼬리망초과	물잎풀	*Hygrophila ringens* (L.) R. Br. ex Spreng.
300	쥐꼬리망초과	입술망초	*Peristrophe japonica* (Thunb.) Bremek.
301	쥐꼬리망초과	방울꽃	*Strobilanthes oliganthus* Miq.
302	참깨과	세수염마름	*Trapella sinensis* Oliv.
303	참깨과	수염마름	*Trapella sinensis* var. *antennifera* (H. Lév.) H. Hara
304	통발과	땅귀개	*Utricularia bifida* L.
305	통발과	이삭귀개	*Utricularia racemosa* Wall. ex Walp.
306	초롱꽃과	선모시대	*Adenophora erecta* S.T. Lee, J. Lee & S. Kim
307	초롱꽃과	섬초롱꽃	*Campanula takesimana* Nakai
308	초롱꽃과	금강초롱꽃	*Hanabusaya asiatica* (Nakai) Nakai
309	초롱꽃과	홍노도라지	*Peracarpa carnosa* (Wall.) Hook. f. & Thomson

310	꼭두선이과	구슬꽃나무	*Adina rubella* Hance
311	꼭두선이과	수정목	*Damnacanthus major* Siebold & Zucc.
312	꼭두선이과	긴잎갈퀴	*Galium boreale* L.
313	꼭두선이과	털긴잎갈퀴	*Galium boreale* var. *koreanum* (Maxim.) Nakai
314	꼭두선이과	민긴잎갈퀴	*Galium boreale* var. *lanceolatum* Nakai
315	인동과	댕댕이나무	*Lonicera caerulea* L.
316	인동과	각시괴불나무	*Lonicera chrysantha* Turcz. ex Ledeb.
317	인동과	섬괴불나무	*Lonicera insularis* Nakai
318	인동과	흰괴불나무	*Lonicera tatarinowii* Maxim.
319	산분꽃나무과	푸른가막살	*Viburnum japonicum* (Thunb.) C.K. Spreng.
320	산분꽃나무과	배암나무	*Viburnum koreanum* Nakai
321	연복초과	말오줌나무	*Sambucus racemosa* subsp. *pendula* (Nakai) H.I. Lim & Chin S. Chang
322	마타리과	돌마타리	*Patrinia rupestris* (Pall.) Juss.
323	마타리과	넓은잎쥐오줌풀	*Valeriana dageletiana* Nakai ex F. Maek.
324	국화과	물머위	*Adenostemma lavenia* (L.) Kuntze
325	국화과	갯제비쑥	*Artemisia littoricola* Kitam.
326	국화과	산흰쑥	*Artemisia sieversiana* Ehrh. ex Willd.
327	국화과	외잎쑥	*Artemisia viridissima* (Kom.) Pamp.
328	국화과	눈갯쑥부쟁이	*Aster hayatae* H. Lév. & Vaniot
329	국화과	섬쑥부쟁이	*Aster pseudoglehnii* Y. Lim, J.O Hyun & H. Shin
330	국화과	버들잎엉겅퀴	*Cirsium lineare* (Thunb.) Sch. Bip.
331	국화과	물엉겅퀴	*Cirsium nipponicum* (Maxim.) Makino
332	국화과	동래엉겅퀴	*Cirsium toraiense* Nakai ex Kitam.
333	국화과	흰잎엉겅퀴	*Cirsium vlassovianum* Fisch. ex Dc.
334	국화과	한라고들빼기	*Crepidiastrum hallaisanense* (H. Lév.) Pak
335	국화과	갯고들빼기	*Crepidiastrum lanceolatum* (Houtt.) Nakai
336	국화과	민망초	*Erigeron acris* L.
337	국화과	금혼초	*Hypochaeris ciliata* (Thunb.) Makino
338	국화과	왜솜다리	*Leontopodium japonicum* Miq.
339	국화과	설악솜다리	*Leontopodium seorakensis* Lim, Hyun, Kim & Shin
340	국화과	갯취	*Ligularia taquetii* (H. Lév. & Vaniot) Nakai
341	국화과	귀박쥐나물	*Parasenecio auriculatus* (DC.) H. Koyama
342	국화과	병풍쌈	*Parasenecio firmus* (Kom.) Y.L. Chen
343	국화과	어리병풍	*Parasenecio pseudotamingasa* (Nakai) B.U. Oh
344	국화과	추분취	*Rhynchospermum verticillatum* Reinw.
345	국화과	사창분취	*Saussurea calcicola* Nakai
346	국화과	자병취	*Saussurea chabyoungsanica* H.T. Im
347	국화과	금강분취	*Saussurea diamantica* Nakai
348	국화과	태백취	*Saussurea grandicapitula* W.T. Lee & H.T. Im
349	국화과	애기우산나물	*Syneilesis aconitifolia* (Bunge) Maxim.
350	국화과	좀민들레	*Taraxacum hallaisanense* Nakai
351	국화과	국화방망이	*Tephroseris koreana* (Kom.) B. Nord. & Pelser
352	국화과	개꽃	*Tripleurospermum limosum* (Maxim.) Pobed.
353	국화과	긴갯금불초	*Wedelia chinensis* (Osbeck) Merr.
354	국화과	갯금불초	*Wedelia prostrata* Hemsl.
355	택사과	둥근잎택사	*Caldesia parnassifolia* (Bassi ex L.) Parl.
356	자라풀과	해호말	*Halophila nipponica* J. Kuo
357	자라풀과	낙동나사말	*Vallisneria spinulosa* S.Z. Yan

358	가래과	좁은잎말	*Potamogeton alpinus* Balb.
359	천남성과	섬남성	*Arisaema takesimense* Nakai
360	천남성과	대반하	*Pinellia tripartita* (Blume) Schott
361	곡정초과	제주검정곡정초	*Eriocaulon glaberrimum* var. *platypetalum* (Satake) Satake
362	곡정초과	큰개수염	*Eriocaulon hondoense* Satake
363	골풀과	구름꿩의밥	*Luzula oligantha* Sam.
364	사초과	진퍼리사초	*Carex arenicola* F. Schmidt
365	사초과	여우꼬리사초	*Carex blepharicarpa* Franch.
366	사초과	산사초	*Carex canescens* L.
367	사초과	양뿔사초	*Carex capricornis* Meinsh. ex Maxim.
368	사초과	함북사초	*Carex echinata* Murray
369	사초과	큰뚝사초	*Carex humbertiana* Ohwi
370	사초과	벌사초	*Carex lasiocarpa* var. *occultans* (Franch.) Kük.
371	사초과	대택사초	*Carex limosa* L.
372	사초과	실피사초	*Carex longerostrata* var. *pallida* (Kitag.) Ohwi
373	사초과	청피사초	*Carex macrandrolepis* H. Lév. & Vaniot
374	사초과	흰이삭사초	*Carex metallica* H. Lév.
375	사초과	진들검정사초	*Carex meyeriana* Kunth
376	사초과	경성사초	*Carex pallida* C.A. Mey
377	사초과	층실사초	*Carex remotiuscula* Wahlenb.
378	사초과	왕삿갓사초	*Carex rhynchophysa* C.A. Mey
379	사초과	산꼬리사초	*Carex shimidzensis* Franch.
380	사초과	양덕사초	*Carex stipata* Muhl. ex Willd.
381	사초과	별사초	*Carex tenuiflora* Wahlenb.
382	사초과	뚝사초	*Carex thunbergii* var. *appendiculata* (Trautv.) Ohwi
383	사초과	새방울사초	*Carex vesicaria* L.
384	사초과	층층고랭이	*Cladium chinense* Nees
385	사초과	남방개	*Eleocharis dulcis* (Burm. f.) Trin. ex Hensch.
386	사초과	붉은골풀아재비	*Rhynchospora rubra* (Lour.) Makino
387	사초과	황새고랭이	*Scirpus maximowiczii* C.B. Clarke
388	사초과	검은도루박이	*Scirpus orientalis* Ohwi
389	사초과	애기개올미	*Scleria caricina* (R. Br.) Benth.
390	사초과	가시개올미	*Scleria rugosa* R. Br.
391	사초과	덕산풀	*Scleria rugosa* var. *onoei* (Franch. & Sav.) Yonek.
392	사초과	동강고랭이	*Trichophorum dioicum* (Y.N. Lee & Y.C. Oh) M. Kim
393	벼과	좀조개풀	*Coelachne japonica* Hack.
394	벼과	좀새풀	*Deschampsia cespitosa* (L.) P. Beauv.
395	벼과	산묵새	*Festuca japonica* Makino
396	벼과	왕김의털	*Festuca rubra* L.
397	벼과	누운기장대풀	*Isachne nipponensis* Ohwi
398	벼과	선포아풀	*Poa nemoralis* L.
399	벼과	눈포아풀	*Poa palustris* L.
400	벼과	섬포아풀	*Poa takeshimana* Honda
401	벼과	성긴포아풀	*Poa tuberifera* U.J. Faurie ex Hack.
402	벼과	울릉포아풀	*Poa ullungdoensis* I.C. Chung
403	벼과	갑산포아풀	*Poa ussuriensis* Roshev.
404	벼과	섬조릿대	*Sasa kurilensis* (Rupr.) Makino & Shibata
405	벼과	교래잠자리피	*Tripogon longearistatus* Hack. ex Honda

406	흑삼릉과	긴흑삼릉	*Sparganium japonicum* Rothert
407	백합과	산마늘	*Allium microdictyon* Prokh.
408	백합과	울릉산마늘	*Allium ochotense* Prokh.
409	백합과	실꽃풀	*Chionographis japonica* (Willd.) Maxim.
410	백합과	큰원추리	*Hemerocallis middendorffii* Trautv. & C.A. Mey.
411	백합과	다도해비비추	*Hosta jonesii* M.G. Chung
412	백합과	흑산도비비추	*Hosta yingeri* S.B. Jones
413	백합과	솔나리	*Lilium cernuum* Kom.
414	백합과	섬말나리	*Lilium hansonii* Leichtlin ex D.D.T. Moore
415	백합과	중나리	*Lilium leichtlinii* var. *maximowiczii* (Regel) Baker
416	백합과	큰두루미꽃	*Maianthemum dilatatum* (A. W. Wood) A. Nelson & J.F. Macbr.
417	백합과	선둥굴레	*Polygonatum grandicaule* Y.S. Kim, B.U. Oh & C.G. Jang
418	백합과	층층둥굴레	*Polygonatum stenophyllum* Maxim.
419	백합과	꽃장포	*Tofieldia coccinea* var. *koreana* (Ohwi) M.N. Tamura, S. Fuse & N.S. Lee
420	백합과	연영초	*Trillium camschatcense* Ker Gawl.
421	백합과	큰연영초	*Trillium tschonoskii* Maxim.
422	백합과	파란여로	*Veratrum maackii* var. *parviflorum* (Maxim. ex Miq.) H. Hara
423	수선화과	문주란	*Crinum asiaticum* var. *japonicum* Baker
424	수선화과	제주상사화	*Lycoris chejuensis* K.H. Tae & S.C. Ko
425	수선화과	백양꽃	*Lycoris sanguinea* var. *koreana* (Nakai) T. Koyama
426	수선화과	위도상사화	*Lycoris uydoensis* M.Y. Kim
427	붓꽃과	노랑무늬붓꽃	*Iris odaesanensis* Y.N. Lee
428	붓꽃과	부채붓꽃	*Iris setosa* Pall. ex Link
429	난초과	자란	*Bletilla striata* (Thunb.) Rchb. f.
430	난초과	개제비란	*Dactylorhiza viridis* (L.) R.M. Bateman, Pridgeon & M.W. Chase
431	난초과	청닭의난초	*Epipactis papillosa* Franch. & Sav.
432	난초과	붉은사철란	*Goodyera biflora* (Lindl.) Hook. f.
433	난초과	나도씨눈란	*Herminium monorchis* (L.) R. Br.
434	난초과	제주무엽란	*Lecanorchis kiusiana* Tuyama
435	난초과	흑난초	*Liparis nervosa* (Thunb.) Lindl.
436	난초과	이삭단엽란	*Malaxis monophyllos* (L.) Sw.
437	난초과	주름제비란	*Neolindleya camtschatica* (Cham.) Nevski
438	난초과	영주제비란	*Platanthera brevicalcarata* Hayata
439	난초과	큰제비란	*Platanthera sachalinensis* F. Schmidt
Ⅲ등급			
1	석송과	만년석송	*Lycopodium obscurum* L.
2	부처손과	부처손	*Selaginella involvens* (Sw.) Spring
3	부처손과	개부처손	*Selaginella stauntoniana* Spring
4	고사리삼과	산꽃고사리삼	*Botrychium japonicum* (Prantl) Underw.
5	고사리삼과	나도고사리삼	*Ophioglossum vulgatum* L.
6	속새과	속새	*Equisetum hyemale* L.
7	고비과	음양고비	*Osmunda claytoniana* L.
8	처녀이끼과	수염이끼	*Hymenophyllum barbatum* (Bosch) Baker
9	발풀고사리과	발풀고사리	*Dicranopteris linearis* (Burm. f.) Underw.
10	발풀고사리과	풀고사리	*Diplopterygium glaucum* (Thunb. ex Houtt.) Nakai
11	비고사리과	바위고사리	*Odontosoria chinensis* (L.) J. Sm.
12	잔고사리과	점고사리	*Hypolepis punctata* (Thunb.) Mett. ex Kuhn

13	잔고사리과	돌잔고사리	*Microlepia marginata* (Panz.) C. Chr.
14	봉의꼬리과	가지고비고사리	*Coniogramme japonica* (Thunb.) Diels
15	봉의꼬리과	선바위고사리	*Onychium japonicum* (Thunb.) Kuntze
16	봉의꼬리과	큰봉의꼬리	*Pteris cretica* L.
17	봉의꼬리과	반쪽고사리	*Pteris dispar* Kunze
18	꼬리고사리과	돌담고사리	*Asplenium sarelii* Hook.
19	처녀고사리과	별고사리	*Cyclosorus acuminatus* (Houtt.) Nakai ex H. Itô
20	처녀고사리과	진퍼리고사리	*Leptogramma pozoi* subsp. *mollissima* (Fisch. ex Kunze) Nakaike
21	처녀고사리과	드문고사리	*Metathelypteris laxa* (Franch. & Sav.) Ching
22	처녀고사리과	가는잎처녀고사리	*Thelypteris beddomei* (Baker) Ching
23	처녀고사리과	민지네고사리	*Thelypteris japonica* var. *glabrata* Ching
24	개고사리과	버들참빗	*Deparia lancea* (Thunb.) Fraser-Jenk.
25	개고사리과	왕고사리	*Deparia pterorachis* (H. Christ) M. Kato
26	개고사리과	두메고사리	*Diplazium sibiricum* (Turcz. ex Kunze) Sa. Kurata
27	개고사리과	민두메고사리	*Diplazium sibiricum* var. *glabrum* (Tagawa) Sa. Kurata
28	개고사리과	내장고사리	*Diplazium squamigerum* (Mett.) C. Hope
29	개고사리과	주름고사리	*Diplazium wichurae* (Mett.) Diels
30	개고사리과	토끼고사리	*Gymnocarpium dryopteris* (L.) Newman
31	관중과	가는쇠고사리	*Arachniodes aristata* (G. Forst.) Tindale
32	관중과	꼬리쇠고사리	*Arachniodes simplicior* (Makino) Ohwi
33	관중과	큰쇠고사리	*Arachniodes simplicior* var. *major* (Tagawa) Ohwi
34	관중과	일색고사리	*Arachniodes standishii* (T. Moore) Ohwi
35	관중과	제주지네고사리	*Dryopteris championii* (Benth.) C. Chr. ex Ching
36	관중과	나도톱지네고사리	*Dryopteris cycadina* (Franch. & Sav.) C. Chr.
37	관중과	주저리고사리	*Dryopteris fragrans* (L.) Schott
38	관중과	큰지네고사리	*Dryopteris fuscipes* C. Chr.
39	관중과	참지네고사리	*Dryopteris nipponensis* Koidz.
40	관중과	큰족제비고사리	*Dryopteris pacifica* (Nakai) Tagawa
41	관중과	더부살이고사리	*Polystichum lepidocaulon* (Hook.) J. Sm.
42	관중과	비늘개관중	*Polystichum retrosopaleaceum* (Kodama) Tagawa
43	관중과	긴개관중	*Polystichum tagawanum* Sa. Kurata
44	고란초과	손고비	*Colysis elliptica* (Thunb.) Ching
45	고란초과	애기일엽초	*Lepisorus onoei* (Franch. & Sav.) Ching
46	고란초과	석위	*Pyrrosia lingua* (Thunb.) Farw.
47	주걱일엽과	주걱일엽	*Loxogramme grammitoides* (Baker) C. Chr.
48	소나무과	구상나무	*Abies koreana* E.H. Wilson
49	소나무과	분비나무	*Abies nephrolepis* (Trautv. ex Maxim.) Maxim.
50	소나무과	가문비나무	*Picea jezoensis* (Siebold & Zucc.) Carriére
51	측백나무과	향나무	*Juniperus chinensis* L.
52	녹나무과	육박나무	*Actinodaphne lancifolia* (Siebold & Zucc.) Meisn.
53	녹나무과	생달나무	*Cinnamomum japonicum* Siebold
54	녹나무과	까마귀쪽나무	*Litsea japonica* (Thunb.) Juss.
55	녹나무과	센달나무	*Machilus japonica* Siebold & Zucc.
56	녹나무과	새덕이	*Neolitsea aciculata* (Blume) Koidz.
57	쥐방울덩굴과	개족도리풀	*Asarum maculatum* Nakai
58	쥐방울덩굴과	털족도리풀	*Asarum mandshuricum* (Maxim.) M. Kim & S. So
59	쥐방울덩굴과	각시족도리풀	*Asarum misandrum* B.U. Oh & J.G. Kim
60	붓순나무과	붓순나무	*Illicium anisatum* L.

61	오미자과	남오미자	*Kadsura japonica* (L.) Dunal
62	수련과	왜개연	*Nuphar pumila* (Timm) DC.
63	수련과	남개연	*Nuphar pumila* var. *ozeense* (Miki) H. Hara
64	미나리아재비과	노루삼	*Actaea asiatica* H. Hara
65	미나리아재비과	붉은노루삼	*Actaea erythrocarpa* (Fisch.) Kom.
66	미나리아재비과	매발톱	*Aquilegia buergeriana* var. *oxysepala* (Trautv. & C.A. Mey.) Kitam.
67	미나리아재비과	왜승마	*Cimicifuga japonica* (Thunb.) Spreng.
68	미나리아재비과	외대으아리	*Clematis brachyura* Maxim.
69	미나리아재비과	검종덩굴	*Clematis fusca* Turcz.
70	미나리아재비과	요강나물	*Clematis fusca* var. *coreana* J.S. Kim
71	미나리아재비과	종덩굴	*Clematis fusca* var. *violacea* Maxim.
72	미나리아재비과	만사조	*Clematis heracleifolia* for. *rosea* (Nakai) W.T. Lee
73	미나리아재비과	병조희풀	*Clematis heracleifolia* var. *urticifolia* (Nakai ex Kitag.) U.C. La
74	미나리아재비과	세잎종덩굴	*Clematis koreana* Kom.
75	미나리아재비과	왕세잎종덩굴	*Clematis koreana* var. *biternata* Nakai
76	미나리아재비과	응달종덩굴	*Clematis koreana* var. *umbrosa* Nakai
77	미나리아재비과	변산바람꽃	*Eranthis byunsanensis* B.Y. Sun
78	미나리아재비과	풍도바람꽃	*Eranthis pungdoensis* B.U. Oh
79	미나리아재비과	너도바람꽃	*Eranthis stellata* Maxim.
80	미나리아재비과	만주바람꽃	*Isopyrum manshuricum* Kom.
81	미나리아재비과	나도바람꽃	*Isopyrum raddeanum* (Regel) Maxim.
82	미나리아재비과	모데미풀	*Megaleranthis saniculifolia* Ohwi
83	미나리아재비과	금꿩의다리	*Thalictrum rochebrunianum* var. *grandisepalum* Franch. & Sav.
84	미나리아재비과	긴잎꿩의다리	*Thalictrum simplex* var. *brevipes* H. Hara
85	새모래덩굴과	방기	*Sinomenium acutum* (Thunb.) Rehder & E.H. Wilson
86	새모래덩굴과	함박이	*Stephania japonica* (Thunb.) Miers
87	으름덩굴과	멀꿀	*Stauntonia hexaphylla* Decne.
88	현호색과	흰현호색	*Corydalis albipetala* B.U. Oh
89	현호색과	수염현호색	*Corydalis caudata* (Lam.) Pers.
90	현호색과	좀현호색	*Corydalis decumbens* (Thunb.) Pers.
91	현호색과	갈퀴현호색	*Corydalis grandicalyx* B.U. Oh & Y.S. Kim
92	현호색과	난장이현호색	*Corydalis humilis* B.U. Oh & Y.S. Kim
93	현호색과	점현호색	*Corydalis maculata* B.U. Oh & Y.S. Kim
94	현호색과	남도현호색	*Corydalis namdoensis* B.U. Oh & J.G. Kim
95	현호색과	갯괴불주머니	*Corydalis platycarpa* (Maxim. ex Palib.) Makino
96	현호색과	금낭화	*Dicentra spectabilis* (L.) Lem.
97	조록나무과	조록나무	*Distylium racemosum* Siebold & Zucc.
98	굴거리나무과	굴거리나무	*Daphniphyllum macropodum* Miq.
99	느릅나무과	난티나무	*Ulmus laciniata* (Trautv.) Mayr
100	팽나무과	왕팽나무	*Celtis koraiensis* Nakai
101	뽕나무과	천선과나무	*Ficus erecta* Thunb.
102	뽕나무과	좁은잎천선과나무	*Ficus erecta* var. *sieboldii* (Miq.) King
103	뽕나무과	왕모람	*Ficus pumila* L.
104	뽕나무과	돌뽕나무	*Morus tiliaefolia* Makino
105	쐐기풀과	왕모시풀	*Boehmeria pannosa* Nakai & Satake ex Oka
106	쐐기풀과	가는잎쐐기풀	*Urtica angustifolia* Fisch. ex Hornem.
107	쐐기풀과	쐐기풀	*Urtica thunbergiana* Siebold & Zucc.
108	참나무과	모밀잣밤나무	*Castanopsis cuspidata* (Thunb.) Schottky

109	참나무과	구실잣밤나무	*Castanopsis sieboldii* (Makino) Hatus. ex T. Yamaz. & Mashiba
110	참나무과	붉가시나무	*Quercus acuta* Thunb.
111	참나무과	종가시나무	*Quercus glauca* Thunb.
112	참나무과	참가시나무	*Quercus salicina* Blume
113	자작나무과	개박달나무	*Betula chinensis* Maxim.
114	자작나무과	거제수나무	*Betula costata* Trautv.
115	자작나무과	물박달나무	*Betula dahurica* Pall.
116	자작나무과	박달나무	*Betula schmidtii* Regel
117	명아주과	솔장다리	*Salsola collina* Pall.
118	석죽과	갯패랭이꽃	*Dianthus japonicus* Thunb.
119	석죽과	지리산개별꽃	*Pseudostellaria okamotoi* Ohwi
120	석죽과	끈끈이장구채	*Silene koreana* Kom.
121	마디풀과	삼도하수오	*Fallopia koreana* B.U. Oh & J.G. Kim
122	마디풀과	대동여뀌	*Persicaria koreensis* (Nakai) Nakai
123	마디풀과	큰옥매듭풀	*Polygonum fusco-ochreatum* Kom.
124	차나무과	우묵사스레피나무	*Eurya emarginata* (Thunb.) Makino
125	차나무과	노각나무	*Stewartia koreana* Nakai ex Rehder
126	다래나무과	쥐다래	*Actinidia kolomikta* (Maxim. & Rupr.) Maxim.
127	물레나물과	물고추나물	*Triadenum japonicum* (Blume) Makino
128	피나무과	까치깨	*Corchoropsis psilocarpa* Harms & Loes.
129	벽오동과	불암초	*Melochia corchorifolia* L.
130	끈끈이귀개과	끈끈이주걱	*Drosera rotundifolia* L.
131	산유자나무과	이나무	*Idesia polycarpa* Maxim.
132	산유자나무과	산유자나무	*Xylosma congesta* (Lour.) Merr.
133	제비꽃과	금강제비꽃	*Viola diamantiaca* Nakai
134	제비꽃과	긴잎제비꽃	*Viola ovato-oblonga* Makino
135	제비꽃과	자주잎제비꽃	*Viola violacea* Makino
136	박과	노랑하늘타리	*Trichosanthes kirilowii* var. *japonica* (Miq.) Kitam.
137	버드나무과	당키버들	*Salix purpurea* var. *smithiana* Trautv.
138	버드나무과	분버들	*Salix rorida* Laksch.
139	버드나무과	참오글잎버들	*Salix siuzevii* Seemen
140	버드나무과	여우버들	*Salix xerophila* Flod.
141	십자화과	참장대나물	*Arabis columnaris* Nakai
142	십자화과	느러진장대	*Arabis pendula* L.
143	십자화과	꽃황새냉이	*Cardamine amaraeformis* Nakai
144	십자화과	는쟁이냉이	*Cardamine komarovii* Nakai
145	십자화과	쑥부지깽이	*Erysimum macilentum* Bunge
146	십자화과	구슬갓냉이	*Rorippa globosa* (Turcz. ex Fisch. & C. A. Mey.) Hayek
147	진달래과	만병초	*Rhododendron brachycarpum* D. Don ex G. Don
148	진달래과	모새나무	*Vaccinium bracteatum* Thunb.
149	진달래과	산앵도나무	*Vaccinium hirtum* var. *koreanum* (Nakai) Kitam.
150	자금우과	백량금	*Ardisia crenata* Sims
151	앵초과	좁쌀풀	*Lysimachia davurica* Ledeb.
152	앵초과	물까치수염	*Lysimachia leucantha* Miq.
153	돈나무과	돈나무	*Pittosporum tobira* (Thunb.) W.T. Aiton
154	수국과	등수국	*Hydrangea petiolaris* Siebold & Zucc.
155	수국과	애기고광나무	*Philadelphus pekinensis* Rupr.
156	수국과	고광나무	*Philadelphus schrenkii* Rupr.

157	까치밥나무과	까치밥나무	*Ribes mandshuricum* (Maxim.) Kom.
158	까치밥나무과	개앵도나무	*Ribes mandshuricum* var. *subglabrum* Kom.
159	까치밥나무과	명자순	*Ribes maximowiczianum* Kom.
160	돌나물과	큰꿩의비름	*Hylotelephium spectabile* (Boreau) H. Ohba
161	장미과	눈개승마	*Aruncus dioicus* var. *kamtschaticus* (Maxim.) H. Hara
162	장미과	가침박달	*Exochorda serratifolia* S. Moore
163	장미과	개아그배나무	*Malus micromalus* Makino
164	장미과	나도국수나무	*Neillia uyekii* Nakai
165	장미과	좀딸기	*Potentilla centigrana* Maxim.
166	장미과	물양지꽃	*Potentilla cryptotaeniae* Maxim.
167	장미과	떡잎윤노리나무	*Pourthiaea villosa* var. *brunnea* (H. Lév.) Nakai
168	장미과	민윤노리나무	*Pourthiaea villosa* var. *laevis* (Thunb.) Stapf
169	장미과	개벚지나무	*Prunus maackii* Rupr.
170	장미과	개살구나무	*Prunus mandshurica* (Maxim.) Koehne
171	장미과	털개살구나무	*Prunus mandshurica* var. *glabra* for. *barbinervis* (Nakai) W.T. Lee
172	장미과	산벚나무	*Prunus sargentii* Rehder
173	장미과	다정큼나무	*Rhaphiolepis indica* var. *umbellata* (Thunb.) Ohashi
174	장미과	병아리꽃나무	*Rhodotypos scandens* (Thunb.) Makino
175	장미과	겨울딸기	*Rubus buergeri* Miq.
176	장미과	장딸기	*Rubus hirsutus* Thunb.
177	장미과	제주장딸기	*Rubus hirsutus* for. *argyi* (H. Lév) W.T. Lee
178	장미과	노랑장딸기	*Rubus hirsutus* var. *xanthoarpus* Nakai
179	장미과	가시복분자딸기	*Rubus schizostylus* H. Lév.
180	장미과	거문딸기	*Rubus trifidus* Thunb.
181	장미과	산오이풀	*Sanguisorba hakusanensis* Makino
182	장미과	쉬땅나무	*Sorbaria sorbifolia* (L.) A. Braun
183	장미과	인가목조팝나무	*Spiraea chamaedryfolia* L.
184	장미과	당조팝나무	*Spiraea chinensis* Maxim.
185	장미과	참조팝나무	*Spiraea fritschiana* C.K. Schneid.
186	장미과	좀조팝나무	*Spiraea microgyna* Nakai
187	콩과	강화황기	*Astragalus sikokianus* Nakai
188	콩과	실거리나무	*Caesalpinia decapetala* (Roth) Alston
189	콩과	낭아초	*Indigofera pseudotinctoria* Matsum.
190	콩과	연리초	*Lathyrus quinquenervius* (Miq.) Litv.
191	콩과	호비수리	*Lespedeza davurica* (Laxm.) Schindl.
192	콩과	땅비수리	*Lespedeza juncea* (L. f.) Pers.
193	콩과	노랑갈퀴	*Vicia chosenensis* Ohwi
194	보리수나무과	보리장나무	*Elaeagnus glabra* Thunb.
195	팥꽃나무과	팥꽃나무	*Daphne genkwa* Siebold & Zucc.
196	바늘꽃과	붉은털이슬	*Circaea erubescens* Franch. & Sav.
197	바늘꽃과	호바늘꽃	Epilobium amurense *Hausskn.*
198	바늘꽃과	눈여뀌바늘	*Ludwigia ovalis* Miq.
199	식나무과	식나무	*Aucuba japonica* Thunb.
200	단향과	동백나무겨우살이	*Korthalsella japonica* (Thunb.) Engl.
201	감탕나무과	호랑가시나무	*Ilex cornuta* Lindl. ex Paxton
202	감탕나무과	꽝꽝나무	*Ilex crenata* Thunb.
203	감탕나무과	감탕나무	*Ilex integra* Thunb.
204	대극과	붉은대극	*Euphorbia ebracteolata* Hayata

205	대극과	암대극	*Euphorbia jolkinii* Boiss.
206	대극과	산쪽풀	*Mercurialis leiocarpa* Siebold & Zucc.
207	갈매나무과	참갈매나무	*Rhamnus ussuriensis* J.-J. Vassal
208	갈매나무과	상동나무	*Sageretia theezans* (Osbeck) M. C. Johnst.
209	포도과	머루	*Vitis coignetiae* Pulliat ex Planch.
210	무환자나무과	모감주나무	*Koelreuteria paniculata* Laxm.
211	무환자나무과	무환자나무	*Sapindus mukorossi* Gaertn.
212	단풍나무과	청시닥나무	*Acer barbinerve* Maxim.
213	단풍나무과	시닥나무	*Acer komarovii* Pojark.
214	단풍나무과	복장나무	*Acer mandshuricum* Maxim.
215	단풍나무과	단풍나무	*Acer palmatum* Thunb.
216	단풍나무과	복자기	*Acer triflorum* Kom.
217	단풍나무과	부게꽃나무	*Acer ukurunduense* Trautv. & C. A. Mey.
218	멀구슬나무과	멀구슬나무	*Melia azedarach* L.
219	운향과	탱자나무	*Citrus trifoliata* L.
220	운향과	머귀나무	*Zanthoxylum ailanthoides* Siebold & Zucc.
221	운향과	좀머귀나무	*Zanthoxylum fauriei* (Nakai) Ohwi
222	괭이밥과	애기괭이밥	*Oxalis acetosella* L.
223	쥐손이풀과	산쥐손이	*Geranium dahuricum* DC.
224	쥐손이풀과	꽃쥐손이	*Geranium eriostemon* Fisch. ex Dc.
225	두릅나무과	황칠나무	*Dendropanax trifidus* (Thunb.) Makino ex H. Hara
226	두릅나무과	지리산오갈피나무	*Eleutherococcus divaricatus* var. *chiisanensis* (Nakai) C.H. Kim & B.Y. Sun
227	두릅나무과	팔손이	*Fatsia japonica* (Thunb.) Decne. & Planch.
228	미나리과	왜천궁	*Angelica genuflexa* Nutt. ex Torr. & A. Gray
229	미나리과	당귀	*Angelica gigas* Nakai
230	미나리과	병풀	*Centella asiatica* (L.) Urb.
231	미나리과	벌사상자	*Cnidium monnieri* (L.) Cusson
232	미나리과	갯당근	*Daucus littoralis* Sm.
233	미나리과	큰잎피막이	*Hydrocotyle nepalensis* Hook.
234	미나리과	애기참반디	*Sanicula tuberculata* Maxim.
235	마전과	영주치자	*Gardneria nutans* Siebold & Zucc.
236	용담과	네귀쓴풀	*Swertia tetrapetala* Pall.
237	박주가리과	솜아마존	*Cynanchum amplexicaule* (Siebold & Zucc.) Hemsl.
238	박주가리과	선백미꽃	*Cynanchum inamoenum* (Maxim.) Loes.
239	박주가리과	덩굴박주가리	*Cynanchum nipponicum* Matsum.
240	박주가리과	흑박주가리	*Cynanchum nipponicum* var. *glabrum* (Nakai) H. Hara
241	가지과	미치광이풀	*Scopolia japonica* Maxim.
242	메꽃과	선메꽃	*Calystegia dahurica* (Herb.) Choisy
243	메꽃과	아욱메풀	*Dichondra micrantha* Urb.
244	지치과	당개지치	*Brachybotrys paridiformis* Maxim. ex Oliv.
245	지치과	거센털꽃마리	*Trigonotis radicans* (Turcz.) Steven
246	마편초과	좀작살나무	*Callicarpa dichotoma* (Lour.) K. Koch
247	마편초과	새비나무	*Callicarpa mollis* Siebold & Zucc.
248	마편초과	좀새비나무	*Callicarpa mollis* var. *microphylla* Siebold & Zucc.
249	마편초과	마편초	*Verbena officinalis* L.
250	마편초과	좀목형	*Vitex negundo* var. *heterophylla* (Franch.) Rehder
251	꿀풀과	용머리	*Dracocephalum argunense* Fisch. ex Link

252	꿀풀과	둥근배암차즈기	*Salvia japonica* Thunb.
253	꿀풀과	광릉골무꽃	*Scutellaria insignis* Nakai
254	꿀풀과	곽향	*Teucrium veronicoides* Maxim.
255	꿀풀과	백리향	*Thymus quinquecostatus* Celak.
256	물푸레나무과	이팝나무	*Chionanthus retusus* Lindl. & Paxton
257	물푸레나무과	물들메나무	*Fraxinus chiisanensis* Nakai
258	물푸레나무과	산동쥐똥나무	*Ligustrum leucanthum* (S. Moore) P.S. Green
259	물푸레나무과	왕쥐똥나무	*Ligustrum ovalifolium* Hassk.
260	물푸레나무과	개회나무	*Syringa reticulata* subsp. *amurensis* (Rupr.) P.S. Green & M.C. Chang
261	현삼과	둥근잎고추풀	*Deinostema adenocaula* (Maxim.) T. Yamaz.
262	현삼과	앉은좁쌀풀	*Euphrasia maximowiczii* Wettst.
263	현삼과	애기며느리밥풀	*Melampyrum setaceum* (Maxim. ex Palib.) Nakai
264	현삼과	새며느리밥풀	*Melampyrum setaceum* var. *nakaianum* (Tuyama) T. Yamaz.
265	현삼과	구와꼬리풀	*Pseudolysimachion dahuricum* (Steven) T. Yamaz.
266	현삼과	넓은잎꼬리풀	*Pseudolysimachion kiusianum* (Furumi) Holub
267	현삼과	넓은산꼬리풀	*Pseudolysimachion ovatum* (Nakai) T. Yamaz.
268	현삼과	가새잎꼬리풀	*Pseudolysimachion pyrethrina* (Nakai) T. Yamaz.
269	통발과	참통발	*Utricularia tenuicaulis* Miki
270	초롱꽃과	자주꽃방망이	*Campanula glomerata* subsp. *speciosa* (Hornem. ex Spreng.) Domin
271	초롱꽃과	만삼	*Codonopsis pilosula* (Franch.) Nannf.
272	초롱꽃과	애기도라지	*Wahlenbergia marginata* (Thunb.) A. DC.
273	꼭두선이과	호자나무	*Damnacanthus indicus* C.F. Gaertn.
274	꼭두선이과	털둥근갈퀴	*Galium kamtschaticum* Steller ex Schult. & Schult. f.
275	꼭두선이과	선갈퀴	*Galium odoratum* (L.) Scop.
276	꼭두선이과	호자덩굴	*Mitchella undulata* Siebold & Zucc.
277	꼭두선이과	탐라풀	*Neanotis hirsuta* (L. f.) W.H. Lewis
278	꼭두선이과	백운풀	*Oldenlandia diffusa* (Willd.) Roxb.
279	꼭두선이과	낚시돌풀	*Oldenlandia strigulosa* Bartl. ex DC.
280	린네풀과	털댕강나무	*Zabelia biflora* (Turcz.) Makino
281	인동과	구슬댕댕이	*Lonicera vesicaria* Kom.
282	산분꽃나무과	분단나무	*Viburnum furcatum* Blume ex Maxim.
283	산분꽃나무과	아왜나무	*Viburnum odoratissimum* var. *awabuki* (K. Koch) Zabel ex Rümpler
284	마타리과	긴뚝갈	*Patrinia monandra* C.B. Clarke
285	마타리과	금마타리	Patrinia saniculifolia Hemsl.
286	산토끼꽃과	산토끼꽃	*Dipsacus japonicus* Miq.
287	산토끼꽃과	솔체꽃	*Scabiosa tschiliensis* Grüning
288	국화과	다북떡쑥	*Anaphalis sinica* Hance
289	국화과	좀개미취	*Aster maackii* Regel
290	국화과	애기담배풀	*Carpesium rosulatum* Miq.
291	국화과	바늘엉겅퀴	*Cirsium rhinoceros* (H. Lév. & Vaniot) Nakai
292	국화과	도깨비엉겅퀴	*Cirsium schantarense* Trautv. & C.A. Mey.
293	국화과	털머위	*Farfugium japonicum* (L.) Kitam.
294	국화과	그늘보리뺑이	*Lapsanastrum humilis* (Thunb.) Pak & K. Bremer
295	국화과	들떡쑥	*Leontopodium leontopodioides* (Willd.) Beauv.
296	국화과	키큰산국	*Leucanthemella linearis* (Matsum.) Tzvelev
297	국화과	곤달비	*Ligularia stenocephala* (Maxim.) Matsum. & Koidz.
298	국화과	게박쥐나물	*Parasenecio adenostyloides* (Franch. & Sav. ex Maxim.) H. Koyama
299	국화과	나래박쥐나물	*Parasenecio auriculatus* var. *kamtschaticus* (Maxim.) H. Koyama

300	국화과	민박쥐나물	*Parasenecio hastatus* subsp. *orientalis* (Kitam.) H. Koyama
301	국화과	무등취	*Saussurea nipponica* subsp. *higomontana* (Honda) H.T. Im
302	국화과	멱쇠채	*Scorzonera austriaca* Willd.
303	국화과	제주진득찰	*Sigesbeckia orientalis* L.
304	국화과	국화수리취	*Synurus palmatopinnatifidus* (Makino) Kitam.
305	국화과	긴꽃뿌리뱅이	*Youngia japonica* subsp. *longiflora* Babc. & Stebbins
306	가래과	새우가래	*Potamogeton maackianus* A. Benn.
307	가래과	큰가래	*Potamogeton natans* L.
308	가래과	솔잎가래	*Potamogeton pectinatus* L.
309	천남성과	무늬천남성	*Arisaema thunbergii* Blume
310	천남성과	거문천남성	*Arisaema thunbergii* ssp. *geomundoense* S.C. Ko
311	천남성과	애기앉은부채	*Symplocarpus nipponicus* Makino
312	천남성과	앉은부채	*Symplocarpus renifolius* Schott ex Tzvelev
313	창포과	석창포	*Acorus gramineus* Sol. ex Aiton Hort.
314	닭의장풀과	나도생강	*Pollia japonica* Thunb.
315	사초과	선사초	*Carex alterniflora* Franch.
316	사초과	애기사초	*Carex conica* Boott ex A. Gray
317	사초과	낚시사초	*Carex filipes* Franch. & Sav.
318	사초과	목포사초	*Carex genkaiensis* Ohwi
319	사초과	난사초	*Carex holotricha* Ohwi
320	사초과	장성사초	*Carex kujuzana* Ohwi
321	사초과	갯보리사초	*Carex laticeps* C.B. Clarke ex Franch.
322	사초과	갈사초	*Carex ligulata* var. *austrokoreensis* Ohwi
323	사초과	화산사초	*Carex nakasimae* Ohwi
324	사초과	쇠낚시사초	*Carex papulosa* Boott
325	사초과	대구사초	*Carex paxii* **Kük.**
326	사초과	백두사초	*Carex peiktusanii* Kom.
327	사초과	비늘사초	*Carex phacota* Spreng.
328	사초과	털사초	*Carex pilosa* Scop.
329	사초과	녹빛실사초	*Carex sikokiana* Franch. & Sav.
330	사초과	구슬사초	*Carex tegulata* H. Lév. & Vaniot
331	사초과	폭이사초	*Carex teinogyna* Boott
332	사초과	싸래기사초	*Carex ussuriensis* Kom.
333	사초과	넓은잎피사초	*Carex xiphium* Kom.
334	벼과	긴겨이삭	*Agrostis scabra* Willd.
335	벼과	담상이삭풀	*Brachyelytrum japonicum* (Hack.) Matsum. ex Honda
336	벼과	나도딸기광이	*Cinna latifolia* (**Trevir. ex Göpp.**) Griseb.
337	벼과	육절보리풀	*Glyceria acutiflora* Torr.
338	벼과	조릿대풀	*Lophatherum gracile* Brongn.
339	벼과	털조릿대풀	*Lophatherum sinense* Rendle
340	벼과	참쌀새	*Melica scabrosa* Trin.
341	벼과	장억새	*Miscanthus changii* Y.N. Lee
342	벼과	억새아재비	*Miscanthus oligostachyus* var. *intermedius* (Honda) Y.N. Lee
343	벼과	갯겨이삭	*Puccinellia coreensis* Hack. ex Honda
344	흑삼릉과	흑삼릉	*Sparganium erectum* L.
345	백합과	쥐꼬리풀	*Aletris spicata* (Thunb.) Franch.
346	백합과	천문동	*Asparagus cochinchinensis* (Lour.) Merr.
347	백합과	나도옥잠화	*Clintonia udensis* Trautv. & C.A. Mey.

348	백합과	윤판나물아재비	*Disporum sessile* D. Don
349	백합과	애기중의무릇	*Gagea hiensis* Pascher
350	백합과	홍도원추리	*Hemerocallis hongdoensis* M.G. Chung & S.S. Kang
351	백합과	주걱비비추	*Hosta clausa* Nakai
352	백합과	땅나리	*Lilium callosum* Siebold & Zucc.
353	백합과	말나리	*Lilium distichum* Nakai
354	백합과	자주솜대	*Maianthemum bicolor* (Nakai) Cubey
355	백합과	맥문아재비	*Ophiopogon jaburan* (Siebold) Lodd.
356	백합과	진황정	*Polygonatum falcatum* A. Gray
357	백합과	여로	*Veratrum maackii* Regel
358	백합과	참여로	*Veratrum nigrum* L.
359	수선화과	붉노랑상사화	*Lycoris flavescens* M.Y. Kim & S.T. Lee
360	난초과	새우난초	*Calanthe discolor* Lindl.
361	난초과	금새우난초	*Calanthe sieboldii* Decne. ex Regel
362	난초과	금난초	*Cephalanthera falcata* (Thunb.) Blume
363	난초과	김의난초	*Cephalanthera longifolia* (L.) Fritsch
364	난초과	약난초	*Cremastra appendiculata* var. *variabilis* (Blume) I.D. Lund
365	난초과	섬사철란	*Goodyera maximowicziana* Makino
366	난초과	무엽란	*Lecanorchis japonica* Blume
367	난초과	넓은잎잠자리란	*Platanthera fuscescens* (L.) Kraenzl.
368	난초과	애기제비란	*Platanthera mandarinorum* subsp. *maximowicziana* (Schltr.) K. Inoue
369	난초과	한라제비란	*Platanthera minor* Rchb. f.

II등급

1	석송과	다람쥐꼬리	*Huperzia miyoshiana* (Makino) Ching
2	부처손과	왜구실사리	*Selaginella helvetica* (L.) Link
3	고사리삼과	긴꽃고사리삼	*Botrychium strictum* Underw.
4	고사리삼과	늦고사리삼	*Botrychium virginianum* (L.) Sw.
5	고사리삼과	자루나도고사리삼	*Ophioglossum petiolatum* Hook.
6	속새과	개속새	*Equisetum ramosissimum* Desf.
7	고비과	꿩고비	*Osmunda cinnamomea* L.
8	처녀이끼과	부채괴불이끼	*Crepidomanes minutum* (Blume) K. Iwats.
9	처녀이끼과	처녀이끼	*Hymenophyllum wrightii* Bosch
10	봉의꼬리과	고비고사리	*Coniogramme intermedia* Hieron.
11	공작고사리과	공작고사리	*Adiantum pedatum* L.
12	꼬리고사리과	골고사리	*Asplenium scolopendrium* L.
13	꼬리고사리과	거미꼬리고사리	*Asplenium* × *castaneoviride* Baker
14	처녀고사리과	푸른각시고사리	*Macrothelypteris viridifrons* (Tagawa) Ching
15	처녀고사리과	가래고사리	*Phegopteris connectilis* (Michx.) Watt
16	우드풀과	좀가물고사리	*Woodsia intermedia* Tagawa
17	우드풀과	산우드풀	*Woodsia subcordata* Turcz.
18	개고사리과	지리산숲고사리	*Cornopteris christenseniana* (Koidz.) Tagawa
19	야산고비과	청나래고사리	*Matteuccia struthiopteris* (L.) Tod.
20	관중과	퍼진고사리	*Dryopteris expansa* (C. Presl) Fraser-Jenk. & Jermy
21	관중과	진저리고사리	*Dryopteris maximowiczii* (Baker) Kuntze
22	관중과	좀나도히초미	*Polystichum braunii* (Spenn.) Fée
23	금털고사리과	금털고사리	*Hypodematium glandulosopilosum* (Tagawa) Ohwi
24	고란초과	좀고사리	*Pleurosoriopsis makinoi* (Maxim. ex Makino) Fomin
25	고란초과	세뿔석위	*Pyrrosia hastata* (Thunb.) Ching

26	고란초과	애기석위	*Pyrrosia petiolosa* (H. Christ) Ching
27	고란초과	고란초	*Selliguea hastata* (Thunb.) Fraser-Jenk.
28	소나무과	전나무	*Abies holophylla* Maxim.
29	소나무과	잣나무	*Pinus koraiensis* Siebold & Zucc.
30	주목과	주목	*Taxus cuspidata* Siebold & Zucc.
31	목련과	함박꽃나무	*Magnolia sieboldii* K. Koch
32	쥐방울덩굴과	등칡	*Aristolochia manshuriensis* Kom.
33	오미자과	오미자	*Schisandra chinensis* (Turcz.) Baill.
34	미나리아재비과	지리바꽃	*Aconitum chiisanense* Nakai
35	미나리아재비과	동의나물	*Caltha palustris* L.
36	미나리아재비과	왜젓가락풀	*Ranunculus silerifolius* H. Lév.
37	매자나무과	매발톱나무	*Berberis amurensis* Rupr.
38	매자나무과	섬매발톱나무	*Berberis amurensis* var. *quelpaertensis* Nakai
39	매자나무과	꿩의다리아재비	*Caulophyllum robustum* Maxim.
40	양귀비과	피나물	*Hylomecon vernalis* Maxim.
41	뽕나무과	모람	*Ficus oxyphylla* Miq. ex Zoll.
42	자작나무과	오리나무	*Alnus japonica* (Thunb.) Steud.
43	자작나무과	사스래나무	*Betula ermanii* Cham.
44	번행초과	번행초	*Tetragonia tetragonoides* (Pall.) Kuntze
45	명아주과	가는갯능쟁이	*Atriplex gmelinii* C.A. Mey. ex Bong.
46	명아주과	갯는쟁이	*Atriplex subcordata* Kitag.
47	명아주과	참명아주	*Chenopodium gracilispicum* H.W. Kung
48	명아주과	버들명아주	*Chenopodium virgatum* Thunb.
49	명아주과	이삭호모초	*Corispermum chinganicum* Iljin
50	명아주과	긴호모초	*Corispermum declinatum* Steph. ex Iljin.
51	명아주과	꼬리호모초	*Corispermum platypterum* (Kitag.) Kitag.
52	명아주과	호모초	*Corispermum stauntonii* Moq.
53	명아주과	퉁퉁마디	*Salicornia europaea* L.
54	명아주과	나래수송나물	*Salsola tragus* L.
55	명아주과	방석나물	*Suaeda australis* (R. Br.) Moq.
56	명아주과	나문재	*Suaeda glauca* (Bunge) Bunge
57	명아주과	좁은해홍나물	*Suaeda heteroptera* Kitag.
58	명아주과	칠면초	*Suaeda japonica* Makino
59	명아주과	기수초	*Suaeda malacosperma* H. Hara
60	명아주과	해홍나물	*Suaeda maritima* (L.) Dumort.
61	석죽과	동자꽃	*Lychnis cognata* Maxim.
62	석죽과	갯장구채	*Silene aprica* var. *oldhamiana* (Miq.) C.Y. Wu
63	마디풀과	범꼬리	*Bistorta officinalis* subsp. *japonica* (H. Hara) Yonek.
64	마디풀과	세뿔여뀌	*Persicaria debilis* (Meisn.) H. Gross ex W.T. Lee
65	작약과	백작약	*Paeonia japonica* (Makino) Miyabe & Takeda
66	물레나물과	채고추나물	*Hypericum attenuatum* Fisch. ex Choisy
67	물레나물과	진주고추나물	*Hypericum oliganthum* Franch. & Sav.
68	피나무과	피나무	*Tilia amurensis* Rupr.
69	피나무과	찰피나무	*an*
70	피나무과	털피나무	*Tilia rufa* Nakai
71	피나무과	뽕잎피나무	*Tilia taquetii* C.K. Schneid.
72	제비꽃과	노랑제비꽃	*Viola orientalis* (Maxim.) W. Becker
73	제비꽃과	민둥뫼제비꽃	*Viola tokubuchiana* var. *takedana* (Makino) F. Maek.

74	수정난풀과	수정난풀	*Monotropa uniflora* L.
75	수정난풀과	나도수정초	*Monotropastrum humile* (D. Don) H. Hara
76	앵초과	진퍼리까치수염	*Lysimachia fortunei* Maxim.
77	앵초과	큰앵초	*Primula jesoana* var. *pubescens* (Takeda) Takeda & H. Hara
78	앵초과	앵초	*Primula sieboldii* E. Morren
79	돌나물과	세잎꿩의비름	*Hylotelephium verticillatum* (L.) H. Ohba
80	돌나물과	새끼꿩의비름	*Hylotelephium viviparum* (Maxim.) H. Ohba
81	돌나물과	난쟁이바위솔	*Meterostachys sikokianus* (Makino) Nakai
82	돌나물과	낙지다리	*Penthorum chinense* Pursh
83	범의귀과	털괭이눈	*Chrysosplenium pilosum* Maxim.
84	범의귀과	큰괭이눈	*Chrysosplenium sphaerospermum* Maxim.
85	범의귀과	금괭이눈	*Chrysosplenium valdepilosum* Ohwi
86	범의귀과	돌단풍	*Mukdenia rossii* (Oliv.) Koidz.
87	장미과	붉은터리풀	*Filipendula koreana* (Nakai) Kitag.
88	장미과	돌양지꽃	*Potentilla dickinsii* Franch. & Sav.
89	장미과	참양지꽃	*Potentilla dickinsii* var. *breviseta* Nakai
90	장미과	민눈양지꽃	*Potentilla rosulifera* H. Lev.
91	장미과	산개벚지나무	*Prunus maximowiczii* Rupr.
92	장미과	인가목	*Rosa acicularis* Lindl.
93	장미과	해당화	*Rosa rugosa* Thunb.
94	장미과	마가목	*Sorbus commixta* Hedl.
95	장미과	꼬리조팝나무	*Spiraea salicifolia* L.
96	콩과	갯완두	*Lathyrus japonicus* Willd.
97	개미탑과	선물수세미	*Myriophyllum ussuriense* (Regel) Maxim.
98	개미탑과	물수세미	*Myriophyllum verticillatum* L.
99	마름과	애기마름	*Trapa incisa* Siebold & Zucc.
100	바늘꽃과	쥐털이슬	*Circaea alpina* L.
101	바늘꽃과	개털이슬	*Circaea alpina* subsp. *caulescens* (Kom.) Tatew.
102	바늘꽃과	말털이슬	*Circaea canadensis* subsp. *quadrisulcata* (Maxim.) Boufford
103	노박덩굴과	나래회나무	*Euonymus macropterus* Rupr.
104	노박덩굴과	회목나무	*Euonymus pauciflorus* Maxim.
105	노박덩굴과	미역줄나무	*Tripterygium regelii* Sprague & Takeda
106	운향과	황벽나무	*Phellodendron amurense* Rupr.
107	쥐손이풀과	둥근이질풀	*Geranium koreanum* Kom.
108	쥐손이풀과	털둥근이질풀	*Geranium koreanum* var. *hirsutum* Nakai
109	미나리과	개시호	*Bupleurum longiradiatum* Turcz.
110	미나리과	고본	*Conioselinum tenuissimum* (Nakai) Pimenov & Kljuykov
111	미나리과	큰참나물	*Cymopterus melanotilingia* (H. Boissieu) C.Y. Yoon
112	미나리과	갯방풍	*Glehnia littoralis* F. Schmidt ex Miq
113	미나리과	개회향	*Ligusticum tachiroei* (Franch. & Sav.) M. Hiroe & Constance
114	미나리과	갯기름나물	*Peucedanum japonicum* Thunb.
115	미나리과	붉은참반디	*Sanicula rubriflora* F. Schmidt ex Maxim.
116	용담과	개쓴풀	*Swertia diluta* var. *tosaensis* (Makino) H. Hara
117	메꽃과	갯메꽃	*Calystegia soldanella* (L.) Roem. & Schult.
118	조름나물과	어리연	*Nymphoides indica* (L.) Kuntze
119	지치과	모래지치	*Tournefortia sibirica* L.
120	마편초과	순비기나무	*Vitex rotundifolia* L. f.
121	꿀풀과	자란초	*Ajuga spectabilis* Nakai

122	꿀풀과	개쉽싸리	*Lycopus ramosissimus* (Makino) Makino
123	꿀풀과	털쉽싸리	*Lycopus uniflorus* Michx.
124	꿀풀과	애기골무꽃	*Scutellaria dependens* Maxim.
125	질경이과	개질경이	*Plantago camtschatica* Cham. ex Link
126	현삼과	진땅고추풀	*Deinostema violacea* (Maxim.) T. Yamaz.
127	현삼과	등에풀	*Dopatrium junceum* (Roxb.) Buch.-Ham. ex Benth.
128	현삼과	구와말	*Limnophila sessiliflora* (Vahl) Blume
129	현삼과	진흙풀	*Microcarpaea minima* (Retz.) Merr.
130	현삼과	긴산꼬리풀	*Pseudolysimachion longifolium* (L.) Opiz
131	현삼과	큰개현삼	*Scrophularia kakudensis* Franch.
132	현삼과	냉초	*Veronicastrum sibiricum* (L.) Pennell
133	열당과	초종용	*Orobanche coerulescens* Stephan
134	열당과	가지더부살이	*Phacellanthus tubiflorus* Siebold & Zucc.
135	초롱꽃과	숫잔대	*Lobelia sessilifolia* Lamb.
136	꼭두선이과	민둥갈퀴	*Galium kinuta* Nakai & H. Hara
137	꼭두선이과	두메갈퀴	*Galium paradoxum* Maxim.
138	꼭두선이과	큰꼭두선이	*Rubia chinensis* Regel & Maack
139	병꽃나무과	붉은병꽃나무	*Weigela florida* (Bunge) A. DC.
140	병꽃나무과	소영도리나무	*Weigela praecox* (Lemoe) L. H. Bailey
141	인동과	홍괴불나무	*Lonicera maximowiczii* (Rupr.) Regel
142	인동과	흰등괴불나무	*Lonicera maximowiczii* var. latifolia (Ohwi) H. Hara
143	인동과	청괴불나무	*Lonicera subsessilis* Rehder
144	인동과	왕괴불나무	*Lonicera vidalii* Franch. & Sav.
145	국화과	톱풀	*Achillea alpina* L.
146	국화과	지리고들빼기	*Crepidiastrum koidzumianum* (Kitam.) Pak & Kawano
147	국화과	갯씀바귀	*Ixeris repens* (L.) A. Gray
148	국화과	곰취	*Ligularia fischeri* (Ledeb.) Turcz.
149	국화과	구와취	*Saussurea ussuriensis* Maxim.
150	국화과	금방망이	*Senecio nemorensis* L.
151	국화과	물솜방망이	*Tephroseris pseudosonchus* (Vaniot) C. Jeffrey & Y.L. Chen
152	택사과	택사	*Alisma canaliculatum* A. Braun & C. D. Bouché
153	택사과	질경이택사	*Alisma orientale* (Sam.) Juz.
154	자라풀과	자라풀	*Hydrocharis dubia* (Blume) Backer
155	자라풀과	물질경이	*Ottelia alismoides* (L.) Pers.
156	자라풀과	나사말	*Vallisneria natans* (Lour.) H. Hara
157	가래과	버들말즘	*Potamogeton oxyphyllus* Miq.
158	나자스말과	큰톱니나자스말	*Najas oguraensis* Miki
159	나자스말과	동아나자스말	*Najas orientalis* Triest & Uotila
160	거머리말과	애기거머리말	*Zostera japonica* Asch. & Graebn.
161	창포과	창포	*Acorus calamus* L.
162	골풀과	산꿩의밥	*Luzula multiflora* (Ehrh.) Lej.
163	사초과	매자기	*Bolboschoenus maritimus* (L.) Palla
164	사초과	북사초	*Carex augustinowiczii* Meinsh. ex Korsh.
165	사초과	회색사초	*Carex cinerascens* Kük.
166	사초과	한라사초	*Carex erythrobasis* H. Lév. & Vaniot
167	사초과	참삿갓사초	*Carex jaluensis* Kom.
168	사초과	통보리사초	*Carex kobomugi* Ohwi
169	사초과	좁쌀사초	*Carex micrantha* Kük.

170	사초과	바늘사초	*Carex onoei* Franch. & Sav.
171	사초과	왕그늘사초	*Carex pediformis* var. *pedunculata* Maxim.
172	사초과	그늘흰사초	*Carex planiculmis* Kom.
173	사초과	장군대사초	*Carex poculisquama* **Kük.**
174	사초과	녹빛사초	*Carex quadriflora* (**Kük.**) Ohwi
175	사초과	큰천일사초	*Carex rugulosa* Kük.
176	사초과	나도그늘사초	*Carex tenuiformis* H. Lév. & Vaniot
177	사초과	그늘실사초	*Carex tenuiformis* var. *neofilipes* (Nakai) Ohwi ex Hatus.
178	사초과	네모골	*Eleocharis tetraquetra* Nees
179	사초과	큰하늘지기	*Fimbristylis longispica* Steud.
180	사초과	털잎하늘지기	*Fimbristylis sericea* (Poir.) R. Br.
181	사초과	갯하늘지기	*Fimbristylis sieboldii* Miq. ex Franch. & Sav.
182	사초과	광릉골	*Schoenoplectiella komarovii* (Roshev.) J. Jung & H.K. Choi
183	사초과	물고랭이	*Schoenoplectus nipponicus* (Makino) Sojak
184	벼과	검정겨이삭	*Agrostis flaccida* Hack.
185	벼과	왕미꾸리광이	*Glyceria leptolepis* Ohwi
186	벼과	갯그령	*Leymus mollis* (Trin.) Pilg.
187	벼과	왕쌀새	*Melica nutans* L.
188	벼과	선쥐꼬리새	*Muhlenbergia hakonensis* (Hack.) Makino
189	벼과	가는포아풀	*Poa matsumurae* Hack.
190	벼과	갯쇠돌피	Polypogon monspeliensis (L.) Desf.
191	벼과	물잔디	*Pseudoraphis sordida* (Thwaites) S.M. Phillips & S.L. Chen
192	벼과	호오리새	*Schizachne purpurascens* subsp. *callosa* (Turcz. ex Griseb.) T. Koyama & Kawano
193	벼과	시베리아잠자리피	*Trisetum sibiricum* Rupr.
194	벼과	왕잔디	*Zoysia macrostachya* Franch. & Sav.
195	부들과	꼬마부들	*Typha laxmannii* Lepech.
196	물옥잠과	물옥잠	*Monochoria korsakowii* Regel & Maack
197	백합과	처녀치마	*Heloniopsis koreana* S. Fuse, N.S. Lee & M.N. Tamura
198	백합과	숙은처녀치마	*Heloniopsis tubiflora* S. Fuse, N.S. Lee & M.N. Tamura
199	백합과	나도개감채	*Lloydia triflora* (Ledeb.) Baker
200	백합과	두루미꽃	*Maianthemum bifolium* (L.) F.W. Schmidt
201	백합과	금강죽대아재비	*Streptopus ovalis* (Owhi) F.T. Wang & Y.C. Tang
202	붓꽃과	꽃창포	*Iris ensata* Thunb.
203	난초과	닭의난초	*Epipactis thunbergii* A. Gray
204	난초과	나도제비란	*Galearis cyclochila* (Franch. & Sav.) Soó
205	난초과	천마	*Gastrodia elata* Blume
206	난초과	나도잠자리난초	*Platanthera ussuriensis* (Regel & Maack) Maxim.
207	난초과	큰방울새란	*Pogonia japonica* Rchb. f.

I 등급

1	실고사리과	실고사리	*Lygodium japonicum* (Thunb.) Sw.
2	네가래과	네가래	*Marsilea quadrifolia* L.
3	물개구리밥과	물개구리밥	*Azolla imbricata* (Roxb. ex Griff.) Nakai
4	봉의꼬리과	부싯깃고사리	*Cheilanthes argentea* (S. G. Gmel.) Kunze
5	봉의꼬리과	봉의꼬리	*Pteris multifida* Poir.
6	처녀고사리과	큰설설고사리	*Phegopteris koreana* B.Y. Sun & C.H. Kim
7	개고사리과	암뱀고사리	*Athyrium clivicola* Tagawa
8	개고사리과	산개고사리	*Athyrium vidalii* (Franch. & Sav.) Nakai

9	야산고비과	야산고비	*Onoclea sensibilis* L.
10	관중과	홍지네고사리	*Dryopteris erythrosora* (D.C. Eaton) Kuntze
11	관중과	금족제비고사리	*Dryopteris gymnophylla* (Baker) C. Chr.
12	관중과	참나도히초미	*Polystichum ovato-paleaceum* var. *coraiense* (H. Christ) Sa. Kurata
13	관중과	나도히초미	*Polystichum polyblepharum* (Roem. ex Kunze) C. Presl
14	고란초과	콩짜개덩굴	*Lemmaphyllum microphyllum* C. Presl
15	고란초과	일엽초	*Lepisorus thunbergianus* (Kaulf.) Ching
16	개비자나무과	개비자나무	*Cephalotaxus harringtonia* (Knight ex Forbes) K. Koch
17	주목과	비자나무	*Torreya nucifera* (L.) Siebold & Zucc.
18	녹나무과	비목나무	*Lindera erythrocarpa* Makino
19	녹나무과	감태나무	*Lindera glauca* (Siebold & Zucc.) Blume
20	녹나무과	후박나무	*Machilus thunbergii* Siebold & Zucc.
21	녹나무과	참식나무	*Neolitsea sericea* (Blume) Koidz.
22	홀아비꽃대과	옥녀꽃대	*Chloranthus fortunei* (A. Gray) Sloms
23	홀아비꽃대과	홀아비꽃대	*Chloranthus japonicus* Siebold
24	쥐방울덩굴과	쥐방울덩굴	*Aristolochia contorta* Bunge
25	미나리아재비과	투구꽃	*Aconitum jaluense* Kom.
26	미나리아재비과	흰진범	*Aconitum longecassidatum* Nakai
27	미나리아재비과	촛대승마	*Cimicifuga simplex* (DC.) Wormsk. ex Turcz.
28	미나리아재비과	큰꽃으아리	*Clematis patens* C. Morren & Decne.
29	미나리아재비과	노루귀	*Hepatica asiatica* Nakai
30	미나리아재비과	새끼노루귀	*Hepatica insularis* Nakai
31	미나리아재비과	개구리발톱	Semiaquilegia adoxoides (DC.) Makino
32	나도밤나무과	나도밤나무	*Meliosma myriantha* Siebold & Zucc.
33	나도밤나무과	합다리나무	*Meliosma oldhamii* Miq. ex Maxim.
34	현호색과	왜현호색	*Corydalis ambigua* Cham. & Schltdl.
35	현호색과	자주괴불주머니	*Corydalis incisa* (Thunb.) Pers.
36	느릅나무과	시무나무	*Hemiptelea davidii* (Hance) Planch.
37	느릅나무과	당느릅나무	*Ulmus davidiana* Planch.
38	느릅나무과	느릅나무	*Ulmus davidiana* var. *japonica* (Rehder) Nakai
39	느릅나무과	참느릅나무	*Ulmus parvifolia* Jacq.
40	팽나무과	푸조나무	*Aphananthe aspera* (Thunb.) Planch.
41	팽나무과	폭나무	*Celtis biondii* var. *heterophylla* (H. Lév.) C.K. Schneid.
42	팽나무과	검팽나무	*Celtis choseniana* Nakai
43	쐐기풀과	나도물통이	*Nanocnide japonica* Blume
44	쐐기풀과	산물통이	*Pilea japonica* (Maxim.) Hand.-Mazz.
45	가래나무과	가래나무	*Juglans mandshurica* Maxim.
46	자작나무과	개서어나무	*Carpinus tschonoskii* Maxim.
47	자작나무과	소사나무	*Carpinus turczaninowii* Hance
48	석죽과	큰점나도나물	*Cerastium fischerianum* Ser.
49	석죽과	덩굴별꽃	*Silene baccifera* (L.) Roth
50	마디풀과	긴화살여뀌	*Persicaria breviochreata* (Makino) Ohki
51	갯길경과	갯길경	*Limonium tetragonum* (Thunb.) Bullock
52	차나무과	동백나무	*Camellia japonica* L.
53	차나무과	흰동백	*Camellia japonica* for. *albipetala* H.D. Chang
54	차나무과	사스레피나무	*Eurya japonica* Thunb.
55	차나무과	섬사스레피나무	*Eurya japonica* for. *integra* T.B. Lee
56	피나무과	장구밥나무	*Grewia parviflora* Bunge

57	박과	뚜껑덩굴	*Actinostemma lobatum* (Maxim.) Franch. & Sav.
58	박과	돌외	*Gynostemma pentaphyllum* (Thunb.) Makino
59	박과	새박	*Melothria japonica* (Thunb.) Maxim. ex Cogn.
60	버드나무과	왕버들	*Salix chaenomeloides* Kimura
61	버드나무과	털왕버들	*Salix chaenomeloides* var. *pilosa* (Nakai) Kimura
62	십자화과	갯장대	*Arabis stelleri* DC.
63	십자화과	노란장대	*Sisymbrium luteum* (Maxim) O. E. Schulz
64	진달래과	정금나무	*Vaccinium oldhamii* Miq.
65	노린재나무과	검노린재	*Symplocos tanakana* Nakai
66	자금우과	자금우	*Ardisia japonica* (Thunb.) Blume
67	앵초과	까치수염	*Lysimachia barystachys* Bunge
68	앵초과	갯까치수염	*Lysimachia mauritiana* Lam.
69	수국과	물참대	*Deutzia glabrata* Kom.
70	수국과	말발도리	*Deutzia parviflora* Bunge
71	수국과	매화말발도리	*Deutzia uniflora* Shirai
72	범의귀과	산괭이눈	*Chrysosplenium japonicum* (Maxim.) Makino
73	범의귀과	선괭이눈	*Chrysosplenium pseudofauriei* H. Lév.
74	장미과	터리풀	*Filipendula glaberrima* Nakai
75	장미과	야광나무	*Malus baccata* (L.) Borkh.
76	장미과	털야광나무	*Malus baccata* var. *mandshurica* (Maxim.) C.K. Schneid.
77	장미과	윤노리나무	*Pourthiaea villosa* (Thunb.) Decne.
78	장미과	털윤노리나무	*Pourthiaea villosa* var. *zollingeri* (Decne.) Nakai
79	장미과	올벚나무	*Prunus spachiana* for. *ascendens* (Makino) Kitam.
80	장미과	콩배나무	*Pyrus calleryana* var. *fauriei* (C.K. Schneid.) Rehder
81	장미과	산돌배나무	*Pyrus ussuriensis* Maxim.
82	장미과	돌가시나무	*Rosa wichuraiana* Crép.
83	장미과	수리딸기	*Rubus corchorifolius* L. f.
84	장미과	가는오이풀	*Sanguisorba tenuifolia* Fisch. ex Link
85	장미과	산조팝나무	*Spiraea blumei* G. Don
86	장미과	아구장나무	*Spiraea pubescens* Turcz.
87	콩과	해변싸리	*Lespedeza maritima* Nakai
88	콩과	큰여우콩	*Rhynchosia acuminatifolia* Makino
89	콩과	나래완두	*Vicia hirticalycina* Nakai
90	콩과	큰등갈퀴	*Vicia pseudorobus* Fisch. & C. A. Mey.
91	콩과	돌동부	*Vigna vexillata* var. *tsusimensis* Matsum.
92	보리수나무과	보리밥나무	*Elaeagnus macrophylla* Thunb.
93	개미탑과	개미탑	*Haloragis micrantha* (Thunb.) R. Br.
94	바늘꽃과	쇠털이슬	*Circaea cordata* Royle
95	노박덩굴과	털노박덩굴	*Celastrus stephanotiifolius* (Makino) Makino
96	노박덩굴과	좀사철나무	*Euonymus fortunei* (Turcz.) Hand.-Mazz.
97	노박덩굴과	좁은잎참빗살나무	*Euonymus hamiltonianus* var. *maackii* (Rupr.) Kom.
98	노박덩굴과	사철나무	*Euonymus japonicus* Thunb.
99	노박덩굴과	회나무	*Euonymus sachalinensis* (F. Schmidt) Maxim.
100	노박덩굴과	버들회나무	*Euonymus trapococcus* Nakai
101	감탕나무과	대팻집나무	*Ilex macropoda* Miq.
102	회양목과	회양목	*Buxus microphylla* var. *koreana* Nakai ex Rehder
103	대극과	흰대극	*Euphorbia esula* L.
104	대극과	대극	*Euphorbia pekinensis* Boiss.

105	대극과	예덕나무	*Mallotus japonicus* (L. f.) **Müll.**
106	대극과	사람주나무	*Neoshirakia japonica* (Siebold & Zucc.) Esser
107	갈매나무과	헛개나무	*Hovenia dulcis* Thunb.
108	갈매나무과	까마귀베개	*Rhamnella franguloides* (Maxim.) Weberb.
109	포도과	거지덩굴	*Cayratia japonica* (Thunb.) Gagnep.
110	고추나무과	말오줌때	*Euscaphis japonica* (Thunb.) Kanitz
111	옻나무과	산검양옻나무	*Toxicodendron sylvestre* (Siebold & Zucc.) Kuntze
112	운향과	백선	*Dictamnus dasycarpus* Turcz.
113	운향과	상산	*Orixa japonica* Thunb.
114	운향과	개산초	*Zanthoxylum planispinum* Siebold & Zucc.
115	봉선화과	노랑물봉선	*Impatiens nolitangere* L.
116	봉선화과	꼬마물봉선	*Impatiens vioascens* B.U. Oh & Y.Y. Kim
117	두릅나무과	오갈피나무	*Eleutherococcus sessiliflorus* (Rupr. & Maxim.) S.Y. Hu
118	두릅나무과	송악	*Hedera rhombea* (Miq.) Bean
119	미나리과	개구릿대	*Angelica anomala* Avé-Lall.
120	미나리과	갯사상자	*Cnidium japonicum* Miq.
121	미나리과	선피막이	*Hydrocotyle maritima* Honda
122	협죽도과	털마삭줄	*Trachelospermum jasminoides* var. *pubescens* (Lindl.) Lem.
123	박주가리과	민백미꽃	*Cynanchum ascyrifolium* (Franch. & Sav.) Matsum.
124	박주가리과	왜박주가리	*Tylophora floribunda* Miq.
125	가지과	알꽈리	*Tubocapsicum anomalum* (Franch. & Sav.) Makino
126	조름나물과	노랑어리연	*Nymphoides peltata* (S.G. Gmel.) Kuntze
127	지치과	섬꽃마리	*Cynoglossum zeylanicum* (Vahl ex Hornem.) Thunb. ex Lehm.
128	지치과	반디지치	*Lithospermum zollingeri* A. DC.
129	지치과	덩굴꽃마리	*Trigonotis icumae* (Maxim.) Makino
130	마편초과	층꽃나무	*Caryopteris incana* (Thunb. ex Houtt.) Miq.
131	꿀풀과	금창초	*Ajuga decumbens* Thunb.
132	꿀풀과	애기쉽싸리	*Lycopus maackianus* Makino
133	꿀풀과	가는잎산들깨	*Mosla chinensis* Maxim.
134	꿀풀과	갈래꿀풀	*Prunella pinnatifida* Pers.
135	꿀풀과	참골무꽃	*Scutellaria strigillosa* Hemsl.
136	물푸레나무과	들메나무	*Fraxinus mandshurica* Rupr.
137	물푸레나무과	광나무	*Ligustrum japonicum* Thunb.
138	물푸레나무과	털개회나무	*Syringa pubescens* subsp. *patula* (Palib.) M.C. Chang & X.L. Chen
139	초롱꽃과	초롱꽃	*Campanula punctata* Lam.
140	꼭두선이과	검은개선갈퀴	*Galium japonicum* (Maxim.) Makino & Nakai
141	꼭두선이과	계요등	*Paederia foetida* L.
142	인동과	괴불나무	*Lonicera maackii* (Rupr.) Maxim.
143	산분꽃나무과	백당나무	*Viburnum opulus* var. *sargentii* (Koehne) Takeda
144	연복초과	연복초	*Adoxa moschatellina* L.
145	국화과	좀딱취	*Ainsliaea apiculata* Sch. Bip. ex Zoll.
146	국화과	개사철쑥	*Artemisia caruifolia* Buch.-Ham. ex Roxb.
147	국화과	큰비쑥	*Artemisia fukudo* Makino
148	국화과	덤불쑥	*Artemisia rubripes* Nakai
149	국화과	해국	*Aster spathulifolius* Maxim.
150	국화과	갯개미취	*Aster tripolium* L.
151	국화과	천일담배풀	*Carpesium glossophyllum* Maxim.
152	국화과	여우오줌	*Carpesium macrocephalum* Franch. & Sav.

153	국화과	큰엉겅퀴	*Cirsium pendulum* Fisch. ex Dc.
154	국화과	고려엉겅퀴	*Cirsium setidens* (Dunn) Nakai
155	국화과	개보리뺑이	*Lapsanastrum apogonoides* (Maxim.) Pak & K. Bremer
156	국화과	금떡쑥	*Pseudognaphalium hypoleucum* (DC.) Hilliard & B. L. Burtt
157	국화과	뻐꾹채	*Rhaponticum uniflorum* (L.) DC.
158	국화과	빗살서덜취	*Saussurea odontolepis* Sch. Bip. ex Herder
159	국화과	쑥방망이	*Senecio argunensis* Turcz.
160	택사과	보풀	*Sagittaria aginashi* Makino
161	지채과	지채	*Triglochin maritimum* L.
162	가래과	가는가래	*Potamogeton cristatus* Regel & Maack
163	가래과	애기가래	*Potamogeton octandrus* Poir.
164	줄말과	줄말	*Ruppia maritima* L.
165	뿔말과	뿔말	*Zannichellia palustris* L.
166	천남성과	두루미천남성	*Arisaema heterophyllum* Blume
167	천남성과	큰천남성	*Arisaema ringens* (Thunb.) Schott
168	사초과	흰꼬리사초	*Carex brownii* Tuck.
169	사초과	삿갓사초	*Carex dispalata* Boott
170	사초과	흰사초	*Carex doniana* Speng.
171	사초과	염주사초	*Carex ischnostachya* Steud.
172	사초과	줄사초	*Carex lenta* D. Don
173	사초과	홍노줄사초	*Carex lenta* var. *sendaica* (Franch.) T. Koyama
174	사초과	무늬사초	*Carex maculata* Boott
175	사초과	왕밀사초	*Carex matsumurae* Franch.
176	사초과	겨사초	*Carex mitrata* Franch.
177	사초과	까락겨사초	*Carex mitrata* var. *aristata* Ohwi
178	사초과	지리대사초	*Carex okamotoi* Ohwi
179	사초과	반들사초	*Carex tristachya* Thunb.
180	사초과	애기반들사초	Carex tristachya var. *pocilliformis* (Boott) Kük.
181	사초과	밀사초	*Carex wahuensis* var. *robusta* (Franch. & Sav.) Franch. & Sav.
182	벼과	수염개밀	*Hystrix duthiei* subsp. *longiaristata* (Hack.) Baden, Fred. & Seberg
183	벼과	갯쇠보리	*Ischaemum anthephoroides* (Steud.) Miq.
184	벼과	모새달	*Phacelurus latifolius* (Steud.) Ohwi
185	벼과	산기장	*Phaenosperma globosa* Munro & Benth.
186	벼과	조아재비	*Setaria chondrachne* (Steud.) Honda
187	벼과	수수새	*Sorghum nitidum* (Vahl) Pers.
188	백합과	방울비짜루	*Asparagus oligoclonos* Maxim.
189	백합과	일월비비추	*Hosta capitata* (Koidz.) Nakai
190	백합과	좀비비추	*Hosta minor* (Baker) Nakai
191	백합과	하늘나리	*Lilium concolor* var. *pulchellum* (Fisch.) Regel
192	백합과	소엽맥문동	*Ophiopogon japonicus* (Thunb.) Ker Gawl.
193	백합과	뻐꾹나리	*Tricyrtis macropoda* Miq.
194	백합과	박새	*Veratrum oxysepalum* Turcz.
195	붓꽃과	범부채	*Iris domestica* (L.) Goldblatt & Mabb.
196	붓꽃과	타래붓꽃	*Iris lactea* Pall.
197	붓꽃과	금붓꽃	*Iris minutoaurea* Makino
198	난초과	보춘화	*Cymbidium goeringii* (Rchb. f.) Rchb. f.
199	난초과	씨눈난초	*Herminium lanceum* (Thunb. ex Sw.) Vuijk
200	난초과	나리난초	*Liparis makinoana* Schltr.

4. 국가 적색목록

국가생물적색자료집 제5권 관속식물(2020 개정)

번호	과 명	국 명	학 명
지역절멸(Regionally Extinct; Re)			
1	석송과	줄석송	*Huperzia sieboldii* (Miq.) Holub
2	고사리삼과	다시마고사리삼	*Ophioderma pendula* (L.) C. Presl
3	끈끈이귀개과	벌레먹이말	*Aldrovanda vesiculosa* L.
4	사초과	무등풀	*Scleria mutoensis* Nakai
5	난초과	나도풍란	*Sedirea japonica* (Rchb. f.) Garay & H.R. Sweet
위급(Critically Endangered, CR)			
1	부천손과	실사리	*Selaginella sibirica* (Milde) Hieron.
2	꼬리고사리과	파초일엽	*Asplenium antiquum* Makino
3	꼬리고사리과	눈썹고사리	*Asplenium wrightii* D.C. Eaton ex Hook.
4	수련과	각시수련	*Nymphaea tetragona* var. *minima* (Nakai) W.T. Lee
5	석죽과	한라장구채	*Silene fasciculata* Nakai
6	제비꽃과	선제비꽃	*Viola raddeana* Regel
7	십자화과	바위장대	*Arabis serrata* Franch. & Sav.
8	진달래과	노랑만병초	*Rhododendron aureum* Georgi
9	암매과	암매	*Diapensia lapponica* var. *obovata* F. Schmidt
10	콩과	제주황기	*Astragalus mongholicus* var. *nakaianus* (Y.N. Lee) I.S. Choi & B.H. Choi
11	콩과	만년콩	*Euchresta japonica* Hook. f. ex Regel
12	팥꽃나무과	피뿌리풀	*Stellera chamaejasme* L.
13	두릅나무과	서울개발나물	*Pterygopleurum neurophyllum* (Maxim.) Kitag.
14	현삼과	섬현삼	*Scrophularia takesimensis* Nakai
15	통발과	개통발	*Utricularia intermedia* Hayne
16	초롱꽃과	선모시대	*Adenophora erecta* S.T. Lee, J. Lee & S. Kim
17	꼭두선이과	무주나무	*Lasianthus japonicus* Miq.
18	국화과	한라솜다리	*Leontopodium coreanum* var. *hallaisanense* (Hand.-Mazz.) D.H. Lee & B.H. Choi
19	사초과	대암사초	*Carex chordorrhiza* L. f.
20	백합과	나도여로	*Zigadenus sibiricus* (L.) A. Gray
21	난초과	두잎약난초	*Cremastra unguiculata* (Finet) Finet
22	난초과	죽백란	*Cymbidium lancifolium* Hook.
23	난초과	털복주머니란	*Cypripedium guttatum* Sw.
24	난초과	금자란	*Gastrochilus fuscopunctatus* (Hayata) Hayata
25	난초과	탐라란	*Gastrochilus japonicus* (Makino) Schltr.
26	난초과	손바닥난초	*Gymnadenia conopsea* (L.) R. Br.
27	난초과	방울난초	*Habenaria flagellifera* Makino
28	난초과	차걸이란	*Oberonia japonica* (Maxim.) Makino
위기(Endangered, EN)			
1	고사리삼과	제주고사리삼	*Mankyua chejuense* B.Y. Sun, M.H. Kim & C H. Kim
2	솔잎난과	솔잎난	*Psilotum nudum* (L.) P. Beauv.
3	꿩고사리과	꿩고사리	*Plagiogyria euphlebia* (Kunze) Mett.
4	공작고사리과	암공작고사리	*Adiantum capillus-junonis* Rupr.
5	새깃아재비과	새깃아재비	*Woodwardia japonica* (L. f.) Sm.
6	고란초과	창일엽	*Microsorum buergerianum* (Miq.) Ching
7	고란초과	층층고란초	*Selliguea veitchii* (Baker) H. Ohashi & K. Ohashi

Re

CR

EN

8	소나무과	구상나무	*Abies koreana* E.H. Wilson
9	소나무과	가문비나무	*Picea jezoensis* (Siebold & Zucc.) Carriére
10	소나무과	눈잣나무	*Pinus pumila* (Pall.) Regel
11	목련과	초령목	*Michelia compressa* (Maxim.) Sarg.
12	홀아비꽃대과	죽절초	*Sarcandra glabra* (Thunb.) Nakai
13	삼백초과	삼백초	*Saururus chinensis* (Lour.) Baill.
14	미나리아재비과	승마	*Cimicifuga heracleifolia* Kom.
15	쐐기풀과	비양나무	*Oreocnide frutescens* (Thunb.) Miq.
16	석죽과	제비동자꽃	*Lychnis wilfordii* (Regel) Maxim.
17	작약과	산작약	*Paeonia obovata* Maxim.
18	물레나물과	진주고추나물	*Hypericum oliganthum* Franch. & Sav.
19	제비꽃과	넓은잎제비꽃	*Viola mirabilis* L.
20	버드나무과	제주산버들	*Salix blinii* H. Lév.
21	시로미과	시로미	*Empetrum nigrum* var. *japonicum* K. Koch
22	진달래과	홍월귤	*Arctous rubra* (Rehder & E.H. Wilson) Nakai
23	진달래과	월귤	*Vaccinium vitis-idaea* L.
24	앵초과	금강봄맞이	*Androsace cortusifolia* Nakai
25	수국과	나도승마	*Kirengeshoma koreana* Nakai
26	범의귀과	나도범의귀	*Mitella nuda* L.
27	장미과	섬개야광나무	*Cotoneaster wilsonii* Nakai
28	장미과	이노리나무	*Malus komarovii* (Sarg.) Rehder
29	장미과	왕벚나무	*Prunus × yedoensis* Matsum.
30	장미과	섬국수나무	*Spiraea insularis* (Nakai) H. Shin, Y.D. Kim & S. H.
31	콩과	갯활량나물	*Thermopsis lupinoides* (L.) Link
32	노박덩굴과	섬회나무	*Euonymus chibai* Makino
33	대극과	조도만두나무	*Securinega chodoense* C.S. Lee & H.T. Im
34	갈매나무과	먹넌출	*Berchemia floribunda* (Wall.) Brongn.
35	갈매나무과	갯대추	*Paliurus ramosissimus* (Lour.) Poir.
36	갈매나무과	좀갈매나무	*Rhamnus taquetii* (H. Lév.) H. Lév.
37	옻나무과	덩굴옻나무	*Toxicodendron orientale* Greene
38	남가새과	남가새	*Tribulus terrestris* L.
39	두릅나무과	섬시호	*Bupleurum latissimum* Nakai
40	용담과	대성쓴풀	*Anagallidium dichotomum* (L.) Griseb.
41	용담과	비로용담	*Gentiana jamesii* Hemsl.
42	박주가리과	솜아마존	*Cynanchum amplexicaule* (Siebold & Zucc.) Hemsl.
43	꿀풀과	전주물꼬리풀	*Dysophylla yatabeana* Makino
44	꿀풀과	섬광대수염	*Lamium takesimense* Nakai
45	물푸레나무과	박달목서	*Osmanthus insularis* Koidz.
46	현삼과	성주풀	*Centranthera cochinchinensis* (Lour.) Merr.
47	현삼과	한라송이풀	*Pedicularis hallaisanensis* Hurus.
48	현삼과	만주송이풀	*Pedicularis mandshurica* Maxim.
49	초롱꽃과	진퍼리잔대	*Adenophora palustris* Kom.
50	초롱꽃과	애기더덕	*Codonopsis minima* Nakai
51	국화과	구름떡쑥	*Anaphalis sinica* var. *morii* (Nakai) Ohwi
52	국화과	단양쑥부쟁이	*Aster altaicus* var. *uchiyamae* Kitam.
53	국화과	한라구절초	*Dendranthema coreanum* (H. Lév. & Vaniot) Vorosch.
54	둥근잎택사	둥근잎택사	*Caldesia parnassifolia* (Bassi ex L.) Parl.
55	거머리말과	좀마디거머리말	*Zostera geojeensis* H.C. Shin, H.K. Choi & Y.S. Oh

56	천남성과	섬천남성	*Arisaema negishii* Makino
57	백합과	날개하늘나리	*Lilium dauricum* Ker Gawl.
58	노란별수선과	노란별수선	*Hypoxis aurea* Lour.
59	붓꽃과	대청부채	*Iris dichotoma* Pall.
60	붓꽃과	제비붓꽃	*Iris laevigata* Fisch. ex Fisch. & C.A. Mey.
61	버어먼초과	버어먼초	*Burmannia cryptopetala* Makino
62	난초과	콩짜개란	*Bulbophyllum drymoglossum* Maxim. ex M. Ōkubo
63	난초과	애기천마	*Chamaegastrodia shikokiana* Makino & F. Maek.
64	난초과	한란	*Cymbidium kanran* Makino
65	난초과	광릉요강꽃	*Cypripedium japonicum* Thunb.
66	난초과	제주방울란	*Habenaria chejuensis* Y.N. Lee & K. Lee
67	난초과	해오라비난초	Habenaria radiata (Thunb.) Spreng.
68	난초과	백운란	*Kuhlhasseltia nakaiana* (F. Maek.) Ormerod
69	난초과	한라옥잠난초	*Liparis auriculata* Blume ex Miq.
70	난초과	이삭단엽란	*Malaxis monophyllos* (L.) Sw.
71	난초과	풍란	*Neofinetia falcata* (Thunb.) Hu
72	난초과	구름병아리난초	*Neottianthe cucullata* (L.) Schltr.
73	난초과	두잎감자난초	*Oreorchis coreana* Finet
74	난초과	비자란	*Thrixspermum japonicum* (Miq.) Rchb. f.

취약(Vulerable, VU)

1	석송과	왕다람쥐꼬리	*Huperzia cryptomeriana* (Maxim.) R. D. Dixit
2	석송과	좀다람쥐꼬리	*Huperzia selago* (L.) Bernh. ex Schrank & Mart.
3	석송과	물석송	*Lycopodiella cernua* (L.) Pic. Serm.
4	석송과	비늘석송	*Lycopodium complanatum* L.
5	꿩고사리과	섬꿩고사리	*Plagiogyria japonica* Nakai
6	봉의꼬리과	개부싯깃고사리	*Cheilanthes chusana* Hook.
7	봉의꼬리과	알록큰봉의꼬리	*Pteris nipponica* W.C. Shieh
8	일엽아재비과	일엽아재비	*Haplopteris flexuosa* (Fée) E.H. Crane
9	처녀고사리과	검은별고사리	*Cyclosorus interruptus* (Willd.) H. Itô
10	처녀고사리과	큰솜털고사리	*Woodsia glabella* R. Br. ex Richardson
11	처녀고사리과	애기가물고사리	*Woodsia hancockii* Baker
12	개고사리과	두메개고사리	*Athyrium spinulosum* (Maxim.) Milde
13	개고사리과	큰섬잔고사리	*Diplazium nipponicum* Tagawa
14	개고사리과	토끼고사리	*Gymnocarpium dryopteris* (L.) Newman
15	고란초과	창고사리	*Colysis simplicifrons* (H. Christ) Tagawa
16	주걱일엽	숟갈일엽	*Loxogramme duclouxii* H. Christ
17	수련과	가시연	*Euryale ferox* Salisb. ex K.D. Koenig & Sims
18	어항마름과	순채	*Brasenia schreberi* J.F. Gmel.
19	미나리아재비과	백부자	*Aconitum coreanum* (H. Lév.) Rapaics
20	미나리아재비과	남방바람꽃	*Anemone flaccida* Fr. Schmidt
21	미나리아재비과	동강할미꽃	*Pulsatilla tongkangensis* Y.N. Lee & T.C. Lee
22	미나리아재비과	연잎꿩의다리	*Thalictrum coreanum* H. Lév.
23	매자나무과	한계령풀	*Gymnospermium microrrhynchum* (S. Moore) Takht.
24	현호색과	섬현호색	*Corydalis filistipes* Nakai
25	자리공과	섬자리공	*Phytolacca insularis* Nakai
26	석죽과	분홍장구채	*Silene capitata* Kom.
27	다래나무과	섬다래	*Actinidia rufa* (Siebold & Zucc.) Planch. ex Miq.
28	제비꽃과	장백제비꽃	*Viola biflora* L.

29	제비꽃과	장백제비꽃	*Viola biflora* L.
30	제비꽃과	왕제비꽃	*Viola websteri* Hemsl.
31	진달래과	들쭉나무	*Vaccinium uliginosum* L.
32	노루발과	콩팥노루발	*Pyrola renifolia* Maxim.
33	앵초과	물까치수염	*Lysimachia leucantha* Miq.
34	앵초과	홍도까치수염	*Lysimachia pentapetala* Bunge
35	빌레나무과	빌레나무	*Maesa japonica* (Thunb.) Moritzi & Zoll.
36	수국과	성널수국	*Hydrangea luteovenosa* Koidz.
37	장미과	채진목	*Amelanchier asiatica* (Siebold & Zucc.) Endl. ex Walp.
38	장미과	산국수나무	*Physocarpus amurensis* (Maxim.) Maxim.
39	장미과	떡조팝나무	*Spiraea chartacea* Nakai
40	콩과	왕자귀나무	*Albizia kalkora* Prain
41	두릅나무과	섬오갈피나무	*Eleutherococcus gracilistylus* (W. W. Sm.) S.Y. Hu
42	두릅나무과	가시오갈피나무	*Eleutherococcus senticosus* (Rupr. & Maxim.) Maxim.
43	두릅나무과	땃두릅나무	*Oplopanax elatus* (Nakai) Nakai
44	두릅나무과	등대시호	*Bupleurum euphorbioides* Nakai
45	용담과	참닻꽃	*Halenia coreana* S.M. Han, H. Won & C.E. Lim
46	협죽도과	정향풀	*Amsonia elliptica* (Thunb.) Roem. & Schult.
47		개정향풀	*Apocynum lancifolium* Russanov
48	조름나물과	애기어리연	*Nymphoides coreana* (H. Lév.) H. Hara
49	꿀풀과	가는잎향유	*Elsholtzia saxatilis* (Kom.) Nakai ex Kitag.
50	물푸레나무과	미선나무	*Abeliophyllum distichum* Nakai
51	현삼과	깔끔좁쌀풀	*Euphrasia coreana* W. Becker
52	현삼과	등포풀	*Limosella aquatica* L.
53	현삼과	애기송이풀	*Pedicularis ishidoyana* Koidz. & Ohwi
54	현삼과	봉래꼬리풀	*Pseudolysimachion kiusianum* var. *diamantiacum* (Nakai) T. Yamaz.
55	현삼과	부산꼬리풀	*Pseudolysimachion pusanensis* (Y.N. Lee) Y.N. Lee
56	열당과	백양더부살이	*Orobanche filicicola* Nakai ex J.O. Hyun, H.C. Shin & Y.S. Im
57	린네풀과	줄댕강나무	*Zabelia tyaihyonii* Hisauti & H. Hara
58	국화과	울릉국화	*Dendranthema zawadskii* var. *lucidum* (Nakai) Pak
59	국화과	키큰산국	*Leucanthemella linearis* (Matsum.) Tzvelev
60	국화과	갯취	*Ligularia taquetii* (H. Lév. & Vaniot) Nakai
61	가래과	넓은잎말	*Potamogeton perfoliatus* L.
62	거머리말과	애기거머리말	*Zostera japonica* Asch. & Graebn.
63	사초과	좀도깨비사초	*Carex idzuroei* Franch. & Sav.
64	사초과	검정방동사니	*Fuirena ciliaris* (L.) Roxb.
65	백합과	칠보치마	*Metanarthecium luteo-viride* Maxim.
66	백합과	꽃장포	*Tofieldia coccinea* var. *koreana* (Ohwi) M.N. Tamura, S. Fuse & N.S. Lee
67	수선화과	제주상사화	*Lycoris chejuensis* K.H. Tae & S.C. Ko
68	수선화과	진노랑상사화	*Lycoris chinensis* var. *sinuolata* K.H. Tae & S.C. Ko
69	붓꽃과	노랑붓꽃	*Iris koreana* Nakai
70	붓꽃과	부채붓꽃	*Iris setosa* Pall. ex Link
71	버어먼초과	애기버어먼초	*Burmannia championii* Thwaites
72	난초과	혹난초	*Bulbophyllum inconspicuum* Maxim.
73	난초과	신안새우난초	*Calanthe aristulifera* Rchb. f.
74	난초과	여름새우난초	*Calanthe reflexa* Maxim.
75	난초과	금새우난초	*Calanthe sieboldii* Decne. ex Regel
76	난초과	지네발란	*Cleisostoma scolopendrifolium* (Makino) Garay

77	난초과	소란	*Cymbidium ensifolium* (L.) Sw.
78	난초과	대흥란	*Cymbidium macrorhizon* Lindl.
79	난초과	복주머니란	*Cypripedium macranthos* Sw.
80	난초과	석곡	*Dendrobium moniliforme* (L.) Sw.
81	난초과	붉은사철란	*Goodyera biflora* (Lindl.) Hook. f.
82	난초과	애기사철란	*Goodyera repens* (L.) R. Br.
83	난초과	무엽란	*Lecanorchis japonica* Blume
84	난초과	제주무엽란	*Lecanorchis kiusiana* Tuyama
85	난초과	흑난초	*Liparis nervosa* (Thunb.) Lindl.
86	난초과	영아리난초	*Nervilia nipponica* Makino

준위협(Near Threatened, NT)

1	석송과	개석송	*Lycopodium annotinum* L.
2	물부추과	참물부추	*Isoetes coreana* Y.H. Chung & H.K. Choi
3	고사리삼과	자루나도고사리삼	*Ophioglossum petiolatum* Hook.
4	처녀이끼과	난장이이끼	*Vandenboschia nipponica* (Nakai) Ebihara
5	봉의꼬리과	물고사리	*Ceratopteris thalictroides* (L.) Brongn.
6	꼬리고사리과	개차고사리	*Asplenium oligophlebium* Baker
7	꼬리고사리과	숫돌담고사리	*Asplenium prolongatum* Hook.
8	처녀고사리과	제비꼬리고사리	*Pseudocyclosorus subochthodes* (Ching) Ching
9	처녀고사리과	큰처녀고사리	*Thelypteris quelpaertensis* (H. Christ) Ching
10	개고사리과	산중개고사리	*Athyrium epirachis* (H. Christ) Ching
11	개고사리과	개톱날고사리	*Athyrium sheareri* (Baker) Ching
12	개고사리과	한들고사리	*Cystopteris fragilis* (L.) Bernh.
13	개고사리과	진퍼리개고사리	*Deparia okuboana* **(Makino) M. Kato**
14	개고사리과	섬잔고사리	*Diplazium hachijoense* Nakai
15	개고사리과	주름고사리	*Diplazium wichurae* (Mett.) Diels
16	관중과	털비늘고사리	*Arachniodes mutica* (Franch. & Sav.) Ohwi
17	관중과	톱지네고사리	*Dryopteris atrata* (Wall. ex Kunze) Ching
18	관중과	큰톱지네고사리	*Dryopteris dickinsii* (Franch. & Sav.) C. Chr.
19	관중과	꼬리족제비고사리	*Dryopteris formosana* (H. Christ) C. Chr.
20	관중과	계곡고사리	*Dryopteris subexaltata* (H. Christ) C. Chr.
21	관중과	느리미고사리	Dryopteris tokyoensis (Matsum. ex Makino) C. Chr.
22	고란초과	손고비	*Colysis elliptica* (Thunb.) Ching
23	주걱일엽과	주걱일엽	*Loxogramme grammitoides* (Baker) C. Chr.
24	주걱일엽과	버들일엽	*Loxogramme salicifolia* (Makino) Makino
25	측백나무과	향나무	*Juniperus chinensis* L.
26	측백나무과	눈측백	*Thuja koraiensis* Nakai
27	목련과	목련	*Magnolia kobus* DC.
28	오미자과	흑오미자	*Schisandra repanda* (Siebold & Zucc.) Radlk.
29	수련과	왜개연	*Nuphar pumila* (Timm) DC.
30	수련과	남개연	*Nuphar pumila* var. *ozeense* (Miki) H. Hara
31	미나리아재비과	세뿔투구꽃	*Aconitum austrokoreense* Koidz.
32	미나리아재비과	노랑투구꽃	*Aconitum barbatum* var. *hispidum* (DC.) Ser.
33	미나리아재비과	바람꽃	*Anemone narcissiflora* L.
34	미나리아재비과	섬노루귀	*Hepatica maxima* Nakai
35	미나리아재비과	모데미풀	*Megaleranthis saniculifolia* Ohwi
36	미나리아재비과	매화마름	*Ranunculus trichophyllus* var. *kadzusensis* (Makino) Wiegleb
37	미나리아재비과	꽃꿩의다리	*Thalictrum petaloideum* L.

NT

38	미나리아재비과	긴잎꿩의다리	*Thalictrum simplex* var. *brevipes* H. Hara
39	매자나무과	깽깽이풀	*Jeffersonia dubia* (Maxim.) Benth. & Hook. f. ex Baker & S. Moore
40	소귀나무과	소귀나무	*Myrica rubra* (Lour.) Siebold & Zucc.
41	참나무과	개가시나무	*Quercus gilva* Blume
42	명아주과	바늘명아주	*Chenopodium aristatum* L.
43	석죽과	가는대나물	*Gypsophila pacifica* Kom.
44	석죽과	가는잎개별꽃	*Pseudostellaria sylvatica* (Maxim.) Pax
45	석죽과	가는다리장구채	*Silene jenisseensis* Willd.
46	마디풀과	물여뀌	*Persicaria amphibia* (L.) Delarbre
47	작약과	참작약	*Paeonia lactiflora* var. *trichocarpa* (Bunge) Stern
48	담팔수과	담팔수	*Elaeocarpus sylvestris* var. *ellipticus* (Thunb.) H. Hara
49	아욱과	황근	*Hibiscus hamabo* Siebold & Zucc.
50	끈끈이귀개과	끈끈이귀개	*Drosera peltata* var. *nipponica* (Masam.) Ohwi ex E. Walker
51	십자화과	꼬마냉이	*Cardamine tanakae* Franch. & Sav.
52	앵초과	갯봄맞이꽃	*Glaux maritima* var. *obtusifolia* Fernald
53	앵초과	진퍼리까치수염	*Lysimachia fortunei* Maxim.
54	앵초과	기생꽃	*Trientalis europaea* subsp. *arctica* (Fisch. ex Hook.) *Hult⊠n*
55	수국과	꼬리말발도리	*Deutzia paniculata* Nakai
56	돌나물과	주걱비름	*Sedum tosaense* Makino
57	돌나물과	대구돌나물	*Tillaea aquatica* L.
58	범의귀과	개병풍	*Astilboides tabularis* (Hemsl.) Engl.
59	장미과	흰땃딸기	*Fragaria nipponica* Makino
60	장미과	복사앵도	*Prunus choreiana* Nakai ex H.T. Im
61	장미과	흰인가목	*Rosa koreana* Kom.
62	콩과	해녀콩	*Canavalia lineata* (Thunb.) DC.
63	콩과	털연리초	*Lathyrus palustris* subsp. *pilosus* (Cham.) Hultén
64	콩과	개느삼	*Sophora koreensis* Nakai
65	팥꽃나무과	백서향나무	*Daphne kiusiana* Miq.
66	팥꽃나무과	두메닥나무	*Daphne pseudomezereum* var. *koreana* (Nakai) Hamaya
67	팥꽃나무과	아마풀	*Diarthron linifolium* Turcz.
68	팥꽃나무과	산닥나무	*Wikstroemia trichotoma* (Thunb.) Makino
69	바늘꽃과	분홍바늘꽃	*Chamerion angustifolium* (L.) Holub
70	바늘꽃과	큰바늘꽃	*Epilobium hirsutum* L.
71	꼬리겨우살이과	참나무겨우살이	*Taxillus yadoriki* (Siebold ex Maxim.) Danser
72	대극과	두메대극	*Euphorbia fauriei* H. Lév. & Vaniot
73	원지과	원지	*Polygala tenuifolia* Willd.
74	원지과	병아리다리	*Salomonia oblongifolia* DC.
75	봉선화과	처진물봉선	*Impatiens furcillata* Hemsl.
76	두릅나무과	독미나리	*Cicuta virosa* L.
77	두릅나무과	백운기름나물	*Peucedanum hakuunense* Nakai
78	용담과	좁은잎덩굴용담	Pterygocalyx volubilis Maxim.
79	용담과	큰잎쓴풀	*Swertia wilfordii* A. Kern.
80	박주가리과	덩굴민백미꽃	*Cynanchum japonicum* C. Morren & Decne.
81	조름나물과	조름나물	*Menyanthes trifoliata* L.
82	꿀풀과	벌깨풀	*Dracocephalum rupestre* Hance
83	꿀풀과	물꼬리풀	*Dysophylla stellata* (Lour.) Benth.
84	꿀풀과	좀향유	*Elsholtzia minima* Nakai
85	꿀풀과	섬백리향	*Thymus quinquecostatus* var. *magnus* (Nakai) Kitam.

86	물푸레나무과	만리화	*Forsythia ovata* Nakai
87	물푸레나무과	산개나리	*Forsythia saxatilis* (Nakai) Nakai
88	현삼과	소엽풀	*Limnophila aromatica* (Lam.) Merr.
89	현삼과	애기물꽈리아재비	*Mimulus tenellus* Bunge
90	참깨과	수염마름	*Trapella sinensis* var. *antennifera* (H. Lév.) H. Hara
91	통발과	들통발	*Utricularia pilosa* (Makino) Makino
92	통발과	자주땅귀개	*Utricularia yakusimensis* Masam.
93	린네풀과	주걱댕강나무	*Abelia spathulata* Siebold & Zucc.
94	산분꽃나무과	산분꽃나무	*Viburnum burejaeticum* Regel & Herd.
95	국화과	다북떡쑥	*Anaphalis sinica* Hance
96	국화과	물엉겅퀴	*Cirsium nipponicum* (Maxim.) Makino
97	국화과	홍도서덜취	*Saussurea polylepis* Nakai
98	국화과	멱쇠채	*Scorzonera austriaca* Willd.
99	국화과	국화방망이	*Tephroseris koreana* (Kom.) B. Nord. & Pelser
100	자라풀과	올챙이자리	*Blyxa aubertii* Rich.
101	자라풀과	올챙이솔	*Blyxa japonica* (Miq.) Maxim. ex Asch. & Gürke
102	가래과	솔잎가래	*Potamogeton pectinatus* L.
103	거머리말과	포기거머리말	*Zostera caespitosa* Miki
104	사초과	백두사초	*Carex peiktusanii* Kom.
105	사초과	쇠하늘지기	*Fimbristylis ovata* (Burm. f.) J. Kern
106	사초과	붉은골풀아재비	*Rhynchospora rubra* (Lour.) Makino
107	사초과	물고랭이	*Schoenoplectus nipponicus* (Makino) Sojak
108	사초과	검은도루박이	*Scirpus orientalis* **Ohwi**
109	흑삼릉과	남흑삼릉	*Sparganium fallax* Graebn.
110	백합과	여우꼬리풀	*Aletris glabra* Bureau & Franch.
111	백합과	산마늘	*Allium microdictyon* Prokh.
112	백합과	두메부추	*Allium senescens* L.
113	백합과	흑산도비비추	*Hosta yingeri* S.B. Jones
114	백합과	한라꽃장포	*Tofieldia coccinea* var. *kondoi* (Miyabe & Kudo) H. Hara
115	백합과	큰연영초	*Trillium tschonoskii* Maxim.
116	수선화과	백양꽃	*Lycoris sanguinea* var. *koreana* (Nakai) T. Koyama
117	수선화과	위도상사화	*Lycoris uydoensis* M.Y. Kim
118	붓꽃과	솔붓꽃	*Iris ruthenica* Ker Gawl.
119	난초과	꼬마은난초	*Cephalanthera subaphylla* Miyabe & Kudo
120	난초과	약난초	*Cremastra appendiculata* var. *variabilis* (Blume) I.D. Lund
121	난초과	으름난초	*Cyrtosia septentrionalis* (Rchb. f.) Garay
122	난초과	청닭의난초	*Epipactis papillosa* Franch. & Sav.
123	난초과	한라천마	*Gastrodia pubilabiata* Sawa
124	난초과	섬사철란	*Goodyera maximowicziana* Makino
125	난초과	털사철란	Goodyera velutina Maxim. ex Regel
126	난초과	나도씨눈란	*Herminium monorchis* (L.) R. Br.
127	난초과	주름제비란	*Neolindleya camtschatica* (Cham.) Nevski
128	난초과	갈매기란	*Platanthera japonica* (Thunb.) Lindl.
129	난초과	큰방울새란	*Pogonia japonica* Rchb. f.
130	난초과	방울새란	*Pogonia minor* (Makino) Makino
131	난초과	비비추난초	*Tipularia japonica* Matsum.

1	부천손과	왜구실사리	*Selaginella helvetica* (L.) Link	**LC**
2	고사리삼과	산고사리삼	*Botrychium robustum* (Rupr.) Underw.	
3	고사리삼과	긴꽃고사리삼	*Botrychium strictum* Underw.	
4	봉의꼬리과	산부싯깃고사리	*Cheilanthes kuhnii* Milde	
5	꼬리고사리과	깃고사리	*Asplenium normale* D. Don	
6	꼬리고사리과	돌좀고사리	*Asplenium ruta-muraria* L.	
7	꼬리고사리과	골고사리	*Asplenium scolopendrium* L.	
8	꼬리고사리과	차꼬리고사리	*Asplenium trichomanes* L.	
9	꼬리고사리과	지느러미고사리	*Hymenasplenium hondoense* (N. Murak. & Hatan.) Nakaike	
10	개고사리과	왕고사리	*Deparia pterorachis* (H. Christ) M. Kato	
11	관중과	쇠고사리	*Arachniodes amabilis* (Blume) Tindale	
12	관중과	바위틈고사리	*Dryopteris goeringiana* (Kunze) Koidz.	
13	금털고사리과	금털고사리	*Hypodematium glandulosopilosum* (Tagawa) Ohwi	
14	고란초과	나사미역고사리	*Polypodium fauriei* H. Christ	
15	고란초과	좀미역고사리	*Polypodium virginianum* L.	
16	고란초과	미역고사리	*Polypodium vulgare* L.	
17	소나무과	솔송나무	*Tsuga sieboldii* Carriére	
18	측백나무과	눈향나무	*Juniperus chinensis* var. *sargentii* A. Henry	
19	측백나무과	섬향나무	*Juniperus procumbens* (Siebold ex Endl.) Miq.	
20	측백나무과	측백나무	*Platycladus orientalis* (L.) Franco	
21	쥐방울덩굴과	개족도리풀	*Asarum maculatum* Nakai	
22	붓순나무과	붓순나무	*Illicium anisatum* L.	
23	미나리아재비과	지리바꽃	*Aconitum chiisanense* Nakai	
24	미나리아재비과	한라돌쩌귀	*Aconitum japonicum* subsp. *napiforme* (H. Lév. & Vaniot) Kadota	
25	미나리아재비과	들바람꽃	*Anemone amurensis* (Korsh.) Kom.	
26	미나리아재비과	홀아비바람꽃	*Anemone koraiensis* Nakai	
27	미나리아재비과	세잎종덩굴	*Clematis koreana* Kom.	
28	미나리아재비과	큰제비고깔	*Delphinium maackianum* Regel	
29	미나리아재비과	변산바람꽃	*Eranthis byunsanensis* B.Y. Sun	
30	미나리아재비과	만주바람꽃	*Isopyrum manshuricum* Kom.	
31	미나리아재비과	꼭지연잎꿩의다리	*Thalictrum ichangense* Lecoy. ex Oliv.	
32	매자나무과	섬매발톱나무	*Berberis amurensis* var. *quelpaertensis* Nakai	
33	매자나무과	삼지구엽초	*Epimedium koreanum* Nakai	
34	조록나무과	히어리	*Corylopsis glabrescens* var. *gotoana* (Makino) T. Yamanaka	
35	석죽과	개벼룩	*Moehringia lateriflora* (L.) Fenzl	
36	석죽과	끈끈이장구채	*Silene koreana* Kom.	
37	마디풀과	삼도하수오	*Fallopia koreana* B.U. Oh & J.G. Kim	
38	마디풀과	덩굴모밀	*Persicaria chinensis* (L.) H. Gross	
39	마디풀과	개대황	*Rumex longifolius* DC.	
40	작약과	백작약	*Paeonia japonica* (Makino) Miyabe & Takeda	
41	물레나물과	채고추나물	*Hypericum attenuatum* Fisch. ex Choisy	
42	끈끈이귀개과	끈끈이주걱	*Drosera rotundifolia* L.	
43	제비꽃과	금강제비꽃	*Viola diamantiaca* Nakai	
44	박과	새박	*Melothria japonica* (Thunb.) Maxim. ex Cogn.	
45	십자화과	쑥부지깽이	*Erysimum macilentum* Bunge	
46	진달래과	만병초	*Rhododendron brachycarpum* D. Don ex G. Don	
47	진달래과	흰참꽃	*Rhododendron tschonoskii* Maxim.	

48	수정난풀과	구상난풀	*Monotropa hypopithys* L.
49	수정난풀과	수정난풀	*Monotropa uniflora* L.
50	수정난풀과	나도수정초	*Monotropastrum humile* (D. Don) H. Hara
51	자금우과	백량금	*Ardisia crenata* Sims
52	앵초과	참좁쌀풀	*Lysimachia coreana* Nakai
53	앵초과	설앵초	*Primula farinosa* subsp. *modesta* var. *koreana* T. Yamaz.
54	돌나물과	둥근잎꿩의비름	*Hylotelephium ussuriense* (Kom.) H. Ohba
55	돌나물과	연화바위솔	*Orostachys iwarenge* (Makino) H. Hara
56	돌나물과	낙지다리	*Penthorum chinense* Pursh
57	범의귀과	도깨비부채	*Rodgersia podophylla* A. Gray
58	장미과	한라개승마	*Aruncus aethusifolius* (H. Lév.) Nakai
59	장미과	가침박달	Exochorda serratifolia S. Moore
60	장미과	나도국수나무	*Neillia uyekii* Nakai
61	장미과	솜양지꽃	*Potentilla discolor* Bunge
62	장미과	시베리아살구나무	*Prunus sibirica* L.
63	장미과	가시딸기	*Rubus hongnoensis* Nakai
64	장미과	거지딸기	*Rubus sorbifolius* Maxim.
65	콩과	강화황기	*Astragalus sikokianus* Nakai
66	콩과	애기등	*Wisteria japonica* Siebold & Zucc.
67	팥꽃나무과	거문도닥나무	*Wikstroemia ganpi* (Siebold & Zucc.) Maxim.
67	꼬리겨우살이과	꼬리겨우살이	*Loranthus tanakae* Franch. & Sav.
69	감탕나무과	호랑가시나무	*Ilex cornuta* Lindl. ex Paxton
70	갈매나무과	망개나무	*Berchemia berchemiifolia* (Makino) Koidz.
71	원지과	병아리풀	*Polygala tatarinowii* Regel
72	두릅나무과	지리산오갈피나무	*Eleutherococcus divaricatus* var. *chiisanensis* (Nakai) C.H. Kim & B.Y. Sun
73	두릅나무과	개회향	Ligusticum tachiroei (Franch. & Sav.) M. Hiroe & Constance
74	마전과	영주치자	Gardneria nutans Siebold & Zucc.
75	마전과	벼룩아재비	*Mitrasacme indica* Wight
76	용담과	개쓴풀	*Swertia diluta* var. *tosaensis* (Makino) H. Hara
77	용담과	덩굴용담	*Tripterospermum japonicum* (Siebold & Zucc.) Maxim.
78	박주가리과	선백미꽃	*Cynanchum inamoenum* (Maxim.) Loes.
79	박주가리과	나도은조롱	*Marsdenia tomentosa* C. Morren & Decne.
80	박주가리과	왜박주가리	*Tylophora floribunda* Miq.
81	지치과	개지치	*Lithospermum arvense* L.
82	지치과	지치	*Lithospermum erythrorhizon* Siebold & Zucc.
83	지치과	덩굴꽃마리	*Trigonotis icumae* (Maxim.) Makino
84	꿀풀과	가는잎산들깨	*Mosla chinensis* Maxim.
85	꿀풀과	산들깨	*Mosla japonica* (Benth. ex Oliv.) Maxim.
86	꿀풀과	섬쥐깨풀	*Mosla japonica* var. *thymolifera* (Makino) Kitam.
87	꿀풀과	참배암차즈기	*Salvia chanryoenica* Nakai
88	꿀풀과	광릉골무꽃	*Scutellaria insignis* Nakai
89	물푸레나무과	이팝나무	*Chionanthus retusus* Lindl. & Paxton
90	물푸레나무과	물들메나무	*Fraxinus chiisanensis* Nakai
91	물푸레나무과	개회나무	*Syringa reticulata* subsp. *amurensis* (Rupr.) P.S. Green & M.C. Chang
92	현삼과	구와말	*Limnophila sessiliflora* (Vahl) Blume
93	현삼과	가새잎꼬리풀	*Pseudolysimachion pyrethrina* (Nakai) T. Yamaz.
94	열당과	야고	*Aeginetia indica* L.
95	열당과	개종용	*Lathraea japonica* Miq.

96	열당과	초종용	*Orobanche coerulescens* Stephan
97	통발과	땅귀개	*Utricularia bifida* L.
98	통발과	이삭귀개	*Utricularia racemosa* Wall. ex Walp.
99	초롱꽃과	금강초롱꽃	*Hanabusaya asiatica* (Nakai) Nakai
100	꼭두선이과	긴잎갈퀴	*Galium boreale* L.
101	산토끼꽃과	산토끼꽃	*Dipsacus japonicus* Miq.
102	국화과	산흰쑥	*Artemisia sieversiana* Ehrh. ex Willd.
103	국화과	옹굿나물	*Aster fastigiatus* Fisch.
104	국화과	애기담배풀	*Carpesium rosulatum* Miq.
105	국화과	바늘엉겅퀴	*Cirsium rhinoceros* (H. Lév. & Vaniot) Nakai
106	국화과	께묵	*Hololeion maximowiczii* Kitam.
107	국화과	게박쥐나물	*Parasenecio adenostyloides* (Franch. & Sav. ex Maxim.) H. Koyama
108	국화과	어리병풍	*Parasenecio pseudotamingasa* (Nakai) B.U. Oh
109	국화과	쑥방망이	*Senecio argunensis* Turcz.
110	국화과	바위솜나물	*Tephroseris phaeantha* (Nakai) C. Jeffrey & Y.L. Chen
111	국화과	갯금불초	*Wedelia prostrata* Hemsl.
112	자라풀과	해호말	*Halophila nipponica* J. Kuo
113	가래과	버들말즘	*Potamogeton oxyphyllus* Miq.
114	거머리말과	새우말	*Phyllospadix iwatensis* Makino
115	천남성과	섬남성	*Arisaema takesimense* Nakai
116	천남성과	애기앉은부채	*Symplocarpus nipponicus* Makino
117	창포과	창포	*Acorus calamus* L.
118	사초과	양뿔사초	*Carex capricornis* Meinsh. ex Maxim.
119	사초과	염주사초	*Carex ischnostachya* Steud.
120	사초과	갈사초	*Carex ligulata* var. *austrokoreensis* Ohwi
121	사초과	대구사초	*Carex paxii* Kük.
122	사초과	햇사초	*Carex pseudochinensis* H. Lév. & Vaniot
123	사초과	작은황새풀	*Eriophorum gracile* W.D.J. Koch ex Roth
124	사초과	푸른하늘지기	*Fimbristylis dipsacea* (Rottb.) C.B. Clarke
125	벼과	모새달	*Phacelurus latifolius* (Steud.) Ohwi
126	벼과	물잔디	*Pseudoraphis sordida* (Thwaites) S.M. Phillips & S.L. Chen
127	벼과	수수새	*Sorghum nitidum* (Vahl) Pers.
128	흑삼릉과	흑삼릉	*Sparganium erectum* L.
129	흑삼릉과	긴흑삼릉	*Sparganium japonicum* Rothert
130	백합과	강부추	*Allium longistylum* Baker
131	백합과	실꽃풀	*Chionographis japonica* (Willd.) Maxim.
132	백합과	땅나리	*Lilium callosum* Siebold & Zucc.
133	백합과	솔나리	*Lilium cernuum* Kom.
134	백합과	말나리	*Lilium distichum* Nakai
135	백합과	섬말나리	*Lilium hansonii* Leichtlin ex D.D.T. Moore
136	백합과	자주솜대	Maianthemum bicolor (Nakai) Cubey
137	백합과	왕둥굴레	*Polygonatum robustum* (Korsh.) Nakai
138	백합과	층층둥굴레	*Polygonatum stenophyllum* Maxim.
139	백합과	뻐꾹나리	*Tricyrtis macropoda* Miq.
140	백합과	연영초	*Trillium camschatcense* Ker Gawl.
141	붓꽃과	범부채	*Iris domestica* (L.) Goldblatt & Mabb.
142	붓꽃과	금붓꽃	*Iris minutoaurea* Makino
143	붓꽃과	노랑무늬붓꽃	*Iris odaesanensis* Y.N. Lee

144	붓꽃과	난장이붓꽃	*Iris uniflora* Pall. ex Link
145	난초과	자란	*Bletilla striata* (Thunb.) Rchb. f.
146	난초과	새우난초	*Calanthe discolor* Lindl.
147	난초과	보춘화	*Cymbidium goeringii* (Rchb. f.) Rchb. f.
148	난초과	나도제비란	*Galearis cyclochila* (Franch. & Sav.) Soó
149	난초과	천마	*Gastrodia elata* Blume
150	난초과	사철난	*Goodyera schlechtendaliana* Rchb. f.
151	난초과	개잠자리난초	*Habenaria cruciformis* Ohwi
152	난초과	흰제비꽃	Platanthera hologlottis Maxim.

자료부족(Data Deficient, DD)

1	물부추과	한라물부추	*Isoetes hallasanensis* H.K. Choi, Ch. Kim & J. Jung
2	물부추과	제주물부추	*Isoetes jejuensis* H.K. Choi, Ch. Kim & J. Jung
3	물개구리밥과	큰물개구리밥	*Azolla japonica* Franch. & Sav.
4	비고사리과	비고사리	*Osmolindsaea japonica* (Baker) Lehtonen & Christenh.
5	처녀고사리과	탐라별고사리	*Cyclosorus dentatus* (Forssk.) Ching
6	개고사리과	구슬개고사리	*Athyrium deltoidofrons* Makino
7	줄고사리과	줄고사리	*Nephrolepis cordifolia* (L.) C. Presl
8	고란초과	우단석위	*Pyrrosia davidii* (Baker) Ching
9	측백나무과	해변노간주	*Juniperus rigida* var. *conferta* (Parl.) Patschke
10	팽나무과	검팽나무	*Celtis choseniana* Nakai
11	팽나무과	노랑팽나무	*Celtis edulis* Nakai
12	쐐기풀과	복천물통이	*Elatostema densiflorum* Franch. & Sav.
13	석죽과	지리산개별꽃	*Pseudostellaria okamotoi* Ohwi
14	석죽과	긴잎별꽃	*Stellaria longifolia* Muhl. ex Willd.
15	마디풀과	큰옥매듭풀	*Polygonum fusco-ochreatum* Kom.
16	마디풀과	갯마디풀	*Polygonum polyneuron* **Franch. & Sav.**
17	제비꽃과	각시제비꽃	*Viola boissieuana* Makino
18	십자화과	고추냉이	*Eutrema japonicum* (Miq.) Koidz.
19	까치밥나무과	바늘까치밥나무	*Ribes burejense* F. Schmidt
20	장미과	단풍딸기	*Rubus palmatus* var. *coptophyllus* (A. Gray) Kuntze
21	장미과	거제딸기	*Rubus tozawai* Nakai ex T.H. Chung
22	박쥐나무과	단풍박쥐나무	*Alangium platanifolium* (Siebold & Zucc.) Harms
23	대극과	낭독	*Euphorbia fischeriana* Steud.
24	지치과	섬꽃마리	*Cynoglossum zeylanicum* (Vahl ex Hornem.) Thunb. ex Lehm.
25	지치과	자반풀	*Omphalodes krameri* Franch. & Sav.
26	꿀풀과	개박하	*Nepeta cataria* L.
27	현삼과	민구와말	*Limnophila indica* (L.) Druce
28	현삼과	이삭송이풀	*Pedicularis spicata* Pall.
29	통발과	통발	*Utricularia japonica* Makino
30	통발과	실통발	*Utricularia minor* L.
31	초롱꽃과	도라지모시대	*Adenophora grandiflora* Nakai
32	초롱꽃과	섬잔대	*Adenophora taquetii* H. Lév.
33	국화과	버들잎엉겅퀴	*Cirsium lineare* (Thunb.) Sch. Bip.
34	국화과	큰절굿대	*Echinops latifolius* Tausch
35	국화과	솜다리	*Leontopodium coreanum* Nakai
36	거머리말과	게바다말	*Phyllospadix japonica* Makino
37	거머리말과	왕거머리말	*Zostera asiatica* Miki
38	거머리말과	수거머리말	*Zostera caulescens* Miki

DD

39	닭의장풀과	큰닭의장풀	*Commelina diffusa* Burm. f.
40	사초과	제주하늘지기	*Fimbristylis schoenoides* (Retz.) Vahl
41	백합과	끈적쥐꼬리풀	*Aletris foliata* (Maxim.) Makino & Nemoto
42	백합과	선둥굴레	*Polygonatum grandicaule* Y.S. Kim, B.U. Oh & C.G. Jang
43	백합과	늦둥굴레	*Polygonatum infundiflorum* Y.S. Kim, B.U. Oh & C.G. Jang
44	백합과	풍도둥굴레	*Polygonatum odoratum* (Mill.) Druce
45	난초과	씨눈난초	*Herminium lanceum* (Thunb. ex Sw.) Vuijk
46	난초과	한라새둥지란	*Neottia kiusiana* T. Hashim. & Hatus
47	난초과	한라제비란	*Platanthera minor* Rchb. f.

미적용(Not applicable; NA)

1	속새과	개쇠뜨기	*Equisetum palustre* L.
2	꼬리고사리과	선녀고사리	*Asplenium tenerum* G. Forst.
3	홀아비꽃대과	꽃대	*Chloranthus serratus* (Thunb.) Roem. & Schult.
4	미나리아재비과	이삭바꽃	*Aconitum kusnezoffii* Rchb.
5	미나리아재비과	선투구꽃	*Aconitum umbrosum* (Korsh.) Kom.
6	미나리아재비과	바이칼바람꽃	*Anemone baicalensis* Turdcz.
7	미나리아재비과	숲바람꽃	*Anemone umbrosa* C.A. Mey.
8	마디풀과	이른범꼬리	*Bistorta tenuicaulis* (Bisset & S. Moore) Nakai
9	박과	왕과	*Thladiantha dubia* Bunge
10	매화오리과	매화오리	*Clethra barbinervis* Siebold & Zucc.
11	진달래과	산진달래	*Rhododendron dauricum* L.
12	진달래과	좀참꽃	*Rhododendron redowskianum* Maxim.
13	앵초과	이삭봄맞이	*Stimpsonia chamaedryoides* C. Wright ex A. Gray
14	범의귀과	톱바위취	*Saxifraga nelsoniana* D. Don
15	장미과	금강인가목	*Pentactina rupicola* Nakai
16	두릅나무과	인삼	*Panax ginseng* C.A. Mey
17	두릅나무과	돌방풍	*Carlesia sinensis* Dunn
18	지치과	갯지치	*Mertensia asiatica* (Takeda) J.F. Macbr.
19	현삼과	구름송이풀	*Pedicularis verticillata* L.
20	국화과	외잎쑥	*Artemisia viridissima* (Kom.) Pamp.
21	국화과	마키노국화	*Dendranthema makinoi* (Matsum.) Y.N. Lee
22	국화과	냇씀바귀	*Ixeris tamagawaensis* (Makino) Kitam.
23	국화과	긴갯금불초	*Wedelia chinensis* (Osbeck) Merr.
24	가래과	좁은잎말	*Potamogeton alpinus* Balb.
25	흑삼릉과	좁은잎흑삼릉	*Sparganium hyperboreum* Laest. ex Beurl.
26	백합과	큰솔나리	*Lilium pumilum* Redouté
27	난초과	개제비란	*Dactylorhiza viridis* (L.) R.M. Bateman, Pridgeon & M.W. Chase
28	난초과	거미란	*Taeniophyllum aphyllum* (Makino) Makino

NA

05 기후변화 생물지표종

환경부 국립생물자원관 (2017) 국가 기후변화 생물지표 100종과 후보종 30종

- 식물은 기후변화 생물지표 39종, 후보종 13종으로 총 52종임.

번호	과 명	국 명	학 명
기후변화 생물지표종			
1	속새과	속새	*Equisetum hyemale* L.
2	발풀고사리과	발풀고사리	*Dicranopteris linearis* (Burm. f.) Underw.
3	실고사리과	실고사리	*Lygodium japonicum* (Thunb.) Sw.
4	봉의꼬리과	봉의꼬리	*Pteris multifida* Poir.
5	관중과	도깨비쇠고비	*Cyrtomium falcatum* (L. f.) C. Presl
6	고란초과	콩짜개덩굴	*Lemmaphyllum microphyllum* C. Presl
7	개비자나무과	개비자나무	*Cephalotaxus harringtonia* (Knight ex Forbes) K. Koch
8	녹나무과	후박나무	*Machilus thunbergii* Siebold & Zucc.
9	녹나무과	참식나무	*Neolitsea sericea* (Blume) Koidz.
10	미나리아재비과	개구리발톱	*Semiaquilegia adoxoides* (DC.) Makino
11	으름덩굴과	멀꿀	*Stauntonia hexaphylla* Decne.
12	현호색과	자주괴불주머니	*Corydalis incisa* (Thunb.) Pers.
13	굴거리나무과	굴거리나무	*Daphniphyllum macropodum* Miq.
14	뽕나무과	천선과나무	*Ficus erecta* Thunb.
15	자작나무과	사스래나무	*Betula ermanii* Cham.
16	차나무과	동백나무	*Camellia japonica* L.
17	차나무과	사스레피나무	*Eurya japonica* Thunb.
18	차나무과	노각나무	*Stewartia koreana* Nakai ex Rehder
19	자금우과	자금우	*Ardisia japonica* (Thunb.) Blume
20	앵초과	큰앵초	*Primula jesoana* var. *pubescens* (Takeda) Takeda & H. Hara
21	돈나무과	돈나무	*Pittosporum tobira* (Thunb.) W.T. Aiton
22	까치밥나무과	까치밥나무	*Ribes mandshuricum* (Maxim.) Kom.
23	장미과	다정큼나무	*Rhaphiolepis indica* var. *umbellata* (Thunb.) Ohashi
24	장미과	수리딸기	*Rubus corchorifolius* L. f.
25	콩과	실거리나무	*Caesalpinia decapetala* (Roth) Alston
26	보리수나무과	보리밥나무	*Elaeagnus macrophylla* Thunb.
27	식나무과	식나무	*Aucuba japonica* Thunb.
28	감탕나무과	꽝꽝나무	*Ilex crenata* Thunb.
29	대극과	등대풀	*Euphorbia helioscopia* L.
30	대극과	사람주나무	*Neoshirakia japonica* (Siebold & Zucc.) Esser
31	멀구슬나무과	멀구슬나무	*Melia azedarach* L.
32	운향과	상산	*Orixa japonica* Thunb.
33	두릅나무과	송악	*Hedera rhombea* (Miq.) Bean
34	용담과	큰잎쓴풀	*Swertia wilfordii* A. Kern.
35	꿀풀과	금창초	*Ajuga decumbens* Thunb.
36	꿀풀과	광대나물	*Lamium amplexicaule* L.
37	현삼과	큰개불알풀	*Veronica persica* Poir.
38	꼭두선이과	계요등	*Paederia foetida* L.
39	천남성과	큰천남성	*Arisaema ringens* (Thunb.) Schott
기후변화 생물지표 후보종			
1	미나리아재비과	꿩의바람꽃	*Anemone raddeana* Regel

2	뽕나무과	꾸지뽕나무	*Cudrania tricuspidata* (Carriére) Bureau ex Lavallée
3	쐐기풀과	왕모시풀	*Boehmeria pannosa* Nakai & Satake ex Oka
4	제비꽃과	낚시제비꽃	*Viola grypoceras* A. Gray
5	박과	노랑하늘타리	*Trichosanthes kirilowii* var. *japonica* (Miq.) Kitam.
6	진달래과	정금나무	*Vaccinium oldhamii* Miq.
7	노린재나무과	검노린재	*Symplocos tanakana* Nakai
8	개미탑과	개미탑	*Haloragis micrantha* (Thunb.) R. Br.
9	포도과	거지덩굴	*Cayratia japonica* (Thunb.) Gagnep.
10	지치과	꽃받이	*Bothriospermum tenellum* (Hornem.) Fisch. & C.A. Mey.
11	마편초과	층꽃나무	*Caryopteris incana* (Thunb. ex Houtt.) Miq.
12	꿀풀과	참배암차즈기	*Salvia chanryoenica* Nakai
13	물푸레나무과	이팝나무	*Chionanthus retusus* Lindl. & Paxton

06 귀화식물

방상원 (2014) 외래생물 중장기 관리방안 연구. 환경부

번호	과 명	국 명	학 명
1	삼백초과	약모밀	*Houttuynia cordata* Thunb.
2	미나리아재비과	좀미나리아재비	*Ranunculus arvensis* L.
3	미나리아재비과	유럽미나리아재비	*Ranunculus muricatus* L.
4	양귀비과	좀양귀비	*Papaver dubium* L.
5	양귀비과	바늘양귀비	*Papaver hybridum* L.
6	양귀비과	개양귀비	*Papaver rhoeas* L.
7	현호색과	둥근빗살괴불주머니	*Fumaria officinalis* L.
8	삼과	삼	*Cannabis sativa* L.
9	자리공과	자리공	*Phytolacca acinosa* Roxb.
10	자리공과	미국자리공	*Phytolacca americana* L.
11	명아주과	창명아주	*Atriplex hastata* L.
12	명아주과	명아주	*Chenopodium album* L.
13	명아주과	양명아주	*Chenopodium ambrosioides* L.
14	명아주과	좀명아주	*Chenopodium ficifolium* Sm.
15	명아주과	취명아주	*Chenopodium glaucum* L.
16	명아주과	얇은명아주	*Chenopodium hybridum* L.
17	명아주과	냄새명아주	*Chenopodium pumilio* R. Br.
18	비름과	미국비름	*Amaranthus albus* L.
19	비름과	각시비름	*Amaranthus arenicola* I.M. Johnst.
20	비름과	긴털비름	*Amaranthus hybridus* L.
21	비름과	개비름	*Amaranthus lividus* L.
22	비름과	가는털비름	*Amaranthus patulus* Bertol.
23	비름과	긴이삭비름	*Amaranthus palmeri* S. Watson
24	비름과	털비름	*Amaranthus retroflexus* L.
25	비름과	가시비름	*Amaranthus spinosus* L.
26	비름과	청비름	*Amaranthus viridis* L.
27	비름과	개맨드라미	*Celosia argentea* L.
28	석류풀과	큰석류풀	*Mollugo verticillata* L.
29	석죽과	유럽점나도나물	*Cerastium glomeratum* Thuill.

30	석죽과	비누풀	*Saponaria officinalis* L.
31	석죽과	다북개미자리	*Scleranthus annuus* L.
32	석죽과	가는끈끈이장구채	*Silene antirrhina* L.
33	석죽과	끈끈이대나물	*Silene armeria* L.
34	석죽과	양장구채	*Silene gallica* L.
35	석죽과	달맞이장구채	*Silene latifolia* ssp. *alba* (Miller) Greuter & Burdet
36	석죽과	들개미자리	*Spergula arvensis* L.
37	석죽과	유럽개미자리	*Spergularia rubra* J. Presl & C. Presl
38	석죽과	말뱅이나물	*Vaccaria hispanica* (Mill.) Rauschert
39	마디풀과	나도닭의덩굴	*Fallopia convolvulus* (L.) A. **Löve**
40	마디풀과	큰닭의덩굴	*Fallopia dentatoalata* (F. Schmidt) Holub
41	마디풀과	닭의덩굴	*Fallopia dumetorum* (L.) Holub
42	마디풀과	메밀여뀌	*Persicaria capitata* (Buch.-Ham. ex D.Don) H.Gross
43	마디풀과	털여뀌	*Persicaria orientalis* (L.) Spach
44	마디풀과	히말라야여뀌	*Persicaria wallichii* Greuter & Burdet
45	마디풀과	애기수영	*Rumex acetosella* L.
46	마디풀과	소리쟁이	*Rumex crispus* L.
47	마디풀과	좀소리쟁이	*Rumex nipponicus* Franch. & Sav.
48	마디풀과	돌소리쟁이	*Rumex obtusifolius* L.
49	물레나물과	서양고추나물	*Hypericum perforatum* L.
50	아욱과	어저귀	*Abutilon theophrasti* Medik.
51	아욱과	수박풀	*Hibiscus trionum* L.
52	아욱과	난쟁이아욱	*Malva neglecta* Wallr.
53	아욱과	애기아욱	*Malva parviflora* L.
54	아욱과	둥근잎아욱	*Malva pusilla* Smith
55	아욱과	당아욱	Malva sylvestris var. mauritiana (L.) Boiss.
56	아욱과	국화잎아욱	*Modiola caroliniana* (L.) G. Don
57	아욱과	나도공단풀	*Sida rhombifolia* L.
58	아욱과	공단풀	*Sida spinosa* L.
59	제비꽃과	야생팬지	*Viola arvensis* Murray
60	제비꽃과	종지나물	*Viola sororia* Willd.
61	박과	가시박	*Sicyos angulatus* L.
62	십자화과	마늘냉이	*Alliaria petiolata* (M. Bieb.) Cavara & Grande
63	십자화과	봄나도냉이	*Barbarea verna* (Mill.) Asch.
64	십자화과	유럽나도냉이	*Barbarea vulgaris* R. Br.
65	십자화과	갓	*Brassica juncea* (L.) Czern.
66	십자화과	서양갯냉이	*Cakile edentula* (Bigelow) Hook.
67	십자화과	좀아마냉이	*Camelina microcarpa* Andrz. ex DC.
68	십자화과	뿔냉이	*Chorispora tenella* (Pall.) DC.
69	십자화과	나도재쑥	*Descurainia pinnata* Britton
70	십자화과	모래냉이	*Diplotaxis muralis* (L.) DC.
71	십자화과	큰잎냉이	*Erucastrum gallicum* O.E. Schulz
72	십자화과	다닥냉이	*Lepidium apetalum* Willd.
73	십자화과	국화잎다닥냉이	*Lepidium bonariense* L.
74	십자화과	들다닥냉이	*Lepidium campestre* (L.) R. Br.
75	십자화과	냄새냉이	*Lepidium didymum* L.
76	십자화과	큰잎다닥냉이	*Lepidium draba* L.
77	십자화과	큰키다닥냉이	*Lepidium latifolium* L.

78	십자화과	대부도냉이	*Lepidium perfoliatum* L.
79	십자화과	좀다닥냉이	*Lepidium ruderale* L.
80	십자화과	콩다닥냉이	*Lepidium virginicum* L.
81	십자화과	장수냉이	*Myagrum perfoliatum* L.
82	십자화과	물냉이	*Nasturtium officinale* W.T. Aiton
83	십자화과	구슬다닥냉이	*Neslia paniculata* (L.) Desv.
84	십자화과	서양무아재비	*Raphanus raphanistrum* L.
85	십자화과	주름구슬냉이	*Rapistrum rugosum* (L.) All.
86	십자화과	가새잎개갓냉이	*Rorippa sylvestris* (L.) Besser
87	십자화과	들갓	*Sinapis arvensis* L.
88	십자화과	털들갓	*Sinapis arvensis* var. *orientalis* Koch & Ziz
89	십자화과	가는잎털냉이	*Sisymbrium altissimum* L.
90	십자화과	유럽장대	*Sisymbrium officinale* (L.) Scop.
91	십자화과	민유럽장대	*Sisymbrium officinale* var. *leiocarpum* DC.
92	십자화과	긴갓냉이	*Sisymbrium orientale* L.
93	십자화과	말냉이	*Thlaspi arvense* L.
94	돌나물과	멕시코돌나물	*Sedum mexicanum* Britton.
95	장미과	좀개쇠스랑개비	*Potentilla amurensis* Maxim.
96	장미과	개소시랑개비	*Potentilla supina* L.
97	장미과	서양산딸기	*Rubus fruticosus* L.
98	장미과	술오이풀	*Sanguisorba minor* Scop.
99	콩과	족제비싸리	*Amorpha fruticosa* L.
100	콩과	자운영	*Astragalus sinicus* L.
101	콩과	큰잎싸리	*Lespedeza davidii* Franch.
102	콩과	분홍싸리	*Lespedeza floribunda* Bunge
103	콩과	자주비수리	*Lespedeza lichiyuniae* T. Nemoto, H. Ohashi & T. Itoh
104	콩과	서양벌노랑이	*Lotus corniculatus* L.
105	콩과	들벌노랑이	*Lotus uliginosus* Schkuhr
106	콩과	가는잎미선콩	*Lupinus angustifolius* L.
107	콩과	잔개자리	*Medicago lupulina* L.
108	콩과	좀개자리	*Medicago minima* (L.) Bartal.
109	콩과	개자리	*Medicago polymorpha* L.
110	콩과	자주개자리	*Medicago sativa* L.
111	콩과	흰전동싸리	*Melilotus albus* Medik.
112	콩과	전동싸리	*Melilotus suaveolens* Ledeb.
113	콩과	아까시나무	*Robinia pseudoacacia* L.
114	콩과	왕관갈퀴나물	*Securigera varia* (L.) Lassen
115	콩과	노랑토끼풀	*Trifolium campestre* Schreb.
116	콩과	애기노랑토끼풀	*Trifolium dubium* Sibth.
117	콩과	선토끼풀	*Trifolium hybridum* L.
118	콩과	진홍토끼풀	*Trifolium incarnatum* L.
119	콩과	붉은토끼풀	*Trifolium pratense* L.
120	콩과	토끼풀	*Trifolium repens* L.
121	콩과	각시갈퀴나물	*Vicia dasycarpa* Ten.
122	콩과	벳지	*Vicia villosa* Roth
123	부처꽃과	미국좀부처꽃	*Ammannia coccinea* Rottb.
124	바늘꽃과	달맞이꽃	*Oenothera biennis* L.
125	바늘꽃과	큰달맞이꽃	*Oenothera glazioviana* Micheli

126	바늘꽃과	애기달맞이꽃	*Oenothera laciniata* Hill
127	바늘꽃과	긴잎달맞이꽃	*Oenothera stricta* Ledeb. ex Link
128	대극과	톱니대극	*Euphorbia dentata* Michx.
129	대극과	아메리카대극	*Euphorbia heterophylla* L.
130	대극과	털땅빈대	*Euphorbia hirta* L.
131	대극과	큰땅빈대	*Euphorbia hypericifolia* L.
132	대극과	애기땅빈대	*Euphorbia maculata* L.
133	대극과	누운땅빈대	*Euphorbia prostrata* Aiton
134	소태나무과	가중나무	*Ailanthus altissima* (Mill.) Swingle
135	괭이밥과	덩이괭이밥	*Oxalis articulata* Sabigny
136	괭이밥과	자주괭이밥	*Oxalis corymbosa* DC.
137	쥐손이풀과	세열유럽쥐손이	*Erodium cicutarium* Willd.
138	쥐손이풀과	미국쥐손이	*Geranium carolinianum* L.
139	미나리과	유럽전호	*Anthriscus caucalis* M. Bieb.
140	미나리과	솔잎미나리	*Apium leptophyllum* (Pers.) F. Muell. ex Benth.
141	미나리과	쌍구슬풀	*Bifora radians* M. Bieb.
142	미나리과	전호아재비	*Chaerophyllum tainturieri* Hook. & Arn.
143	미나리과	나도독미나리	*Conium maculatum* L.
144	미나리과	회향	*Foeniculum vulgare* Mill.
145	미나리과	이란미나리	*Lisaea heterocarpa* (DC.) Boiss.
146	가지과	흰독말풀	*Datura innoxia* Mill.
147	가지과	독말풀	*Datura stramonium* L.
148	가지과	털독말풀	*Datura wrightii* Regel
149	가지과	페루꽈리	*Nicandra physalodes* (L.) Gaertn.
150	가지과	땅꽈리	*Physalis angulata* L.
151	가지과	노란꽃땅꽈리	*Physalis wrightii* A. Gray
152	가지과	미국까마중	*Solanum americanum* Mill.
153	가지과	도깨비가지	*Solanum carolinense* L.
154	가지과	노랑까마중	*Solanum nigrum* var. *humile* (Bernh. ex Willd.) C.Y. Wu & S.C. Huang
155	가지과	민까마중	*Solanum photeinocarpum* Nakam. & Odash.
156	가지과	가시가지	*Solanum rostratum* Dunal
157	가지과	털까마중	*Solanum sarrachoides* Sendtn.
158	가지과	둥근가시가지	*Solanum sisymbriifolium* Lam.
159	가지과	왕도깨비가지	*Solanum viarum* Dunal
160	메꽃과	서양메꽃	*Convolvulus arvensis* L.
161	메꽃과	미국실새삼	*Cuscuta campestris* Yunck.
162	메꽃과	미국나팔꽃	*Ipomoea hederacea* Jacq.
163	메꽃과	둥근잎미국나팔꽃	*Ipomoea hederacea* var. *integriuscula* A. Gray
164	메꽃과	애기나팔꽃	*Ipomoea lacunosa* L.
165	메꽃과	둥근잎나팔꽃	*Ipomoea purpurea* (L.) Roth
166	메꽃과	둥근잎유홍초	*Ipomoea rubriflora* O'Donell
167	메꽃과	별나팔꽃	*Ipomoea triloba* L.
168	메꽃과	선나팔꽃	*Jacquemontia tamifolia* (L.) Griseb.
169	지치과	미국꽃말이	*Amsinckia lycopsoides* Lehm.
170	지치과	컴프리	*Symphytum officinale* L.
171	마편초과	버들마편초	*Verbena bonariensis* L.
172	마편초과	브라질마편초	*Verbena brasiliensis* Vell.
173	꿀풀과	자주광대나물	*Lamium purpureum* L.

174	꿀풀과	유럽광대나물	*Lamium purpureum* var. *hybridum* (Vill.) Vill.
175	꿀풀과	황금	*Scutellaria baicalensis* Georgi
176	질경이과	긴포꽃질경이	*Plantago aristata* Michx.
177	질경이과	창질경이	*Plantago lanceolata* L.
178	질경이과	미국질경이	*Plantago virginica* L.
179	현삼과	덩굴해란초	*Cymbalaria muralis* P. Gaertn., B. Mey. & Scherb.
180	현삼과	유럽큰고추풀	*Gratiola officinalis* L.
181	현삼과	가는미국외풀	*Lindernia anagallidea* (Michx.) Pennell
182	현삼과	미국외풀	*Lindernia dubia* (L.) Pennell
183	현삼과	솔잎해란초	*Nuttallanthus canadensis* (L.) D.A. Sutton
184	현삼과	우단담배풀	*Verbascum thapsus* L.
185	현삼과	미국물칭개나물	*Veronica americana* Schwein. ex Benth.
186	현삼과	선개불알풀	*Veronica arvensis* L.
187	현삼과	눈개불알풀	*Veronica hederifolia* L.
188	현삼과	큰개불알풀	*Veronica persica* Poir.
189	현삼과	좀개불알풀	*Veronica serpyllifolia* L.
190	꼭두선이과	털백령풀	*Diodia teres* var. *hirsutior* Fernald & Griscom
191	꼭두선이과	백령풀	*Diodia teres* Walter
192	꼭두선이과	큰백령풀	*Diodia virginiana* L.
193	꼭두선이과	산방백운풀	*Oldenlandia corymbosa* L.
194	꼭두선이과	꽃갈퀴덩굴	*Sherardia arvensis* L.
195	마타리과	상치아재비	*Valerianella olitoria* (L.) Pollich
196	국화과	서양톱풀	*Achillea millefolium* L.
197	국화과	서양등골나물	*Ageratina altissima* (L.) R.M. King & H. Rob.
198	국화과	등골나물아재비	*Ageratum conyzoides* L.
199	국화과	돼지풀	*Ambrosia artemisiifolia* L.
200	국화과	단풍잎돼지풀	*Ambrosia trifida* L.
201	국화과	길뚝개꽃	*Anthemis arvensis* L.
202	국화과	개꽃아재비	*Anthemis cotula* L.
203	국화과	우선국	*Aster novibelgii* L.
204	국화과	미국쑥부쟁이	*Aster pilosus* Willd.
205	국화과	비짜루국화	*Aster subulatus* Michx.
206	국화과	큰비짜루국화	*Aster subulatus* var. *sandwicensis* (A. Gray) A.G. Jones
207	국화과	미국가막사리	*Bidens frondosa* L.
208	국화과	울산도깨비바늘	*Bidens pilosa* L.
209	국화과	흰도깨비바늘	*Bidens pilosa* var. *minor* (Blume) Sherff
210	국화과	노랑도깨비바늘	*Bidens polylepis* S.F. Blake
211	국화과	왕도깨비바늘	*Bidens subalternans* DC.
212	국화과	지느러미엉겅퀴	*Carduus crispus* L.
213	국화과	흰지느러미엉겅퀴	*Carduus crispus* f. *albus* (Makino) Hara
214	국화과	사향엉겅퀴	*Carduus nutans* L.
215	국화과	카나다엉겅퀴	*Cirsium arvense* (L.) Scop.
216	국화과	서양가시엉겅퀴	*Cirsium vulgare* (Savi) Ten.
217	국화과	실망초	*Conyza bonariensis* (L.) Cronquist
218	국화과	망초	*Conyza canadensis* (L.) Cronquist
219	국화과	애기망초	*Conyza parva* Cronquist
220	국화과	큰망초	*Conyza sumatrensis* (Retz.) E. Walker
221	국화과	큰금계국	*Coreopsis lanceolata* L.

222	국화과	기생초	*Coreopsis tinctoria* Nutt.
223	국화과	코스모스	*Cosmos bipinnatus* Cav.
224	국화과	노랑코스모스	*Cosmos sulphureus* Cav.
225	국화과	주홍서나물	*Crassocephalum crepidioides* (Benth.) S. Moore
226	국화과	나도민들레	*Crepis tectorum* L.
227	국화과	수레국화	*Cyanus segetum* Hill
228	국화과	천인국아재비	*Dracopis amplexicaulis* (Vahl) Cass.
229	국화과	가는잎한련초	*Eclipta alba* (L.) Hass.
230	국화과	붉은서나물	*Erechtites hieracifolia* (L.) Raf. ex DC.
231	국화과	개망초	*Erigeron annuus* (L.) Pers.
232	국화과	봄망초	*Erigeron philadelphicus* L.
233	국화과	주걱개망초	*Erigeron strigosus* (A. Gray) Muhl. ex Willd.
234	국화과	별꽃아재비	*Galinsoga parviflora* Cav.
235	국화과	털별꽃아재비	*Galinsoga quadriradiata* Ruiz & Pav.
236	국화과	선풀솜나물	*Gamochaeta calviceps* (Fernald) Cabrera
237	국화과	자주풀솜나물	*Gamochaeta purpurea* (L.) Cabrera
238	국화과	애기해바라기	*Helianthus debilis* Nutt.
239	국화과	뚱딴지	*Helianthus tuberosus* L.
240	국화과	유럽조밥나물	*Hieracium caespitosum* Dumort.
241	국화과	서양금혼초	*Hypochaeris radicata* L.
242	국화과	가시상추	*Lactuca scariola* L.
243	국화과	서양개보리뺑이	*Lapsana communis* L.
244	국화과	불란서국화	*Leucanthemum vulgare* Lam.
245	국화과	꽃족제비쑥	*Matricaria inodora* L.
246	국화과	족제비쑥	*Matricaria matricarioides* (Less.) Porter ex Britton
247	국화과	돼지풀아재비	*Parthenium hysterophorus* L.
248	국화과	수잔루드베키아	*Rudbeckia hirta* L.
249	국화과	원추천인국	*Rudbeckia hirta* var. *pulcherrima* Farw.
250	국화과	겹삼잎국화	*Rudbeckia laciniata* var. *hortensia* L.H. Bailey
251	국화과	개쑥갓	*Senecio vulgaris* L.
252	국화과	양미역취	*Solidago altissima* L.
253	국화과	미국미역취	*Solidago gigantea* Aiton
254	국화과	큰방가지똥	*Sonchus asper* (L.) Hill
255	국화과	방가지똥	*Sonchus oleraceus* L.
256	국화과	만수국아재비	*Tagetes minuta* L.
257	국화과	붉은씨서양민들레	*Taraxacum laevigatum* (Willd.) DC.
258	국화과	서양민들레	*Taraxacum officinale* F.H. Wigg.
259	국화과	쇠채아재비	*Tragopogon dubius* Scop.
260	국화과	나래가막사리	*Verbesina alternifolia* (L.) Britton ex Kearney
261	국화과	가시도꼬마리	*Xanthium italicum* Moretti
262	국화과	큰도꼬마리	*Xanthium orientale* L.
263	국화과	도꼬마리	*Xanthium strumarium* L.
264	천남성과	물상추	*Pistia stratiotes* L.
265	닭의장풀과	자주달개비	*Tradescantia ohioensis* Raf.
266	벼과	염소풀	*Aegilops cylindrica* Host
267	벼과	은털새	*Aira caryophyllea* L.
268	벼과	털뚝새풀	*Alopecurus japonicus* Steud.
269	벼과	쥐꼬리뚝새풀	*Alopecurus myosuroides* Huds.

270	벼과	큰뚝새풀	*Alopecurus pratensis* L.
271	벼과	나도솔새	*Andropogon virginicus* L.
272	벼과	향기풀	*Anthoxanthum odoratum* L.
273	벼과	개나래새	*Arrhenatherum elatius* (L.) P. Beauv. ex J. Presl & C. Presl
274	벼과	메귀리	*Avena fatua* L.
275	벼과	귀리	*Avena sativa* L.
276	벼과	방울새풀	*Briza minor* (Ohwi) L.
277	벼과	성긴이삭풀	*Bromus carinatus* Hook. & Arn.
278	벼과	큰이삭풀	*Bromus catharticus* Vahl
279	벼과	좀참새귀리	*Bromus inermis* Leyss.
280	벼과	털참새귀리	*Bromus mollis* L.
281	벼과	긴까락빕새귀리	*Bromus rigidus* Roth
282	벼과	큰참새귀리	*Bromus secalinus* L.
283	벼과	까락빕새귀리	*Bromus sterilis* Spenn.
284	벼과	털빕새귀리	*Bromus tectorum* L.
285	벼과	민둥빕새귀리	*Bromus tectorum* var. *glabratus* Spenn.
286	벼과	고사리새	*Catapodium rigidum* (L.) C. E. Hubb.
287	벼과	대청가시풀	*Cenchrus longispinus* (Hack.) Fernald
288	벼과	나도바랭이	*Chloris virgata* Sw.
289	벼과	염주	*Coix lacryma-jobi* L.
290	벼과	오리새	*Dactylis glomerata* L.
291	벼과	지네발새	*Dactyloctenium aegyptium* (L.) Willd.
292	벼과	갯드렁새	*Diplachne fusca* subsp. *fascicularis* (Lam.) P.M. Peterson & N. Snow
293	벼과	구주개밀	*Elymus repens* (L.) Gould
294	벼과	까락구주개밀	*Elymus repens* f. *aristatum* Holmb.
295	벼과	능수참새그령	*Eragrostis curvula* (Schrad.) Nees
296	벼과	외대쇠치기아재비	*Eremochloa ophiuroides* (Munro) Hack.
297	벼과	큰김의털	*Festuca arundinacea* Schreb.
298	벼과	넓은김의털	*Festuca pratensis* Huds.
299	벼과	유럽육절보리풀	*Glyceria declinata* Bréb.
300	벼과	흰털새	*Holcus lanatus* L.
301	벼과	긴까락보리풀	*Hordeum jubatum* L.
302	벼과	보리풀	*Hordeum murinum* L.
303	벼과	좀보리풀	*Hordeum pusillum* Nutt..
304	벼과	쥐보리	*Lolium multiflorum* Lam.
305	벼과	가지쥐보리	*Lolium multiflorum* var. *ramosum* Guss. ex Arcang.
306	벼과	호밀풀	*Lolium perenne* L.
307	벼과	독보리	*Lolium temulentum* L.
308	벼과	미국개기장	*Panicum dichotomiflorum* Michx.
309	벼과	큰개기장	*Panicum virgatum* L.
310	벼과	뿔이삭풀	*Parapholis incurve* (L.) C.E. Hubb.
311	벼과	큰참새피	*Paspalum dilatatum* Poir.
312	벼과	물참새피	*Paspalum distichum* L.
313	벼과	털물참새피	*Paspalum distichum* var. *indutum* Shinners
314	벼과	민둥참새피	*Paspalum notatum* Flugge
315	벼과	털큰참새피	*Paspalum urvillei* Steud.
316	벼과	카나리새풀	*Phalaris canariensis* L.
317	벼과	애기카나리새풀	*Phalaris minor* Retz.

318	벼과	작은조아재비	*Phleum paniculatum* Huds.
319	벼과	큰조아재비	*Phleum pratense* L.
320	벼과	이삭포아풀	*Poa bulbosa* L.
321	벼과	좀포아풀	*Poa compressa* L.
322	벼과	왕포아풀	*Poa pratensis* L.
323	벼과	처린미꾸리광이	*Puccinellia distancs* (Jacq.) Parl.
324	벼과	큰개사탕수수	*Saccharum arundinaceum* Retz.
325	벼과	시리아수수새	*Sorghum halepense* (L.) Pers.
326	벼과	무망시리아수수새	*Sorghum halepense* f. *muticum* Hubb.
327	벼과	들묵새	*Vulpia myuros* (L.) C.C. Gmel.
328	벼과	큰묵새	*Vulpia myuros* var. *megalura* (Nutt.) Auquier
329	물옥잠과	부레옥잠	*Eichhornia crassipes* (Mart.) Solms
330	수선화과	흰꽃나도사프란	*Zephyranthes candida* (Lindl.) Herb.
331	붓꽃과	노랑꽃창포	*Iris pseudacorus* L.
332	붓꽃과	등심붓꽃	*Sisyrinchium angustifolium* Mill.
333	붓꽃과	몬트부레치아	*Tritonia xcrocosmiiflora* G. Nicholson

07 생태계교란 생물

생태계교란 생물 지정고시 환경부고시 제2024-212호, 2024. 10. 31., 일부개정

번호	과 명	국 명	학 명
1	삼과	환삼덩굴	*Humulus japonicus* Siebold & Zucc.
2	마디풀과	애기수영	*Rumex acetosella* L.
3	박과	가시박	*Sicyos angulatus* L.
4	십자화과	마늘냉이	*Alliaria petiolata* (M. Bieb.) Cavara & Grande
5	바늘꽃과	물여뀌바늘	*Ludwigia peploides* (Kunth) P.H. Raven
6	가지과	도깨비가지	*Solanum carolinense* L.
7	국화과	서양등골나물	*Ageratina altissima* (L.) R.M. King & H. Rob.
8	국화과	돼지풀	*Ambrosia artemisiifolia* L.
9	국화과	단풍잎돼지풀	*Ambrosia trifida* L.
10	국화과	미국쑥부쟁이	*Aster pilosus* Willd.
11	국화과	서양금혼초	*Hypochaeris radicata* L.
12	국화과	가시상추	*Lactuca scariola* L.
13	국화과	돼지풀아재비	*Parthenium hysterophorus* L.
14	국화과	양미역취	*Solidago altissima* L.
15	벼과	물참새피	*Paspalum distichum* L.
16	벼과	털물참새피	*Paspalum distichum* var. *indutum* Shinners
17	벼과	갯줄풀	*Spartina alterniflora* Loisel
18	벼과	영국갯끈풀	*Spartina anglica* C.E. Hubb.

〈2018년도 생물분류기사 (식물) A형 기출문제〉

제1과목:계통분류학

---

1. 다음은 어떤 식물이며 생활사에서 어느 세대에 속하는가?

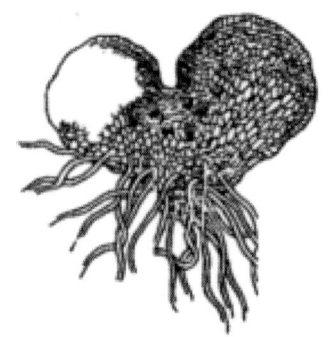

① 나자식물의 배우체
② 양치식물의 배우체
③ 나자식물의 포자체
④ 양치식물의 포차제

2. 구과식물 중 소나무과에 대한 설명으로 가장 거리가 먼 것은?

① 주로 교목 또는 관목이다.
② 씨에 육질종피가 발달하여 전체를 둘러 싼다.
③ 잎은 단엽이거나 또는 2, 3, 5개가 속생

하는 침엽이다.
④ 소포자엽의 배축면에 소포자낭 또는 화 분낭이 달려 있다.

3. 계통학의 분석방법 중 "조상과 후손의 계통적 관계로서 각 후손으로부터 공동조 상까지의 유연관계를 나타내는 방법론"에 해당하는 것은?

① 전형질 분석   ② 분계 분석
③ 수리질 분석   ④ 생식적 분석

4. 진드기목(응애목)은 절지동물문의 어느 강에 해당하는가?

① 거미강   ② 배각강
③ 갑각강   ④ 곤충강

5. 분류의 단계(카테고리)가 큰 것에서부터 작은 것으로 옳게 나열된 것은?

① 계 – 강 – 종 – 속
② 과 – 목 – 속 – 종
③ 강 – 목 – 과 – 속
④ 문 – 목 – 강 – 과

6. 가래아강(택사아강, Alismatidae)의 특징으로 가장 적합한 것은?

① 꽃은 대개 이생심피이다.
② 화분은 항상 1핵성이다.
③ 자방이 하위이다.
④ 유관속계는 목질화 되어 있다.

7. 학명(scientific name)과 비교하여 지방명 (local name)의 장점인 것은?

① 국제적으로 인식된다.
② 단 하나씩이므로 안정성과 정확성을 기하기 쉽다.
③ 생물학적으로 이용성이 많다.
④ 기억하기 편리하고 익숙하다.

8. 남조류(cyanobacteria)는 다음 중 어느 생물에 해당하는가?

① 원핵생물(Monera)
② 원생생물(Protista)
③ 균류(Fungi)
④ 동물(Animalia)

9. 다음 중 화분을 설명하는 용어와 거리가 먼 것은?

① 적도면   ② 향축면
③ 극축   ④ 발아구

10. 모든 단세포생물들을 포함하기 위해 새로운 계인 원생생물을 제안하여 생물을 원생생물(모네라 포함), 식물, 동물의 3군으로 나누고 이것들을 모네라에서 갈라져 나온 것으로 표시한 학자는?

① Haeckel   ② Whittaker
③ Aristotle   ④ Hickman

11. 선형동물의 특징으로 거리가 먼 것은?
① 몸은 좌우대칭이며 원통모양이다.
② 체표에는 섬모가 발달하였다.
③ 유체골격으로 몸을 지지한다.
④ 대부분 암수딴몸이다.

12. 일반적으로 피자식물의 주요 형질 진화방향으로 옳지 않은 것은?

① 자방상위에서 자방하위로 진화했다.
② 배유가 없는 데서 있는 데로 진화했다.
③ 망상맥에서 평행맥으로 진화했다.
④ 다년생에서 일년생으로 진화했다.

13. 다음 식물 중 분열과를 갖고 있지 않는 것은?
① 꿀풀   ② 꽃마리
③ 현호색   ④ 미나리

14. 아래 계통수에서 단계통군(monophyletic group)이 아닌 것은?

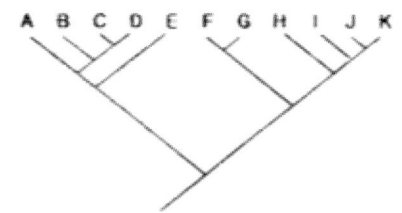

① (F, G)   ② (F, G, H, I, J, K)
③ (K, J, I, H)   ④ (B, C, D, E)

15. 다음 중 생태적 변이(ecological variation)가 아닌 것은?

① 사고 및 기형적 변이
② 숙주에 따른 변이
③ 일시적 기후조건에 따른 변이
④ 서식처에 따른 변이

16. 다음은 분류학적 형질에 관한 설명이다. ( ) 안에 공통으로 가장 알맞은 것은?

동물 각 종은 특이한 ( ) 지위를 가지고 있어서 서식처, 먹이, 생식시기 등에서 유연성이 가까운 종들과도 차이가 있는 종의 형질을 ( ) 형질이라고 하며, ( ) 지위의 특이성은 숙주특이성을 가지는 곤충이나 응애류 등에서 뚜렷이 나타나는 경우가 많다.

① 생리적
② 생태적
③ 형태적
④ 행동적

17. 국제식물명명규약에서 규정한 과(family)의 문법적 어미는 어느 것인가?

① -opsida
② -ales
③ -acae
④ -alnus

18. 식물과와 수술의 특징이 잘못 짝지어진 것은?

① 국화과-취약웅예
② 아욱과-단체웅예
③ 콩과(콩아과)-양체웅예
④ 꿀풀과-돌기웅예

19. 다음 척추동물 중 턱이 없는 동물은?

① 도롱뇽
② 칠성장어
③ 귀상어
④ 철갑상어

20. 식물분류계급에 따른 학명의 어미 중 아계(亞界)에 해당하는 것은?

① -aceae
② -bionta
③ -opsida
④ -ales

제2과목 : 환경생태학

21. 호수의 수질에 관한 설명으로 가장 거리가 먼 것은?

① 호수의 3가지층 중 표수층과 심수층 사이의 수온약층은 통상 1m당 0.1℃의 수온 차이를 나타낸다.
② 여름의 성층현상은 겨울보다 강력한데 단지 몇 ℃의 수온차이만으로 혼합이 잘 발생하지 않는다.
③ 호수의 물은 물의 밀도특성과 낮은 열 전도율로 인해 봄에는 혼합, 여름에는 성층, 가을에는 혼합, 겨울에는 성층현상으로 하천과는 달리 다양한 변화를 갖는다.
④ 여름철 성층현상은 봄철의 기상조건에 의해 달라지는데 봄철 기온이 높고 바람이 약할 경우 성층이 늦게 이루어진다.

22. 육상생태계의 천이과정을 순서대로 옳게 나열한 것은?

① 음수림-양수림-초본-관목림
② 관목림-초본-음수림-양수림
③ 초본-관목림-양수림-음수림
④ 음수림-양수림-관목림-초본

23. 다음 중 해양생물의 서식지로서 연안 천해역(연안역: neritic)에 해당하지 않는 것은?

① 조간대　　　　② 심해대
③ 상부천해대　　④ 하부천해대

24. 두 종이 상호작용하는데 있어, 한 종은 이익을 얻지만 다른 종은 이해관계가 없는 것을 무엇이라고 하는가?

① 경쟁(competition)
② 상리공생(mutation)
③ 편리공생(commensalism)
④ 편해작용(amensalism)

25. 피식자의 종들이 위험하거나 맛이 없 거나 또는 잡기 어려운 종들과 매우 흡사 하거나, 속이기 위한 모델로서 어떤 종이 다른 종과 형태나 행동이 매우 흡사한 것 을 무엇이라 하는가?

① 순응(accommodation)
② 경계(vigilance)
③ 적응(adaptation)
④ 의태(mimicry)

26. 유기체와 환경 간의 생지화학적 순환 (biogeochemical cycle)의 기본 형태는 크게 기 체형과 퇴적형(침전형)으로 나눌 수 있다. 다음 중 주로 퇴적형 순환으로 이루어진 것은?

① 질소 순환　　　② 인 순환
③ 황 순환　　　　④ 탄소 순환

27. 개체군의 밀도를 측정하는 방법에 해 당하지 않는 것은?

① 극서열법(polar ordination method)
② 방형구법(quadrat sampling)
③ 전수조사(total counts)
④ 재포획법(marking-recapture method)

28. 다음 중 종 다양성이 낮아서 하나 또는 두 종이 넓은 단순림을 이루는 산림형태는 어느 것인가?

① 열대 낙엽수림　　② 북방 침엽수림
③ 온대 낙엽수림　　④ 온대 우림

29. 지구에서 생물이 존재하는 부분을 일 컫는 말로 가장 적합한 것은?

① 생물군계(biome)　　② 생물권(biosphere)
③ 환경(environment)　④ 군집(community)

30. 다음 중 점오염원(point source)과 거리가 먼 것은?

① 가정하수　　　② 공단폐수
③ 공장폐수　　　④ 농경지 유출수

31. 물에 난용성이므로 수용성 가스와는 달리 강우에 의한 영향을 거의 받지 않을 뿐 아니라, 다른 물질의 흡착현상도 나타내지 않으며, 유해한 화학반응도 거의 일으키지 않는 오염물질은?

① 이황산가스　　② 일산화탄소
③ 황화수소　　　④ 암모니아

32. 다음 토양수(水) 중 식물이 주로 이용하는 물은?

① 중력수　　　　② 결합수
③ 모관수　　　　④ 포장용수

33. 토양의 생성과정과 그 발달에 영향을 주는 요인으로 가장 거리가 먼 것은?
① 소음　　　　　② 기후
③ 시간　　　　　④ 인간의 활동

34. 산호초에 대한 설명으로 가장 거리가 먼 것은?

① 일반적으로 하조대로부터 깊이 50m 정도까지 서식한다.
② 산호초는 육지로부터 유입된 영양분이 풍부한 곳으로 한류의 영향을 받는 대

류의 서해안에서 주로 서식한다.
③ 산호초에서 실제 살아있는 부분은 얇은 표면뿐이며, 그 아래는 죽은 골격인 탄산칼슘으로 되어 있다.
④ 육지와 바다의 상대적인 관계에 따라 거초(fringing reef), 보초(barrier reef), 환초(atoll) 등으로 나눈다.

35. 2종의 짚신벌레(Paramecium)를 동시배양할 때와 따로 배양할 때의 결과는 다음과 같다. 이 과정을 설명하는 법칙은?

1. P. aurelia 와 P. caudatum을 따로 키웠을 때에는 둘다 잘 자라며, 전형적인 S형 성장곡선을 그렸다.
2. 그러나, 이 두 종을 혼합 배양하였을 때에는 P. caudatum 의 크기는 훨씬 작으며, 환경에 더욱 효과적으로 적응하는 P. aurelia 에 의해 지배된다.

① 최소량의 법칙　　② 경쟁 배제의 법칙
③ 한계 효용의 법칙　④ 내성의 법칙

36. 산림토양과 경작토양에 관한 비교 설명으로 가장 거리가 먼 것은?

① 자연성은 산림토양이 높고 경작토양이 낮다.
② 생산성은 일반적으로 산림토양이 높고 경작토양이 낮다.
③ 양분공급은 산림토양은 자체 순환되나 경작토양은 외부의 공급을 받는다.
④ 하층토양의 중요성은 산림토양의 경우가 크다.

37. 주어진 환경에서 무기한으로 지속할 수 있는 개체군(또는 종)의 최대 개체수를 무엇이라 하는가?

① 번식능력　　② 환경수용력
③ 한정요인　　④ 독립요인

38. 다음 중 1950년 멕시코의 공업지대인 포자리카에서 공장조작 중 누출된 오염물질로 인근마을에 누출되어 분지를 이룬 곳에서 기온역전으로 피해를 일으킨 주 오염물질에 해당하는 것은?

① 다이옥신　　② 수은
③ 카드뮴　　④ 황화수소

39. 다음 중 일반적으로 우점도를 비교하는데 사용되는 지수로 각 종류에 대한 비를 제곱하여 합함으로써 산출되는 것은?

① 알리(Allee) 지수
② 심프슨(Simpson) 지수
③ K-전략지수
④ r-전략지수

40. 다음 중 해수와 담수가 합해지는 지점에 형성되는 습지는?

① 저층습지　　② 담수습지
③ 기수습지　　④ 염습지

41. 척수(Spinal cord)에 관한 설명으로 옳지 않은 것은?

① 척수는 신경배가 형성될 때 신경관의 전단부, 즉 뇌가 형성될 부위를 제외한 나머지 부위로부터 발생된다.
② 어류의 경우 외측에 섬유성 경질막과 내층에 맥관성인 유막으로 싸여 있다.
③ 일반적으로 척수의 길이는 척주의 길이보다 짧다.
④ 고등동물의 척수 끝부분은 원뿔 모양을 이루므로 이 부분을 척수원뿔이라 한다.

42. 다음 중 나이테가 형성되는 부위는?

① 1기 물관부　　② 2기 물관부
③ 원생 물관부　　④ 후생 물관부

43. 딱총나무속, 갈매나무속 식물의 엽병에서 볼 수 있는 후각조직으로서, 세포벽 물질의 축적이 절선단면 벽에 균일하게 이루어져서 두꺼우며, 방사단면 벽은 절선단면 벽보다 얇게 비후되어 있는 것은?

① 각우후각조직　　② 환상후각조직
③ 간극후각조직　　④ 판상후각조직

44. 다음 ( ) 안에 알맞은 것은?

> (㉠)의 포배는 일정한 크기 구배를 따라 형성된 세포로 이루어진 조밀한 구이며, 포배강은 (㉡) 쪽으로 치우쳐져 있다.

① ㉠ 조류, ㉡ 식물극
② ㉠ 조류, ㉡ 동물극
③ ㉠ 개구리, ㉡ 식물극
④ ㉠ 개구리, ㉡ 동물극

45. 다음 중 8개의 단순한 판으로 구성된 패각을 갖는 연체동물은?

① 삿갓조개　　　② 달팽이
③ 군부　　　　　④ 앵무조개

46. 날개를 가지고 있는 곤충(유시류)들 중 고시류(Palaeoptera)에 속하는 것은?

① 집게벌레목과 흰개미목
② 딱정벌레목과 부채벌레목
③ 매미목과 메뚜기목
④ 하루살이목과 잠자리목

47. 해버스골공동계(Haversian system)[또는 골단위(osteon)]에 관한 설명으로 옳은 것은?

① 치밀골(compact bone)을 구성하는 반복되는 구조 단위이다.
② 적골수(red marrow)를 포함하고 있다.
③ 해면골로 되어 있다.
④ 죽어 있는 물질만을 포함한다.

48. 다음 중 힘줄과 인대를 구성하는 결합 조직은?

① 뼈　　　　　　② 연골
③ 성긴결합조직　④ 섬유성결합조직

49. 다음 중 중축골격(axial skeleton)에 속하는 것은?

① 상완골(humerus)　② 슬개골(patella)
③ 가슴뼈(sternum)　④ 요대(pelvic girdle)

50. 시중에서 판매되는 둥굴레차는 식물의 어느 기관으로 만드는가?

① 씨(seed)　　　　② 줄기(stem)
③ 잎(leaf)　　　　④ 뿌리(root)

51. 진딧물상과(上科)에 관한 설명으로 거리가 먼 것은?

① 유시형의 날개는 투명한 막상이며, 2쌍이다.
② 다리는 가늘고 길며, 발목마디는 2마디이나, 가끔 첫 마디는 퇴화하였고, 1쌍의 발톱이 있다.
③ 진딧물은 남반구의 열대지방이 원산지인 것으로 보이며, 동일종은 계절이나 세대에 따라 형태가 같고, 종의 구분이 용이하다.
④ 정상적인 생식방법은 양성생식이나, 더운 지방에 사는 종 중에는 단위생식을 하거나 또는 세대교번을 하기도 한다.

52. 다음과 같은 엽맥의 종류는?

① 차상맥　　　　② 장상맥
③ 평행맥　　　　④ 우상맥

53. 다음 중 측근은 주로 어디에서 분화되는가?

① 외피　　　　　② 내초
③ 피층　　　　　④ 유관속 형성층

54. 공변세포가 형성하는 구조는?

① 상표피　　　　② 하표피
③ 기공　　　　　④ 해면조직

55. 인두와 기관을 이어주는 구조로 갑상연골, 피열연골, 윤상연골 등으로 이루어져 있는 기관은?

① 후두　　　　　② 기관지
③ 아가미　　　　④ 횡격막

56. 하나의 마디에 3개 이상의 잎이 나는 잎차례(葉序)는?

① 대생　　　　　② 저생
③ 윤생　　　　　④ 호생

57. 단자엽식물인 벼과식물의 씨와 열매 구조의 특징에 관한 설명으로 옳지 않은 것은?

① 씨 속의 배는 배반이라는 자엽에 의해 배유와 맞닿아 있다.
② 벼과식물의 열매는 수과로서, 과피와 종피가 잘 구별되며 과피가 잘 벗겨진다.
③ 배유(배젖)는 주로 단백질과 지방을 함유하는 호분층으로 둘러싸여 있다.
④ 슈트 및 뿌리 정단부의 어린 눈(유아)과 어린 뿌리(유근)는 각각 자엽초 및 유근초로 덮여서 보호되어 있다.

58. 피자식물의 중복수정 과정에 포함된 핵의 종류와 개수를 바르게 나열한 것은?

① 2개의 정핵, 1개의 난핵, 2개의 극핵
② 2개의 정핵, 2개의 난핵, 1개의 극핵
③ 2개의 정핵, 2개의 난핵, 2개의 극핵
④ 1개의 정핵, 2개의 난핵, 1개의 극핵

59. 다음 중 상피조직(epithelial tissue)으로 이루어져 있지 않은 것은?

① 입의 내피
② 혈액
③ 비강의 내피
④ 분비선을 덮고 있는 조직

60. 다음 동물의 뇌 중 상대적으로 후각엽 (Olfactory lobes)이 큰 것은?

① shark(상어)   ② frog(개구리)
③ alligator(악어)   ④ chicken(닭)

제4과목:보전 및 자원생물학

61. 생물다양성의 감소 및 쇠퇴에 대응하여 발전을 이루어 온 보전생물학은 종합과학이다. 이러한 보전생물학의 중추를 이루는 학문 분야들로만 이루어진 것은?

① 농학, 임학, 분류학
② 임학, 분류학, 환경윤리학
③ 개체군생태학, 분류학, 유전학
④ 동물경영학, 어류학, 생태학

62. 세계적으로 멸종위기에 처한 야생동식물의 상업적인 국제거래를 규제하고 생태계를 보호하기 위하여 1973년 워싱턴에서 채택된 협약은?

① WWF   ② UNEP
③ WCMC   ④ CITES

63. 멸종하기 쉬운 성질을 가진 종이 아닌 것은?

① 한정된 지역에 서식하는 종, 단일 또는 적은 수의 개체군으로 구성된 종, 개체군의 크기가 작은 종
② 개체군 크기가 축소되고 있는 종, 개체군 밀도가 낮은 종, 넓은 서식지가 필요한 종
③ 몸 크기가 큰 종, 분산 능력이 없는 종, 계절적으로 이동하는 종, 유전적 변이가 적은 종
④ 생태적 지위의 폭이 큰 종, 일반인의 관심이 적은 종, 조류의 경우 일반종

64. 국내의 고유종과 희귀종 및 법적으로 보호가 필요한 종들을 보전하기 위한 보전활동에 관한 설명으로 가장 거리가 먼 것은?

① 희귀한 생물이 살거나 민감한 군집이 있는 지역을 적극 개발하고, 생태 보전지의 생태학적 중재는 불필요하다.
② 희귀하고 위태로운 종과 군집에 대한 보호와 연구를 한다.
③ 보전의 중요성에 대한 대중의 인식을 강화한다.
④ 기금 모금 및 제공 등은 보전활동에 기여한다.

65. 세계 각 지역으로 외래종이 도입된 주요 배경으로 가장 거리가 먼 것은?

① 식민지 개척을 위한 가축의 이동
② 원예와 농업의 발달
③ 운송의 발달
④ 질병의 확산

66. 다음 각 용어에 대한 설명으로 옳지 않은 것은?

① 길드(guild) – 다른 동물에서 서로 다른 방법으로 환경자원을 이용하는 무리를 일컫음
② 생태적 지위(ecological niche) – 생물이 생태계에서 차지하는 구조적, 기능적 역할을 종합적으로 나타내는 개념
③ 지위유사종(synusia) – 군집에서 생활형이 같은 종의 무리
④ 주행성(dinurnal) – 낮에 활동하고 밤에는 자거나 활동하지 않는 종

67. 보전생물학 이해를 위한 일반적인 가정으로 가장 거리가 먼 것은?

① 생태적으로 복잡한 것이 좋다.
② 진화는 이로운 현상이다.
③ 생물다양성은 본질적인 가치를 가지고 있다.
④ 개체군과 생물종의 때아닌 절멸은 지극히 이로운 것이다.

68. 복원생태학에서 훼손된 생태계에 대한 접근 방법으로 가장 거리가 먼 것은?

① 방치(no action)
② 대체(replacement)
③ 회복(rehabilitation)
④ 개발(development)

69. 라이트(Wright)의 식을 이용하여 생식에 관여하는 개체수가 50인 개체군에서 희귀한 대립유전자의 소실로 인해 예상되는 세대당 이형접합율의 감소분은?

① 0.1%   ② 0.5%
③ 1.0%   ④ 5.0%

70. 동물원에서 종을 보존하는데 있어서 현재의 지식으로는 인위적인 사육이 "무척추동물에서" 불가능한 이유를 가장 잘 설명한 것은?

① 사육에 엄청난 비용이 소모되기 때문
② 생활주기가 복잡하여 생장 단계에 따라 먹이 습성과 생육에 요구되는 환경조건이 현저하게 다르기 때문
③ 생식률이 매우 낮기 때문
④ 체구가 매우 크거나 특수한 환경조건이 필요하기 때문

71. 망그로브 생태계에 대한 설명으로 가장 거리가 먼 것은?

① 온대 지역의 염분이 높은 초지 생태계이다.
② 새우나 어류의 산란과 서식장소가 된다.
③ 건축자재, 숯 등 목재 공급원이 된다.
④ 동남아시아의 망그로브 산림은 벼의 재배와 상업용 새우의 부화를 위한 벌채로 파괴되고 있다.

72. 다음은 대상종의 보전 범주에 관한 설명이다. ( ) 안에 가장 적합한 것은?

( ) 은 흔히 제한된 지리적 분포나 낮은 개체군 밀도로 인해 개체의 수가 작은 종을 말한다. 이러한 종은 당장은 절멸 위험에 직면하지는 않겠지만 개체수의 부족으로 위험종이 될 가능성이 있다.

① 희귀종　　　　② 지표종
③ 깃대종　　　　④ 핵심종

73. 과학자들이 동물원에서 한 종의 보존을 위한 사육방법을 결정하기 전에 검토하여야 할 사항으로 거리가 먼 것은?

① 사육 개체수는 얼마나 필요하고 어느 정도가 그 종의 보존에 효과적인가?
② 인위적으로 사육하는 희귀종의 개체가 정말로 그 종을 대표하는가?
③ 동물원에서 사육하여 보존하는 것이 정말로 그 종의 보전에 효과적인가?
④ 어떤 개체를 사육하는 것이 동물원의 이익에 부합되는가?

74. 다음 중 생물다양성 보전과 관련한 국제협약이 아닌 것은?

① Taxonomic 협약　　② CBD
③ CITES　　　　④ 람사르 협약

75. 보호구역을 연결하는 생태통로는 동물의 보존에 필요한 방안이다. 다음 중 생태통로에 대한 설명으로 가장 거리가 먼 것은?

① 보호지역과 다른 보호지역 간의 분산과 이주를 가능하게 한다.
② 야생동물이 서식처 및 배우자를 찾아가는데 도움을 준다.
③ 생태통로는 포식자를 피하는 장소로 활용되며, 해충과 질병의 확산방지에 중요한 역할을 한다.
④ 동물과 차량 간의 충돌을 감소시켜 인명과 재산을 구할 수도 있는 장점이 있다.

76. 세계자연보호재단은 생물다양성은 많은 중요성을 내포하고 있다고 했는데, 다음 생물다양성의 가치 중 최우선적으로 고려되어야 할 사항은 무엇인가?

① 생태계의 유지와 지속성
② 의약품의 제공
③ 교육적 가치
④ 과학적 가치

77. 국가들은 유전적 다양성의 손실에 대한 대책에 많은 관심을 보이고 있는데, 이 유전적 다양성을 유지하려는 노력으로 가장 거리가 먼 것은?

① 정부, 법, 개인 차원에서 두루 노력하고 있다.
② 선진국에서 행해지고 있는 최신화된 기계화 농업이 특히 주목받고 있다.
③ 유전자은행 설립 노력들이 진행되고 있다.
④ 유전자원 확보와 이익 공유에 관한 국제지침을 마련하고 있다.

78. 어떤 두 종간의 상호작용에 관한 설명 중 두 개체군이 모두 이익을 얻으며, 서로 상호작용을 하지 않으면 생존하지 못하는 관계를 의미하는 용어는?

① 편리공생(commensalism)
② 항생(antibiosis)
③ 상리공생(mutualism)
④ 기생(parasitism)

79. 지구상에서 발생한 대절멸(mass extinction) 사건 중 가장 거대한 절멸 사건으로 77~96% 정도로 추산되는 해양 동물종이 사라진 시기로 옳은 것은?

① 5억년전 Ordovician기
② 3억4천5백만년전 Devonian기
③ 2억5천만년전 Permian기
④ 1억8천만년전 Triassic기

80. 생물다양성과 생물 군집의 보존을 위한 목적을 위해 가장 강력한 법적 조치로 일정한 곳을 보호지역을 지정하게 된다. 이러한 목적의 보호지역으로 보기 어려운 것은?

① 국립공원
② 습지보호지역
③ 천연기념물 보호지역
④ 생태조각공원

제5과목:자연환경관계법규

81. 습지보전법상 습지보전기본계획에 포함되어야 할 사항과 가장 거리가 먼 것은?
(단, 기타사항 등은 제외)

① 습지보호지역 지정해제에 관한 계획
② 습지조사에 관한 사항
③ 습지보전을 위한 국제협력에 관한 사항
④ 습지의 분포 및 면적과 생물다양성의 현황에 관한 사항

82. 야생생물 보호 및 관리에 관한 법률 시행규칙상 멸종위기 야생생물 Ⅰ급에 해당되지 않는 것은?

① 표범   ② 금개구리
③ 장수하늘소   ④ 크낙새

83. 국토기본법상 국토종합계획은 얼마의 기간을 단위로 하여 수립하는가?

① 2년   ② 5년
③ 10년   ④ 20년

84. 환경정책기본법상 국가 및 지방자치단체의 환경상태 상시 조사·평가 항목으로 가장 거리가 먼 것은?

(단, 그 밖의 사항 등은 고려하지 않음)

① 환경의 질의 변화
② 환경오염 및 환경훼손 실태
③ 글로벌환경친화 전문인력 양성현황
④ 환경오염원 및 환경훼손 요인

85. 자연환경보전법규상 생태계 변화 관찰의 대상 지역으로 가장 거리가 먼 것은?

① 생물다양성이 풍부한 지역
② 멸종위기 야생생물의 서식지·도래지
③ 외래종의 유입이 빈범하여 잦은 방제가 필요한 지역
④ 자연환경의 보전가치가 높은 지역

86. 습지보전법상 "습지보호지역"의 지정 기준으로 가장 거리가 먼 것은?

① 자연 상태가 원시성을 유지하고 있거나 생물다양성이 풍부한 지역
② 습지생태계의 보전 상태가 불량한 지역 중 인위적인 관리 등을 통하여 개선할 가치가 있는 지역
③ 특이한 경관적, 지형적 또는 지질학적 가치를 지닌 지역
④ 희귀하거나 멸종위기에 처한 야생 동식물이 서식하거나 나타나는 지역

87. 자연환경보전법상 생태·경관보전지역 중 생태·경관완충보전구역의 설명으로 가장 적합한 것은?

① 생태계의 구조와 기능의 훼손방지를 위하여 특별한 보호가 필요한 지역
② 자연경관이 수려하여 특별히 보호하고자 하는 지역
③ 생태·경관핵심보전구역에 둘러싸인 취락지역으로서 지속가능한 보전과 이용을 위하여 필요한 지역
④ 생태·경관핵심보전구역의 연접지역으로서 생태·경관핵심보전구역의 보호를 위하여 필요한 지역

88. 국토기본법상 국토계획에 관한 설명 중 옳지 않은 것은?

① 국토종합계획 : 국토 전역을 대상으로 하여 국토의 장기적인 발전 방향을 제시하는 종합계획
② 도종합계획 : 도 또는 특별자치도의 관할구역을 대상으로 하여 해당 지역의 장기적인 발전 방향을 제시하는 종합계획
③ 시·군종합계획 : 특별시·광역시·시 또는 군(광역시의 군은 제외한다)의 관할구역을 대상으로 하여 해당 지역의 기본적인 공간구조와 장기 발전 방향을 제시하고, 토지이용, 교통, 환경, 안전, 산업, 정보통신, 보건, 후생, 문화 등에 관하여 수립하는 계획으로서 「국토의 계획 및 이용에 관한 법률」에 따라 수립되는 도

시·군 계획

④ 부문별계획 : 특정 지역을 대상으로 특별한 정책목적을 달성하기 위하여 수립하는 계획

89. 환경정책기본법령상 NO_2의 대기환경기준으로 옳은 것은? (단, 단위는 ppm)

1시간평균치	24 시간평균치	연간평균치
㉠	㉡	㉢

① ㉠:0.15 이하, ㉡:0.05 이하, ㉢:0.02 이하
② ㉠:0.10 이하, ㉡:0.06 이하, ㉢:0.03 이하
③ ㉠:0.15 이하, ㉡:0.06 이하, ㉢:0.03 이하
④ ㉠:0.18 이하, ㉡:0.10 이하, ㉢:0.05 이하

90. 야생생물 보호 및 관리에 관한 법률 시행규칙상 곤충류 중 환경부 지정 멸종위기 야생생물 Ⅰ급이 아닌 것은?

① 장수하늘소 　　② 소똥구리
③ 비단벌레 　　④ 산굴뚝나비

91. 다음은 자연환경보전법상 자연환경조사에 관한 사항이다. ( ) 안에 가장 적합한 것은?

환경부장관은 관계중앙행정기관의 장과 협조하여 (㉠) 전국의 자연환경을 조사하여야 한다.
환경부장관은 관계중앙행정기관의 장과 협조하여 생태·자연도에서 (㉡)으로 분류된 지역과 자연상태의 변화를 특별히 파악할 필요가 있다고 인정되는 지역에 대하여 (㉢) 자연환경을 조사할 수 있다.

① ㉠5년마다, ㉡1등급 권역, ㉢2년마다
② ㉠10년마다, ㉡2등급 권역, ㉢매년
③ ㉠10년마다, ㉡1등급 권역, ㉢2년마다
④ ㉠5년마다, ㉡2등급 권역, ㉢매년

92. 습지보전법상 습지보호지역으로 지정·고시된 습지를 「공유수면 관리 및 매립에 관한 법률」에 따른 면허 없이 매립한 자에 대한 벌칙 기준은?

① 5년 이하의 징역 또는 5천만원 이하의 벌금
② 3년 이하의 징역 또는 3천만원 이하의 벌금
③ 2년 이하의 징역 또는 2천만원 이하의 벌금
④ 1년 이하의 징역 또는 1천만원 이하의 벌금

93. 환경정책기본법령상 수질 및 수생태계에서 "하천"의 항목별 환경기준으로 틀린 것은? (단, 사람의 건강보호 기준)

① 6가크롬(Cr^{6+}) : 0.05mg/L
② 1,2-디클로로에탄 : 0.05mg/L 이하
③ 유기인 : 검출되어서는 안 됨(검출한계 0.0005mg/L)
④ 음이온계면활성제(ABS) : 0.5mg/L 이하

94. 다음은 환경정책기본법상 환경영향평가에 관한 사항이다. ( ) 안에 들어갈 말로 가장 거리가 먼 것은?

> 국가는 환경기준의 적정성을 유지하고 자연환경을 보전하기 위하여 환경에 영향을 미치는 계획 및 개발사업이 환경적으로 지속가능하게 수립·시행될 수 있도록 ( ), ( ), ( )를 실시하여야 한다.

① 소규모환경영향평가
② 선정환경영향평가
③ 전략환경영향평가
④ 환경영향평가

95. 자연공원법상 자연공원 지정고시 및 지정기준에 관한 사항이다. ( ) 안에 공통으로 들어갈 말로 옳은 것은?

> (㉠)은 자연공원을 지정한 때에는 (㉡)으로 정하는 바에 따라 자연공원의 명칭, 종류, 구역, 면적, 지정 연월일 및 (㉠)과 그 밖에 필요한 사항을 고시하여야 한다.
> 자연공원의 지정기준은 자연생태계, 경관 등을 고려하여 (㉡)으로 정한다.

① ㉠ 국토관리청, ㉡ 환경부령
② ㉠ 공원관리청, ㉡ 환경부령
③ ㉠ 공원관리청, ㉡ 대통령령
④ ㉠ 국토관리청, ㉡ 대통령령

96. 독도 등 도서지역의 생태계 보전에 관한 특별법 시행령상 환경부장관이 조사원으로 하여금 무인도서 등의 자연생태계 등에 대한 원활한 조사를 하도록 하기 위해 관계중앙행정기관의 장 및 시·도지사에게 협조를 요청할 수 있는 사항으로 가장 거리가 먼 것은?

① 관할 출입제한구역안의 출입
② 도서조사원증의 발급 및 조사권 부여
③ 조사에 필요한 선박 등 장비 및 인력의 지원
④ 조사관련자료의 열람 또는 대출

97. 생물다양성 보전 및 이용에 관한 법률상 국가생물다양성전략의 수립 주기는?

① 1년 마다   ② 2년 마다
③ 5년 마다   ④ 10년 마다

98. 야생생물 보호 및 관리에 관한 법률상 환경부장관이 서식지외보전기관에서 천연기념물을 보전하게 하려는 경우 누구와 협의하여야 하는가?

① 환경보전협회장
② 문화재청장
③ 산림청장
④ 국토교통부장관

99. 국토의 계획 및 이용에 관한 법률 시행령상 기반시설의 분류 중 환경기초시설에 해당하지 않는 것은?

① 유수지   ② 하수도
③ 폐기물처리시설   ④ 폐차장

100. 국토의 계획 및 이용에 관한 법률상 용도지구의 지정에 관한 사항으로 옳지 않은 것은?

① 경관제한지구 : 풍수해, 산사태, 지반의 붕괴 그 밖의 재해를 예방하고 시설경관을 보호, 형성하기 위하여 필요한 지구
② 취락지구 : 녹지지역·관리지역·농림지역·자연환경보전지역·개발제한구역 또는 도시자연공원구역의 취락을 정비하기 위한 지구
③ 특정용도제한지구 : 주거 및 교육 환경 보호나 청소년 보호 등의 목적으로 오염물질 배출시설, 청소년 유해시설 등 특정시설의 입지를 제한할 필요가 있는

지구
④ 보호지구 : 문화재, 중요 시설물(항만, 공항 등 대통령령으로 정하는 시설물을 말한다) 및 문화적·생태적으로 보존가치가 큰 지역의 보호와 보존을 위하여 필요한 지구

제1과목:계통분류학

1. 린네(Linné)의 업적과 가장 거리가 먼 것은?

① 동물의 분류를 체계화 하는데 큰 업적을 남겼다.
② 종명의 명명을 위해 이명법(binominal nomenclature)을 정착시켰다.
③ 동식물 모두에서 채집된 표본을 정리할 때 단순형질에 근거한 분류를 도입하였다.
④ 전체 동물을 8강으로 나누고, 분류의 기준으로 다양한 분류학적 형질을 채택하였다.

2. 다음 중 장상복엽인 식물은?

① 옻나무   ② 가래나무
③ 오갈피나무   ④ 아까시나무

3. 다음 중 척삭동물(Chordata)만이 갖는 특성으로 옳은 것은?

① 방사난할
② 폐쇄혈관계

③ 항문뒤 꼬리
④ 후신관의 배설계

4. 쌍자엽식물과 단자엽식물의 일반적인 특징을 비교한 것으로 옳지 않은 것은?

	형질	쌍자엽	단자엽
㉠	부름켜	있음	없음
㉡	잎맥	대개 망상맥	대개 평행맥
㉢	뿌리계	1차근과 부정근	부정근
㉣	1차 관다발	산재 또는 2~ 다환배열	환상배열

① ㉠   ② ㉡   ③ ㉢   ④ ㉣

5. 국화과의 특징으로 가장 거리가 먼 것은?

① 열매는 수과이다.
② 약(꽃밥)이 융합된 취약웅예를 갖는다.
③ 자방상위이고 꽃받침은 관모로 변하였다.
④ 꽃들은 두상화서에 달리고 주변화와 반상화를 갖는다.

6. 피자식물의 해부학적 형질이 분류 목적에 적용되는 동안에 밝혀진 일반적인 원리로 가장 거리가 먼 것은?

① 해부학적 자료는 속(屬)이나 그 이상의 분류 계급에서 가장 유용하게 쓰인다.
② 기관이나 조직의 한 가지 해부학적 특

징이 종(種) 또는 속(屬)

③ 구조적 특수화에서 초래되는 유사점은 평행진화 또는 수렴진화에 의한 것보다는 가까운 유연관계를 의미하는 것이다.

④ 해부학적 자료는 유연관계가 있는 것을 보여주기 보다는 가까운 유연관계가 아님을 입증할 때 더 신빙성이 있다.

7. 다음 [보기]가 설명하는 학자는?

[보기]
기원전 3세기경 혈액의 유무, 부속지의 수, 표피의 상태 등과 같은 보편적인 형질을 기준으로 삼아 실제 520여종의 동물을 기록하고 이 동물들을 여러 분류범주에 배정한 분류학의 시조라 할 수 있는 학자

① 밀레투스(Miletus)
② 아리스토텔리스(Aristoteles)
③ 히포크라테스(Hippocrates)
④ 아낙시만드로스(Anaximandros)

8. 중생동물에 대한 설명으로 가장 거리가 먼 것은?

① 체표는 섬모로 덮여 있다.
② 석회층과 육방층 및 시상층이 해당한다.
③ 몸의 구조는 단순하고 무척추동물의 신장과 내장에 기생한다.
④ 후생동물의 발생과정 중 상실배 또는 중실포배에 해당하는 동물군이다.

9. 완족동물의 특징으로 가장 거리가 먼 것은?

① 유생은 자유유형 한다.
② 외투는 체벽에서 기원한다.
③ 심장이 없고 배설계는 전신관이다.
④ 선구동물과 후구동물의 특징을 가진 좌우대칭의 체강동물이다.

10. 동물분류학과 관련된 용어 중 상동과 상사에 대한 설명으로 가장 거리가 먼 것은?

① 새와 나비의 날개는 상동의 대표적인 예이다.
② 어류와 파충류의 비늘은 상사의 대표적인 예이다.
③ 상동은 분류학에서 계통발생적 기원이 동일한 기관 간의 관계를 말한다.
④ 상사는 외관이나 기능은 비슷하나 발생기원이 다른 기관을 의미하는 해부학적 용어이다.

11. Simpson(1961)의 분류학의 정의에 관한 설명으로 가장 거리가 먼 것은

① Taxonomy – 분류에 관해 이론보다는 현장중심적인 응용과학이다.
② Systematics, classification, taxonomy 중 Systematics의 범위가 가장 넓다.
③ Cassification – 동물들을 그것들의 관계의 연속성, 유사성 또는 이 두 가지로 말미암은 관련들을 근거로 여러 무리로 배열하는 것이다.
④ Systematics – "생물의 종류 및 다양성과 그들 상호 간의 모든 관계들에 관한 과학이다."라고 하고, 여기서 관계는 계통발생적 관계를 의미하는 좁은 의미가 아닌 생물들 상호간 모든 생물학적 관계라는 넓은 의미이다.

12. 동물의 명명법 중 한 과군의 모식속 명칭의 각 어간에 사용하는 어미의 연결로 옳지 않은 것은

① 족: -ini
② 과: -ina
③ 상과: -oidea
④ 아과: -inae

13. 다음 중 한국호랑이(아종)의 학명으로 옳게 쓰인 것은?

① felis tigris coreansis Brass
② Felis tigris coreansis Brass
③ felis Tigris coreansis Brass
④ Felis Tigris Coreansis Brass

14. 다음 [보기]가 설명하는 것으로 옳은 것은?

[보기]
피자식물 아강이며 만생배주나 급만생배주가 가장 흔하고 betarain을 갖고 있으며, 독립중앙태좌 또는 기저태좌를 갖거나 이상 두 가지를 모두 가진다.

① 석죽아강
② 국화아강
③ 생강아강
④ 조록나무아강

15. 린네(Linné)로부터 다윈(Dawin)과 월리스(Wallace) 등에 의해 천천히 발전해 온 것으로 자연선택에 의한 진화의 일반성을 기본적인 가설 또는 전제로 삼는 분류학의 학파는?

① 진화분류학
② 수량분류학
③ 집단분류학
④ 계통발생학적 분류학

16. 다음 [보기]가 설명하는 동물군은?

[보기]
중생대 초기의 파충류인 수궁류(Therapsida)가 진화하여 된 것으로 추측되며, 머리뼈가 커지면서 복잡한 구조를 가지고, 온혈성이며, 털로 체온을 유지하고, 태반생식을 하며 다른 동물들보다 지능이 발달한 동물군

① 어류
② 조류

③ 포유류   ④ 파충류

17. 극피동물문(Phylum Echinodermata)과 관련된 특징으로 가장 거리가 먼 것은?

① 수관계   ② 방사태칭
③ 후구동물   ④ 근육성의 발

18. R.H.Whittake가 제안한 생물계의 5계에 해당하지 않는 것은?

① Fungi   ② Monera
③ Animalia   ④ Euglenophyta

19. 다음 중 계통에 따른 동물의 분류가 옳지 않은 것은?

① 무체강동물-악구동물
② 의체강동물-편형동물
③ 진체강동물-절지동물
④ 진체강동물-환형동물

20. 다음 [보기]가 설명하는 것으로 옳은 것은?

[보기]
이것은 한 종에 속하는 표현형적으로 비슷한 집단들의 모임이며, 그 종의 지리적 분포구역의 한 부분에 살고 있고 또 그 종의 다른 지역 집단들과는 분류학적으로 차이가 있다.

① 변종   ② 아종   ③ 지역종   ④ 단종

제2과목:환경생태학

21. 종의 풍부도(species richness)를 증가시키는 요인과 거리가 먼 것은?

① 생태적 단순성
② 서식처의 복잡성
③ 지역의 규모 증가
④ 종의 지리적 근원지와의 근접성

22. 대기의 역할에 대한 설명으로 가장 거리가 먼 것은?

① 자외선 차단
② 열을 흡수하여 보유
③ 유용한 기체의 저장
④ 지구의 중력을 일정하게 유지

23. 다음 [보기]에서 설명하는 구제 협약(조약)은?

[보기]
지구온난화 규제 및 방지를 위한 국제협약인 기후변화협약의 수정안으로 온실가스의 배출감소 목표를 지정하고 있으며, 1997년 12월 제3차 당사국 총회에서 채택하였다.

① 런던협약
② 바젤협약
③ 교토 의정서
④ 몬트리올 의정서

24. 일반적으로 생태적 피라미드에서 가장 많은 개체수를 가지는 영양단계는?

① 생산자   ② 소비자
③ 분해자   ④ 우점종

25. 개체군의 성장이 S자 형일 때 환경저항으로 볼 수 없는 것은?

① 개체군 감소에 따른 배우자 선택이 풍부해진다.
② 개체수의 증가로 생활공간이 상대적으로 좁아진다.
③ 개체수의 증가로 먹이가 부족하여 개체 간의 경쟁이 심하다.
④ 개체수의 증가에 따른 노폐물의 양도 증가하여 환경오염이 심해진다.

26. 다음 보기가 설명하는 호수는?

[보기]
물이 깨끗하며, 수중생물 개체수가 적다. 또한 투과 햇빛이 많고 수심이 깊다.

① 과영양호   ② 부영양호
③ 중영양호   ④ 빈영양호

27. 대기오염물질 중 2차 오염물질에 해당하는 것은?

① CO   ② SO$_2$ ③ CH$_4$ ④ H$_2$SO$_4$

28. 지구의 질소순환에 대한 설명으로 옳지 않은 것은?

① 건조 대기의 약 79%는 질소이다.
② 식물은 질산염 이온을 흡수한 후 질소와 아미노산을 결합하여 식물단백질을 형성한다.
③ 암모니아 이온은 자가영양을 하는 Nitrobactor에 의해 아질산염의 형태로 전환된다.
④ 질소고정 박테리아를 제외한 지구상의 대부분 생물들은 대기중의 질소를 직접 이용할 수 없다.

29. 묵밭천이(Old field succession)에 대한 설명으로 옳지 않은 것은?

① 경작을 그만 둔 묵밭에서 진행되는 천이를 말한다.
② 토양은 척박하며 비료의 잔여물도 휴경 후, 1~2년 내 유실된다.
③ 천이 초기단계는 바랭이, 돼지풀 등의 다년생식물이 출현한다.
④ 천이단계에 따라 목본이 첨가되기도 하나, 종다양성은 주변의 식생에 의해 결정된다.

30. 지구 온난화 현상의 영향으로 볼 수 없는 것은?

① 해수면이 상승할 것이다.
② 여름철 질병발생률을 높일 것이다.
③ 동·식물의 분포에 영향을 줄 것이다.

④ 이산화탄소 및 메탄의 배출량이 감소하여 지구 온난화를 가속시킬 것이다.

31. 다음 중 환경요인에 의하여 조절되지 않는 개체군 생장을 나타내는 곡선은?

① S형　　② J형　　③ L형　　④ M형

32. 대륙의 최북단에 위치하며 이끼, 지의류, 관목이 조밀하게 사는 북극의 평원을 무엇이라 하는가?

① 타이가　　　　② 툰드라
③ 초원　　　　　④ 사바나

33. 습지의 기능으로 옳지 않은 것은?

① 홍수조절　　　② 수문안정
③ 종다양성 유지　④ 토양유출촉진

34. 개체군 내 종간 상호작용의 유형에 대한 설명으로 옳지 않은 것은?

① 상리공생 – 두 종 모두 이익을 얻는다.
② 포식 – 포식자에게는 긍정적이고 피식자에게는 부정적이다.
③ 경쟁 – 두 종이 서로를 억제하거나 어떤 종류의 부정적인 영향을 준다.
④ 편리공생 – 한 종에게는 이익이 되고, 다른 종에게는 불이익이 된다.

35. 인의 순환에 대한 설명으로 옳지 않은 것은?

① 인산염의 형태로 식물체에 흡수되어 단백질, ATP, 유전물질 등의 성분이 된다.
② 사체나 배설물을 미생물이 분해하면 그 속의 인은 토양이나 대기중에 유출된다.
③ 식물에 흡수된 인은 죽어서 분해되거나 먹이연쇄에 의해 동물체로 이동한다.
④ 하천으로 과다하게 유입될 경우 부영양화를 일으키는 원인이 되기도 한다.

36. 다음 중 열대우림의 종다양성 특징으로 가장 적합한 것은?

① 낮은 우점도와 많은 수의 생물종
② 높은 우점도와 많은 수의 생물종
③ 낮은 우점도와 적은 수의 생물종
④ 높은 우점도와 적은 수의 생물종

37. 생태계 에너지에 관한 일반사항 중 옳지 않은 것은?

① 1차 생산력은 2차 생산을 제한한다.
② 열역학법칙이 에너지 흐름을 지배한다.
③ 광합성 과정에서 고정된 에너지는 2차 생산이다.
④ 수생태계에서 온도, 빛, 영양소가 1차 생산을 조절한다.

38. 극상군집(climax community)에 대한 설명으로 옳은 것은?

① 순생산이 이용보다 적다.
② 순생산이 이용보다 많다.
③ 순생산과 이용이 평형 상태에 이른다.
④ 먹이관계가 단순한 연쇄상 구조이다.

39. 다음 중 호소 생태계에 대한 설명으로 옳은 것은?

① 다량의 무기물 저장소이다.
② 뚜렷한 성대(Zonation)와 성층(stratification)이 있다.
③ 서식조건에 따라 조간대와 조하대 등으로 구분한다.
④ 수확의 천이(succession of crops)에 의하여 1차 생산이 연중 이루어지고 있다.

40. 다음 중 지의류가 가장 민감한 대기오염물질은?

① 아황산가스　　　② 질소산화물
③ 일산화탄소　　　④ 휘발성 유기탄소

제3과목 : 형태학

41. 다음 중 평활근(smooth muscle)이 발견되지 않는 곳은 곳은?

① 내장　　　　　② 홍채
③ 혈관벽　　　　④ 이두근

42. 물질의 흡수, 분비 및 감각 등의 기능을 하는 조직으로 옳은 것은?

① 신경조직　　　② 결합조직
③ 근육조직　　　④ 상피조직

43. 뿌리의 신장은 어느 조직에서 분열된 것인가?

① 정단분열조직　　② 절간분열조직
③ 대기분열조직　　④ 측부분열조직

44. 2기 생장을 하는 쌍떡잎식물의 줄기나 뿌리에서 표피는 다음 중 어떤 조직으로 대체되는가?

① 주피(periderm)
② 전형성층(procambium)
③ 후각조직(collenchyma tissue)
④ 기본분열조직(ground meristem)

45. 다음 중 평형곤(halter) 구조는 주로 어떤 곤충에서 볼 수 있는가?
① 벌목　　　　　② 파리목
③ 메뚜기목　　　④ 딱정벌레목

46. 현미경 관찰 결과 물관부와 체관부가 방사상으로 배열된 다원형 목부가 내피, 내초가 보였다면 이것은 식물의 어느 기관에 해당하는가?

① 잎　　　　　　② 뿌리
③ 줄기　　　　　④ 잎자루

47. 바람에 의해 수분되는 풍매화에서 볼 수 있는 생식구조의 일반적인 특징으로 가장 거리가 먼 것은?

① 꽃가루는 보통 매끄럽고 작다.
② 꽃가루주머니가 긴 수술대에 대롱대롱 매달려 있다.
③ 보통 꽃에는 꽃받침잎이나 꽃잎이 잘 발달되어 있다.
④ 암술머리는 깃털 모양으로 갈라져 있는 경우가 있다.

48. 개구리의 3방 심장구조를 바르게 나타낸 것은?

① 좌심방, 우심방, 심실
② 심방, 좌심실, 우심실
③ 우심방, 좌심실, 우심실
④ 좌심방, 좌심실, 우심실

49. 목본식물의 줄기가 두터워지는 요인이 되는 주된 부위는?
① 1기 물관부　　② 2기 물관부
③ 1기 체관부　　④ 2기 체관부

50. 측근(lateral root)을 형성하는 기능을 가진 것은?

① 내피　　　　　② 내초
③ 표피　　　　　④ 피층

51. 곤충류에 대한 설명으로 가장 거리가 먼 것은?

① 난생으로 대부분 변태를 한다.
② 몸은 머리와 가슴의 2부분으로 구분된다.
③ 몸과 다리는 단단한 외골격으로 싸여져 있다.
④ 머리에는 1쌍의 복안과 3쌍의 부속지로 된 구기를 가진다.

52. 척추동물 배아의 조직 중 외배엽으로부터 생겨난 성체구조로 옳은 것은?

① 신경계　　　　② 생식계
③ 순환계　　　　④ 소화관 내층

53. 호흡과 먹이 섭취의 역할을 하고 촉수관(lophophore)을 가지고 있지 않은 동물문은?

① 추형동물문　　② 외항동물문
③ 윤형동물문　　④ 완족동물문

54. 피자식물에서 정세포에 의해 수정이 될 때 배젖과 접합자를 형성하는 세포를 옳게 연결한 것은?

① 배젖-난세포, 접합자-중심세포
② 배젖-중심세포, 접합자-난세포
③ 배젖-화분관세포, 접합자-중심세포
④ 배젖-중심세포, 접합자-화분관세포

55. 목본식물의 줄기 표면에 생기는 피목(lenticel)의 기능은?

① 가스를 교환한다.
② 수분을 흡수한다.
③ 식물을 지지한다.
④ 수분 소실을 방지한다.

56. 다음 [보기]가 설명하고 있는 것은?

[보기]
많은 단자엽식물에서 볼 수 있으며 물관부는 V 또는 U자 모양이고 그 속에 체관부가 위치한다.

① 진정중심주　　② 망상중심주
③ 관상중심주　　④ 부제중심주

57. 많은 단자엽 식물의 표피(특히, 벼와 사초의 표피)에서 잎의 수축과 펴짐에 관여하는 특수세포는?

① 장세포　　　　② 규산세포
③ 우두상세포　　④ 코르크세포

58. 지렁이 소화계에서 입부터 항문에 이르는 기관의 순서를 옳게 나열한 것은?

① 인두 → 장 → 소낭 → 사낭 → 식도
② 인두 → 식도 → 소낭 → 사낭 → 장
③ 식도 → 사낭 → 장 → 소낭 → 인두
④ 식도 → 소낭 → 인두 → 사낭 → 장

59. 다음 [보기]가 설명하는 것은?

[보기]
유충은 수서생활하면서 소형 수서동물을 포식하며, 특히 아랫입술(labium)이 먹잇감을 효율적으로 포획할 수 있도록 발달되었다.

① 매미목　　　　② 메뚜기목
③ 잠자리목　　　④ 집게벌레목

60. 다음 절지동물의 분류군과 일반적인 호흡기관이 올바르게 연결된 것은?

① 갑각류 － 서폐
② 거미류 - 기관
③ 배각류 － 말피기관
④ 곤충류 - 아가미

61. 생물종과 군집을 보호하기 위한 우선 순위를 설정하는데 적용되는 3가지 기준과 가장 거리가 먼 것은?

① 유용성(utility)
② 위험성(endangerment)
③ 차별성(distinctiveness)
④ 국가적 특성(nationality)

62. 다음 [보기]가 설명하는 것으로 옳은 것은?

[보기]
생태계 흐름을 영양단계별로 도식화한 개념으로 열역학 1, 2법칙이 적용되어 설명된다.

① 개체군   ② 생물농축
③ 1차 생산력   ④ 생태(적) 피라미드

63. 생물다양성의 개념과 가장 거리가 먼 것은?

① 종 다양성
② 유전적 다양성
③ 진화적 다양성
④ 군집 및 생태계 다양성

64. 생물다양성의 구성요소에 관한 설명으로 가장 거리가 먼 것은?

① 생물다양성의 구성요소에는 직접적인 경제가치는 물론 간접적인 경제 가치도 부여될 수 있다.
② 간접적 가치는 수확하거나 손상하지 않고도 우리에게 경제적 이득을 제공하는 생물다양성에 부여된다.
③ 직접적인 경제 가치를 소비성 가치와 생산성 가치로 나눌 때 땔나무, 약풀, 건축자재 등은 소비성 가치를 지닌다.
④ 자연계에 존재하는 많은 종들은 가축이나 유전적으로 우수한 새로운 농산물로 쓰일 수 있다는 점에서 비소비적 가치를 지닌다.

65. 보전생물학에 대한 설명으로 가장 적합한 것은?

① 보전생물학은 단기간에 걸친 생물보호를 기본 관심사로 삼는다.
② 보전생물학은 생물다양성 붕괴의 위협에 대응하여 발전한 종합적인 과학이다.
③ 보전생물학은 종, 군집 생태게에 미치는 인간의 활동에 대해서는 관심을 두지 않는다.
④ 보전생물학은 경제적인 요인들을 일차적으로 고려하고, 일반적인 이론접근에 중점을 둔다.

66. 동물원의 기능과 가장 거리가 먼 것은?

① 희귀종의 보전
② 보전을 위한 교육
③ 희귀종 및 멸종위기종의 인공번식
④ 모든 희귀종을 한 곳에 모아 놓음으로써 유전적 풀(pool)의 최대 증가

67. 식물원과 수목원의 기능으로 가장 거리가 먼 것은?

① 희귀종과 위험종의 재배
② 희귀종의 상업적 판매
③ 식물의 분포나 서식지 요구도에 대한 정보 제공
④ 탐사대를 파견하여 새로운 종 발견 및 기초연구 수행

68. 다음 중 종다양성 감소의 근본적인 원인으로 옳은 것은?

① 서식지 파괴
② 질병의 확산
③ 외래종과의 경쟁
④ 대기 중 온실가스의 증가

69. 유기염소 살충제가 먹이사슬을 거치며 축적되는 과정을 기술한 레이첼 카슨의 책은?

① 가이아   ② 침묵의 봄
③ 훌륭한 신세계   ④ 린네의 생태일기

70. 다음 [보기]가 설명하는 것으로 옳은 것은?

[보기]
국제자연보전연맹-세계보전연맹이 구분한 보존 대상 종으로서 흔히 제한된 지리적 분포나 낮은 개체군 밀도로 인하여 개체수가 작은 종으로 당장은 절멸 위험에 직면하지 않겠지만 개체수의 부족으로 위험종이 될 가능성이 있는 종

① 희귀종(Rare)
② 절멸종(Extinct)
③ 취약종(Vulerable)
④ 위험종(Endangered)

71. 생물다양성 개념에 등장하는 종(species)에 관한 설명으로 가장 거리가 먼 것은?

① 하나의 종이란 형태적, 생리학적 및 생화학적인 몇 가지 특성에 있어 다른 개체군과 차이를 보이는 개체군을 의미한다.
② DNA 염기서열분석 등을 이용하면 박테리아처럼 외관상 별다른 차이가 없는 종도 구분할 수 있다.
③ 야외 관찰을 주로 하는 생물학자들은 주로 자연계에서 개체들 간의 교배 여부를 파악하여 생물학적 종 구분에 필요한 정보를 얻는다.
④ 형태학적 종의 개념은 표본동정이나 종의 체계적인 배열을 연구하는 분류학자들이 가장 많이 사용하는 방식이다.

72. 유효개체군 크기에서 50/500 규칙 (50/500 rule)과 가장 거리가 먼 것은?

① 이 규칙은 실제 상황에 잘 적용된다.
② 개체군 범위에서 유전적 변이를 유지할 수 있다.
③ 유전적 변이를 유지하기 위해 필요한 최소개체수 범위와 관련된다.
④ 모든 개체들이 균등한 교배확률과 같은 수의 자손을 가지는 개체들로 구성되어 있다는 가정을 가진다.

73. 다음 중 멸종되기 쉬운 종으로 가장 거리가 먼 것은?

① 몸체가 작은 종
② 유전적 변이가 낮은 종
③ 개체군의 크기가 작은 종
④ 계절에 따라 이동하는 생물 종

74. 생물다양성을 위협하는 요인과 가장 거리가 먼 것은?

① 서식지 단편화
② 서식처 연결통로 설치
③ 서식지 악화(오염을 포함)
④ 인위적 목적을 위한 종의 과도한 이용

75. 생물다양성을 보전함으로써 얻을 수 있는 간접적 경제 가치로 가장 거리가 먼 것은?

① GDP 증대
② 기후 조절
③ 폐기물 처리
④ 수자원과 토양자원의 보호

76. 생물서식지 분할에 따른 가장자리 효과에 대한 설명으로 가장 거리가 먼 것은?

① 단편화된 가장자리와 내부 산림의 미세 기후는 거의 동일하다.
② 산림의 가장자리에 덩굴류나 생장이 빠른 선구종들이 자랄 수 있다.
③ 산림의 가장자리는 환경이 교란된 지역이어서 병원균들이 쉽게 정착해서 번식하고 분할된 지역 내부로 번져갈 수 있다.
④ 산림이 분할될 경우, 산림의 가장자리 지역에서는 바람이 강해지고 습도가 낮아지며 온도가 올라간다.

77. 야생식물의 종자를 채집하여 종자은행에 저장하고자 할 때 야생종의 표본 추출전략에 대한 설명으로 가장 거리가 먼 것은?

① 절멸의 위험이 있는 종은 수집의 우선순위에 해당한다.
② 개체들의 자식생산 능력이 낮은 경우에는 수년에 걸쳐 고루 종자를 수집한다.
③ 개체당 종자수는 종자의 활력에 다라 정해야 하며, 종자의 활력이 높으면 한 개체당 소량의 종자가 채집될 것이다.
④ 종의 지리적, 환경적 범위 대부분을 포함할 수 있도록 종자의 수집은 한 종당 2개 이상의 개체군으로부터 이루어져야 한다.

78. 생물다양성 측정에 사용된느 방법 중 단일 군집내의 종수를 의미하며, 종 풍부도 개념에 가장 가까운 측정방법은?

① 알파 다양성(alpha diversity)
② 베타 다양성(beta diversity)
③ 감마 다양성(gamma diversity)
④ 델타 다양성(delta diversity)

79. 종이 생존하는데 필요한 최소 크기의 개체군에 관한 설명으로 가장 거리가 먼 것은?

① 최소존속개체군이라 한다.
② 서식지 크기와 밀접한 관계가 있다.
③ 보전생물학적인 관점에서 중요한 개념이다.
④ 종을 보전하기 위해서는 개체군을 최소로 유지한다.

80. 부영양화된 호수나 연못을 복원하는 과정에 관한 설명으로 가장 거리가 먼 것은?

① 어류 개체군을 조절하여 수질을 개선하는 것을 하향식(top-down) 조절이라고 한다.
② 하수처리방식을 개선하고 오염된 물을 처리하여 수체에 들어오는 무기영양물질을 감소시킨다.
③ 포식성 어류를 호수에 넣어주면 동물성 플랑크톤과 갑각류 개체군이 감소되어 수질악화를 초래한다.

④ 상향식(bottom-up) 조절방법은 하천 저토에서 수체로 영양물질이 재순환되는 내부기작이 있는 경우에 수질 개선이 어렵다.

제5과목:자연환경관계법규

---

81. 습지보전법상 습지보호지역 지정기준으로 옳지 않은 것은?

① 특이한 지질학적 가치를 지닌 지역
② 희귀한 야생 동식물이 서식하는 지역
③ 자연 상태가 원시성을 지니고 있는 지역
④ 가뭄에도 습지가 지속적으로 유지되고 있는 지역

82. 야생생물 보호 및 관리에 관한 법규상 멸종위기 야생생물에 해당되지 않는 것은?

① 수달   ② 고라니
③ 참수리   ④ 감돌고기

83. 야생생물 보호 및 관리에 관한 법규상 야생생물 특별보로구역 대상 지역 기준으로 옳지 않은 것은?

① 멸종위기 야생생물의 집단서식지·번식

지로서 특별한 보호가 필요한 지역

② 자연 상태가 원시성을 유지하고 있거나 생물다양성이 풍부하여 보전 및 학술적 연구가치가 큰 지역

③ 멸종위기 야생동물의 집단도래지로서 학술적 연구 및 보전 가치가 커서 특별한 보호가 필요한 지역

④ 멸종위기 야생생물이 서식·분포하고 있는 곳으로서 서식지·번식지의 훼손 또는 해당종의 멸종 우려로 인하여 특별한 보호가 필요한 지역

84. 자연공원법상 공원관리청이 자연공원을 효과적으로 보전하고 이용할 수 있도록 하기 위해 구분한 용도지구로 거리가 먼 것은?

① 공원자연보존지구
② 공원자연환경지구
③ 공원개발환경지구
④ 공원문화유산지구

85. 국토기본법령상 중앙행정기관의 장 및 시·도지사가 수립하는 국토종합계획 실행을 위한 소관별 실천계획은 몇 년 단위로 작성하는가?

① 1년   ② 3년   ③ 5년   ④ 10년

86. 자연공원법상 용도지구 중 공원자연보존지구에 해당하지 않는 곳은?

① 생물다양성이 특히 풍부한 곳

② 자연생태계가 원시성을 지니고 있는 곳

③ 특별히 보호할 가치가 높은 야생 동식물이 살고 있는 곳

④ 도시개발을 제한하고 자연환경을 보전할 필요가 있는 곳

87. 다음은 자연환경보전법상 용어의 정의이다. ( )안에 가장 적합한 것은?

[보기]
(   )(이)라 함은 생물다양성을 높이고 야생 동·식물의 서식지 간의 이동가능성 등 생태계의 연속성을 높이거나 특정한 생물종의 서식조건을 개선하기 위하여 조성하는 생물서식공간을 말한다.

① 생태축
② 생태통로
③ 소(小)생태계
④ 생태·경관보전지역

88. 환경정책기본법령상 하천에서 음이온 계면활성제(ABS)의 환경기준으로 옳은 것은?

(단, 사람의 건강보호기준, 단위는 mg/L)

① 0.05 이하
② 0.1 이하
③ 0.5 이하
④ 검출되어서는 안 됨(검출한계 0.01)

89. 자연환경보전법상 생태·경관보전지역의 보전을 위하여 금지하여야 할 행위에 해당되지 않는 것은?

① 가축의 방목
② 풀, 입목·죽을 채취·벌채
③ 동물을 포획하거나 알을 채취하는 행위
④ 조난된 동물을 구조·치료하여 동일지역에 방사하는 경우

90. 국토의 계획 및 이용에 관한 법률상 토지의 이용실태 및 특성, 장래의 토지 이용방향 등을 고려하여 국토를 구분한 용도지역과 가장 거리가 먼 것은?

① 도시지역
② 관리지역
③ 농업진흥지역
④ 자연환경보전지역

91. 습지보전법상 다음 ( ) 안에 알맞는 것은?

정부는 국가·지방자치단체 또는 사업자가 습지보호지역 또는 습지개선지역 중 (㉠) 이상에 해당하는 면적의 습지를 훼손하게 될 경우에는 습지보호지역 또는 습지 개선지역 중 지정 당시의 습지 보호지역 또는 습지개선지역 면적의 (㉡) 이상에 해당하는 면적의 습지가 보존되도록 하여야 한다.

① ㉠ 4분의 1, ㉡ 2분의 1
② ㉠ 2분의 1, ㉡ 2분의 1
③ ㉠ 4분의 1, ㉡ 3분의 1
④ ㉠ 2분의 1, ㉡ 3분의 1

92. 독도 등 도서지역의 생태계 보전에 관한 특별법령상 무인도서등의 자연생태계 등의 조사에 포함되어야 할 내용으로 가장 적합하게 나열된 것은? (단, 기타 자연생태계 등의 보전을 위하여 특히 조사할 필요가 있다고 환경부장관이 인정하는 사항을 제외한다.)

[보기]
㉠ 동·식물의 분포 및 현황
㉡ 인구수 및 가구수
㉢ 특이한 지형·지질 및 자연환경의 현황
㉣ 거주민 생업현황
㉤ 해안의 상태 및 건축물 기타 공작물의 현황
㉥ 식생현황

① ㉠, ㉡, ㉢, ㉥
② ㉠, ㉡, ㉣, ㉤
③ ㉠, ㉢, ㉤, ㉥
④ ㉠, ㉢, ㉣, ㉤

93. 백두대간 보호에 관한 법률상 보호지역에 거주하는 주민 또는 보호지역에 토지를 소유하고 있는 자에 대해 산림청장과 지방자치단체의 장이 수립 및 시행하는 주민지원사업에 해당하지 않는 것은?

① 야생생물의 인공증식시설 설치사업
② 자연환경 보전·이용시설의 설치사업
③ 수도시설의 설치 지원 등 복지 증진사업
④ 농림축산업 관련 시설 설치 및 유기영농지원 등 소득증대사업

94. 야생생물 보호 및 관리에 관한 법령상 환경부장관은 수렵동물의 지정 등을 위하여 야생동물의 종류 및 서식밀도 등에 대한 조사를 최소한 몇 년마다 실시하는가?

① 1년   ② 2년   ③ 3년   ④ 4년

95. 환경정책기본법령상 환경정보망의 구축·운영 대상이 되는 환경정보로 옳지 않은 것은?

① 환경상태의 조사·평가 결과
② 일반국민에게 유용한 환경정보
③ 한국농촌공사의 환경현황 조사결과
④ 자연환경 및 생태계의 현황을 표시한 지도 등 환경지리정보

96. 국토의 계획 및 이용에 관한 법률상 도시·군관리계획에 대한 설명으로 옳지 않은 것은?

① 도시·군관리계획 결정은 고시가 된 날부터 10일 후에 그 효력이 발생한다.
② 도시·군관리계획을 입안하는 경우 입안을 위한 기초조사의 내용에 도시·군관리계획이 환경에 미치는 영향 등에 대한 환경성검토를 포함하여야 한다.
③ 도시·군관리계획의 수립기준, 도시·군관리계획도서 및 계획설명서의 작성기준·작성방법 등은 대통령령으로 정하는 바에 따라 국토교통부장관이 정한다.
④ 특별시장·광역시장 등은 5년마다 관할구역의 도시·군관리계획에 대하여 타

당성 여부를 재검토하여 정비하여야 한다.

97. 다음은 국토의 계획 및 이용에 관한 법률상 이 법에서 사용하는 용어의 뜻에 관한 사항이다. ( )안에 알맞은 것은?

( )이란 도시·군계획 수립 대상지역의 일부에 대하여 토지 이용을 합리화하고 그 기능을 증진시키며 미관을 개선하고 양호한 환경을 확보하며, 그 지역을 체계적·계획적으로 관리하기 위하여 수립하는 도시·군관리계획을 말한다.

① 개발단위계획   ② 개발실시계획
③ 지구단위계획   ④ 도시기반계획

98. 자연환경보전법상 생물다양성의 보전을 위해 실시되는 자연환경조사에 대한 설명으로 가장 거리가 먼 것은?

① 환경부장관은 관계중앙행정기관의 장과 협조하여 5년마다 전국의 자연환경을 조사하여야 한다.
② 생태·자연도에서 1등급 이상 권역으로 분류된 지역에 대하여는 7년마다 자연환경을 조사하여야 한다.
③ 지방자치단체의 장은 당해 지방자치단체의 조례가 정하는 바에 의하여 관할구역의 자연환경을 조사할 수 있다.
④ 지방자치단체의 장은 자연환경을 조사하는 경우에는 조사계획 및 조사결과를 환경부장관에게 보고하여야 한다.

99. 환경정책기본법령상 [보기]의 서식지 및 생물 특성이 나타나는 하천에서 발견되는 생물 지표종으로 옳은 것은?

[보기]
물이 약간 혼탁하며, 유속은 약간 느린 편임
바닥은 주로 잔자갈과 모래로 구성됨
부착 조류가 녹색을 띠며 많음

① 가재 　　　　② 강도래
③ 옆새우 　　　④ 물달팽이

100. 생물다양성 보전 및 이용에 관한 법률상 환경부장관의 승인을 받지 아니하고 국내에 위해우려종을 수입 또는 반입한 자에 대한 벌칙기준은?
(단, 다른 법에 따른 승인을 받은 경우는 제외한다.)

① 2년 이하의 징역 또는 2천만원 이하의 벌금
② 3년 이하의 징역 또는 3천만원 이하의 벌금
③ 5년 이하의 징역 또는 5천만원 이하의 벌금
④ 7년 이하의 징역 또는 7천만원 이하의 벌금

제1과목: 계통분류학

1. 장미과의 아과에 대한 검색표이다. ( ) 안에 알맞은 것은?

> 1. 열매는 개과이다. -----(㉮)
> 1. 열매는 폐과이다.
> 2. 자방은 상위이다.
>   3. 1개의 암술로 된 자방이며(간혹 2~5개), 열매는 핵과 또는 장과이다. -----(㉯)
>   3. 대개 10개 또는 그 이상의 암술로 된 자방이며, 만일 암술이 적거나 1개일 경우 열매는 건개과이다. -----(㉰)
> 2. 자방은 하위이며 2~5 심피로 되어 있다. -----(㉱)

① ㉮배나무아과 ㉯앵도나무아과 ㉰장미아과
   ㉱조팝나무아과
② ㉮조팝나무아과 ㉯앵도나무아과 ㉰장미아과
   ㉱배나무아과
③ ㉮앵도나무아과 ㉯장미아과 ㉰배나무아과
   ㉱조팝나무아과
④ ㉮장미아과 ㉯배나무아과 ㉰조팝나무

아과
   ㉱앵도나무아과

2. 총포가 있는 두상화서를 가지며 5수성 합판화관과 취약웅예로 특징지을 수 있는 분류군으로 가장 적합한 것은?

① 콩과
② 인동과
③ 용담과
④ 국화과

3. 국제동물명명규약에서 동물 명명에 적용되지 않는 것은?

① 가축
② 잡종동물
③ 화석동물
④ 절멸한 동물

4. 척삭의 주요 기능에 해당하는 것은?

① 소화 기능을 돕는다.
② 심장의 기능을 돕는다.
③ 근육의 부착축이 된다.
④ 말초신경의 역할을 한다.

5. 물푸레나무과의 주요 특징으로 가장 거리가 먼 것은?

① 대개 잎이 대생한다.
② 수술은 보통 2개이다.
③ 꽃잎은 주로 이생한다.
④ 암술은 보통 2심피가 합생한다.

6. 한 식물체에 한 종류의 단성화(unisexual flower) 만을 가지는 것은?

① 자웅이주(dioecious plant)
② 잡성주(polygamous plant)
③ 자웅동주(monoecious plant)
④ 양성주(hermaphroditic plant)

7. 동물학명을 바르게 표시한 것은?

① Vertebrata
② Coluber novae-hispaniae
③ Homo sapiens, Linnaeus
④ Sesarma (Holometopus) haematocheir

8. 조류의 몸무게를 가볍게 하면서 동시에 강하게 나는 힘을 얻을 수 있도록 적응된 기관계의 묶음은?

① 골격계와 호흡계   ② 골격계와 배설계
③ 골격계와 생식계   ④ 골격계와 소화계

9. 콩과식물에 속하지 않는 것은?

① 자운영   ② 풀싸리
③ 광대싸리   ④ 조록싸리

10. 콩꼬투리에 해당되는 열매의 주된 종류는?

① 취과(aggregate)   ② 협과(legume)
③ 삭과(capsule)   ④ 시과(samara)

11. 후생동물(Metazoa)은 어떤 동물을 지칭하는가?

① 다세포 생물
② 낭배의 원구가 입이 되는 동물
③ 낭배의 원구가 항문이 되는 동물
④ 성체가 되어도 유생의 형태를 유지하는 동물

12. 종을 분류하고 기재하는 방법으로 종의 원기재에 있어서 저자가 근거로 삼은 단일표본(하나의 표본을 근거로 신종을 기재할 때) 또는 원저자가 기재 중에 하나의 표본에 한하여 모식 또는 이와 동등한 표현으로 특기한 표본은?

① Holotype(완모식)   ② Syntype(총모식)
③ Paratype(부모식)   ④ Neotype(신모식)

13. 동소적 종분화의 요인과 가장 관계있는 것은?

① 지리적 장벽   ② 창시자효과
③ 염색체의 배수성   ④ 개체군의 이동성

14. 분류의 방법론에 관한 세 학파 중 "진화분류학" 학파에 해당되는 내용은?

① 상동성은 고려되지 않는다.
② 분류군 사이에 진화의 속도 차이가 존재한다.
③ 가능한 많은 형질을 사용한 전체적 유사성에 근거하여 분류한다.

④ 파생형질상태를 이용하여 공동조상에서 유래한 후손들을 추정한 후 이것에 기초하여 분류군을 설정한다.

15. 특정한 지역에 한정되어 분포하는 종은?

① 아종   ② 품종
③ 고유종   ④ 자매종

16. 린네는 동물범주를 5계급으로 설정하였고, 그 후 알려진 동물의 종류가 많아짐에 따라 그 수가 20여개 이상으로 늘어났는데, 그 중 기본적인 7범주에 해당하지 않는 것은?

① Class   ② Family
③ Genesis   ④ Kingdom

17. 동물계 종의 3/4 이상을 차지하는 큰 분류군으로 순환계는 개방혈관계를 가지고 혈액은 대체로 무색이며 호흡색소로는 헤모글로빈 또는 헤모시아닌 등을 가지는 것은?

① 중생동물문   ② 윤형동물문
③ 절지동물문   ④ 해면동물문

18. 식물의 APG 분류체계에서 진정목련군 (Eumagnoliid)에 속하지 않는 분류군은?

① 목련목   ② 후추목
③ 녹나무목   ④ 미나리아재비목

19. 해면동물의 특징이 아닌 것은?

① 방사대칭 또는 비대칭이다.
② 자극에 의해 국부적이고 독립적으로 반응하고 신경계는 없다.
③ 다세포 동물로 몸은 중교에서 기원한 느슨한 세포의 집합으로 되어있다.
④ 군체는 특수한 기능을 수행하는 여러 가지 개충으로 구성되어 다형현상을 나타낸다.

20. 다음에서 설명하는 분류학적 연구방법은?

- 주로 염색체가 가지는 정보와 분류학과의 결합된 연구 분야
- 염색체의 모양, 수, 종류 등의 외부형질을 이용하여 분석
- 배수체, 이수체 현상

① 생화학적 연구방법
② 세포학적 연구방법
③ 면역학적 연구방법
④ 분지론적 연구방법

만 조류(algae) 자체의 독성으로 인해 어패류가 질식사한다.

21. 천이가 점차 진행되어 가면서 일반적으로 나타나는 생지화학적 순환의 변화에 관한 설명으로 거리가 먼 것은?

① 내부순환은 증가한다.
② 영양물질의 보존력은 증가한다.
③ 물질순환은 개방적으로 되어간다.
④ 필수원소의 대사 회전 시간과 저장력은 증가한다.

22. 식물이나 동물의 사체를 섭식하는 동물로부터 시작되는 먹이연쇄를 부식연쇄 (detritus food chain)라 한다. 다음 중 부식연쇄를 구성하는 구성원으로서 적당하지 않은 것은?

① 지렁이   ② 진딧물
③ 흰개미   ④ 먼지벌레

23. 적조현상에 대한 설명으로 옳지 않은 것은?

① 하수 및 폐수 등에 의한 질소, 인 등의 영양염류 유입이 원인이 된다.
② 철분, 구리, 망간 등의 미량 금속 및 유기물질이 풍부할 때 일어난다.
③ 수온, 염분, pH 등이 적합하고 무풍상태가 계속되어 해수 교환이 일어나지 않을 때 일어난다.
④ 수중 산소 함유량에 영향을 주지 않지

24. 생물권에서 일부 특수한 물질이 먹이연쇄 단계를 거치면서 확산 및 희석되지 않고 오히려 농축되는 현상은?

① 생물량   ② 먹이연쇄
③ 생물농축   ④ 생태피라미드

25. 다음에서 설명하고 있는 Darwin의 이론은?

환경 및 경쟁하고 있는 생물의 압력으로 생기는 자연선택이 유기체와 종을 변화시키는 주요원인이다.

① 종분화설   ② 돌연변이설
③ 적자생존설   ④ 중간교란설

26. 다음 중 폐기물의 해양투기로 인한 해양오염을 방지하기 위한 국제협약(의정서)은?

① 몬트리올의정서   ② 리우협약
③ 도쿄의정서   ④ 런던협약

27. 삼림군락에 대한 가장자리 효과를 완충하는 스크램블 기능을 하며, 숲 내부로 침투하는 측광 차단, 숲바닥의 수분 증발과 풍동(風動)을 완충하는 역할을 하고, 칡군락, 찔레꽃군란, 누리장나무군락, 예덕나

무군락 등이 해당하는 군락은?

① 소매군락(hem community)
② 몸통군락(body community)
③ 망토군락(mantle community)
④ 임관군락(canopy community)

28. 생물종 보존을 위한 접근방법으로 적합하지 않은 것은?

① 정부의 적극적인 홍보 및 연구 지원
② 민간단체들의 종보전을 위한 적극적인 활동
③ 교육기관을 통한 지속적인 연구와 전문인력의 양성
④ 해충의 생물학적 방제를 위해 화학물질 대신 국외의 천적을 도입.

29. 수질오염의 영향에 관한 설명 중 옳지 않은 것은?

① 부영양성 호소의 퇴적물에서 자라는 혐기성 세균에서 독소가 발생하여 어류가 죽기도 한다.
② 부영양성 호소는 용존산소와 영양염류가 풍부하여 빈영양성 호소보다 생물다양성이 높다.
③ 카드뮴 농축으로 인체의 골격이나 뼈에 영향을 미치면 골연화증이나 골다공증 등을 유발한다.
④ ABS(알킬벤젠설폰산염)의 거품은 태양광선을 차단하여 수중식물의 광합성을 방해하며, 혐기성 미생물의 번식을 촉

진시켜 물의 자정능력을 잃게 한다.

30. 개체군 밀도 조절 요인 중에서 내적 요인에 해당하는 것은?

① 포식
② 종간 경쟁
③ 생태계 교란
④ 이입과 이출

31. 개체군 조절 메커니즘에 관한 설명으로 옳지 않은 것은?

① 제한된 환경에서 환경수용능력 이상의 개체군은 밀도가 감소한다.
② 생태계 내에서 개체군의 밀도가 증가하면 자신에게 가해지는 압력이 감소한다.
③ 개체군의 출생률과 사망률의 변화가 밀도에 영향을 받지 않는 것을 밀도-비의존효과(density-independent effect)라고 한다.
④ 무생물적 조절은 보통 밀도-비의존적(density- independent)인 반면에 생물적 조절은 밀도-의존적(density-dependent)이다.

32. 다음 오염물질 중 ( )안에 가장 적합한 것은?

( )은 도금, 피혁제조, 색소, 방부제, 약품 제조업 및 기타 공업에서 발생하는 먼지 및 흄으로 인체에 흡수된다. 체내에 흡수되면 간장, 신장, 폐 및 골수에 축적되며, 대부분 대변을 통해 배설된다. 또한 생체에 필수적인 금속으로서 결핍시에는 인슐린의 저하로 인한 것과 같은 탄수화물의 대사장애를 일으킨다

① 납화합물　　　② 비소화합물
③ 수은화합물　　　④ 크롬화합물

33. 혐기상태에서의 유기물 분해에 관련하지 않는 생물군은?

① ferns　　　② yeasts
③ bacteria　　　④ protozoa

34. 생태적 천이과정에 대한 설명으로 옳지 않은 것은?

① 천이는 방향성이 있어서 예측할 수 있다.
② 천이 초기 보다는 진행된 단계에서 종의 변화가 빠르게 나타난다.
③ 초기에 보였던 식물종들이 단계가 진행하면서 사라질 수 있다.
④ 총 생산량이 점진적으로 증가하여 극상단계에서는 최고에 도달한다.

35. 해양환경에서 간조와 만조 수위 사이의 해안역으로 생물학적 생산성이 높은 곳이며, 생태적으로 귀중한 가치를 가지는 지역으로 연안관리에 중요한 대상지인 이곳은?

① 연안구(photic zone)
② 심해대(abyssal zone)
③ 외양대(oceanic zone)
④ 조간대(intertidal zone)

36. 자원이 제한된 조건 아래서 같은 생태적 지위에 있는 두 종이 무기한 같이 살지 못하는 현상은?

① 편리공생　　　② 종내 경쟁
③ 경쟁적 배타　　　④ Allee의 효과

37. 생태계의 구성요소를 "비생물-생산자-소비자-분해자"의 순서대로 올바르게 표현한 것은?

① 햇빛 - 무우 - 해충 - 참새
② 초원 - 메뚜기 - 두꺼비 - 매
③ 이산화탄소 - 풀 - 여치 - 햇빛
④ 이산화탄소 - 풀 - 여치 - 지렁이

38. 다음 ( )안에 내용이 가장 알맞게 짝지어진 것은?

생물체를 둘러싼 환경요인 등이 복잡한 상호작용을 하여 생물체에 미치는 영향이 증가될 수 있는데 이를 (㉮)라 하며, 감소되는 현상을 (㉯)(이)라 한다.

① ㉮ 상승효과, ㉯ 상쇄효과
② ㉮ 상쇄효과, ㉯ 내성의 법칙
③ ㉮ 보상효과, ㉯ 생명의 특징
④ ㉮ 상승효과, ㉯ 최소량의 법칙

39. K-선택 종들의 개체군 성장곡선의 형태는?

① 직선   ② L모양
③ S모양   ④ J모양

40. 해양환경 중 용승(upwelling)현상에 대한 설명으로 가장 거리가 먼 것은?

① 페루의 광대한 멸치어장은 주로 용승현상에 의해 형성된 것이다.
② 용승은 영양소를 가진 차가운 심해의 물이 수면으로 올라오는 현상이다.
③ 용승은 계절적 현상으로 연안풍이 육지쪽 또는 연안과 수직으로 부는 곳에서 일어난다.
④ 뒤섞여 위로 올라온 영양소는 해양 먹이사슬의 기초를 제공하는 광합성 생물에 이용된다.

제3과목 : 형태학

41. 회전난할(rotational cleavage)이 일어나는 동물은?

① 사람   ② 성게
③ 까치   ④ 개구리

42. 척추동물을 분류할 때 양막류에 해당하지 않는 것은?

① 조류   ② 양서류
③ 파충류   ④ 포유류

43. 쌍자엽식물의 배발생의 유형으로 거리가 먼 것은?

① 가지형   ② 국화형
③ 마디풀형   ④ 십자화형

44. 출처를 알 수 없는 목본식물의 줄기를 관찰한 결과 나이테를 볼 수 없었다. 이 식물에 대한 추정으로 맞는 것은?

① 나이테가 없으므로 이 식물은 쌍떡잎 식물일 것이다.
② 이 식물은 생장 환경이 상당히 어려운 고산에서 채집된 식물일 것이다.
③ 이 식물은 연중 생장이 고른 열대우림 지역에서 채집된 식물일 것이다.
④ 나이테가 없으므로 이 식물은 겉씨식물(나자식물 gymnosperm)일 것이다.

45. 뿌리유형 중 내초에서부터 바깥쪽으로 내생적으로 만들어지는 뿌리는?

① 주근
② 측근
③ 근모
④ 부정근

46. 절지동물문의 협각아문(Chelicerata)에 대한 설명 중 맞지 않는 것은?

① 자유생활을 하며, 모두 육서종이다.
② 다리는 네 쌍이며, 배는 6~14절이다.
③ 거미류, 전갈류, 응애(진드기)류 등이 이에 속한다.
④ 몸은 머리, 가슴, 배의 세 부분으로 이루어져 있고, 더듬이는 두 쌍이 있다.

47. 경골어류에 있는 유체기관으로 평형을 유지하고 물속에서 움직이지 않고 머물 수 있게 해주는 기관은?

① cloaca
② gill raker
③ operculum
④ swim bladder

48. 해파리류, 말미잘류, 산호류와 같은 동물이 속하며 촉수를 지니거나, 체축(body axis)을 포함하는 면으로 분할하면 방사대칭 또는 좌우대칭의 특징을 지닌 동물군은?

① 편형동물문
② 연체동물문
③ 자포동물문
④ 절지동물문

49. 표피조직에 대한 설명이 옳은 것만으로 짝지어진 것은?

⊙ 모든 표피 세포는 밀랍으로 덮여 있다.
ⓛ 다층표피는 원표피가 수층분열하여 형성된다.
ⓒ 표피세포는 살아있는 세포로 고도로 액포화 되어 있다.
ⓔ 표피조직은 보호, 흡수, 분비 및 가스교환의 기능을 수행한다.

① ⊙, ⓛ
② ⓛ, ⓒ
③ ⓒ, ⓔ
④ ⊙, ⓔ

50. 배 과육의 껄끄럽고 단단한 돌세포는?

① 섬유(fiber)
② 큐티클(cuticle)
③ 보강세포(sclereid)
④ 유조직(parenchyma)

51. 유세포와 후각세포의 가장 큰 차이점은?

① 세포의 크기
② 2차벽의 존재여부
③ 세포벽의 비후양상
④ 세포의 대사활동 가능여부

52. 감자와 같이 지하경이 비대하여 육질의 덩어리로 된 것은?

① 포복경(runner)
② 괴경(tuber)
③ 편경(cladodium)
④ 인경(bulb)

53. 가도관(tracheid)의 경우는 어디를 통하여 물의 수송이 이루어지는가?

① 벽공 　　　　② 천공
③ 하피 　　　　④ 천공과 벽공

54. 중복수정의 결과 형성된 산물의 표현으로 가장 적합한 것은?

① 배와 배젖
② 2개의 떡잎
③ 2개의 배(embryo)
④ 씨앗이 2개 들어있는 과일

55. 아래의 설명과 관련 있는 동물문에 속하는 동물은?

이 동물문은 지구상의 모든 동물 중 가장 숫자가 많고 넓게 분포되어 있으며, 여러 가지의 기능을 위하여 특수화된 체절을 가진다. 이들 동물은 다양한 형태의 먹이를 섭취하며, 많은 종들이 성체와는 먹이습성이 전혀 다른 유생을 만들어내어 고도로 특수화된 생태적 지위를 가진다.

① 투구게 　　　　② 해파리
③ 민달팽이 　　　　④ 꼬마선충

56. 다음의 곤충 신경계 중 눈, 촉각, 그리고 다른 감각구조로부터 들어오는 정보를 통합하는 일을 하는 것은?

① 복신경삭

② 식도하 신경절
③ 식도상 신경절
④ 체절에 있는 신경절

57. 신경계의 기본단위인 뉴런에서 말단으로부터 뉴런의 나머지 부분으로 자극을 전달하는 역할을 하는 곳은?

① 축삭 　　　　② 세포체
③ 신경교 　　　　④ 수상돌기

58. 초본성 식물의 잎에서 일액현상(guttation)이 일어나는 조직은?

① 배수조직(hydathode)
② 염류분비선(salt gland)
③ 수송세포(transfer cell)
④ 선모(glandular trichome)

59. 동물의 조직을 결합조직, 상피조직, 근육조직, 신경조직으로 구분할 때, 결합조직에 해당되는 것은?

① 내피 　　　　② 뉴런
③ 혈액 　　　　④ 평활근

60. 다음 ( )안에 알맞은 기관은?

(㉠)은/는 리파아제, 아밀라제 등 소화효소와 중탄산염이 풍부한 알칼리성 액체를 생산해내고, (㉡)은/는 지질소화를 돕기 위해 필요할 때까지 쓸개즙을 저장한다.

① ㉠ 위(stomach), ㉡ 이자(pancreas)
② ㉠ 간(liver), ㉡ 담낭(gallbladder)
③ ㉠ 담낭(gallbladder), ㉡ 간(liver)
④ ㉠ 이자(pancreas), ㉡ 담낭(gallbladder)

제4과목:보전 및 자원생물학

61. 생물다양성 보호라는 측면에서 볼 때, 우량품종의 작물이 보급됨에 따라 발생되는 주요 문제점으로 가장 적합한 것은?

① 수확량이 너무 많아 가격이 폭락한다.
② 보급 이전에 재배되던 재배품종이 사라진다.
③ 우량 품종을 보급 받은 농민과 보급 받지 못한 농민 사이에 갈등이 생긴다.
④ 우량 품종만을 재배하기 때문에 우량 품종의 유전자 변형이 심하게 나타난다.

62. 다음 [보기]가 설명하는 것으로 옳은 것은?

[보기]
동일한 환경 자원을 이용하는 같은 영양 단계에 있는 종들을 말하며 공통적으로 이용하는 자원을 놓고 서로 경쟁한다.

① 숙주(host)
② 길드(guild)
③ 분해자(decomposers)
④ 중추종(keystone species)

63. 생산적 사용 가치(productive use value)측면에서 동식물 자원의 잠재적 가치로서 가장 큰 것에 해당하는 것은?

① 고기
② 연료용 목재
③ 밧줄과 건축재
④ 신약 개발과 신물질 합성

64. 소개체군에서 나타나는 유전변이성의 소실에 대한 내용으로 가장 거리가 먼 것은?

① 근교 약세
② 타식 강세
③ 진화적 유연성 소실
④ 생산능력의 차이로 인한 유효개체군 크기의 감소

65. 멸종속도에 대한 설명으로 가장 적합한 것은?

① 인류 역사상 멸종이 가장 심각하게 일어난 곳은 도서이다.
② 구대륙 열대림 국가에서 원시림 서식지 손실비율이 가장 큰 나라는 짐바브웨이다.
③ 현재 일어나고 있는 멸종의 대부분은 인위적인 영향보다 자연적인 영향에 의한 것이다.
④ 대륙종이 해양종보다 문(phylum) 단계에서 다양성이 높아 몇 개의 대륙종이 멸종되어도 생물다양성에 막대한 손실을 가져온다.

66. 보전생물학의 목적을 가장 명확하게 설명한 것은?

① 파괴된 환경을 파괴되기 이전의 상태로 되돌리는 것
② 종이 절멸되는 것을 막기 위해 인위적으로 번식을 유도하는 것
③ 절멸되거나 절멸의 위험이 있는 종을 동물원 또는 식물원으로 모두 이동시켜 잘 기르는 것
④ 종, 군집, 생태계에 대한 인간 활동을 명확히 이해하고 종의 절멸을 막기 위한 실질적인 보전방법을 발전시키는 것

67. 먹이사슬을 거치며 발생하는 생물 농축 현상을 유발하는 물질로 옳은 것은?

① 독성 물질
② 산성도가 큰 화합물
③ 소화가 되지 않는 물질
④ 체내에 오래 잔류하는 물질

68. 생물다양성의 장기적 보전을 위하여 개체들을 인위적으로 조절된 여건 하에서 보호, 관리하는 서식지 외(ex-situ) 보전방법과 가장 거리가 먼 것은?

① 동물원   ② 수족관
③ 야생방사   ④ 종자은행

69. 온난화 등에 따른 기후변화가 동식물에 미치는 영향에 대한 설명으로 옳은 것은?

① 이산화탄소 농도의 증가로 인해 생물다양성이 증가한다.
② 급격한 온도 상승은 식물 종의 생육저하와 함께 종 사멸로 이어질 수 있다.
③ 식생대의 단순화와 생물이 서식 가능한 지역의 감소는 생물종 간의 경쟁 작용을 낮춘다.
④ 이산화탄소 농도의 증가는 상대적으로 질소량의 감소를 유발하나 식물체의 생장에 미치는 영향은 없다.

70. 식물보전센터에서 위험종의 유전변이를 보존하기 위해 제시한 표본추출지침상 다음 중 우선 수집이 요구되는 종은?

① 진화적으로 중요한 종
② 경제적 가치를 지닌 종
③ 절멸의 위험이 있는 종
④ 분류학적으로 유일한 종

71. 현재의 생물다양성 감소의 가장 큰 위협요인인 것은?

① 서식지 손실
② 외래종 도입
③ 질병의 확산
④ 사냥(수렵, 어렵 등)

72. 다음은 개체군 보전에 관한 사항이다. ( )안에 들어갈 용어로 가장 적합한 것은?

일단 어떤 종에 대한 최소존속개체군(MVP)이 정해지면, 개체들의 자생지 크기와 절멸위험종 군집을 연구함으로써 그 종이 최소존속개체군 유지에 필요한 적당한 서식처 면적인 ( )을 추정할 수 있다.

① 최대존속면적   ② 최소존속면적
③ 최소동태면적   ④ 최대동태면적

73. 식물원의 역할과 기능에 대해 설명한 것으로 옳지 않은 것은?

① 일반대중에게 보전의 중요성을 교육시키는 역할도 수행한다.
② 건조표본을 통해 식물의 분포나 서식지 요구도에 대한 정보를 제공한다.
③ 희귀종보다는 일반적으로 널리 알려져 있는 종을 재배하는 것이 주 기능이다.
④ 유전적 변이를 충분히 유지시키기 위해 보존하는 생물의 종당 개체수를 늘릴 필요가 있다.

74. 종자은행의 종 보전을 위한 역할 중 내포하고 있는 문제점으로 옳지 않은 것은?

① 유해한 돌연변이의 누적
② 발아력의 점차적인 감소
③ 종자를 휴면상태로 장기간 저장
④ 정기적으로 종자의 질 검사와 종자 표본의 재확보 필요

75. 보전(Conservation)과 보존(Preservation)의 차이점을 가장 적합하게 설명한 것은?

① 보전은 협의의 보존을 의미한다.
② 보전은 주로 자연의 흐름에 역행하는 인위적인 관리를 대원칙으로 한다.
③ 보전은 큰 복합체나 일반적인 체계를 대상으로 하며, 보존은 특정개체, 집단, 종 등의 구체적인 대상을 가진다.
④ 보전은 자원을 유지하기 위해 관리가 필요한 경우에, 보존은 자원을 유지하기 위해 관리가 필요하지 않은 경우에 사용된다.

76. 핵심종(ketstone species)의 설명으로 가장 적합한 것은?

① 핵심종은 군집 또는 생태계 내에서 개체수가 가장 많은 종으로 그 군집 또는 생태계를 지탱하는 중추적 역할을 하는 종이다.
② 핵심종은 생태계내의 영양단계상 주로 하부에 위치하여 상위 포식자와 하위 생산자 또는 초식동물들을 중간에서 조절하는 중추적 역할을 하는 종이다.
③ 핵심종은 가장 하위 영양 단계의 생물군의 보전을 위해서 핵심종을 최대한으로 번창시킬 수 있도록 개체군의 크기를 조절해야만 한다.
④ 군집 또는 생태계 내에서 핵심종이 사라지면 영양 단계가 붕괴되어 궁극적으로 그 군집 또는 생태계가 붕괴된다.

77. 다음 중 [보기]가 설명하는 것으로 가장 적합한 것은? (단, 광의적인 의미)

[보기]
복원의 가장 기본적인 형태이며 인간의 간섭을 배제하고 자연적인 천이과정을 통해 원래 생태계로 돌아갈 수 있도록 하는 행위

① 대체   ② 방치
③ 재생   ④ 창출

78. 육상의 생물군집에서 종 풍부도(species richness)가 증가하는 일반적인 경우로 옳지 않은 것은?

① 고도가 낮을수록
② 강우량이 많을수록
③ 태양광선을 많이 받을수록
④ 지질학적으로 단순한 지형일수록

79. 멸종되기 쉬운 종이 아닌 것은?

① 유전적 변이가 높은 종
② 지리적 분포 범위가 좁은 종
③ 행동권이 넓어야 생육이 가능한 종
④ 특이한 생태적 지위를 요구하는 종

80. 일반적으로 종자은행에 저장하기 어려운 난저장성(recalcitrant) 종자자원에 해당하는 것은?

① 쌀   ② 감자   ③ 옥수수   ④ 코코아

제5과목:자연환경관계법규

81. 독도 등 도서지역의 생태계보전에 관한 특별법규상 특정도서에서의 행위허가 신청서 작성 시 첨부서류 목록으로 옳지 않은 것은?

① 당해 지역의 주민 의견을 수렴한 동의서
② 당해지역의 토지 또는 해역이용계획 등을 기재한 서류
③ 행위 대상지역의 범위 및 면적을 표시한 축척 2만 5천분의 1이상의 도면
④ 당해행위로 인하여 자연환경에 미치는 영향예측 및 방지대책을 기재한 서류

82. 국토의 계획 및 이용에 관한 법률상 중앙 및 지방도시계획위원회의 심의를 거치지 않고 1회에 한하여 2년 이내의 기간 동안 개발행위허가의 제한을 연장할 수 있는 지역은?

① 지구단위계획구역으로 지정된 지역
② 녹지지역으로 수목이 집단적으로 자라고 있는 지역
③ 계획관리지역으로 조수류 등이 집단적으로 서식하고 있는 지역
④ 개발행위로 인하여 주변의 환경, 경관, 미관 등이 오염되거나 손상될 우려가 있는 지역

83. 자연공원법상 공원구역에서 공원사업 외에 공원관리청의 허가를 받아야 하는 경우와 가장 거리가 먼 것은?

(단, 대통령령으로 정하는 경미한 행위는 제외한다.)

① 자갈을 채취하는 행위
② 물건을 쌓아 두거나 묶어 두는 행위
③ 100명의 사람이 단체로 등산하는 행위
④ 나무를 베거나 야생식물을 채취하는 행위

84. 다음 중 자연환경보전법상 다음 [보기]가 설명하는 지역으로 옳은 것은?

[보기]
생물다양성이 풍부하여 생태적으로 중요하거나 자연경관이 수려하여 특별히 보전할 가치가 큰 지역으로서 규정에 의하여 환경부장관이 지정·고시하는 지역

① 자연유보지역
② 자연경관보호지역
③ 생태·경관보전지역
④ 생태계변화관찰지역

85. 환경정책기본법령상 하천에서의 디클로로메탄의 수질 및 수생태계 기준(mg/L)으로 옳은 것은?(단, 사람의 건강보호 기준으로 한다.)

① 0.008 이하   ② 0.01 이하
③ 0.02 이하   ④ 0.05 이하

86. 다음은 자연공원법규상 공원관리청이 규정에 의해 징수하는 점용료 등의 기준요율에 관한 사항이다. ( )안에 알맞은 것은?

점용 또는 사용의 종류가 건축물 기타 공작물의 신축·증축·이축이나 물건의 야적 및 계류의 경우 기준요율은 (㉠)으로 하며, 토지의 개간인 경우 (㉡)으로 한다.

① ㉠ 인근 토지 임대료 추정액의 100분의 25 이상
   ㉡ 수확예상액의 100분의 10 이상
② ㉠ 인근 토지 임대료 추정액의 100분의 25 이상
   ㉡ 수확예상액의 100분의 25 이상
③ ㉠ 인근 토지 임대료 추정액의 100분의 50 이상
   ㉡ 수확예상액의 100분의 10 이상
④ ㉠ 인근 토지 임대료 추정액의 100분의 50 이상
   ㉡ 수확예상액의 100분의 25 이상

87. 생물다양성 보전 및 이용에 관한 법률상 환경부장관이 반출승인대상 생물자원에 대하여 국외반출을 승인하지 않을 수 있는 경우로 틀린 것은?

① 극히 제한적으로 서식하는 경우
② 경제적 가치가 낮은 형태적·유전적 특징을 가지는 경우
③ 국외에 반출될 경우 그 종의 생존에 위협을 줄 우려가 있는 경우
④ 국외로 반출될 경우 국가 이익에 큰 손해를 입힐 것으로 우려되는 경우

88. 백두대간 보호에 관한 법률상 산림청장은 백두대간보호 기본계획을 몇 년 마다 수립하여야 하는가?

① 1년   ② 3년   ③ 5년   ④ 10년

89. 다음은 국토기본법령상 국토계획평가의 절차이다. ( )안에 알맞은 것은?

국토교통부장관은   국토계획평가   요청서를 제출받은 날부터 (㉠) 이내에 국토계획평가를 실시하고 그 결과에 대하여 법에 따른 국토정책위원회에 심의를 요청하여야 한다. 다만, 부득이한 사유가 있는 경우에는 그 기간을 (㉡)의 범위에서 연장할 수 있다.

① ㉠ 15일, ㉡ 10일   ② ㉠ 15일, ㉡ 15일
③ ㉠ 30일, ㉡ 10일   ④ ㉠ 30일, ㉡ 15일

90. 습지보전법상 "연안습지" 용어의 정의로 옳은 것은?

① 습지수면으로부터 수심 10m까지의 지역을 말한다.
② 광합성이 가능한 수심(조류의 번식에 한한다.)까지의 지역을 말한다.
③ 만조 때 수위선과 지면의 경계선으로부터 간조 때 수위선과 지면의 경계선까지의 지역을 말한다.
④ 지하수위가 높고 다습한 곳으로서 간조시에 수위선과 지면이 접하는 경계면 내에서 광합성이 가능한 수심지역까지를 말한다.

91. 야생생물 보호 및 관리에 관한 법규상 유해야생동물과 가장 거리가 먼 것은?

① 분묘를 훼손하는 멧돼지
② 전주 등 전력시설에 피해를 주는 까치
③ 장기간에 걸쳐 무리를 지어 농작물 또는 과수에 피해를 주는 참새, 어치 등
④ 비행장 주변에 출현하여 항공기 또는 특수건조물에 피해를 주는 조수류(멸종위기 야생동물 포함)

92. 야생생물 보호 및 관리에 관한 법규상 시장·군수·구청장은 박제업자에게 야생동물의 보호·번식을 위하여 박제품의 신고 등 필요한 명령을 할 수 있는데, 박제업자가 이에 따른 신고 등 필요한 명령을 위반한 경우 각 위반차수별 (개별)행정처분기준으로 가장 적합한 것은?

① 1차: 경고, 2차: 경고,
   3차: 영업정지 3개월, 4차: 등록취소
② 1차: 경고, 2차: 영업정지 1개월,
   3차: 영업정지 3개월, 4차: 등록취소
③ 1차: 영업정지 1개월, 2차: 영업정지 3개월,
   3차: 영업정지 6개월, 4차: 사업장 이전
④ 1차: 영업정지 1개월, 2차: 영업정지 3개월,
   3차: 영업정지 6개월, 4차: 등록취소

93. 자연환경보전법상 생태·자연도의 작성·활용기준 중 ( )안에 알맞은 것은?

생태·자연도는 (㉠) 이상의 지도에 (㉡)으로 표시하여야 한다.

① ㉠ 2만5천분의 1, ㉡ 점선
② ㉠ 2만5천분의 1, ㉡ 실선
③ ㉠ 5만분의 1, ㉡ 점선
④ ㉠ 5만분의 1, ㉡ 실선

94. 국토의 계획 및 이용에 관한 법령상 용도지구 중 보호지구를 세분한 것에 해당하지 않는 것은?

① 생태계보호지구
② 주거시설보호지구
③ 중요시설물보호지구
④ 역사문화환경보호지구

95. 자연환경보전법상 사용되는 용어와 그 정의의 연결이 옳지 않은 것은?

① 자연환경 – 지하·지표(해양을 제외한다) 및 지상의 모든 생물과 이들을 둘러싸고 있는 비생물적인 것을 포함한 자연의 상태(생태계 및 자연경관을 포함한다)를 말한다.
② 자연환경의 지속가능한 이용 – 자연환경을 체계적으로 보존·보호 또는 복원하고 생물다양성을 높이기 위하여 자연을 조성하고 관리하는 것을 말한다.
③ 자연생태 – 자연의 상태에서 이루어진 지리적 또는 지질적 환경과 그 조건 아래에서 생물이 생활하고 있는 모든 현상을 말한다.
④ 생물다양성 – 육상생태계 및 수생생태계(해양생태계를 제외한다)와 이들의 복합생태계를 포함하는 모든 원천에서 발생한 생물체의 다양성을 말하며, 종내·종간 및 생태계의 다양성을 포함한다.

96. 생물다양성 보전 및 이용에 관한 법률상 생태계교란 생물이 아닌 것은?

① 떡붕어
② 황소개구리
③ 단풍잎돼지풀
④ 서양등골나무

97. 국토의 계획 및 이용에 관한 법령상 기반시설 중 광장에 해당하지 않는 것은?

① 교통광장
② 일반광장
③ 특수광장
④ 건축물부설광장

98. 습지보전법상 습지보전을 위해 설치할 수 있는 시설과 가장 거리가 먼 것은?

① 습지를 연구하기 위한 시설
② 습지를 준설 및 복원하기 위한 시설
③ 습지오염을 방지하기 위한 시설
④ 습지생태를 관찰하기 위한 시설

99. 환경정책기본법령상 수질 및 수생태계 상태별 생물학적 특성 중 생물지표종(저서생물)의 생물등급이 다른 하나는?
① 가재
② 옆새우
③ 꽃등에
④ 민하루살이

100. 환경정책기본법령상 아황산가스(SO_2)의 대기환경기준으로 옳은 것은?

(단, 24시간 평균치이다.)

① 0.02ppm 이하
② 0.03ppm 이하
③ 0.05ppm 이하
④ 0.06ppm 이하

· 〈2018년도 생물분류기사(식물) A형 기출문제〉 정답

1	2	3	4	5	6	7	8	9	10
②	②	②	①	③	①	④	①	②	①
11	12	13	14	15	16	17	18	19	20
②	②	③	④	①	②	③	4	②	②
21	22	23	24	25	26	27	28	29	30
①	③	②	③	④	②	①	②	②	④
31	32	33	34	35	36	37	38	39	40
②	③	①	②	②	②	②	4	②	③
41	42	43	44	45	46	47	48	49	50
②	②	④	④	③	④	①	④	③	②
51	52	53	54	55	56	57	58	59	60
③	②	②	③	①	③	②	①	②	①
61	62	63	64	65	66	67	68	69	70
③	④	④	①	④	①	④	④	③	②
71	72	73	74	75	76	77	78	79	80
①	①	④	①	③	①	②	③	③	④
81	82	83	84	85	86	87	88	89	90
①	②	④	③	③	②	④	④	②	②
91	92	93	94	95	96	97	98	99	100
①	②	②	②	③	②	③	②	①	①

· 〈2019년도 생물분류기사(식물) A형 기출문제〉 정답

1	2	3	4	5	6	7	8	9	10
④	③	③	④	③	③	②	②	③	①
11	12	13	14	15	16	17	18	19	20
①	②	②	①	①	③	④	④	②	②
21	22	23	24	25	26	27	28	29	30
①	④	③	①	①	④	④	③	③	④
31	32	33	34	35	36	37	38	39	40
②	②	④	④	②	①	③	③	②	①
41	42	43	44	45	46	47	48	49	50

④	④	①	①	②	②	③	①	②	②
51	52	53	54	55	56	57	58	59	60
②	①	③	②	①	④	③	②	③	②
61	62	63	64	65	66	67	68	69	70
④	④	③	④	②	④	②	①	②	①
71	72	73	74	75	76	77	78	79	80
③	①	①	②	①	①	④	①	④	③
81	82	83	84	85	86	87	88	89	90
④	②	②	③	③	④	③	③	④	③
91	92	93	94	95	96	97	98	99	100
①	③	①	②	③	①	③	②	④	①

• 〈2020년도 생물분류기사(식물) A형 기출문제〉 정답

1	2	3	4	5	6	7	8	9	10
②	④	②	③	③	①	④	①	③	②
11	12	13	14	15	16	17	18	19	20
①	①	③	②	③	③	③	④	④	②
21	22	23	24	25	26	27	28	29	30
③	②	④	③	③	④	③	④	②	④
31	32	33	34	35	36	37	38	39	40
②	④	①	②	④	③	④	①	③	③
41	42	43	44	45	46	47	48	49	50
①	②	③	③	②	④	④	③	③	③
51	52	53	54	55	56	57	58	59	60
③	②	①	①	①	③	④	①	③	④
61	62	63	64	65	66	67	68	69	70
②	②	④	②	①	④	④	③	②	③
71	72	73	74	75	76	77	78	79	80
①	③	③	③	③	④	②	④	①	④
81	82	83	84	85	86	87	88	89	90
①	①	③	③	③	④	②	④	③	③
91	92	93	94	95	96	97	98	99	100
④	②	②	②	②	①	③	②	③	③

	학명	국명	과명	20년	21년
1	*Huperzia serrata* (Thunb.) Trevis.	뱀톱	석송과	○	○
2	*Mankyua chejuense* B.Y. Sun, M.H. Kim & C H. Kim	제주고사리삼	고사리삼과		
3	*Psilotum nudum* (L.) P. Beauv.	솔잎난	솔잎난과		●
4	*Equisetum arvense* L.	쇠뜨기	속새과		
5	*Equisetum hyemale* L.	속새	속새과	○	
6	*Osmunda cinnamomea* L.	꿩고비	고비과		
7	*Osmunda japonica* Thunb.	고비	고비과		
8	*Salvinia natans* (L.) All.	생이가래	생이가래과		
9	*Dennstaedtia wilfordii* (T. Moore) H. Christ	황고사리	잔고사리과		
10	*Pteridium aquilinum* var. *latiusculum* (Desv.) Underw. ex A. Heller	고사리	잔고사리과		
11	*Ceratopteris thalictroides* (L.) Brongn.	물고사리	물고사리과		
12	*Asplenium incisum* Thunb.	꼬리고사리	꼬리고사리과		
13	*Asplenium ruprechtii* Sa. Kurata	거미고사리	꼬리고사리과		
14	*Athyrium yokoscense* (Franch. & Sav.) H. Christ	뱀고사리	개고사리과		○
15	*Onoclea sensibilis* L.	야산고비	야산고비과		
16	*Dryopteris crassirhizoma* Nakai	관중	관중과		
17	*Polystichum tripteron* (Kunze) C. Presl	십자고사리	관중과		○
18	*Davallia mariesii* T. Moore ex Baker	넉줄고사리	넉줄고사리과		
19	*Pyrrosia linearifolia* (Hook.) Ching	우단일엽	고란초과		
20	*Pyrrosia lingua* (Thunb.) Farw.	석위	고란초과		
21	*Selliguea hastata* (Thunb.) Fraser-Jenk.	고란초	고란초과		
22	*Abies holophylla* Maxim.	전나무	소나무과		
23	*Abies koreana* E.H. Wilson	구상나무	소나무과		
24	*Pinus densiflora* Siebold & Zucc.	소나무	소나무과		
25	*Pinus koraiensis* Siebold & Zucc.	잣나무	소나무과		
26	*Pinus rigida* Mill.	리기다소나무	소나무과		
27	*Pinus thunbergii* Parl.	곰솔	소나무과	○	○
28	*Chamaecyparis obtusa* (Siebold & Zucc.) Endl.	편백	측백나무과		
29	*Juniperus rigida* Siebold & Zucc.	노간주나무	측백나무과		
30	*Platycladus orientalis* (L.) Franco	측백나무	측백나무과		
31	*Taxus cuspidata* Siebold & Zucc.	주목	주목과		
32	*Magnolia sieboldii* K. Koch	함박꽃나무	목련과		
33	*Lindera obtusiloba* Blume	생강나무	녹나무과		
34	*Chloranthus japonicus* Siebold	홀아비꽃대	홀아비꽃대과		
35	*Saururus chinensis* (Lour.) Baill.	삼백초	삼백초과		●
36	*Aristolochia manshuriensis* Kom.	등칡	쥐방울덩굴과		
37	*Asarum sieboldii* Miq.	족도리풀	쥐방울덩굴과		
38	*Schisandra chinensis* (Turcz.) Baill.	오미자	오미자과		
39	*Euryale ferox* Salisb. ex K.D. Koenig & Sims	가시연	수련과		
40	*Brasenia schreberi* J.F. Gmel.	순채	어항마름과	●	
41	*Aconitum coreanum* (H. Lév.) Rapaics	백부자	미나리아재비과		●
42	*Aconitum jaluense* Kom.	투구꽃	미나리아재비과	○	
43	*Adonis amurensis* Regel & Radde	복수초	미나리아재비과		
44	*Anemone raddeana* Regel	꿩의바람꽃	미나리아재비과		
45	*Caltha palustris* L.	동의나물	미나리아재비과		

22년	23년	24년	멸종위기	특산식물	식물구계	적색목록	외래식물	생태교란	기후지표
	●		II		V	EN			
○					III				기후지표
		○			II				
	○								
●		●	II		V	NT			
					I				
		○							
○					III				
	○				II				
					II				
	○	○		특산	III	EN			
					II				
○									
○					IV	LC			
					II				
					II				
	○								
					I				
●		●	II		V	EN			
		○			II				
					II				
	●		II		V	VU			
			II		V	VU			
●			II		V	VU			
○					I				
									후보
	○				II				

	학명	국명	과명	20년	21년
46	*Clematis heracleifolia* var. *urticifolia* (Nakai ex Kitag.) U.C. La	병조희풀	미나리아재비과		
47	*Clematis terniflora* var. *mandshurica* (Rupr.) Ohwi	으아리	미나리아재비과		
48	*Clematis trichotoma* Nakai	할미밀망	미나리아재비과		
49	*Hepatica asiatica* Nakai	노루귀	미나리아재비과		○
50	*Ranunculus japonicus* Thunb.	미나리아재비	미나리아재비과		
51	*Thalictrum filamentosum* Maxim.	산꿩의다리	미나리아재비과		
52	*Berberis amurensis* Rupr.	매발톱나무	매자나무과		
53	*Menispermum dauricum* DC.	새모래덩굴	새모래덩굴과		
54	*Akebia quinata* (Houtt.) Decne.	으름덩굴	으름덩굴과	○	○
55	*Chelidonium majus* var. *asiaticum* (H. Hara) Ohwi	애기똥풀	양귀비과		
56	*Corydalis remota* Fisch. ex Maxim.	현호색	현호색과		
57	*Corydalis speciosa* Maxim.	산괴불주머니	현호색과	○	
58	*Corylopsis glabrescens* var. *gotoana* (Makino) T. Yamanaka	히어리	조록나무과		
59	*Daphniphyllum macropodum* Miq.	굴거리나무	굴거리나무과		
60	*Ulmus davidiana* var. *japonica* (Rehder) Nakai	느릅나무	느릅나무과		
61	*Humulus japonicus* Siebold & Zucc.	환삼덩굴	삼과		
62	*Morus bombycis* Koidz.	산뽕나무	뽕나무과		
63	*Boehmeria nivea* (L.) Gaudich.	모시풀	쐐기풀과		
64	*Boehmeria tricuspis* (Hance) Makino	거북꼬리	쐐기풀과		
65	*Pilea mongolica* Wedd.	모시물통이	쐐기풀과		
66	*Juglans mandshurica* Maxim.	가래나무	가래나무과		○
67	*Quercus acutissima* Carruth.	상수리나무	참나무과		
68	*Quercus aliena* Blume	갈참나무	참나무과		
69	*Quercus glauca* Thunb.	종가시나무	참나무과		
70	*Quercus mongolica* Fisch. ex Ledeb.	신갈나무	참나무과		
71	*Quercus serrata* Murray	졸참나무	참나무과		
72	*Quercus variabilis* Blume	굴참나무	참나무과		
73	*Betula schmidtii* Regel	박달나무	자작나무과		
74	*Carpinus cordata* Blume	까치박달	자작나무과		
75	*Carpinus laxiflora* (Siebold & Zucc.) Blume	서어나무	자작나무과		
76	*Phytolacca americana* L.	미국자리공	자리공과		○
77	*Tetragonia tetragonoides* (Pall.) Kuntze	번행초	번행초과		
78	*Chenopodium album* L.	명아주	명아주과		
79	*Achyranthes bidentata* var. *japonica* Miq.	쇠무릎	비름과		
80	*Amaranthus lividus* L.	개비름	비름과		
81	*Portulaca oleracea* L.	쇠비름	쇠비름과		
82	*Arenaria serpyllifolia* L.	벼룩이자리	석죽과		
83	*Dianthus chinensis* L.	패랭이꽃	석죽과		
84	*Lychnis cognata* Maxim.	동자꽃	석죽과		
85	*Silene firma* Siebold & Zucc.	장구채	석죽과		
86	*Fallopia dumetorum* (L.) Holub	닭의덩굴	마디풀과		
87	*Persicaria senticosa* (Meisn.) H. Gross ex Nakai	며느리밑씻개	마디풀과		
88	*Persicaria thunbergii* (Siebold et Zucc.) H. Gross	고마리	마디풀과		
89	*Polygonum aviculare* L.	마디풀	마디풀과		
90	*Rumex acetosella* L.	애기수영	마디풀과		

22년	23년	24년	멸종위기	특산식물	식물구계	적색목록	외래식물	생태교란	기후지표
○									
				특산	IV	LC			
					III				기후지표
○					I				
								○	
					I				
		○			III				
○									
					III				
	○								
							○		
					II				
							○		
							○		
	○								
	○				II				
	○						○		
○									
							○	○	
					II				
	●		II		V	VU			
			II		V	VU			
●			II		V	VU			
○					I				
									후보
	○				II				

	학명	국명	과명	20년	21년
91	*Rumex crispus* L.	소리쟁이	마디풀과		
92	*Paeonia obovata* Maxim.	산작약	작약과		
93	*Eurya emarginata* (Thunb.) Makino	우묵사스레피나무	차나무과		
94	*Actinidia arguta* (Siebold & Zucc.) Planch. ex Miq.	다래	다래나무과		○
95	*Actinidia polygama* (Siebold & Zucc.) Maxim.	개다래	다래나무과		
96	*Hypericum ascyron* L.	물레나물	물레나물과		
97	*Tilia amurensis* Rupr.	피나무	피나무과		○
98	*Hibiscus hamabo* Siebold & Zucc.	황근	아욱과		
99	*Drosera rotundifolia* L.	끈끈이주걱	끈끈이귀개과		
100	*Viola acuminata* Ledeb.	졸방제비꽃	제비꽃과		
101	*Viola albida* var. *chaerophylloides* (Regel) F. Maek.	남산제비꽃	제비꽃과		
102	*Viola mandshurica* W. Becker	제비꽃	제비꽃과		
103	*Viola orientalis* (Maxim.) W. Becker	노랑제비꽃	제비꽃과	○	
104	*Sicyos angulatus* L.	가시박	박과		
105	*Salix caprea* L.	호랑버들	버드나무과		
106	*Salix koriyanagi* Kimura ex Goerz	키버들	버드나무과		
107	*Capsella bursa-pastoris* (L.) Medik.	냉이	십자화과		
108	*Cardamine leucantha* (Tausch) O.E. Schulz	미나리냉이	십자화과	○	○
109	*Draba nemorosa* L.	꽃다지	십자화과		
110	*Rhododendron brachycarpum* D. Don ex G. Don	만병초	진달래과		
111	*Rhododendron schlippenbachii* Maxim.	철쭉	진달래과		○
112	*Rhododendron yedoense* for. *poukhanense* (H. Lév.) M. Sugim.	산철쭉	진달래과		
113	*Pyrola japonica* Klenze ex Alef.	노루발	노루발과		
114	*Monotropa uniflora* L.	수정난풀	수정난풀과		
115	*Diapensia lapponica* var. *obovata* F. Schmidt	암매	암매과		●
116	*Diospyros lotus* L.	고욤나무	감나무과		
117	*Styrax japonicus* Siebold & Zucc.	때죽나무	때죽나무과		
118	*Styrax obassia* Siebold & Zucc.	쪽동백나무	때죽나무과	○	
119	*Symplocos sawafutagi* Nagam.	노린재나무	노린재나무과		
120	*Lysimachia clethroides* Duby	큰까치수염	앵초과		
121	*Lysimachia davurica* Ledeb.	좁쌀풀	앵초과		
122	*Trientalis europaea* subsp. *arctica* (Fisch. ex Hook.) Hultén	기생꽃	앵초과		●
123	*Pittosporum tobira* (Thunb.) W.T. Aiton	돈나무	돈나무과		
124	*Hydrangea serrata* var. *acuminata* (Siebold & Zucc.) Nakai	산수국	수국과		
125	Ribes mandshuricum (Maxim.) Kom.	까치밥나무	까치밥나무과		○
126	*Sedum kamtschaticum* Fisch. & C.A. Mey.	기린초	돌나물과		
127	*Sedum sarmentosum* Bunge	돌나물	돌나물과		
128	*Astilbe chinensis* (Maxim.) Franch. & Sav.	노루오줌	범의귀과		
129	*Astilboides tabularis* (Hemsl.) Engl.	개병풍	범의귀과		
130	*Agrimonia pilosa* Ledeb.	짚신나물	장미과		
131	*Duchesnea indica* (Andr.) Focke	뱀딸기	장미과		
132	*Filipendula glaberrima* Nakai	터리풀	장미과		
133	*Malus baccata* (L.) Borkh.	야광나무	장미과		
134	*Prunus padus* L.	귀룽나무	장미과	○	
135	*Prunus sargentii* Rehder	산벚나무	장미과		

22년	23년	24년	멸종위기	특산식물	식물구계	적색목록	외래식물	생태교란	기후지표
							○	○	
○									
	○								
	○								
○					III	LC			
	○								
		○			II	LC			
			I		V	CR			
	○								
○									
○		○							
	○				III				
●		●	II		V	NT			
					III				기후지표
○									
					III				기후지표
					V	NT			
					I				
					I				
○		○							
					III				

	학명	국명	과명	20년	21년
136	*Rosa rugosa* Thunb.	해당화	장미과		
137	*Rubus crataegifolius* Bunge	산딸기	장미과	○	
138	*Rubus parvifolius* L.	멍석딸기	장미과		
139	*Sanguisorba officinalis* L.	오이풀	장미과		
140	*Sorbaria sorbifolia* (L.) A. Braun	쉬땅나무	장미과		
141	*Sorbus alnifolia* (Siebold & Zucc.) K. Koch	팥배나무	장미과		○
142	*Sorbus commixta* Hedl.	마가목	장미과		
143	*Spiraea fritschiana* C.K. Schneid.	참조팝나무	장미과		
144	*Spiraea prunifolia* var. *simpliciflora* (Nakai) Nakai	조팝나무	장미과		
145	*Stephanandra incisa* (Thunb.) Zabel	국수나무	장미과		○
146	*Kummerowia striata* (Thunb.) Schindl.	매듭풀	콩과	○	
147	*Lathyrus japonicus* Willd.	갯완두	콩과		
148	*Lespedeza bicolor* Turcz.	싸리	콩과		
149	*Lespedeza cuneata* (Dum. Cours.) G. Don.	비수리	콩과		
150	*Lespedeza cyrtobotrya* Miq.	참싸리	콩과		
151	*Lespedeza maximowiczii* C.K. Schneid.	조록싸리	콩과		
152	*Pueraria lobata* (Willd.) Ohwi	칡	콩과		
153	*Sophora flavescens* Aiton	고삼	콩과		
154	*Elaeagnus umbellata* Thunb.	보리수나무	보리수나무과		
155	*Myriophyllum spicatum* L.	이삭물수세미	개미탑과		
156	*Lythrum anceps* (Koehne) Makino	부처꽃	부처꽃과		
157	*Daphne kiusiana* Miq.	백서향나무	팥꽃나무과		
158	*Trapa japonica* Flerow	마름	마름과	○	
159	*Epilobium pyrricholophum* Franch. & Sav.	바늘꽃	바늘꽃과		
160	*Oenothera biennis* L.	달맞이꽃	바늘꽃과		
161	*Alangium platanifolium* var. *trilobum* (Miq.) Ohwi	박쥐나무	박쥐나무과		
162	*Cornus controversa* Hemsl.	층층나무	층층나무과		
163	*Cornus kousa* F. Buerger ex Miq.	산딸나무	층층나무과		
164	*Thesium chinense* Turcz.	제비꿀	단향과		
165	*Viscum coloratum* (Kom.) Nakai	겨우살이	단향과		○
166	*Celastrus orbiculatus* Thunb.	노박덩굴	노박덩굴과		
167	*Euonymus alatus* (Thunb.) Siebold	화살나무	노박덩굴과		
168	*Euonymus sachalinensis* (F. Schmidt) Maxim.	회나무	노박덩굴과	○	
169	*Tripterygium regelii* Sprague & Takeda	미역줄나무	노박덩굴과		
170	*Ilex rotunda* Thunb.	먼나무	감탕나무과		
171	*Buxus microphylla* var. *koreana* Nakai ex Rehder	회양목	회양목과		
172	*Euphorbia maculata* L.	애기땅빈대	대극과	○	
173	*Euphorbia sieboldiana* C. Morren & Decne.	개감수	대극과		
174	*Rhamnus davurica* Pall.	갈매나무	갈매나무과		
175	*Parthenocissus tricuspidata* (Siebold & Zucc.) Planch.	담쟁이덩굴	포도과		
176	*Polygala japonica* Houtt.	애기풀	원지과		
177	*Staphylea bumalda* DC.	고추나무	고추나무과		
178	*Koelreuteria paniculata* Laxm.	모감주나무	무환자나무과		
179	*Acer palmatum* Thunb.	단풍나무	단풍나무과		
180	*Acer pictum* var. *mono* (Maxim.) Franch.	고로쇠나무	단풍나무과		

22년	23년	24년	멸종위기	특산식물	식물구계	적색목록	외래식물	생태교란	기후지표
		○							
					IV	NT			
							○		
	○	○							
	○								
	○								
	○								
					I				
		○			II				
					IV				
					I				
○							○		
○					IV				
					III				
					III				

학명	국명	과명	20년	21년
181	*Acer pseudosieboldianum* (Pax) Kom.	당단풍나무	단풍나무과		
182	*Acer tataricum* subsp. *ginnala* (Maxim.) Wesm.	신나무	단풍나무과		
183	*Acer triflorum* Kom.	복자기	단풍나무과		
184	*Rhus javanica* L.	붉나무	옻나무과		
185	*Toxicodendron trichocarpum* (Miq.) Kuntze	개옻나무	옻나무과		
186	*Ailanthus altissima* (Mill.) Swingle	가중나무	소태나무과		
187	*Zanthoxylum schinifolium* Siebold & Zucc.	산초나무	운향과		
188	*Oxalis corniculata* L.	괭이밥	괭이밥과		
189	*Geranium sibiricum* L.	쥐손이풀	쥐손이풀과	○	○
190	*Impatiens textori* Miq.	물봉선	봉선화과		
191	*Aralia elata* (Miq.) Seem.	두릅나무	두릅나무과		
192	*Eleutherococcus sessiliflorus* (Rupr. & Maxim.) S.Y. Hu	오갈피나무	두릅나무과		
193	*Kalopanax septemlobus* (Thunb.) Koidz.	음나무	두릅나무과		○
194	*Angelica anomala* Avé-Lall.	개구릿대	미나리과		○
195	*Angelica gigas* Nakai	당귀	미나리과		
196	*Cicuta virosa* L.	독미나리	미나리과	●	
197	*Heracleum moellendorffii* Hance	어수리	미나리과		
198	*Torilis japonica* (Houtt.) DC.	사상자	미나리과		
199	*Gentiana scabra* Bunge	용담	용담과		
200	*Halenia coreana* S.M. Han, H. Won & C.E. Lim	참닻꽃	용담과		
201	*Metaplexis japonica* (Thunb.) Makino	박주가리	박주가리과	○	
202	*Solanum nigrum* L.	까마중	가지과		
203	*Calystegia soldanella* (L.) Roem. & Schult.	갯메꽃	메꽃과		
204	*Cuscuta japonica* Choisy.	새삼	메꽃과	○	
205	*Nymphoides peltata* (S.G. Gmel.) Kuntze	노랑어리연	조름나물과		
206	*Trigonotis peduncularis* (Trevir.) Steven ex Palib.	꽃마리	지치과		
207	*Clerodendrum trichotomum* Thunb.	누리장나무	마편초과		
208	*Phryma leptostachya* var. *oblongifolia* (Koidz.) Honda	파리풀	파리풀과		
209	*Agastache rugosa* (Fisch. & C.A. Mey.) Kuntze	배초향	꿀풀과	○	
210	*Meehania urticifolia* (Miq.) Makino	벌깨덩굴	꿀풀과		
211	*Prunella asiatica* Nakai	꿀풀	꿀풀과		
212	*Plantago asiatica* L.	질경이	질경이과		
213	*Abeliophyllum distichum* Nakai	미선나무	물푸레나무과	○	○
214	*Chionanthus retusus* Lindl. & Paxton	이팝나무	물푸레나무과		
215	*Fraxinus rhynchophylla* Hance	물푸레나무	물푸레나무과		
216	*Linaria japonica* Miq.	해란초	현삼과		
217	*Melampyrum roseum* Maxim.	꽃며느리밥풀	현삼과		
218	*Pedicularis resupinata* L.	송이풀	현삼과		
219	*Orobanche coerulescens* Stephan	초종용	열당과	○	○
220	*Justicia procumbens* L.	쥐꼬리망초	쥐꼬리망초과		
221	*Utricularia japonica* Makino	통발	통발과		
222	*Adenophora remotiflora* (Siebold & Zucc.) Miq.	모시대	초롱꽃과		○
223	*Hanabusaya asiatica* (Nakai) Nakai	금강초롱꽃	초롱꽃과	○	
224	*Rubia argyi* (H. Lev. & Vaniot) H. Hara ex Lauener & D.K. Ferguson	꼭두선이	꼭두선이과		
225	*Zabelia biflora* (Turcz.) Makino	털댕강나무	린네풀과		○

22년	23년	24년	멸종위기	특산식물	식물구계	적색목록	외래식물	생태교란	기후지표
		○			III				
○									
	○								
							○		
		○							
		○							
					I				
					I				
○					III				
	●		II		V	NT			
	○								
		○							
			II	특산	V	VU			
	○								
	○	○			II				
○									
					I				
	○								
○									
	○								
				특산	V	VU			
		○			III	LC			후보
	○				IV				
					II	LC			
					V	DD			
				특산	IV	LC			
					III				

	학명	국명	과명	20년	21년
226	*Weigela florida* (Bunge) A. DC.	붉은병꽃나무	병꽃나무과	○	
227	*Lonicera japonica* Thunb.	인동	인동과		
228	*Lonicera maackii* (Rupr.) Maxim.	괴불나무	인동과		
229	*Viburnum erosum* Thunb.	덜꿩나무	산분꽃나무과	○	
230	*Viburnum opulus* var. *sargentii* (Koehne) Takeda	백당나무	산분꽃나무과		
231	*Sambucus williamsii* Hance	딱총나무	연복초과		
232	*Patrinia scabiosifolia* Fisch. ex Trevir.	마타리	마타리과		
233	*Ainsliaea acerifolia* Sch. Bip.	단풍취	국화과		
234	*Ambrosia trifida* L.	단풍잎돼지풀	국화과		
235	*Artemisia keiskeana* Miq.	맑은대쑥	국화과		
236	*Aster pilosus* Willd.	미국쑥부쟁이	국화과		○
237	*Aster scaber* Thunb.	참취	국화과		
238	*Bidens frondosa* L.	미국가막사리	국화과		
239	*Cirsium japonicum* var. *ussuriense* (Regel) Kitam.	엉겅퀴	국화과		
240	*Crepidiastrum denticulatum* (Houtt.) Pak & Kawano	이고들빼기	국화과		
241	*Dendranthema boreale* (Makino) Ling	산국	국화과	○	
242	*Dendranthema zawadskii* (Herbich) Tzvelev	산구절초	국화과		
243	*Helianthus tuberosus* L.	뚱딴지	국화과		
244	*Ligularia fischeri* (Ledeb.) Turcz.	곰취	국화과		
245	*Syneilesis palmata* (Thunb.) Maxim.	우산나물	국화과		
246	*Taraxacum officinale* F.H. Wigg.	서양민들레	국화과		
247	*Alisma canaliculatum* A. Braun & C. D. Bouché	택사	택사과		○
248	*Ottelia alismoides* (L.) Pers.	물질경이	자라풀과		
249	*Potamogeton distinctus* A. Benn.	가래	가래과	○	○
250	*Arisaema amurense* for. *serratum* (Nakai) Kitag.	천남성	천남성과		
251	*Symplocarpus renifolius* Schott ex Tzvelev	앉은부채	천남성과		
252	*Spirodela polyrhiza* (L.) Schleid.	개구리밥	개구리밥과		
253	*Commelina communis* L.	닭의장풀	닭의장풀과		
254	*Juncus decipiens* (Buchenau) Nakai	골풀	골풀과		
255	*Luzula capitata* Kom.	꿩의밥	골풀과	○	
256	*Carex kobomugi* Ohwi	통보리사초	사초과	○	
257	*Carex siderosticta* Hance	대사초	사초과		
258	*Scirpus karuizawensis* Makino	솔방울고랭이	사초과		
259	*Arundinella hirta* (Thunb.) Tanaka	새	벼과		
260	*Dactylis glomerata* L.	오리새	벼과		
261	*Miscanthus sinensis* Andersson	억새	벼과		
262	*Oplismenus undulatifolius* (Ard.) Roem. & Schult.	주름조개풀	벼과		
263	*Paspalum distichum* L.	물참새피	벼과		
264	*Pennisetum alopecuroides* (L.) Spreng.	수크령	벼과		
265	*Pseudosasa japonica* (Siebold & Zucc. ex Steud.) Makino ex Nakai	이대	벼과		
266	*Spodiopogon sibiricus* Trin.	큰기름새	벼과		
267	*Zizania latifolia* (Griseb.) Turcz. ex Stapf	줄	벼과		
268	*Sparganium erectum* L.	흑삼릉	흑삼릉과		
269	*Typha angustifolia* L.	애기부들	부들과		
270	*Monochoria korsakowii* Regel & Maack	물옥잠	물옥잠과		

22년	23년	24년	멸종위기	특산식물	식물구계	적색목록	외래식물	생태교란	기후지표
					II				
	○				I				
○									
					I				
		○							
		○							
		○					○	○	
							○	○	
		○							
							○		
○									
	○								
							○		
					II				
							○		
					II				
					II				
		○							
					III				
					II				
○		○							
							○		
		○					○		
	○				III	LC			
					II				

	학명	국명	과명	20년	21년
271	*Allium macrostemon* Bunge	산달래	백합과		
272	*Allium thunbergii* G. Don	산부추	백합과		
273	*Asparagus schoberioides* Kunth	비짜루	백합과		
274	*Convallaria keiskei* Miq.	은방울꽃	백합과		
275	*Disporum smilacinum* A. Gray	애기나리	백합과		
276	*Disporum uniflorum* Baker	윤판나물	백합과		
277	*Erythronium japonicum* Decne.	얼레지	백합과		○
278	*Heloniopsis koreana* S. Fuse, N.S. Lee & M.N. Tamura	처녀치마	백합과		
279	*Hemerocallis hakuunensis* Nakai	백운산원추리	백합과		
280	*Lilium amabile* Palib.	털중나리	백합과		
281	*Lilium cernuum* Kom.	솔나리	백합과	○	
282	Lilium lancifolium Thunb.	참나리	백합과		
283	*Liriope platyphylla* F.T. Wang & T. Tang	맥문동	백합과		
284	*Maianthemum japonicum* (A. Gray) La Frankie	풀솜대	백합과		
285	*Polygonatum odoratum* var. *pluriflorum* (Miq.) Ohwi	둥굴레	백합과		
286	*Trillium camschatcense* Ker Gawl.	연영초	백합과	○	
287	*Veratrum oxysepalum* Turcz.	박새	백합과		
288	*Lycoris squamigera* Maxim.	상사화	수선화과		
289	*Iris laevigata* Fisch. ex Fisch. & C.A. Mey.	제비붓꽃	붓꽃과		
290	*Iris rossii* Baker	각시붓꽃	붓꽃과		○
291	*Iris sanguinea* Donn ex Hornem.	붓꽃	붓꽃과		
292	*Smilax china* L.	청미래덩굴	청미래덩굴과		
293	*Smilax nipponica* Miq.	선밀나물	청미래덩굴과		
294	*Dioscorea nipponica* Makino	부채마	마과		
295	*Cephalanthera longibracteata* Blume	은대난초	난초과		
296	*Cymbidium macrorhizon* Lindl.	대흥란	난초과	●	
297	*Cypripedium japonicum* Thunb.	광릉요강꽃	난초과	●	
298	*Cypripedium macranthos* Sw.	복주머니란	난초과	●	
299	*Oreorchis patens* (Lindl.) Lindl.	감자난초	난초과		
300	*Platanthera chlorantha* (Cham.) Rchb. f.	제비난초	난초과		

• 최근 5년 실기 기출문제2 (필답문제)

2021년	2022년	2023년	2024년
잎의 기부 형태	엽연의 형태	잎 정단부 형태	잎 정단부 형태
열매(봉선의 수)	표본관 약자	열매 유형 및 분류 (사과, 오이)	열매 유형 및 분류 (사과, 오이)
참나무과 특징	소나무과 특징	콩과 특징	콩과 특징
표본 제작 원칙	화서의 종류	학명 설명	학명 설명
검색표(참나무과)	검색표(고사리삼과)	표본 유형	표본 유형

22년	23년	24년	멸종위기	특산식물	식물구계	적색목록	외래식물	생태교란	기후지표
				특산	II				
				특산					
		○							
○		○			IV	LC			
○									
	○				IV	LC			
					I				
			II		V	EN			
	○								
○									
		●	II		V	VU			
	●	●	I		V	EN			
			II		V	VU			
	○								

《참고 문헌》

- 교육과학기술부. 2011. 한국동식물도감, 제43권 식물편(수목)
- 국립수목원. 2008. 한국 희귀식물 목록집(Rare Plants Data Book In Korea)
- 국립수목원. 2009. 한국식물 도해도감 2, 양치식물(Illustrated Pteridorhyres of Korea)
- 국립수목원. 2010. 국가표준식물목록(A Synonymic List of Vascular Plants in Korea)
- 국립수목원. 2010. 알기 쉽게 정리한 식물용어(A Glossary of Plant Terminology East to Understand)
- 국립수목원. 2011. 한국식물 도해도감 1, 벼과, 개정증보판(Illustrated Grasses of Korea)
- 국립수목원. 2012. 쉽게 찾는 한국의 귀화식물(Filed Guide Naturalized Plants of Korea)
- 국립수목원. 2016. 한국식물 도해도감 4, 사초과(Illustrated Cyperaceae of Korea)
- 김경아. 2016. 잔대속(Adenophora) 식물의 계통분류학적 연구. 강원대학교 박사학위논문
- 김무열. 2017. 한국 특산식물 도감. 해진미디어.
- 김철환·문명옥·안진갑·황인천·이승혁·최승세·이중효·범현민·김철구·차진열. 2018.(한국산 최신),
  식물구계학적 특정종. 국립생태원
- 김태영·김진석. 2018. (개정신판)한국의 나무. 돌베개
- 김진석·김종환·김중현. 2018. 한국의 들꽃. 돌베개
- 나누리. 2020. 한국산 딱총나무속(연복초과)의 분류학적 연구. 공주대학교 석사학위논문
- 나성태·최홍근·김영동·신현철. 2008. 한국산 통발(*Utricularia japonica*)과 참통발(*U. tenuicaulis*)의
  분류학적 실체 및 분포. 한국식물분류학회지. v.38 no.2. 111~120pp.
- 문애라·장창기. 2020. 외부형태 형질에 근거한 한국산 돌나물과내 돌나물속과 기린초속의
  분류학적 고찰. 한국자원식물학회지. v.33 no.2. p.116~129
- 박수현. 2009. 세밀화와 사진으로 보는 한국의 귀화식물. 일조각. 575p
- 박수현·이유미·정수영·정승선·오승환. 2012. 쉽게 찾는 한국의 귀화식물. 국립수목원.
- 생명과학사전편찬위원회. 2003. 아카데미 생명과학사전. 아카데미서적. 324p.
- 소순구·김무열. 2008. 한국산 족도리풀속(*Asarum*, 쥐방울덩굴과)의 분류학적 연구, 한국식물분류
  류학회지. v.38 no.2. 121~149pp.
- 손동찬. 2015. 동아시아산 복수초속 복수초절(미나리아재비과)의 계통분류학적 연구. 한남대학교
  박사학위논문
- 오병운·조동광·고성철·최병희·백원기·정규영·이유미·장창기. 2010. 한반도 기후변화 적응 대상
  식물 300(300 Target Plants Adaptable to Climate Change in the Korean Peninsula).
  국립수목원.
- 오병운·홍완표. 2001. 한국산 물봉선속(*Impatiens* L.)의 해부학적 형질 및 가야물봉선
  (*I. atrosanguinea* (Nakai) B. U. Oh et Y. P. Hong)의 분류학적 위치. 한국식물분류학회지. v.31 no.2.
  161~181pp.
- 유기억·장수길. 2013. 특징으로 보는 한반도 제비꽃. 지성사
- 윤주복. 2007. 겨울나무 쉽게 찾기. 진선BOOKS
- 이규배. 2010. 식물형태학 용어해설. 라이프사이언스
- 이남숙. 2011. 한국의 난과식물 도감. 이화여자대학교출판부
- 이상룡·허경인·이상태·유만희·김용성·이준선·김승철. 2013. 외부형태와 종자의 미세구조에 의한
  한국산 바늘꽃족(바늘꽃과)의 분류학적 연구. 한국식물분류학회지. v.43 no.3 208~222pp.
- 이상태. 1997. 한국식물검색집. 아카데미서적

- 이우철. 1996. 원색한국기준식물도감. 도서출판 아카데미서적
- 이유성. 2000. 현대 식물형태학, 도서출판 우성
- 이유성. 2002. (2차 개정증보판) 현대 식물분류학. 도서출판 우성
- 이창복. 2006. 원색대한식물도감. 향문사.
- 이창복·김윤식·김정석·이정석. 1985. 신고 식물분류학. 향문사
- 이창숙·이강협. 2018. (제2판)한국의 양치식물. 지오북
- 임효선·오병운. 2019. 한국산 족도리풀속(*Asarum*)의 외부형태학적 형질에 의한 분류. 한국자원식물학회지 v.32 no.2. 344~354pp.
- 장창기. 2002. 한국산 둥굴레속(*Polygonatum*, Ruscaceae)의 분류학적 재검토. v.32 no.4. 417~447pp.
- 장창석. 2016. 동북아산 골풀속(골풀과)의 계통분류학적 연구. 충북대학교 박사학위논문
- 조양훈·김종환·박수현. 2016. 벼과·사초과 생태도감. 지오북
- 조형준. 2018. 한국산 거북꼬리 복합체의 분류학적 연구. 안동대학교 석사학위논문
- 정규영·장계선·정재민·최혁재·백원기·현진오. 2017. 한반도 특산식물 목록. 한국식물분류학회지 v.47 no.3. 264~288pp.
- 최진향. 2014. 한국산 갈매나무속(*Rhamnus* L.) 식물의 계통분류학적 연구. 영남대학교 석사학위논문
- 최혁재·장창기·이유미·오병운. 2007. 형태학적 형질에 기초한 한국산 부추속의 분류학적 연구. 한국식물분류학회지. v.37 no.3. 275~308pp.
- 허경인·이상룡·김용성·박종선·이상태. 2019. 한국산 양지꽃족(장미과)의 분류학적 연구. v.49 no.1. 28~69pp.
- 홍완표·오병운. 1993. 한국산 물봉선속(*Impatiens*)의 분류 Ⅰ:형태학적 연구. 한국식물분류학회지 v.23 no.4. 243~261pp.
- 환경부·국립생물자원관. 2014. 함께 찾아보는 우리나라 풀과 나무. 지오북
- 환경부·국립환경과학원. 2012. 제4차 전국자연환경조사 지침.
- 환경부. 2014. 외래생물 중장기 관리방안 연구.
- 황승현. 2020. 개모시풀 복합체의 계통분류학 및 집단유전학적 연구. 대전대학교 박사학위논문
- M. G. Simpon 著, 김영동·신형철 譯. 2011. (제2판)식물계통학. 월드사이언스

도서출판 이비컴의 실용서 브랜드 **이비락**◉은 더불어 사는 삶의 긍정적인
변화를 가져다 줄 유익한 책을 만들기 위해 끊임없이 노력합니다.

원고 및 기획안 bookbee@naver.com